"十三五"普通高等教育本科规划教材

电力电子装置中的典型传感器技术

编著 李维波
主审 陆继明

中国电力出版社
CHINA ELECTRIC POWER PRESS

内 容 提 要

本书为"十三五"普通高等教育本科规划教材。

本书作为一本理论联系实际的实用教材,坚持以培养学生分析分题、解决问题的能力为宗旨,坚持贯彻理论与实践相结合、基础与应用相结合、教学与科研相结合的"三结合"原则。

全书分为两篇共 10 章,第一篇由重要电路知识、运算放大器、电磁兼容与 PCB 设计基础三章基础知识组成;第二篇分别介绍了传感器基础知识、电流传感器及其典型应用技术、电压传感器及其典型应用技术、温度传感器及其典型应用技术、湿度传感器及其典型应用技术、压力传感器及其典型应用技术、数字传感器及其典型应用技术。本书具有分析清晰、切中要点、例程完整、实例典型、图例丰富、技术实用、内容翔实等特点,除此之外,本书在结构上也是由浅入深、层层递进,能够使读者快速理解、深入学习。

本书可作为电气工程专业、自动化专业的高等院校的本科教材,也可作为从事相关工作的科研人员、技术人员的参考资料。

图书在版编目（CIP）数据

电力电子装置中的典型传感器技术/李维波编著．—北京：中国电力出版社，2016.6（2022.2重印）

"十三五"普通高等教育本科规划教材

ISBN 978－7－5123－9125－3

Ⅰ.①电… Ⅱ.①李… Ⅲ.①电力装置－传感器－高等学校－教材 Ⅳ.①TM7

中国版本图书馆 CIP 数据核字（2016）第 116184 号

中国电力出版社出版、发行
（北京市东城区北京站西街 19 号 100005 http：//www.cepp.sgcc.com.cn）
北京天泽润科贸有限公司
各地新华书店经售

*

2016 年 6 月第一版　　2022 年 2 月北京第二次印刷
787 毫米×1092 毫米　16 开本　22.5 印张　553 千字
定价 45.00 元

版 权 专 有　侵 权 必 究

本书如有印装质量问题,我社营销中心负责退换

"十三五"普通高等教育本科规划教材

电力电子装置中的典型传感器技术

前　言

　　电力电子装置是借助电路、设计理论和相关分析开发工具，有效利用电力半导体器件［如功率二极管、晶体闸流管、可关断晶闸管（GTO）、电场控制器件（以 IGBT 为代表）等］，以实现对电能高效变换和控制的电力电子变换装置。电力电子装置包括整流装置（AC/DC）、逆变装置（DC/AC）、直流变流装置（DC/DC）、交流变流装置（AC/AC），以及其他各类电源、电动机调速装置、直流输电装置、感应加热装置、无功补偿装置、电镀电解装置和家用电器变流装置等，被广泛应用于交通运输、电力、通信、计算机、环境保护、新能源、高能武器制造等领域。

　　从原理上看，电力电子装置是通过控制电力半导体器件的开断来完成功率信号的调制和处理的。它作为一种典型的利用弱电信号控制强电信号、利用信息流控制功率流的能量变换装置，必然会受到电力半导体器件性能的制约，因而其承受过电压、过电流和过热的能力较差。现场运行经验表明，电动机、变压器等电气设备通常可以在大于额定电流几倍的情况下持续工作数秒或数分钟，相比而言，在同等条件下的电力半导体器件的耐受时间往往不会超过 1s，否则就会损坏。因此，在设计电力电子装置时，不仅需要合理选择电力半导体器件的电压、电流等额定参数，还需要采取一些特殊的保护措施，以防止变换装置内的电力半导体器件因过电压、过电流、过热而损坏。要达到此目的，除了正确设计装置本身、选择合适的控制策略之外，还必须借助一些典型的传感器技术，既能够为装置本身提供必要的控制参变量，如电压、电流和位置（或者转速）等，还能够对装置运行状态进行实时感知、预警监视、诊断分析、风险评估和故障预测等，如获取与运行条件密切相关的物理量（如温度、冷却水压力或风速、湿度、和受力情况等）。

　　研究与实践表明，经常应用于电力电子装置中的典型传感器技术主要有电压、电流、温度、湿度、振动、应力、门控、烟雾、液位等传感器及其信号处理技术。它们保证了电力电子装置的可靠性和连续性，提高了设备的利用率。其突出表现为：

　　（1）电力电子装置正常运行时，借助这些典型传感器技术：①能够获取确保装置正常运行所必需的参变量；②系统还能够实时监视该装置的运行状态，方便优化其运行状态或操控方式。

　　（2）当电力电子装置发生故障或异常运行时，通过传感器技术所获取的关键性状态信息：①可以迅速隔离故障避免因故障扩大而带来灾难性的后果；②有利于快速定位故障点、缩短故障时间、及时恢复装置运行，提高故障排查的效率和命中率。

　　（3）根据典型传感器技术所获取的关键性状态信息，合理控制电力电子装置中的关键性参变量（如电压和电流等）、装置的负荷，进一步改善装置的健康状态，确保装置安全、可靠运行。

　　在构建和操控电力电子装置的过程中，正确选择并合理使用典型传感器技术是十分关键和必要的。技术源于积累，成功源于执着。结合作者多年的科研经历来看，电力电子技术和传感器技术，作为电气类工程技术人员必须掌握的重要技术，它们具有交叉性强、实践性强、时效性强等重要特点，并且涉及的概念多、知识面广、适用性宽，既难学又难记还难理解，因此，学习起来特别费劲，也很枯燥，如果不与动手实践相结合，看完书之后，大脑常常一片空白，所获甚少。为此，作者把从事传感器技术与大容量电力电子技术开发与应用过程中的设计案例所获得的经验技巧、心得体会结合入门知识，加以归类、凝练和拓展，形成《电力电子装置中的典型传感器技术》。

本书作为一本理论联系实际的实用教材，坚持以有效培养读者朋友分析问题、解决问题的能力为宗旨，在撰写过程中坚持贯彻理论与实践结合、基础与应用结合、教学与科研结合的"三结合"原则。书中摒弃生涩的理论分析，所采用的实例电路全为作者原创性科研成果，既有简洁的理论剖析，也有设计方法和使用技巧的介绍，它们或许在其他图书中很难见到，因此，本书希望将这些视为一粒粒珍珠，交给读者朋友，既授人以鱼，又授人以渔。当然，除了分析清晰、切中要点、例程完整、实例典型、图例丰富、技术实用、内容翔实之外，本书还具有以下特点：

（1）实践性强，功底深厚。由于传感器技术与电力电子技术均是实践性强、涉及面广的交叉性学科技术，绝对不能离开相关的工程实际。手脑双全，是创造教育的目的。为此，作者根植于长期所从事的传感器技术和电力电子技术的相关开发与研究实践活动中，在撰写过程中坚持"三结合"的原则，避免读不懂的研究过程。书中所采用的实例电路全为作者原创性科研成果，既有完整的理论分析，也包含宝贵的应用技巧和设计心得。作者希望通过本书让读者学到更多的专业知识和科研方法，提高工作能力。

（2）针对性强，有的放矢。全书始终面向电力电子装置的工程应用，从实际出发，弱化理论论述，强调分析设计，力图摆脱传统技术枯燥的表达方式。作者在精炼讲解应用于电力电子装置中的常用传感器的基本原理之后，结合自己的工程经历，详细分析在实际应用时有关它们的信号处理、变换技术、接口技术、隔离技术和电磁兼容技术等方面的设计技巧、分析方法和调试流程。除此之外，本书还有针对性地讲解传感器在工程应用中所遇到的相关事件的分析计算判据和选型方法等内容。言之难尽，而试之易知也，所以，本书大胆尝试将传感器技术与电力电子技术融合起来进行讲解，激发读者的动手兴趣，有利于培养其创新精神。

（3）精心组织，方便阅读。作者站在初学者的角度，在叙述方法上，以清晰的脉络、简洁的语言、丰富的图例为主，力求做到由浅入深、循序渐进。在剖析思路上，力争坚持以下两个方面：

1）将传感器的基本理论知识与电力电子技术工程实际应用有机结合，而不是割裂实际应用，仅仅简单罗列电路而已。

2）将"是什么""如何干"和"结果如何"辨证统一起来，让读者耳目一新，并在轻松地阅读过程中获得共鸣、收获快乐。根据作者自己多年的科研历程发现，设计失败的原因不是不会使用相关传感器，而是对有关基本电路的分析方法的生疏与不了解，正是问题的存在激发我们去学习，去实践，去观察。因此，全书注重知识铺垫，避免一些读者朋友不知道从哪里开始学习。读书之法，在循序而渐进，熟读而精思，所以，作者开篇不是讲解传感器知识而是温习KCL和KVL定理、戴维南定理和诺顿定理、分压器原理以及运算放大器方面的基本内容，再讲解应用于电力电子装置中的典型传感器的原理、作用特征、电路结构、工艺技巧和使用方法。

(4) 例程完整，受众面广。现行的许多资料上面讲传感器如何确定每一个器件的参数、如何分析相关环节的误差并不完整，给零基础的初学者带来很多麻烦，最终他们只能死记硬背、生搬硬套。所以本书尽量做到每个例程，无论长短，尽量完整，既给出需求分析，还给出设计计算过程以及相关分析方法及其构建思路，因为尽管很多模块化电路可以在网上或者参考书中查到，但是，唯独设计思想、分析思路是需要自己独立建立的，我们需要用理论来推动实践，用实践来修正或补充理论。因此，在以后的学习和工作中，无论您遇到什么样的工程实际问题，建议读者都可以应用这些设计理念创造性地给出设计方案和解决方法。

本书可作为电气工程专业、自动化专业的高等院校的本科教材，也可作为从事相关工作的科研人员、技术人员的参考资料。

本书由李维波编著，由陆继明教授审阅，在编著过程中得到了许多同仁们的关怀和支持，并参阅了许多同行专家的论著和文献，在这里表示由衷的感谢。

由于作者水平有限，书中难免存在不足之处，敬请各位同行、专家和广大读者批评指正。

作 者

2016年1月于馨香园

"十三五"普通高等教育本科规划教材

电力电子装置中的典型传感器技术

目 录

前言

第一篇 预备知识篇

第一章 重要电路知识 2
第一节 分压定理和分流定理 2
第二节 戴维南定理和诺顿定理 8

第二章 运算放大器 13
第一节 运算放大器概述 13
第二节 仪用运算放大器概述 23
第三节 隔离运算放大器概述 28
第四节 运放选型方法与实例分析 36
第五节 运放共模电压范例分析 50

第三章 电磁兼容与PCB设计基础 54
第一节 差模信号与共模信号 54
第二节 接地基本知识 63
第三节 PCB设计重要知识 72

第二篇 应用于电力电子装置中的典型传感器技术

第四章 传感器基础知识 80
第一节 传感器的含义及其特性 80
第二节 传感器的分类方法 83
第三节 传感器的作用和地位 84
第四节 传感器的选型原则 86
第五节 传感器检测系统的基本构成 87
第六节 典型转换原理及其在传感器中的应用 90

第五章 电流传感器及其典型应用技术 99
第一节 应用背景 99
第二节 电流测量方法概述 103
第三节 霍尔电流传感器及其典型应用技术 105
第四节 使用霍尔电流传感器的注意事项 123
第五节 分流器及其典型应用技术 127

第六章 电压传感器及其典型应用技术 ... 155
第一节 工作原理 ... 155
第二节 选型方法 ... 158
第三节 设计计算范例分析 ... 159
第四节 使用霍尔电压传感器的注意事项 ... 163
第五节 霍尔传感器的综合应用 ... 166

第七章 温度传感器及其典型应用技术 ... 170
第一节 电力电子装置监测温度的重要性 ... 170
第二节 电力电子装置监测温度手段 ... 171
第三节 热电偶及其典型应用技术 ... 175
第四节 热敏电阻及其典型应用技术 ... 183
第五节 Pt100电阻及其典型应用技术 ... 190
第六节 集成温度传感器及其典型应用技术 ... 200
第七节 温度传感器使用注意事项 ... 206

第八章 湿度传感器及其典型应用技术 ... 208
第一节 电力电子装置监测湿度的重要性 ... 208
第二节 湿度传感器的选型与使用 ... 209
第三节 传感器HM1500LF及其典型应用技术 ... 212
第四节 传感器信号滤波电路设计 ... 216
第五节 根据传感器信号的不同选择滤波器电路 ... 241

第九章 压力传感器及其典型应用技术 ... 243
第一节 压力与压强 ... 243
第二节 压力传感器及其分类 ... 244
第三节 应变式压力传感器及其典型应用技术 ... 245
第四节 压阻式压力传感器及其典型应用技术 ... 261
第五节 压力传感器的选型方法 ... 265
第六节 压力传感器的常见故障 ... 267
第七节 设计水冷系统的注意事项 ... 268

第十章 数字传感器及其典型应用技术 ... 270
第一节 数字传感器概述 ... 270
第二节 数字传感器在电力电子装置的综合应用 ... 273
第三节 比较电路分析与设计方法 ... 275
第四节 光耦电路分析与设计方法 ... 292
第五节 几种典型数字传感器 ... 306
第六节 几种模拟传感器的开关电路设计范例 ... 326

附录A 文中所用数据表 ... 341

参考文献 ... 351

"十三五"普通高等教育本科规划教材

电力电子装置中的典型传感器技术

第一篇 预备知识篇

电力电子装置借助电路、设计理论和相关分析开发工具，有效使用电力半导体器件［如功率二极管、晶体闸流管、可关断晶闸管（GTO）、电场控制器件（IGBT❶为代表）等］，实现对电能高效变换和控制，并由此构成电力电子系统。简而言之，电力电子装置就是通过电力半导体器件的开断动作来完成功率信号的调制和处理。它作为一种典型的利用弱电信号控制强电信号、利用信息流控制功率流的变换装置，其根本的东西还是电路知识，因为在电力电子装置的设计过程中，我们必须通过模拟电路或者数字电路调制放大信号，得到我们所需的参与控制的信号和表征装置健康状况的状态信号。

电力电子装置主要有交流-直流（AC-DC）、直流-交流（DC-AC）、交流-交流（AC-AC）、直流-直流（DC-DC）4大类，它正朝着大功率、高效率、全数字化方向发展。绝大多数电力电子装置主要由控制电路、驱动电路、保护电路和以电力半导体器件为核心的主电路组成。所以，在电力电子装置的设计与构建过程中，实际上就是完成各个功能电路的设计、调试、安全运行与功能实现的一整套实施过程。

归根结底，最基本的是电路本身。电路是电流的通路，一个正确的电路应该包括下列基本组成部分：

（1）电源。电源起着把其他形式的能量转化为电能并提供电能的作用。

（2）用电器。用电器将电能转化为其他形式的能量。

（3）开关。开关控制电能的输送（电流的通断）。

（4）导线。导线起着连接电路元件和把电能输送给用电器的作用。

如果一个电路缺少了其中任何一部分，这个电路就不能工作或存在危险（如短路）。电路就是为了某种需要将某些电气设备或元件按一定的方式组合起来的功能模块。电路具有转换和传输能量、传递与处理信号、测量和存储信息等重要作用。作为电力电子装置的基础环节，电路也成为电力电子装置设计的重点和难点，更是电力电子装置故障的多发点和集结地，尤其是当装置的复杂度增加，它所需要的分析电路的技能越多、要求也越高。

工程实践表明，电路设计的优劣与否，对电力电子装置的安全运行与功能实现，起着非常重要的作用。研究与实践均表明，电路拓扑的优劣、所选电路参数是否恰当、电气量传输是否合理、强电与弱电是否隔离的良好、大功率电路的散热措施是否完备、装置内外是否兼容等，都将决定着电路设计的优劣，最终也决定着电力电子装置研制的成败。

---

❶ Insulated Gate Bipolar Transistor，绝缘栅双极型晶体管，是由BJT（双极型三极管）和MOS（绝缘栅型场效应管）组成的复合全控型电压驱动式功率半导体器件，兼有MOSFET的高输入阻抗和GTR的低导通压降两方面的优点。

第一章 重要电路知识

第一节 分压定理和分流定理

一、应用背景说明

随着市场对兆瓦级大功率变流装置的需求与日俱增，经常会碰到所选用的电力半导体器件的容量等级不能满足其设计要求的情况，最常用的解决方法有：①系统级别的串并联；②装置级别的串并联；③器件级别的串并联。

研究与实践表明，最根本的解决方法当属第三种级别的串并联，就是将多个相同小功率器件进行串并联组合，可获得不同电流等级的功能模块。IGBT并联方案，目前已成为一种趋势，其原因在于IGBT并联具有能够提供更高的电流密度、均匀热分布、灵活布局以及较高性价比（取决于器件类型）等优势。通过将小功率IGBT模块（包括分立式IGBT）、大功率IGBT模块进行并联组合，可获得不同容量的功能模块，且并联的连接方式也是灵活、多样的。其中会涉及器件的均压和均流问题，分为静态均压、均流问题和动态均压、均流问题。

如图1-1所示，为晶闸管和IGBT的混成组合模块示意图，从电路实质来看就是用到分流和分压电路。

（1）如图1-1（a）所示，是由两个晶闸管Th1和Th2的串联而成的模块组件，其中电阻R1和R2为晶闸管Th1和Th2的均压电阻，阻容模块R3和C1、阻容模块R4和C2为晶闸管Th1和Th2的吸收模块。

（2）如图1-1（b）所示，是由两组三个IGBT（Ig_1、Ig_2和Ig_3）并联模块串联构建而成的单相H桥功能组件。

（3）如图1-1（c）所示，是由两组三个IGBT（Ig_{1-i}、Ig_{2-i}和Ig_{3-i}，$i=1,2,3$）并联模块串联构建的三相H桥功能组件。

二、分压定理

在分析基本电路时，需要复习一下基尔霍夫定律，它包括基尔霍夫电流定律和基尔霍夫电压定律。

（1）基尔霍夫电流定律（KCL）是指任一集总参数电路中的任一节点，在任一瞬间流出（流入）该节点的所有电流的代数和恒为零。

（2）基尔霍夫电压定律（KVL）是指任一集总参数电路中的任一回路，在任一瞬间沿此回路的各段电压的代数和恒为零。

分压电路如图1-2所示。由图1-2（a）可知，滑动变阻器R_W两端接在电源U_S的正负极上，固定端和滑动端W分别与用电器的两端连接，这样就组成分压器电路，下面分几种情况讨论：

（1）空载时。一旦滑动变阻器的可调端固定之后，它就等效为两个固定电阻如图1-2（b）中的R_{W1}和R_{W2}所示。在空载时，其输出电压U_{O1}的表达式为

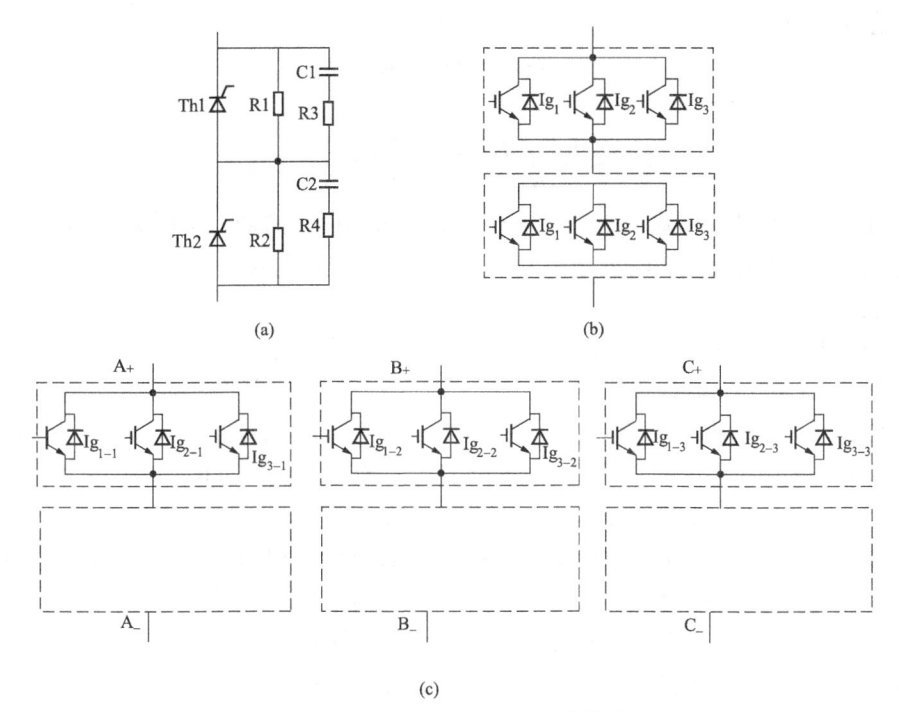

图 1-1 晶闸管和 IGBT 的混成组合模块示意图
(a) 两个晶闸管串联而成的模块组件；(b) 单相 H 桥功能组件；
(c) 三相 H 桥功能组件

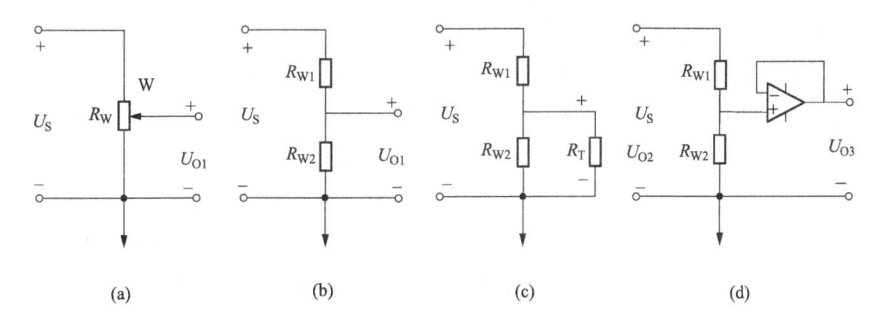

图 1-2 分压电路
(a) 基本分压器电路；(b) 空载情况；(c) 带载情况；(d) 基于运算放大器的跟随器

$$\begin{cases} U_{O1} = \dfrac{R_{W2}}{R_{W1}+R_{W2}}U_S = \dfrac{R_{W2}}{R_W}U_S \\ R_W = R_{W1}+R_{W2} \end{cases} \quad (1-1)$$

分析表达式 (1-1) 可知，当滑动变阻器的电阻值 R_W 固定不变时，输出电压 U_{O1} 与分压电阻 R_{W2} 成正比，其变化范围为 $0 \sim U_S$。

(2) 带载时。如图 1-2 (c) 所示，当接上负载（如测试设备）之后，假设测试设备的输入电阻为 R_T，其输出电压 U_{O2} 的表达式为

$$\begin{cases} U_{O2} = \dfrac{R_{W2}//R_T}{R_{W1}+R_{W2}//R_T}U_S \approx \dfrac{R_{W2}//R_T}{R_W}U_S \\ R_W \approx R_{W1}+R_{W2}//R_T \end{cases} \quad (1-2)$$

由于存在关系式

$$R_{W2} \mathbin{/\mkern-6mu/} R_T < R_{W2} \quad (1-3)$$

所以

$$U_{O2} \approx \frac{R_{W2}/\!/R_T}{R_W} U_S < \frac{R_{W2}}{R_W} U_S = U_{O1} \quad (1-4)$$

对比分析式（1-1）和式（1-4）得知，由于测试设备的输入电阻 R_T 的影响，带载后的输出电压 U_{O2} 的幅值比空载时的输出电压 U_{O1} 的幅值有所降低。

举例说明：

(1) 假设 $R_T = 100R_{W2}$，那么 $U_{O2} \approx 0.99U_{O1}$，电压幅值降低 1%。

(2) 假设 $R_T = 1000R_{W2}$，那么 $U_{O2} \approx 0.999U_{O1}$，电压幅值降低 0.1%。

由此可见，为了确保待测电压无失真地被拾取，要求测试设备的输入电阻 R_T 越大越好，至少为分压电阻 R_{W2} 的两个数量级以上。所以，在工程设计方面，建议采取图 1-2（d）所示的基于运算放大器（以下简称运放）的跟随器的电路方法。电压跟随器的显著特点就是输入阻抗高，几乎不从信号源汲取电流，同时具有极低的输出阻抗，向负载输出电流时几乎不在内部引起电压降，可视为电压源。下面以 OP07 为例进行说明。

OP07 运放是一种低噪声、非斩波稳零的双极性运算放大器。由于它具有非常低的输入失调电压（对于 OP07A 而言，最大为 $25\mu V$），低失调电压漂移（典型值为 $0.5\mu V/℃$），所以在很多应用场合不需要额外的调零措施。同时 OP07 还具有输入偏置电流低（对于 OP07A 而言，为 $\pm 2nA$）、开环增益高（对于 OP07A 而言，为 $300V/mV$）、差分输入电阻 R_{id} 高（典型值为 $33M\Omega$）的特点，正是由于它具有低失调、高开环增益的特性，才使得它广泛应用于高增益测量电路和微弱信号的放大电路等。

三、分流定理

将两个电阻的首端、尾端分别连在一起，当接通电源后，每个电阻的端电压均相同，这种连接方式称为电阻的并联。如图 1-3 所示为分流电路，表示一个电流源向两个并联电阻供电的电路。

利用基尔霍夫定律，对图 1-3 所示的电阻并联电路进行分析，用电阻参数表示的两个并联电阻的分流公式为

$$\begin{cases} I_1 = \dfrac{R_2}{R_1 + R_2} I_S \\ I_2 = \dfrac{R_1}{R_1 + R_2} I_S \end{cases} \quad (1-5)$$

图 1-3 分流电路

表达式（1-5）表示某个并联电阻中电流与总电流之间的关系。

四、工程范例分析

1. 基本概念

集电极开路又名开集极电路或 OC 门（Open Collector，以下均用 OC 门），它是一种集成电路的输出装置。OC 门实际上只是一个 NPN 型三极管，并不输出某一特定电压值或电流值。OC 门根据三极管基极所接的集成电路来决定（三极管发射极接地），通过三极管集电极，使其开路并输出。而输出设备若为场效应三极管，则称之为漏极开路（Open Drain，简称 OD 门），工作原理类似。

在工程设计过程中，有时需要将两个或两个以上与非门的输出端连接在同一条导线上，将这些与非门上的数据（状态电平）用同一条导线输送出去，即利用 OC 门来实现线与逻辑，但在输出端口应加一个上拉电阻 R_L 与电源相连，如图 1-4 所示为 OC 门应用电路的一般形式。图 1-4（a）所示的是 SN75452B 等效电路，图 1-4（b）表示其逻辑符号。在使用该电路时，需要外接一个电源 V_{CC} 及上拉电阻 R_L，则构成集电极开路与非门电路。

如图 1-4（c）所示，当输入端全为高电平时，VT2、VT3、VT5 和 VT7 导通，VT4 和 VT6 截止，输出 Y 为低电平；如图 1-4（d）所示，输入端有一个为低电平时，VT2、VT3、VT5 和 VT7 截止，VT4 和 VT6 导通，输出 Y 为高电平（接近电源电压 V_{CC}）。因此 OC 门完成了与非逻辑功能。

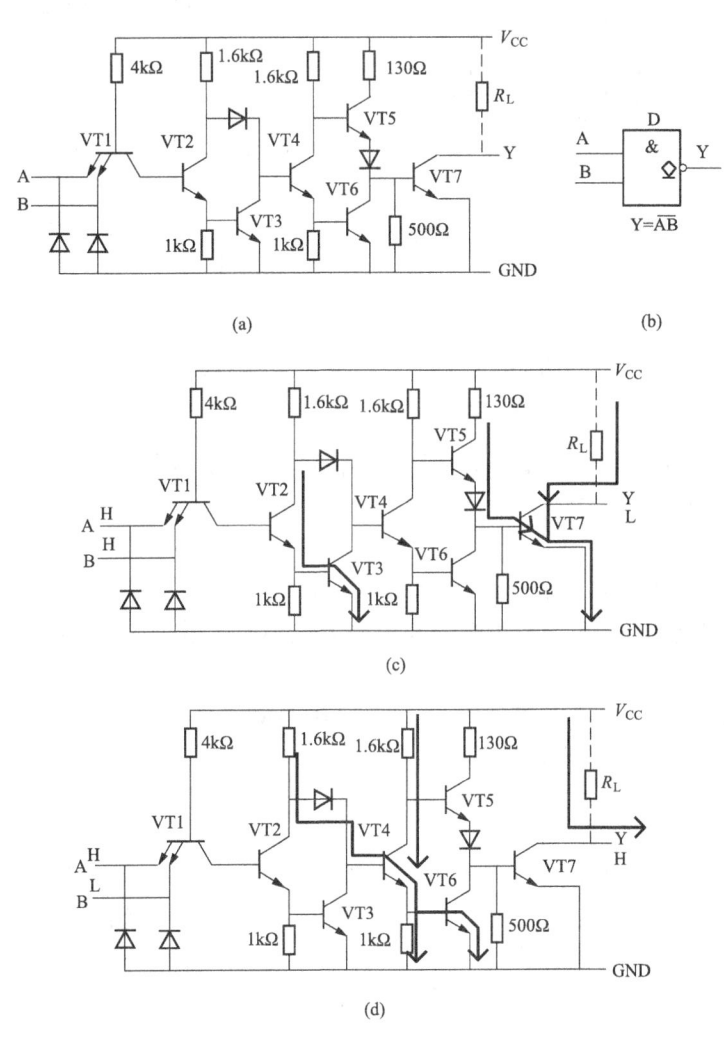

图 1-4　OC 门应用电路的一般形式
(a) SN75452B 等效电路；(b) SN75452B 的逻辑符号；
(c) 输入端全为高电平时；(d) 输入端有一个低电平时

2. 分析计算

(1) 上拉电阻 R_L 的计算方法。如图 1-5 所示为 OC 门中 R_L 取值计算示意图，

图 1-5（a）中，V_{OH} 表示 OC 与非门的输出端为高电平；I_{OH} 表示 OC 与非门的输出端为高电平时所对应的电流；I_{IH} 表示 OC 与非门的输出端为高电平时流入负载的电流；m 表示 OC 与非门的个数；n 表示负载的个数。图 1-5（b）中，V_{OL} 表示 OC 与非门的输出端为低电平；I_{OL} 表示 OC 与非门的输出端为低电平时所对应的电流；I_{IL} 表示 OC 与非门的输出端为低电平时流入负载的电流。

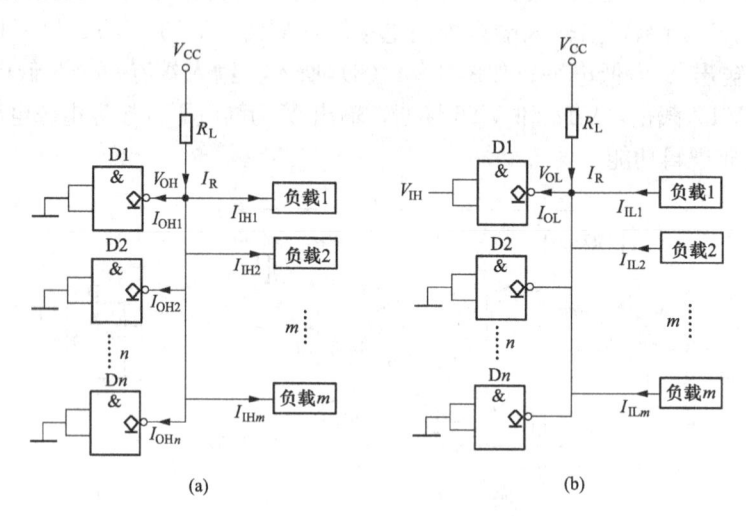

图 1-5　OC 门中 R_L 取值计算示意图
(a) 输入端为低电平；(b) 输入端有低电平也有高电平

如图 1-5（a）所示，当全部 OC 与非门的输入端均接低电平（如接地），它们的输出端均为高电平 V_{OH}，其表达式为

$$V_{OH} = V_{CC} - I_R R_L = V_{CC} - (nI_{OH} + mI_{IH})R_L \tag{1-6}$$

（2）上拉电阻最大值 R_{Lmax} 的计算判据。要确保 OC 与非门输出端的高电平输出必须有效，即 V_{OH} 必须超过 OC 与非门输出端的高电平的最小值 V_{OHmin}，因此 OC 与非门输出端的高电平必须满足

$$V_{OH} = V_{CC} - (nI_{OH} + mI_{IH})R_L > V_{OHmin} \tag{1-7}$$

上拉电阻最大值 R_{Lmax} 的表达式

$$R_L \leqslant R_{Lmax} = \frac{V_{CC} - V_{OHmin}}{nI_{OH} + mI_{IH}} \tag{1-8}$$

为了分析极端情况，假设仅有一个 OC 与非门开通，其两个输入端均为高电平，其他 OC 与非门的输入端均为低电平，如图 1-5（b）所示，因此，全部低电平的输出电流 I_{OL} 均流入开通的 OC 与非门。

开通的 OC 与非门的输出端为低电平 V_{OL} 的表达式为

$$V_{OL} = V_{CC} - (I_{OL} - |mI_{IL}|)R_L \tag{1-9}$$

那么，流入开通的 OC 与非门的低电平的电流 I_{OL} 的表达式为

$$I_{OL} = \frac{V_{CC} - V_{OL}}{R_L} + |mI_{IL}| \tag{1-10}$$

（3）上拉电阻最小值 R_{Lmin} 的计算判据。全部低电平的输出电流 I_{OL} 均流入开通的 OC 与非门且保证不超过三极管的额定电流（如果不是三极管而是场效应管也可依照饱和电流来计

算），即不超过开通的 OC 低电平输出电流的最大值 I_{OLmax}（也可以利用 OC 低电平输出的最大值 V_{OLmax}，$V_{OLmax}=I_{OLmax}\times R_{sat}$，$R_{sat}$ 表示三极管的饱和导通电阻，在 OC 门电路的器件参数手册中查到）即

$$I_{OL}=\frac{V_{CC}-V_{OL}}{R_L}+|mI_{IL}|<I_{OLmax} \tag{1-11}$$

因此，上拉电阻最小值 R_{Lmin} 的表达式为

$$R_L\geqslant\frac{V_{CC}-V_{OL}}{I_{OLmax}-|mI_{IL}|}=R_{Lmin} \tag{1-12}$$

综上所述，计算获得最小值 R_{Lmin} 和最大值 R_{Lmax} 后，上拉电阻的取值为 $R_{Lmin}\leqslant R_L\leqslant R_{Lmax}$，即介于最小值 R_{Lmin} 和最大值 R_{Lmax} 之间，酌情选择中间值即可。但是，如果考虑省电因素，而低电平要求不是太严格的话，建议取较大值的上拉电阻。

OD 门的上拉电阻的取值可参照 OC 门上拉电阻的取值过程进行计算、取值。

（4）上拉电阻的作用。

1）当 TTL 电路驱动 CMOS 电路时，如果 TTL 电路输出的高电平低于 CMOS 电路的最低高电平（一般为 3.5V 左右），这时就需要在 TTL 的输出端接上拉电阻，以提高输出高电平的值。

2）OC 门电路必须加上拉电阻，以提高输出的高电平值。

3）为加大输出引脚的驱动能力，有的单片机管脚上也经常使用上拉电阻。

4）在 CMOS 芯片上，为了防止静电造成损坏，不用的管脚不能悬空，一般接上拉电阻（当然也有直接接电源脚，还有的接地线脚，视具体情况而定）。

5）芯片的管脚加上拉电阻来提高输出电平，从而提高芯片输入信号的噪声容限，增强抗干扰能力。

6）提高总线的抗电磁干扰能力。管脚悬空就比较容易接受外界的电磁干扰。

7）长线传输中电阻不匹配，容易引起反射波干扰，加上拉电阻（或者下拉电阻）以使电阻匹配，有效抑制反射波干扰。

（5）上拉电阻阻值的选择原则包括：

1）驱动能力与功耗的平衡。从节约功耗及芯片的灌电流能力考虑应当足够大，因为电阻大，电流就小；上拉电阻越小，驱动能力越强，但功耗越大，设计时应注意两者之间的均衡。

2）下级电路的驱动需求。当输出高电平时，开关管断开，应适当选择上拉电阻以能够向下级电路提供足够的电流。

3）高低电平的设定。不同电路的高低电平的门槛电平会有不同，应适当设定上拉电阻，以确保能输出正确的电平。当输出低电平时，开关管导通，上拉电阻和开关管导通电阻分压值应确保在零电平门槛之下。

4）频率特性。上拉电阻和开关管漏源极之间的电容和下级电路之间的输入电容会形成 RC 延迟，电阻越大，延迟越大。因此，上拉电阻的设定应考虑电路在这方面的需求。特别是高速电路，过大的上拉电阻，可能导致脉冲的边沿变平缓，引起输出电平的延迟。

综合考虑以上原则，再结合具体电路分析确定上拉电阻的取值大小，通常在 1k～10kΩ 之间选取。

对于下拉电阻而言，一般拉到 GND，用于设定低电平或者是阻抗匹配（抗回波干扰），与上拉电阻道理类似，此处不再赘述。

第二节　戴维南定理和诺顿定理

一、电路的等效变换

大量实践表明，在电力电子装置的设计过程中，为了获取电路中关键性电气元件的电气参数，大多时候就要换个角度去分析，其中最常用的方法就是电路的等效变换，它作为一种能保证电路的非变换部分中的电压、电流在变换中维持不变的特殊变换形式，应用非常广泛。比如，在分析电路时遇到多个电压源串联的问题，通常就是将它们等效为一个电压源。同理，遇到多个电流源并联的情况，一般的做法是将它们等效为一个理想电流源。理论研究表明，要保证非变换部分中的电压、电流在变换中维持不变，变换成的新电路部分必须是变换部分的等效电路，即前者与后者应具有相同的外特性。所以，实现这种变换的关键是求出电路变换部分的等效电路，变换过程中经常会用到戴维南定理和诺顿定理，下面对它们进行简单的复习，以加深理解。

二、戴维南定理

任一线性有源二端网络 N，对其外部电路来说，都可以用电压源和电阻串联的组合等效代替，该电压源的电压等于网络的开路电压 U_{OC}，该电阻等于网络内部所有独立源作用为零情况下网络的等效电阻 R_0，如图 1-6 所示，由戴维南定理所得的电压源等效电路称为戴维南等效电路，其中开路电压 U_{OC} 和等效电阻 R_0 用图 1-7 表示，N_0 为将 N 中所有独立源置零后所得无源二端网络。

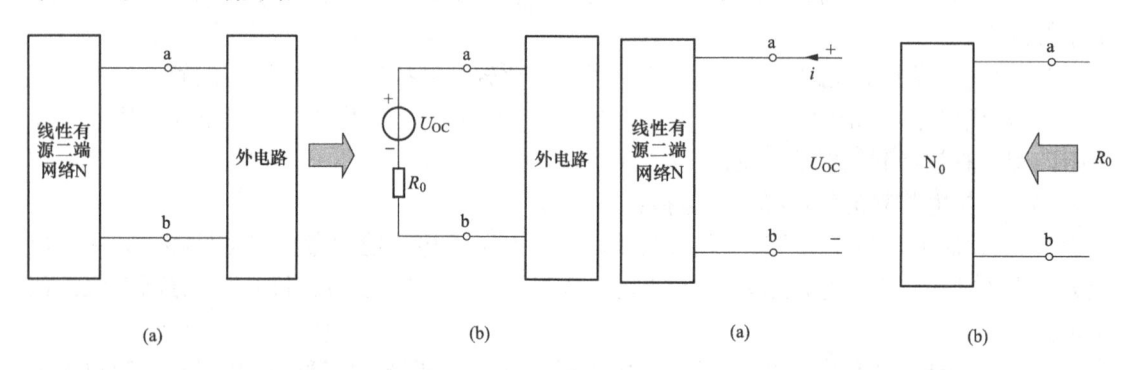

图 1-6　戴维南等效电路
(a) 线性有源二端网络 N；(b) 电压源和电阻串联的组合等效代替

图 1-7　开路电压 U_{OC} 和等效电阻 R_0 的表示方法
(a) 开路电压 U_{OC} 表示方法；(b) 等效电阻 R_0 表示方法

对于求解等效电阻 R_0 的方法有三种：

（1）直接法。应用等效变换方法（如串、并联等效或三角形与星形网络变换等）直接求出无源二端网络的等效电阻。

（2）外加电源法。如图 1-8 所示为无源二端网络 N_0 两端外加电源，其包括两种方法：①加压求流法，即在无源二端网络 N_0 两端外加电压源，如图 1-8（a）所示，求出回路中电流；②加流求压法，即在无源二端网络 N_0 回路中加电流源，如图 1-8（b）所示，求出网络 N_0 两端电压，则有

$$R_0 = R_{ab} = \frac{U_S}{I} \qquad (1-13)$$

（3）开路、短路法。如图 1-9 所示，将有源二端网络开路后，求出其开路电压 U_{OC}，如图 1-9（a）所示；再将有源二端网络短路，求出其短路电流 I_{SC}，如图 1-9（b）所示。开路电压与短路电流的比值即为戴维南等效电源的内阻 R_0，即

$$R_0 = \frac{U_{OC}}{I_{SC}} \qquad (1-14)$$

对于戴维南定理，用比较通俗的解释就是说，把一个相对复杂的含有独立源的电路变

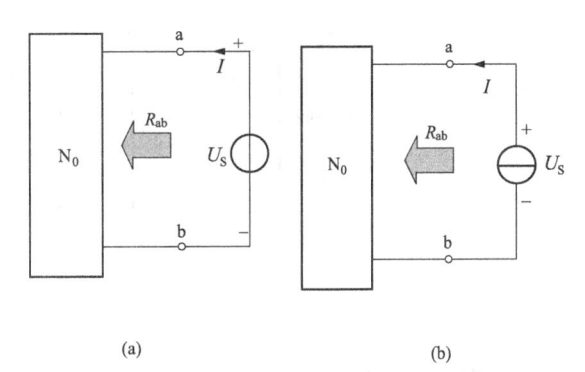

图 1-8 无源二端网络 N_0 两端外加电源
（a）外加电压源；（b）外加电流源

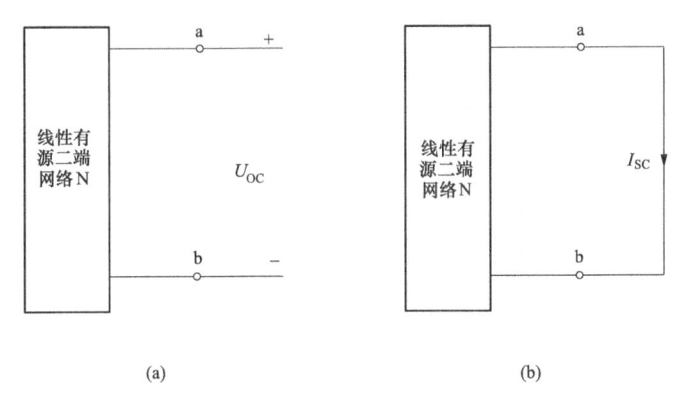

图 1-9 开路、短路法
（a）求开路电压 U_{OC}；（b）求短路电流 I_{SC}

成一个黑匣子，只用一个电压和一个电阻就能等效变换这个电路了。现将戴维南定理的基本解题步骤小结如下：

（1）将待求支路与原有源二端网络分离，对断开的两个端钮分别标以记号（如 a、b）。
（2）应用所学过的各种电路求解方法，对有源二端网络求解其开路电压 U_{OC}。
（3）有源二端网络内部所有独立源作用为零（其含义就是理想电压源短路、理想电流源开路）情况下，对无源二端网络求等效电阻 R_0。
（4）将断开的待求支路与戴维南等效电路接上，最后根据欧姆定律或分压、分流关系求出电路的待求响应。

三、诺顿定理

任一线性有源二端网络 N，对其外部电路来说，都可以用电流源和电阻并联的组合等效代替，该电流源的电流等于网络的短路电流 I_{SC}，该电阻等于网络内部所有独立源作用为零情况下网络的等效电阻 R_0，如图 1-10 所示，由诺顿定理所得的电流源等效电路称为诺顿等效电路。

短路电流 I_{SC} 和等效电阻 R_0 的表示方法如图 1-11 所示，N_0 为将 N 中所有独立源置零后所得无源二端网络。凡是戴维南定理能解决的问题，诺顿定理也能解决，其解题步骤与戴

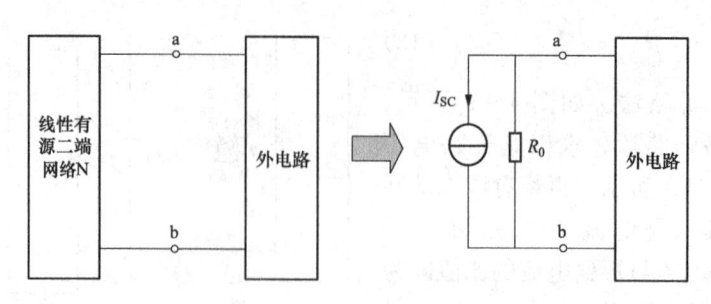

图 1-10 诺顿等效电路

维南定理类似，此处不再赘述。

四、工程范例分析

此处以复杂电路 RC 时间常数的计算为例，讲解其重要分析方法和必要的步骤。

1. 一阶 RC 电路

一阶 RC 电路如图 1-12 所示。

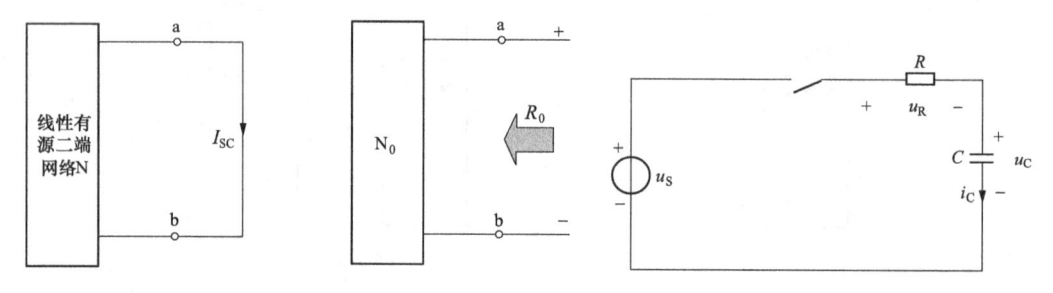

图 1-11 短路电流 I_{SC} 和等效电阻 R_0 的表示方法
（a）短路电流 I_{SC} 表示方法；(b) 等效电阻 R_0 表示方法

图 1-12 一阶 RC 电路

图 1-12 中，u_S 为电源，u_C 为电容的端电压，u_R 为电阻的端电压，i_C 为流过回路的电流。由 KVL 可得回路的电压表达式为

$$u_C + u_R = u_S \tag{1-15}$$

假设电容的端电压为 u_C，回路电流 i 可以表示为

$$i = C\frac{du_C}{dt} \tag{1-16}$$

电阻的端电压 u_R 的公式为

$$u_R = iR \tag{1-17}$$

将式 (1-16) 和式 (1-17) 代入式 (1-15) 中，得

$$\begin{cases} RC\dfrac{du_C}{dt} + u_C = u_S \\ u_C(0_+) = u_0 \end{cases} \tag{1-18}$$

假设初始条件 $u_C(0_+) = u_0$，化简得到电容端电压 u_C 的公式为

$$u_C = (u_0 - u_S)e^{-\frac{t}{RC}} + u_S \tag{1-19}$$

2. 讨论电路的时间常数 τ

令 $\tau = RC$，τ 为本电路的时间常数，它反映了 u_C 按指数规律衰减的快慢程度。假设 $t=0$

时，$u_{C(0)}=0$，当 $t=\tau$ 时，$u_{C(\tau)}=0.632u_S$，即在零状态响应中，电容电压上升到稳态值为电源电压的 63.2% 所需的时间就是 τ。当 $t=(4\sim5)\tau$ 时，u_C 上升到其稳态值 u_S 的 98.2%～99.3%，一般认为充电过程基本结束。

3. 获取流过回路的电流 i_C

流过回路的电流 i_C 的公式为

$$i_C = \frac{u_S - u_0}{R} e^{-\frac{t}{RC}} \tag{1-20}$$

分析式 (1-20) 得知，必须合理选择限流电阻 R，确保充电电流不超过电容器的额定值，否则会损坏电容器，尤其是在使用 DC-DC 电源模块时，更要注意不能为了提高输出电压的波形质量，而在它的输出端并联过大的电解电容。建议读者认真阅读所选电源模块的参数手册，一般会给用户推荐并联电容的取值范围。

4. 计算电阻端电压 u_R

电阻端电压 u_R 的公式为

$$u_R = iR = (u_S - u_0)e^{-\frac{t}{RC}} \tag{1-21}$$

5. 展开讨论

对于微分电路和积分电路而言，时间常数与输入脉冲的宽度满足下列条件：

(1) RC 微分电路。要求时间常数远小于输入脉冲的宽度（1/10 甚至更少），输出电压从电阻端取出。

(2) RC 积分电路。要求时间常数远大于输入脉冲的宽度（至少 10 倍以上），输出电压从电容端取出。

当电容充满电后，将电源 u_S 短路（只是为了讨论问题，请读者不要随意短接电源），电容 C 会通过 R 放电，则任意时刻 t 时，电容上的端电压的公式为

$$u_C = u_S e^{-\frac{t}{RC}} \tag{1-22}$$

对于简单的串联电路，时间常数就等于电阻 R 和电容 C 的乘积，但是，在实际电路中，时间常数 RC 并不那么容易计算。

6. 工程范例分析

某个电源的负载如图 1-13 所示，以其为例，介绍获取较为复杂电路的时间常数的基本分析方法和重要步骤。

对于图 1-13 (a) 而言，若从充电的角度去计算时间常数会比较难，因为时间常数只与电阻和电容有关，而与电源无关（理解为将独立源作用为零），对于由一个电阻 R 和一个电容 C 串联的简单电路来说，其充电和放电的时间常数是一样的，即为 RC，所以，可以把图 1-13 (a) 中的电压源"短路"，使电容 C 放电。

分析过程：

分析图 1-13 (a) 时，首先把电压源"短路"而保留其串联内阻 R_1，短路后电路如图 1-13 (b) 所示，整理后电路如图 1-13 (c) 所示，再来计算去掉电源后的电路的等效电阻 R 和等效电容 C，那么其等效电阻 R，就是由电阻 R_1、R_2 和 R_4 并联之后再与电阻 R_3 串联，等效电容 C 就是图 1-13 (c) 中的电容 C，最后求出时间常数为

$$\tau = (R_1 /\!/ R_2 /\!/ R_4 + R_3)C \tag{1-23}$$

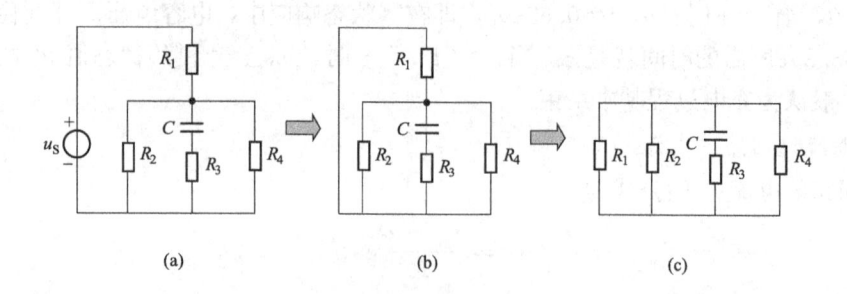

图 1-13 某个电源的负载

(a) 原电路图；(b) 将 u_S 短路后电路图；(c) 整理后电路图

综上所述，计算复杂电路的充电或放电的时间常数时，需要历经的关键性步骤有：

(1) 如果 RC 电路中的电源是电压源形式，先把电压源"短路"而保留其串联内阻，如果电路使用的是电流源形式，应先把电流源"开路"而保留其并联内阻。

(2) 把去掉电源后的电路简化成一个等效电阻 R 和等效电容 C 串联的 RC 放电回路。

(3) 等效电阻 R 和等效电容 C 的乘积就是该电路的时间常数，再按简化电路的方法求出时间常数 τ。

(4) 计算时间常数 τ 时，应注意各个参数的单位，当等效电阻 R 的单位是欧姆，等效电容 C 的单位是法拉时，乘得的时间常数 τ 的单位才是秒。

第二章 运算放大器

第一节 运算放大器概述

一、应用背景

由于电力电子装置工作环境的特殊性，在设计过程中，首先要面对的问题就是如何拾取被控对象所需要幅值较小的参变量如电压、电流、速度、加速度、湿度、温度等。其中有些参变量要参与控制，十分重要，有些参变量虽不参与控制，它们却能随时表征装置的健康状态。

虽然电力电子装置中参变量的作用和功能存在较大差异，但是其均有信号幅值小，可耦合工频、静电和电磁等共模干扰的特点。如何提高信噪比、降低信号失真，获得电力电子装置运行时所需的最直接、最易处理的信号，就显得非常重要。研究与工程实践均表明，要较好地解决这个问题，就需要运用具有很好的共模抑制比、高增益、低噪声和高输入阻抗等性能优良的放大电路，而集成运算放大器（以下简称运放），就是具有上述优良性能的电气元件。当运放配以不同的反馈网络和不同的反馈方式，就可构成功能和特性完全不同的电路，如反相放大器、同相放大器、积分器、微分器、滤波器、比较器、阻抗变换器、振荡器和滤波器等，它们对拾取、准确处理和灵活变换上述弱信号起着非常重要的作用。

二、基本原理

1. 端口特点

运算放大器（Operational Amplifier，简称 OP、OPA、OPAMP，以下简称运放），是一种直流耦合，差模（差动模式）输入、单端输出的高增益电压放大器，其符号和等效电路如图 2-1 所示。运放最初被用于进行加、减、微分、积分等模拟运算，并因此而得名。但是，随着科学的飞速发展，运放逐渐成为一种典型的集成器件，被广泛应用于精密的交流和直流放大器、有源滤波器、振荡器及电压比较器等重要电路中。

运放符号如图 2-1 (a) 所示。它包括：①正输入端（OP_P）；②负输入端（OP_N）；③输出端（OP_O）。

在工程实践中，为便于进行测量，还必须包含一个参考点。如图 2-1 (a) 中加粗的线，即运放的地线端或脚。当制作 PCB 板时，通常都需要设置电源层和地线层。当运放要为后续电路或者负载提供电流（如恒流源电路），即它被当作功率运放使用时，就更有利于全面理解地线的问题。

但是，图 2-1 (a) 这种示意图仅仅适用于常规运放，对于隔离运放就不适用了，因为隔离运放的输入端和输出端的地线是相互独立的两套地线，它们是电气隔离的，而不是一套地线。

图 2-1 (a) 中 u_+ 和 u_- 分别表示运放的同相输入端电压和反相输入端电压，i_+ 和 i_- 分别表示运放的同相输入端电流和反相输入端电流。运用戴维南定理，运放的等效电路如图 2-1 (b) 所示。图 2-1 (b) 中 u_S、u_{id} 和 u_O 分别表示运放的电源电压、差模输入电压和输

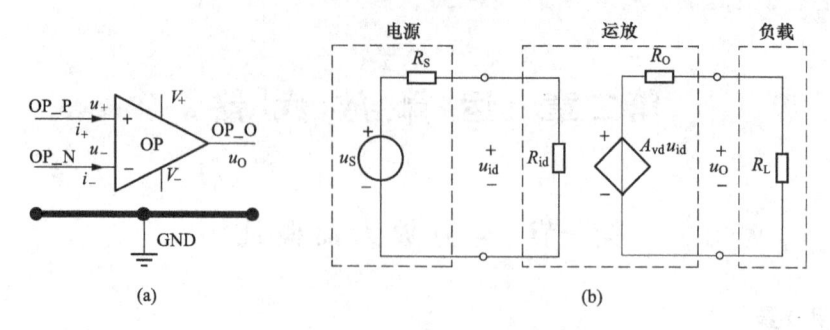

图 2-1 运放符号和等效电路
(a) 运放符号；(b) 运放等效电路

出电压，R_S 和 R_L 分别表示电源内阻和负载电阻。

2. 重要参数

理想运放的重要参数如表 2-1 所示，图中其他符号的含义见表 2-1 所示。

表 2-1　　　　　　　　理想运放的重要参数

名　　称	符　号	特征取值	作　用
开环电压增益	A_{vd}	→∞	理想运放的主要特点
差分输入电阻	R_{id}	→∞	
共模输入电阻	R_{ic}	→∞	
开环输出电阻	R_O	0	
频带宽度	BW	→∞	对运放后续功能电路非常重要
共模抑制比	CMRR	→∞	
电源电压抑制比	SVR	→∞	
输入失调电压	U_{iO}	→0	
输入失调电流	I_{iO}	→0	
输入偏置电流	I_{iB}	→0	
等效输入噪声电压	e_n	→0	
等效输入噪声电流	i_n	→0	

分析运放等效电路图 2-1 (b) 得知，在运放的输出端口，利用电压分压器公式，可得输出电压 u_O 的公式为

$$u_O = \frac{R_L}{R_L + R_O} A_{vd} u_{id} \tag{2-1}$$

差分输入电压 u_{id} 的公式为

$$u_{id} = \frac{R_{id}}{R_{id} + R_S} u_S \tag{2-2}$$

联立式 (2-1) 和式 (2-2)，可以得到运放的输出电压与电源电压的放大倍数，即开环电压增益的公式为

$$\frac{u_O}{u_S} = \frac{R_{id}}{R_{id} + R_S} A_{vd} \frac{R_L}{R_L + R_O} \tag{2-3}$$

因为
$$\begin{cases} \dfrac{R_{id}}{R_{id}+R_S} < 1 \\ \dfrac{R_L}{R_L+R_O} < 1 \end{cases} \quad (2-4)$$

则有结论性式
$$\left|\dfrac{u_O}{u_S}\right| < |A_{vd}| \quad (2-5)$$

分析式（2-5）可知，当信号经由运放传给负载时，首先就会在运放的输入端口受到不同程度的衰减，然后再在运放内部放大 A_{vd} 倍，最后在运放的输出端口又有部分衰减，这些衰减被统称为负载效应。

3. 选型方法

在选择运放时，必须要考虑信号源阻抗的影响，具体包括以下几个方面：

（1）对于高阻抗信号源，就需要考虑选择 JFET 或者 CMOS 型运放。如 LF351、LF353、LF355、LF356、LF347、LF411、LF412、CA3130、CA3140、LTC6090、LTC6084、LTC6085、OPA336、OPA2336、OPA4336、OPA132、OPA2132、OPA4132、OP275 和 AD8500 等。

（2）对于低阻抗信号源，选择低输入噪声的运放。如 LM124、NE5532、OPA2111、OPA2107、OPA228、OPA2228、OPA4228、OPA227、OPA2227、OPA4227、OP07、OP27、MAX9945、TL071、TL072、TL074、AD509 和 ICL7650 等。

（3）在快速 A/D 和 D/A 转换器、视频放大器中，还要考虑运放速度的影响。比如要求运放的转换速率要高，单位增益带宽要足够大，通用型运放是不能满足高速应用需求的，高速型运放的主要特点是转换速率高、单位增益带宽大，如 LM318、μA715、NE5532、NE5534 等，其转换速率超过 $50\sim70\text{V}/\mu\text{s}$，单位增益带宽超过 20MHz。

三、虚短和虚断的含义

根据表 2-1 的重要特征参数可知，在线性应用情况下，理想运算放大器具有虚短和虚断两个非常重要的特性。

1. 虚短

虚短指在运放处于线性状态时，可以将其两个输入端视为等电位，这一特性被称为虚假短路，简称虚短，即运放的同相输入端电压 u_+ 与反相输入端电压 u_- 近似相等，即
$$u_+ \approx u_- \quad (2-6)$$

由于运放的开环电压增益 A_{vd} 很大，一般通用型运放的开环电压增益都在 80dB 以上，而运放的输出电压取决于电源电压，假设运放由 +15V 电源供电，其输出端的电压大多介于 $10\sim14\text{V}$ 之间（除非采用特殊的高电压运放）。因此，运放的差模输入电压 u_{id} 不足 1mV，两输入端近似为等电位，相当于短路。开环电压增益 A_{vd} 越大，运放的同相输入端和反相输入端的电压越接近相等。

2. 虚断

虚断指在运放处于线性状态时，可以将其两个输入端视为等效开路，这一特性称为虚假开路，简称虚断，即运放的同相输入端电流 i_+ 与反相输入端电流 i_- 近似为零，即

$$\begin{cases} i_+ \approx 0 \\ i_- \approx 0 \end{cases} \quad (2\text{-}7)$$

由于运放的差模输入电阻 R_{id} 很大,一般通用型运放的差模输入电阻都在 1MΩ 以上。因此流入运放输入端的电流往往不足 1μA,远小于输入端外电路的电流(输出微安级的光电二极管除外,因为光电二极管后续电路必须选择皮安级的运放),所以,通常把运放的两个输入端视为开路,且差模输入电阻 R_{id} 越大,两个输入端越接近于开路。

实践表明,在设计电力电子装置的弱信号接口板时,凡是涉及利用运放来处理那些幅值非常弱小的模拟信号时,其分析方法必然要用到虚短和虚断,遇到由运放组成的电路就可分开分析。

四、同相放大器

同相放大器的符号和等效电路如图 2-2 所示,利用虚短和虚断得到表达式

$$\begin{cases} u_{id} = u_+ \\ u_- = u_O - R_F i_F \\ u_- = R_1 i_1 \\ u_+ = u_- \end{cases} \quad (2\text{-}8)$$

$$\begin{cases} i_1 = i_F - i_- = \dfrac{u_-}{R_1} \\ i_- = i_+ = 0 \end{cases} \quad (2\text{-}9)$$

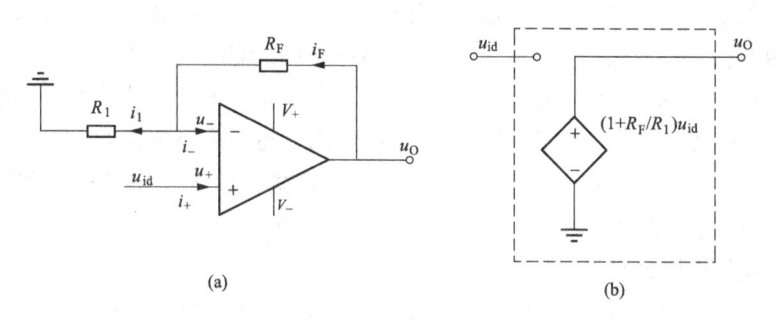

图 2-2 同相放大器的符号与等效电路
(a) 符号;(b) 等效电路

由式 (2-9) 得

$$i_1 = i_F = \frac{u_-}{R_1} \quad (2\text{-}10)$$

联立式 (2-8) 和式 (2-10),化简得

$$i_F = \frac{u_O}{R_1 + R_F} \quad (2\text{-}11)$$

将式 (2-11) 代入式 (2-8),化简得

$$u_O = \frac{R_1 + R_F}{R_1} u_{id} = \left(1 + \frac{R_F}{R_1}\right) u_{id} \quad (2\text{-}12)$$

式 (2-12) 即为同相放大器的输出电压 u_O 的表达式。同相放大器的等效电路如图 2-2 (b) 所示,它可以理解为:①从输入端看进去是一个开路;②从输出端看进去是短路。由此说明,同相放大器的输入阻抗接近于无穷大,输入电流接近于零,接近于开路;输

出阻抗极小,接近于短路。

五、跟随器

跟随器的符号和等效电路如图 2-3 所示,在图 2-2(a)所示的同相放大器的符号中,如果将电阻 R_1 理解为开路或者无穷大,那么式(2-12)就可以变化为

$$u_O = u_{id} \tag{2-13}$$

式(2-13)即为跟随器输出电压 u_O 的表达式,它表示有用信号 u_{id} 被毫无失真地传递给下一级处理电路。

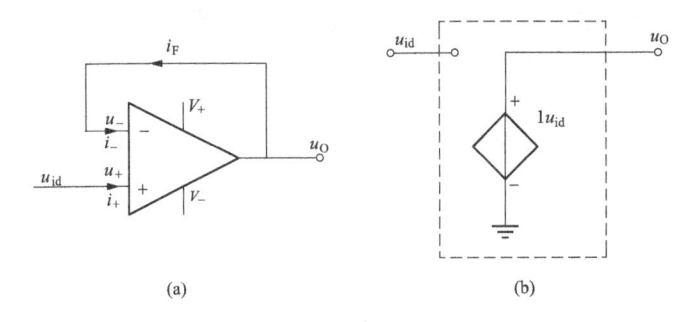

图 2-3 跟随器的符号和等效电路
(a)符号;(b)等效电路

本书在第一章第一节中,分析分压电路时,图 1-2(d)分压电路中就用到跟随器电路。跟随器的等效电路如图 2-3(b)所示,它可以理解为,从输入端看进去是一个开路;从输出端看进去是短路,且起着阻抗变换器的作用。

由此说明,跟随器的输入阻抗非常大,接近于无穷大,输入电流接近于零,接近于开路;输出阻抗极小,接近于短路。利用跟随器将信号源与负载相连如图 2-4 所示。

(1)如果不用跟随器而直接接负载,如图 2-4(a)所示,根据电压分压电路公式得知,负载端电压的表达式为:$u_S = u_S R_L/(R_L+R_S) < u_S$,说明负载没有全部获得信号源电压,即信号源电压 u_S 在负载端有所衰减。

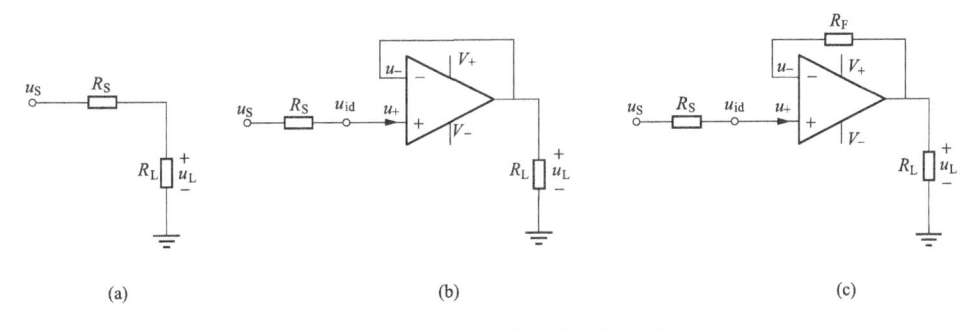

图 2-4 利用跟随器将信号源与负载相连
(a)直接接负载;(b)电压反馈型运放跟随器;(c)电流反馈型运放跟随器

(2)如果将信号源输出端接跟随器情况就大不一样了,如图 2-4(b)所示,由于跟随器从输入端看进去是一个开路,则不会从信号源处获得电流,因此,负载端电压的表达式为:$u_S = u_- = u_+ = u_S = u_L$,说明负载全部获得信号源电压 u_S,该跟随器在信号源与负载之间起到了缓冲的作用,因此,有时候跟随器又被称为缓冲器。

跟随器的作用：
(1) 输入缓冲。解决与信号源之间的阻抗匹配问题。
(2) 中间隔离。避免前后级电路相互之间的影响。
(3) 输出缓冲驱动。提高电路的负载驱动能力。

要正确使用跟随器，还必须注意：电压反馈型运放和电流反馈型运放在跟随器构成方面是不一样的。由于电压反馈型运放具有低摆率特性，它适用于低速、高精度场合；而电流反馈型运放具有高摆率特性，它适用于高速、低精度场合。跟随器用作缓冲器时，电流反馈型运放跟随器不能将输出端和反相输入端直接相连，而是要通过电阻连接，该电阻用以限制输出端的正、负脉冲的幅度，其符号如图 2-4（c）所示。

六、反相放大器

反相放大器符号和等效电路如图 2-5 所示，运用虚短和虚断，得到表达式

$$\begin{cases} u_- = u_O - R_F i_F \\ u_+ = 0 \\ u_- = u_+ \\ i_1 = \dfrac{u_- - u_{id}}{R_1} \end{cases} \quad (2-14)$$

$$\begin{cases} i_1 = i_F - i_- = \dfrac{u_- - u_{id}}{R_1} \\ i_- = i_+ = 0 \end{cases} \quad (2-15)$$

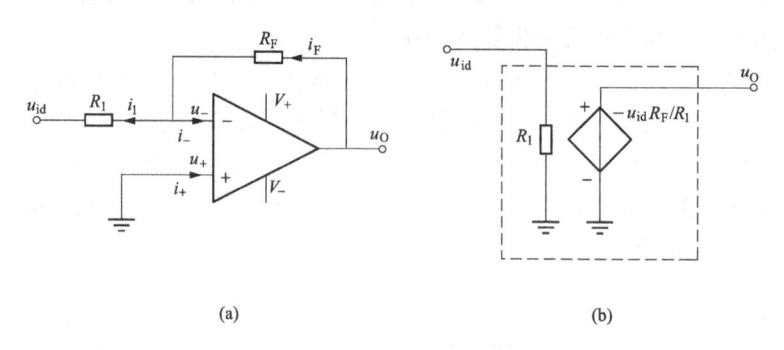

图 2-5 反相放大器符号和等效电路
(a) 符号；(b) 等效电路

联立式（2-14）和式（2-15）得

$$i_1 = i_F = \frac{u_- - u_{id}}{R_1} = \frac{-u_{id}}{R_1} \quad (2-16)$$

联立式（2-16）和式（2-14），化简得

$$u_O = -\frac{R_F}{R_1} u_{id} \quad (2-17)$$

式（2-17）即为反相放大器输出电压 u_O 的表达式。反相放大器的等效电路如图 2-5（b）所示，它可以理解为，其输入阻抗就是电阻 R_1，所以从输入端看进去并不是一个开路（这是根本不同于同相放大器之处）；从输出端看进去是短路。

由此说明：

(1) 反相放大器的输入阻抗不是非常大（远远小于同相放大器的输入阻抗）。
(2) 与同相放大器相同，反相放大器的输出阻抗也极小，接近于短路。

由运放组成的电路种类繁多，是模拟电路中学习的重点与难点。因此，在分析由运放组成的电路的工作原理时，利用虚短和虚断，得出两个经典公式：

(1) 同相放大器输出电压的表达式为 $u_O = u_{id}(1 + R_F/R_1)$。
(2) 反相放大器输出电压的表达式为 $u_O = -u_{id}(R_F/R_1)$。

七、输入偏置电流的影响与抑制

1. 输入偏置电流的影响

如图 2-6 所示为输入偏置电流电路图。在讨论输入偏置电流的影响时，假设运放的其他参数都是理想的。图 2-6 中，I_{B-} 和 I_{B+} 分别为运放的反相输入端偏置电流和同相输入端偏置电流。为了分析方便起见，采用叠加定理。

首先分析在反相输入端偏置电流 I_{B-} 单独作用下运放的输出电压 u_{O1}，接着分析在同相输入端偏置电流 I_{B+} 单独作用下运放的输出电压 u_{O2}，则全部输出电压 u_O 就是两个输出电压之和，即 $u_O = u_{O1} + u_{O2}$。

(1) I_{B-} 单独作用。讨论在反相输入偏置电流 I_{B-} 单独作用时，假设 $I_{B+} = 0$。利用虚短和虚断，得到表达式

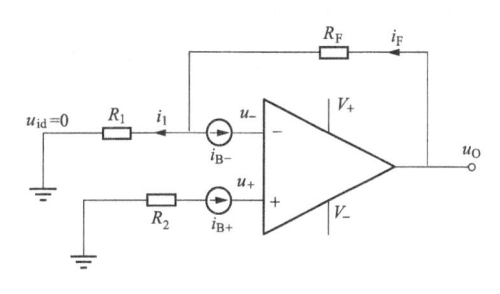

图 2-6 输入偏置电流电路图

$$\begin{cases} u_- = u_+ = 0 \\ i_F = \dfrac{u_{O1} - u_-}{R_F} = i_{B-} \end{cases} \quad (2-18)$$

运放的输出电压 u_{O1} 的表达式为

$$u_{O1} = i_{B-} R_F \quad (2-19)$$

(2) I_{B+} 单独作用。讨论在同相输入偏置电流 I_{B+} 单独作用时，假设 $I_{B-} = 0$。偏置电流 I_{B+} 流过平衡电阻 R_2，产生的电压作为同相端的输入信号，放大后得到由偏置电流 I_{B+} 所产生的输出电压 u_{O2} 为

$$u_{O2} = -I_{B+} R_2 \left(1 + \dfrac{R_F}{R_1}\right) \quad (2-20)$$

利用叠加原理，可以求出由偏置电流 I_{B-} 和 I_{B+} 产生的总输出电压 u_O 的表达式

$$u_O = u_{O1} + u_{O2} = I_{B-} R_F - I_{B+} R_2 \left(1 + \dfrac{R_F}{R_1}\right) \quad (2-21)$$

式 (2-21) 表明，由偏置电流 I_{B-} 和 I_{B+} 产生的总输出电压 u_O 的大小既与偏置电流 I_{B-} 和 I_{B+} 有关，还与运放同相端与反相端的阻抗 R_2、R_1 和 R_F 密切相关。

2. 输入偏置电流的抑制

假设式 (2-21) 中的 R_F 满足表达式

$$R_F = R_2 \left(1 + \dfrac{R_F}{R_1}\right) \quad (2-22)$$

由偏置电流 I_{B-} 和 I_{B+} 产生的总输出电压 u_O 的表达式可简化为

$$\begin{cases} u_O = (I_{B-} - I_{B+})R_F = I_{OS}R_F \\ I_{OS} = I_{B-} - I_{B+} \end{cases} \quad (2-23)$$

式（2-23）中的 I_{OS} 表示失调电流，即反相端偏置电流 I_{B-} 与同相端偏置电流 I_{B+} 之差。假设电路完全对称，那么由偏置电流 I_{B-} 和 I_{B+} 产生的总输出电压 u_O 将约等于 0。所以，根据式（2-22）可以推导获得平衡电阻 R_2 的表达式为

$$R_2 = R_1 \mathbin{/\mkern-6mu/} R_F = \frac{R_1 + R_F}{R_1 R_F} \quad (2-24)$$

综上所述，为了减小输入偏置电流的不良影响，最可行的方法就是确保运放电路的同相端与反相端的阻抗相等或者近似相等。即运放电路设计合理的重要依据为：运放电路的同相端与反相端的阻抗必须尽可能相等或者近似相等。

八、输入失调电压的影响与抑制

1. 输入失调电压的影响

具有输入失调电压 u_{iO} 的运放电路如图 2-7 所示，利用虚短和虚断，得到表达式

$$\begin{cases} u_- = u_+ = u_{iO} \\ u_- = u_O - R_F i_F \\ u_- = R_1 i_1 \end{cases} \quad (2-25)$$

$$\begin{cases} i_1 = i_F - i_- = \dfrac{u_-}{R_1} \\ i_- = i_+ = 0 \end{cases} \quad (2-26)$$

联立式（2-25）和式（2-26）得

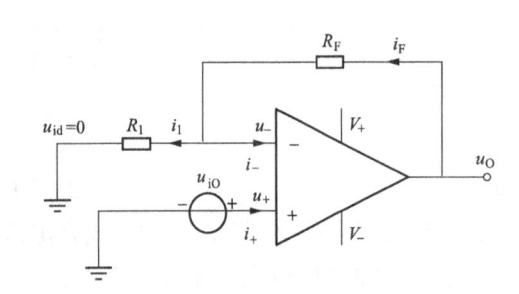

$$\begin{cases} i_1 = i_F = \dfrac{u_O}{R_1 + R_F} \\ u_{iO} = R_1 \dfrac{u_O}{R_1 + R_F} \end{cases} \quad (2-27)$$

化简式（2-27）得

$$u_O = \frac{R_1 + R_F}{R_1} u_{iO} \quad (2-28)$$

图 2-7 具有输入失调电压 u_{iO} 的运放电路

式（2-28）是由输入失调电压 u_{iO} 引起的输出电压，即为输出失调电压的表达式，它可以利用调零的方法予以抵消。

2. 反相放大器调零方法

反相放大器的实用调零方法如图 2-8 所示。

（1）反相放大器调零方法 1 如图 2-8（a）所示。对于反相放大器调零方法 1 而言，其输出电压公式为

$$\begin{cases} u_O = -\dfrac{R_F}{R_1} u_{in} \pm u_{max} \\ u_{max} = \dfrac{R_F}{R_3} u_R \end{cases} \quad (2-29)$$

反相放大器调零方法 1 中噪声增益的公式为

$$A_O = 1 + \frac{R_F}{R_1 \mathbin{/\mkern-6mu/} (R_3 + R_4 \mathbin{/\mkern-6mu/} R_5)} \quad (2-30)$$

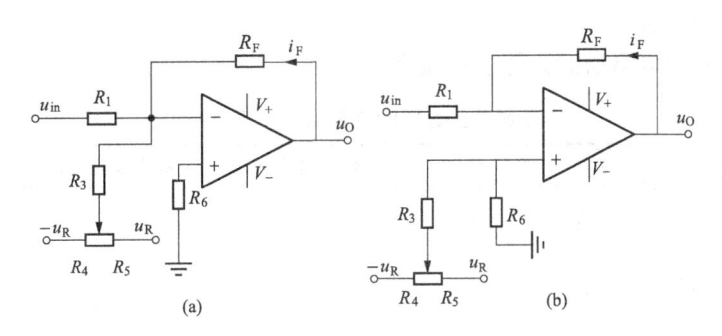

图 2-8 反相放大器的实用调零方法
(a) 调零方法 1；(b) 调零方法 2

反相放大器调零方法 1 中平衡电阻 R_6 的取值为

$$R_6 = R_1 \mathbin{/\mkern-6mu/} (R_3 + R_4 \mathbin{/\mkern-6mu/} R_5) \mathbin{/\mkern-6mu/} R_F \tag{2-31}$$

(2) 反相放大器调零方法 2 如图 2-8 (b) 所示。对于反相放大器调零方法 2 而言，其输出电压的公式为

$$\begin{cases} u_O = -\dfrac{R_F}{R_1} u_{in} \pm u_{max} \\ u_{max} = \left(1 + \dfrac{R_F}{R_1}\right) \times \left(\dfrac{R_6}{R_3 + R_6}\right) u_R \end{cases} \tag{2-32}$$

反相放大器调零方法 2 中噪声增益的公式为

$$A_O = 1 + \dfrac{R_F}{R_1} \tag{2-33}$$

反相放大器调零方法 2 中平衡电阻 R_6 的取值为

$$\begin{cases} R_6 = R_1 \mathbin{/\mkern-6mu/} R_F & (i_{B+} \approx i_{B-}) \\ R_6 \leqslant 50\,\Omega & (i_{B+} \neq i_{B-}) \end{cases} \tag{2-34}$$

3. 同相放大器调零方法

同相放大器的实用调零方法如图 2-9 所示。其输出电压的公式为

$$\begin{cases} u_O = \left(1 + \dfrac{R_F}{R_1}\right) u_{in} \pm u_{max} \\ u_{max} = \dfrac{R_F}{R_3} u_R \end{cases} \tag{2-35}$$

根据电压分压器原理得知，要尽量减小电阻 R_3 从电阻 R_1 回路中汲取的电流，为此需要满足 $R_3 \gg R_1$，建议取值为 $R_3 \geqslant 100 R_1$。

同相放大器调零方法中噪声增益的公式为

$$A_O = 1 + \dfrac{R_F}{R_1 \mathbin{/\mkern-6mu/} (R_3 + R_4 \mathbin{/\mkern-6mu/} R_5)} \tag{2-36}$$

同相放大器调零方法中平衡电阻 R_6 的取值为

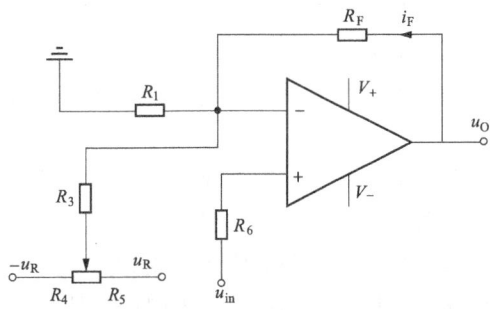

$$R_6 = R_1 \mathbin{/\mkern-6mu/} (R_3 + R_4 \mathbin{/\mkern-6mu/} R_5) \mathbin{/\mkern-6mu/} R_F \tag{2-37}$$

图 2-9 同相放大器的实用调零方法

九、工程范例分析

三种典型运放的电路增益计算公式如表 2-2 所示。

表 2-2　　　　　　　　三种典型运放的电路增益计算公式

序号	电路形式	信号增益 A_{vd}	噪声增益 A_O	平衡电阻 R_P
1	电路1	$1+\dfrac{R_F}{R_1}$	$1+\dfrac{R_F}{R_1}$	$R_P=R_1 /\!/ R_F$
2	电路2	$-\dfrac{R_F}{R_1}$	$1+\dfrac{R_F}{R_1}$	$R_P=R_1 /\!/ R_F$
3	电路3	$-\dfrac{R_F}{R_1}$	$1+\dfrac{R_F}{R_1 /\!/ R_2}$	$R_P=R_1 /\!/ R_2 /\!/ R_F$
4	电路4	$-\left(\dfrac{R_F}{R_1}+\dfrac{R_F}{R_2}\right)$	$1+\dfrac{R_F}{R_1 /\!/ R_2}$	$R_P=R_1 /\!/ R_2 /\!/ R_F$

对比分析表 2-2 中电路得知：

(1) 电路 1 和电路 2 相比，前者的信号增益比后者大一倍且与之信号同相，其噪声增益相同。

(2) 电路 2 和电路 3 相比，信号增益相同，但是，前者的噪声增益略小于后者，从降低噪声的角度来看，电路 2 更好。

(3) 如果将电路 3 中的电阻 R_2 的接地端不接地而作为另一个信号的输入端，那么该电路就是一个典型的加法器，如电路 4 所示。

第二节　仪用运算放大器概述

一、应用背景

在电力电子装置的现场应用过程中发现：

（1）要获取如应力、温度、湿度、应变等物理量时，经常是在具有较高幅值的共模电压的条件下，完成幅值非常弱小的差模（差值）电压信号的拾取、放大和滤波等重要处理。

（2）这些被测对象，都具有一定的内阻抗，有的甚至很高，因此要求放大器不仅要具有很高的输入阻抗，还要具有低失调、低漂移、高稳定增益和很高的共模抑制比。

（3）有些被测对象和电力电子装置的控制器之间，通常有一段距离，因此还必须具有良好的抗干扰能力与必要的防护措施。

实践表明，运用仪用运算放大器（Instrumentation Amplifiers，以下简称仪用运放）可以有效地解决上述问题，其经常被选做电力电子装置控制器中信号调理接口板卡的前置放大器。

二、差分放大器的工作原理

1. 基本原理

差分放大器是指放大正负输入端的差值信号的放大器，即其输出电压与输入电压的差值信号成正比，是由一个运放和外围电路组成的。在差分放大器的同相端、反相端同时接收到差值信号，再进行求差运算，其原理图如图 2-10 所示。

由虚断得知，图 2-10 中通过 R_1 的电流等于通过 R_2 的电流，同理通过 R_4 的电流等于 R_3 的电流，故有

$$\begin{cases} \dfrac{u_- - u_{inN}}{R_1} = i_1 = i_2 = \dfrac{u_O - u_-}{R_2} \\ \dfrac{u_{inP} - u_+}{R_3} = i_3 = i_4 = \dfrac{u_+}{R_4} \end{cases} \quad (2-38)$$

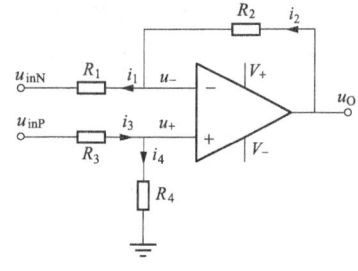

图 2-10　差分放大器原理图

由式（2-38）得同相端电位式和反相端电位式，即

$$\begin{cases} u_- = \dfrac{u_{inN} + u_O \dfrac{R_1}{R_2}}{1 + \dfrac{R_1}{R_2}} \\ u_+ = \dfrac{u_{inP}}{1 + \dfrac{R_3}{R_4}} \end{cases} \quad (2-39)$$

由虚短得知，运放同相端电位 u_+ 与反相端电位 u_- 相等，即

$$u_- = u_+ \quad (2-40)$$

联立式（2-39）和式（2-40）可得

$$u_- = \dfrac{u_{inN} + u_O \dfrac{R_1}{R_2}}{1 + \dfrac{R_1}{R_2}} = u_+ = \dfrac{u_{inP}}{1 + \dfrac{R_3}{R_4}} \quad (2-41)$$

将式（2-41）化简可得运放输出电压 u_O 的表达式为

$$u_O = \left(\frac{u_{inP}}{1+\frac{R_3}{R_4}} - \frac{u_{inN}}{1+\frac{R_1}{R_2}}\right)\left(1+\frac{R_2}{R_1}\right) \quad (2-42)$$

式（2-42）即为差分放大器的通用表达式。若满足条件

$$\begin{cases} R_1 = R_3 \\ R_2 = R_4 \end{cases} \quad (2-43)$$

则式（2-42）可简化为

$$u_O = (u_{inP} - u_{inN})\frac{R_2}{R_1} \quad (2-44)$$

式（2-44）即为差分放大器的最简表达式。

2. 基本特点

差分放大器的基本特点是：
(1) 电路结构对称。
(2) 更换电阻值，即可轻松改变电路增益。
(3) 定值电阻值的配对比较困难，不太容易做到电路绝对对称。
(4) 共模抑制比不高（1%误差的精密电阻大约可以做到25dB左右的共模抑制比）。
(5) 输入阻抗不高（受构成电路的运放外部电阻影响）。

在工程实践中，需要选择精密电阻，方能满足条件：$R_1=R_3$，$R_2=R_4$。因此大大限制了差分放大器的应用范围，所以，其一般应用于做减法运算且对输入阻抗要求不高的场合。在电力电子装置中，一般选择0.1%精度级别的电阻方可满足现场精密测控的需求。

3. 典型器件

目前，差分放大器已经被制作成为单片集成放大器，即差分运算放大器（Differential Amplifier，以下简称差分运放）。如AD8475、AD8476、ADA4930-1、ADL5561、INA101、AD8275、ADA4927-1等差分运放在ADC接口电路中得到大量应用，其原因在于大多数现代高性能ADC均使用差分输入，能够有效抑制共模噪声和共模干扰；由于ADC采用了平衡的信号处理方式，能将动态范围提高2倍，进而改善系统总体性能。虽然差分输入型ADC也能接受单端输入信号，但只有在输入差分信号时才能获得最佳ADC性能。

4. 保护措施

如图2-11所示是工程设计中经常采用的保护电路。通过采用4只二极管VD_1、VD_2、VD_3和VD_4，将输入端限制在"$\pm V_+ \pm V_F$"的电压范围内，V_F表示二极管压降，从而保护运放输入端不被过电压击穿。在设计选型时，建议选择漏电流小的二极管，如快速开关二极管1N4148（漏电流25nA）、FDH300（漏电流1nA）、2N4117A（漏电流1pA）和小信号肖特基二极管BAT41、BAV199等。图2-11中的双向瞬态电压抑制二极管（Transient Voltage Suppressors，TVS）用于限制差分输入电压。

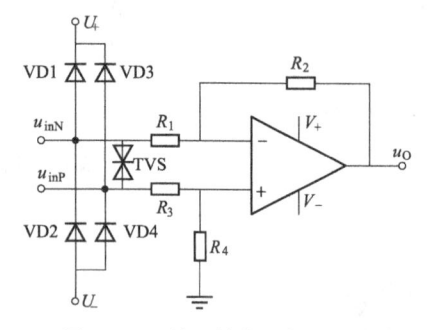

图2-11 输入端实用保护电路

三、工程范例分析

在电力电子装置中的低电压、小电流板卡中，差

分放大器被大量用于监测电源健康状态。如图 2-12 所示为差分放大器在小电流监测中的应用，目的在于监测电源模块输出电流的大小。

根据差分放大器的输出电压式（2-44），可以得到该监测回路的输出电压的表达式

$$u_O = (u_{inP} - u_{inN})\frac{R_2}{R_1} = \frac{i_M R_M R_2}{R_1}$$
(2-45)

在电力电子装置的工程测试现场，应选择专用电流监测用差分放大器，如 MAX4080，它的输入电压为 4.5~76V，非常适合于监测电力电子装置控制器的接口板块的电源板的健康状态。MAX4080 的输入电压完全与电源电压和共模输入电压无关，最大限度地扩大了其应用范围。

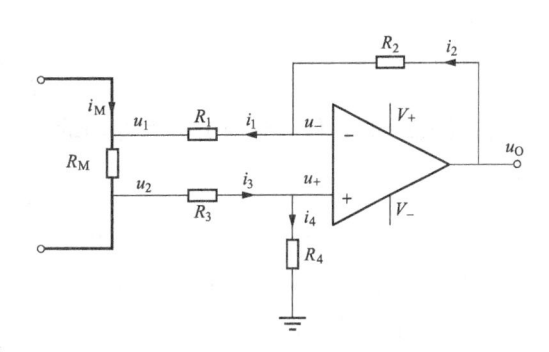

图 2-12 差分放大器在小电流监测中的应用

由于 MAX4080 待测电流检测时不干扰被测负载的地线，使得其广泛应用于高电压系统中。类似的芯片还有 AD8218，它是零漂移双向电流检测器，在分流电阻上执行双向电流测量，在 4~80V 范围内，具有出色的输入共模抑制性能，可用于电动机控制、电池管理和基站功率放大器偏置控制等。

在 -40~125℃ 内，AD8218 的性能均非常优秀，它采用零漂移内核，在整个工作温度范围和共模电压范围内，失调漂移典型值为 ±100nV/℃。此外，设计中还应注意在 0~250mV 输入差分电压范围内保持线性输出。AD8218 还包括一个 80mV 内部基准电压源，可在单向电流检测应用中提供优化的动态范围，其典型输入失调电压值为 ±50μV。

四、仪用运放的工作原理

1. 基本原理

仪用运放原理图如图 2-13 所示，它由三个运放（A1、A2 和 A3）组成，前两个为同相放大器，因此输入阻抗极高，第三个为差分放大器。由于仪用运放采用了对称电路的结构，而且被测信号直接加入到同相输入端上，具有较强的共模信号抑制能力。

由虚断得

$$\begin{cases} u_1 = u_{in1} \\ u_2 = u_{in2} \end{cases}$$
(2-46)

由虚短得

$$i_1 = i_2 = i_3 \quad (2-47)$$

根据图 2-13，电流 i_1、i_2、i_3 的表达式为

$$\begin{cases} i_1 = \dfrac{u_{O1} - u_1}{R_1} \\ i_2 = \dfrac{u_1 - u_2}{R_2} \\ i_3 = \dfrac{u_2 - u_{O2}}{R_3} \end{cases} \quad (2-48)$$

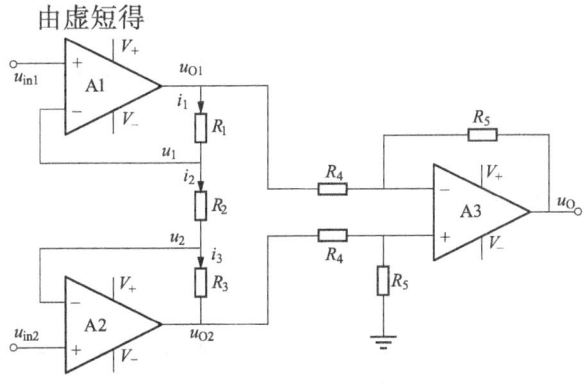

图 2-13 仪用运放原理图

联立式（2-46）、式（2-47）和式

(2-48)，化简得到运放 A1 和 A2 的输出电压分别为

$$\begin{cases} u_{O1} = \dfrac{R_1+R_2}{R_2}u_{in1} - \dfrac{R_1}{R_2}u_{in2} \\ u_{O2} = \dfrac{R_2+R_3}{R_2}u_{in2} - \dfrac{R_3}{R_2}u_{in1} \end{cases} \quad (2-49)$$

将式（2-49）代入到差分放大器的输出电压式（2-44）中，得到仪用运放输出电压的表达式

$$u_O = (u_{O2} - u_{O1})\dfrac{R_5}{R_4} = \dfrac{R_1+R_2+R_3}{R_2}(u_{in2}-u_{in1})\dfrac{R_5}{R_4} \quad (2-50)$$

如果式（2-50）中电阻值 R_1、R_2、R_3 都是固定的话，那么 $(R_1+R_2+R_3)/R_2$ 就是固定值，即确定了差值（$u_{in2}-u_{in1}$）的放大倍数。

由此可见，输出电压与输入电压之间呈线性关系。如果电阻 R_1 与 R_3 相等，那么式（2-50）可以化简为

$$u_O = (u_{in2}-u_{in1})\dfrac{R_5}{R_4}\left(1+\dfrac{2R_1}{R_2}\right) \quad (2-51)$$

如果将电阻 R_2 换成可调节的电位器，那么就能非常方便地改变仪用运放的增益。

2. 基本特点

由于图 2-13 所示的仪用运放电路中，前两个运放均为同相输入，具有双端输入、双端输出形式，这两个前置放大器可提供高输入阻抗、低噪声和放大器增益；第三个运放为差分组态，可实现减法运算，抑制共模噪声。所以仪用运放电路的特点为：

（1）高输入阻抗（输入端两个跟随器）。

（2）高共模抑制比（运放 A3 组成差分减法电路）。

（3）增益调节方便。

3. 典型器件

目前，仪用运放的类型有如 AD 公司的 AD524、AD526、AD620、AD624、INA101，TI 公司的 INA102、INA105、INA128、INA110、INA146、INA148 等。为了方便使用，厂家将改变增益的电阻放置在芯片外，用户可根据实际需要而自行设置。

如表 2-3 所示为典型仪用运放器件型号。

表 2-3　　　　　　　　　典型仪用运放器件型号

通用型	零漂移型	军用级	低功耗型	低噪声型
AD8220	AD8231	AD524	AD623	AD8428
AD8221	AD8290	AD526	AD627	AD8429
AD8222	AD8293	AD620	AD8235	
AD8224	AD8553	AD621	AD8226	
AD8228	AD8556	AD624	AD8227	
AD8295	AD8557		AD8236	
			AD8420	
			AD8426	

仪用运放广泛应用在传感器接口，尤其是在桥式电路接口（如 PT100 或者 PT1000、热

电偶、应变电桥、流量计等）中应用更广。如图 2-14 所示为利用仪用运放和 PT1000 获取温度电路图，该电路采取了电桥法，由测量电桥、仪用运放和一些辅助电路构成。仪用运放还被应用在工业现场控制、数据采集系统等场合。

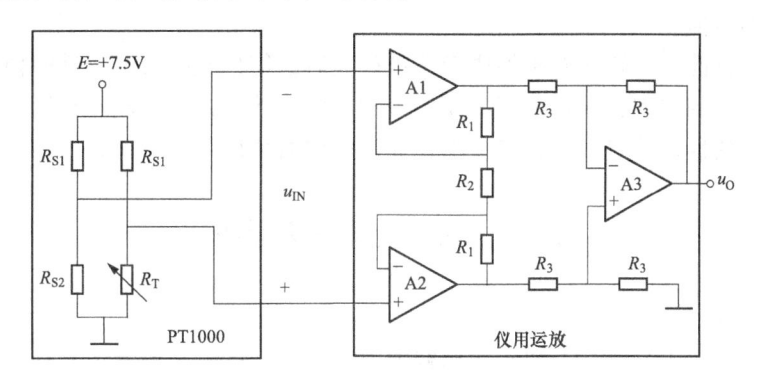

图 2-14 利用仪用运放和 PT1000 获取温度电路图

4. 保护措施

如图 2-15 所示为输入端保护电路。工程设计中经常采用的两项保护措施为：①保护运放输入端不会因过电压而击穿，采用 4 只二极管 VD1、VD2、VD3 和 VD4，选型时建议选择漏电流小的二极管，如 1N4148、BAT41、BAV199 等；②保护运放输入端不会因过电流而击穿，需要查阅该运放输入端允许多长时间流过的电流，才能选择较为合理的限流电阻 R_{X1} 和 R_{X2}，建议该电阻取值与运放输入端用于解决射频干扰而采用的 RC 低通滤波器的电阻取值一样，详见第三章第二节相关内容。

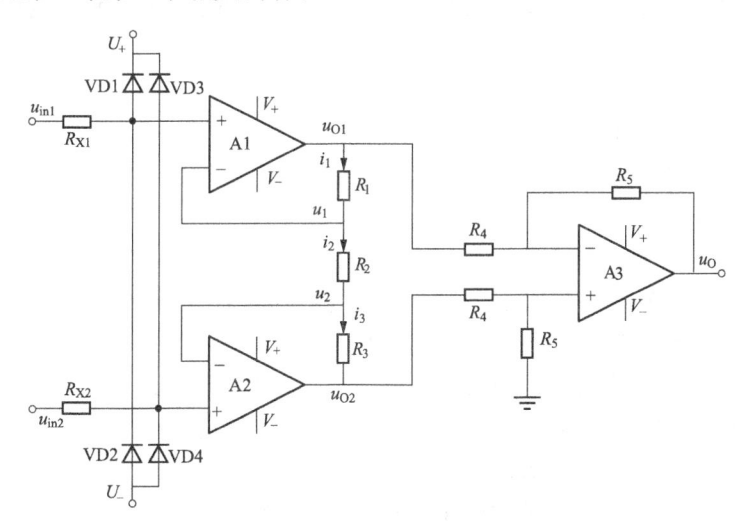

图 2-15 输入端保护电路

图 2-14 中的输出电压的表达式为

$$u_O = u_{IN}\left(1 + \frac{2R_1}{R_2}\right) \qquad (2-52)$$

5. 使用仪用运放时应注意的问题

（1）非线性度指仪用运放实际传输特性与最佳直线的最大偏差。举例说明，一个仪用运放,当增益为1时,非线性度为0.025%;当增益为500dB时,非线性度有可能达到0.1%。

(2) 温漂指仪用运放输出电压随温度变化而变化的程度。一个温漂2μV/℃的仪用运放,当增益为1000dB时,仪用运放输出的温漂电压约2mV/℃的变化,因此,在设计电路时,不宜取过大的增益值。

(3) 电路对称性。电路的对称性决定了被放大后的信号残存共模干扰的幅度。电路对称性越差,其共模抑制比就越小,抑制共模信号的能力也就越差。因此,在设计电路时,为保证电路参数的一致性,尽量选择精密电阻,使得电路对称性不受影响。

第三节 隔离运算放大器概述

一、应用背景

在电力电子装置中,经常需要对输出幅值仅为毫伏级的多类传感信号(如交直流电压传感器和交直流电流传感器、PT100热电阻、湿度传感器、转速传感器等)、4~20mA、PWM脉冲、频率信号、正弦波、方波、电位器信号等进行变送、转换、隔离、放大、远距离传输,以满足控制器的本地监视和远程数据采集等不同需求。由于这些信号属于微弱信号范畴,而测试现场的电磁环境比较恶劣,电力电子装置对信号的传输精度要求又高,这时可以考虑在传感器输出信号进入测控系统之前采取必要的隔离措施,以保证系统的可靠性,隔离运算放大器(Isolation Operational Amplifier,以下简称隔离运放)便应运而生,它是一种特殊的测量放大电路,可与各种工业传感器配合使用。隔离运放的输入端信号电路与输出端信号电路之间、输入端电源电路与输出端电源电路之间没有直接耦合,而是通过特殊的隔离器件(如变压器、电容和光电隔离器等)隔开,因此,弱信号在传输过程中没有公共的接地端,抗干扰能力强。

(1) 使用隔离运放的目的:
1) 隔离危险(高)电压。
2) 隔离危险(大)电流。
3) 隔离接地系统。

(2) 隔离运放的三种耦合方式:
1) 磁场耦合:大多数隔离运放是利用变压器耦合的,其利用的是磁场。
2) 电场耦合:部分隔离运放是利用小容值的高压电容耦合的,其利用的是电场。
3) 光电隔离:还有部分隔离运放是利用LED和光电池隔离的。

(3) 三种隔离方式的优缺点:
1) 变压器耦合方式的模拟精度很高,可以达到12~16bit,带宽频率可以达到几百千赫兹,但是其隔离电压不高,很少能超过10kV,平常隔离电压为2~4kV。
2) 电容耦合隔离运放的精度更低,最好水平的也仅能达到12bit,带宽频率也不高,耐压也较低,但是价格便宜。
3) 光电隔离运放速度快,价格便宜,耐压高,普通耐压为4~7kV,但是线性度不好,不适用于处理精密的模拟信号。

(4) 隔离运放的组成特点。隔离运放由仪用运放(或运放)和单位增益隔离器构成,单位增益隔离器完全隔离了器件的输入和输出(欧姆隔离),使电信号没有欧姆连续性。即仪用运放（或运放）+隔离电路=隔离运放。

(5) 应用场合：

1) 无源传感器隔离配电及信号采集传输。

2) 前置放大、电桥等电路配置，电源方便采集信号。

3) 包括 PLC 在内的控制器现场，方便模拟信号的隔离、采集。

4) 直流电流/电压信号的隔离、转换及放大。

5) 模拟信号地线干扰抑制及数据隔离、采集。

6) 工业现场信号隔离及长线传输。

7) 仪器仪表与传感器信号的接收与发送。

8) 电力监控、医疗设备隔离安全栅。

目前，隔离运放不仅具有通用运放的性能，而且它的输入公共地和输出公共地之间具有良好的绝缘性能，它已被广泛用来防止数据采集器件遭受远程传感器出现的潜在破坏性电压的影响。另外，它们还用在多通道数据采集系统中，放大低电平信号，也可以消除由接地环路引起的测量误差。有些隔离运放由于带有内部变压器的隔离运放，不需要附加的隔离电源，可以降低电路成本。

二、隔离运放的基本原理

隔离运放的符号如图 2-16 所示，它由输入电路（如输入放大器及其相关电路）和输出电路（如输出放大器及其相关电路）等部分组成。

在选择隔离运放时，需要重点关注的几个主要技术指标有：

(1) 非线性度。指隔离运放实际传输特性与最佳直线的最大偏差。以满量程输出的百分比表示，一般为±0.05%。常与输出幅度有关，如有的隔离运放输出电压范围±5V 时，非线性度±0.05%，当输出为±10V 时，为非线性度±0.2%。

(2) 最大安全差动输入。指可以跨接在隔离运放两输入端的最大安全电压。如隔离运放的输入端内部

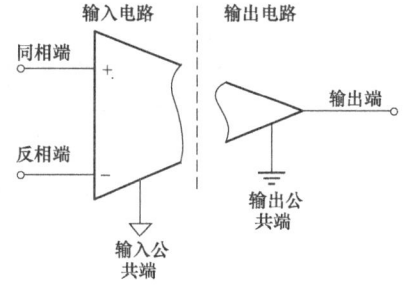

图 2-16 隔离运放的符号

有保护电阻，则该电压可高达百伏以上，否则仅为±13V 左右，电力电子装置中，需要特别关注该参数，因为使用环境中经常会出现瞬态高压信号。

(3) 共模抑制比。该参数分为两种：①隔离运放输入端到保护端的共模抑制比 $CMRR_{IN}$；②输入端到输出端的共模抑制比 $CMRR_{IO}$，隔离运放的共模误差为 $CMRR_{IN}$ 和 $CMRR_{IO}$ 所造成的误差之和。

(4) 漏电流。指隔离运放输入端到输出端的电流。

(5) 输入噪声。指隔离运放内部噪声折算到输入端的总噪声。

(6) 隔离电源。隔离运放可向外部电路提供的、与供电电源完全隔离的电源，一般为正负双极性电源，需要重点关注它的幅值和带载能力。

三、磁场耦合隔离运放 AD202

1. 基本原理

AD202 是一款通用型、双端口、变压器耦合式隔离运放，可广泛用于必须在无电流连

接的情况下测量、处理和/或传送输入信号的电路中。这种工业标准隔离运放，具有完整的隔离功能，可同时提供信号隔离与电源隔离，采用紧凑型塑封 SIP 或 DIP 式封装。隔离运放 AD202 的实物如图 2-17（a）所示，它的原理框图如图 2-17（b）所示。分析其原理框图得知：

（1）含有信号隔离用和电源隔离用两个变压器，使其输入端与输出端严格电气隔开，因此，它直接采用+15V 直流电源供电，利用内部变压器耦合，可在隔离运放的输入级与输出级之间提供整体电流隔离，它为输入端提供±7.5V 双极性电源。

（2）能够将输入运放接成跟随器电路形式，但是它并不局限于这种形式，也就是说，它也可以接成反相放大器、同相放大器、差分放大器等多种电路形式，设计师可以根据需要，灵活选取，非常方便，也就为设计师提供了多种选择余地。

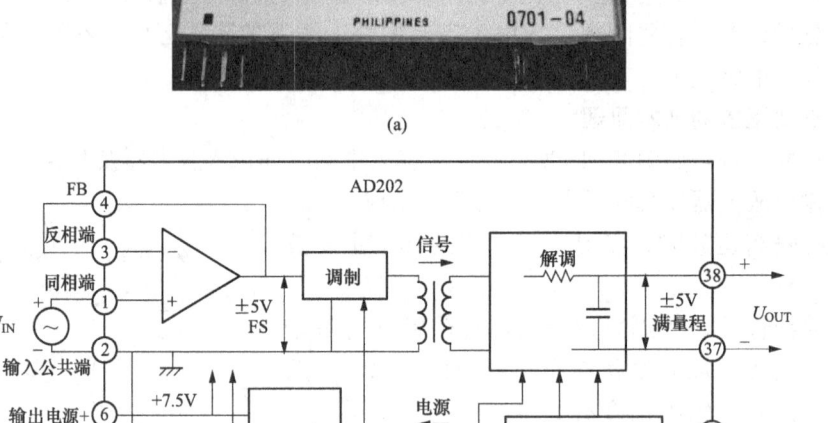

图 2-17 隔离运放 AD202 的实物图和原理框图
（a）实物图片；（b）原理框图

2. 重要参数

AD202 功能完备，无需用户提供外部 DC-DC 转换器。因此，设计人员可以将必要的电路开销降至最低，从而降低整体设计与器件成本。AD202 设计注重提供最大的灵活性和易用性，包括在输入级提供非专用运算放大器。有关 AD202 的更详细参数可参见其数据手册，现将其一些重要参数列举如下：

（1）输入信号范围：双极性±5V。

（2）高精度：最大非线性度（K 级）为±0.025%。

（3）高共模抑制：130dB（增益=100）。

（4）可调增益范围：1~100。

(5) 高共模电压隔离：±2000V（峰值、连续、K级、信号和电源）。
(6) 隔离电源输出：±7.5V、2mA 的带载能力。

3. 典型应用

在某电力电子装置中为了测试导热板温度，采取了电桥法，如图 2-18 所示，本测量电路利用隔离运放和 PT100 测试温度，由测量电桥、隔离运放和一些辅助电路构成。在测量电路中，利用隔离运放 AD202 产生的 7.5V 电源给电桥供电，减少电源种类，能有效提高抗干扰能力，但是并不影响测量精度。

需要注意的是，由于隔离运放 AD202 产生的 7.5V 电源的带载能力不超过 2mA，因此，在设计电桥时，其电阻值不能选得过小，且 PT100 测试温度时，流过的电流在 1~2mA 是合理的。

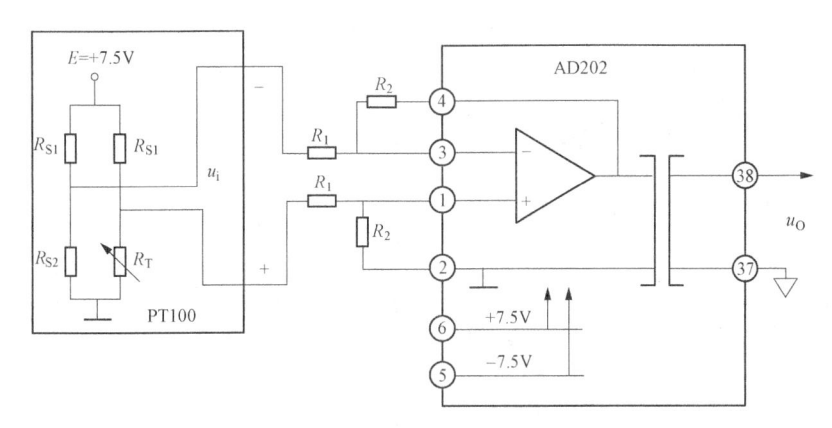

图 2-18 利用隔离运放和 PT100 测试温度

图 2-18 所示电路的输出电压的表达式为

$$u_O = u_i \frac{R_2}{R_1} \tag{2-53}$$

四、电场耦合隔离运放 ISO122

1. 基本原理

隔离运放 ISO122 是精密的隔离运放，通过一个 2pF 的差动电容隔离栅，采用新颖工作循环的调制—解调技术。由于具有数字调制特性的隔离栅不会影响信号的完整性，因此其可靠性高、高频瞬态抑制能力强。两个栅电容埋入同一个塑料封装内，其实物图如图 2-19（a）所示。图 2-19（b）表示隔离运放 ISO122 的原理框图，它将输入的模拟量信号 U_{IN} 调制成与其大小和极性成比例的脉宽调制信号，并通过隔离电容将该脉宽调制信号送至输出部分，再由输出部分将该调制信号解调为模拟量。

由于隔离运放 ISO122 的输入部分和输出部分，在电路结构方面是完全对称的，制造时又采用激光调整工艺使两部分完全匹配，可以几乎不用外围元件，即可在输出端得到高精度的复现输入信号 U_{IN} 的输出信号 U_{OUT}，所以，它的输出信号 U_{OUT} 与输入信号 U_{IN} 之间满足关系式

$$U_{OUT} = U_{IN} \tag{2-54}$$

分析隔离运放 ISO122 的原理框图 2-19（b）得知，它的输入和输出电路部分的电源各自独立，有效隔断来自地线的干扰。

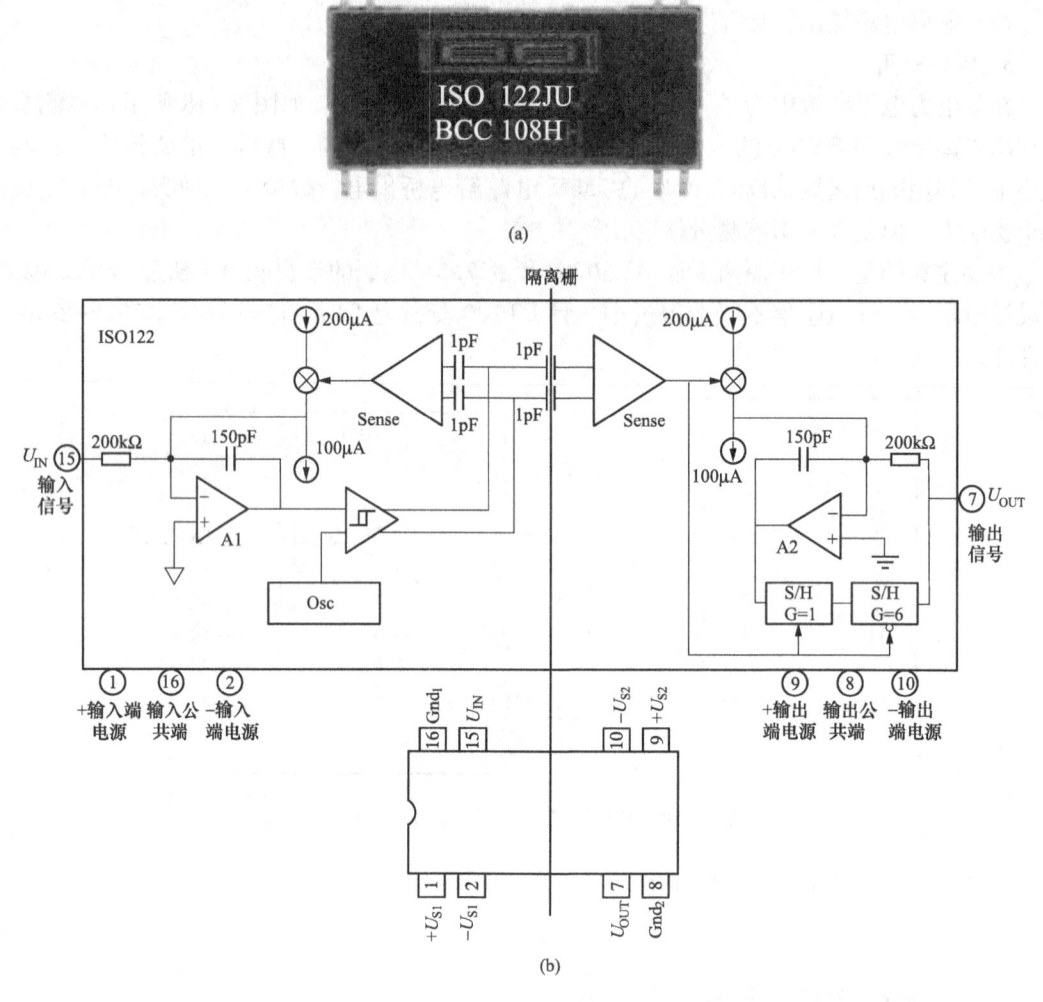

图 2-19 隔离运放 ISO122 实物图与原理框图
(a) 实物图片；(b) 原理框图与管脚定义

2. 使用方法

(1) 采用两套双极性电源。为了抑制来自电源的噪声，隔离运放 ISO122 的输入端和输出端分别采用各自独立双极性电源，且隔离电源通过两个 1μF 钽电容和一个滤波电感构成 π 形滤波器，再送入 ISO122 芯片中，其电路图如图 2-20 所示。

建议读者在设计印刷电路板布局时，将 1μF 钽电容尽可能靠近芯片电源管脚放置，图 2-20 中 U_{S11} 表示为 ISO122 芯片输入端提供电源的电源模块 1，U_{S22} 表示为 ISO122 芯片输出端提供电源的电源模块 2，这两个电源模块可以两个单独的电源模块提供，也可以是一个电源模块，如果是一个电源模块，就要求它们的两个输出电源之间的隔离等级至少为 1500U_{AC} 以上。

(2) 输出端接一个滤波器。为了抑制隔离运放 ISO122 芯片内部为了经由调制—解调方式传递信号确证其在输出端形成的 500kHz、200mV 纹波的不良影响，在 ISO122 芯片输出端需要串接一级简单的二阶低通滤波器，其截止频率可以取 100kHz，如图 2-20 中相应部分。

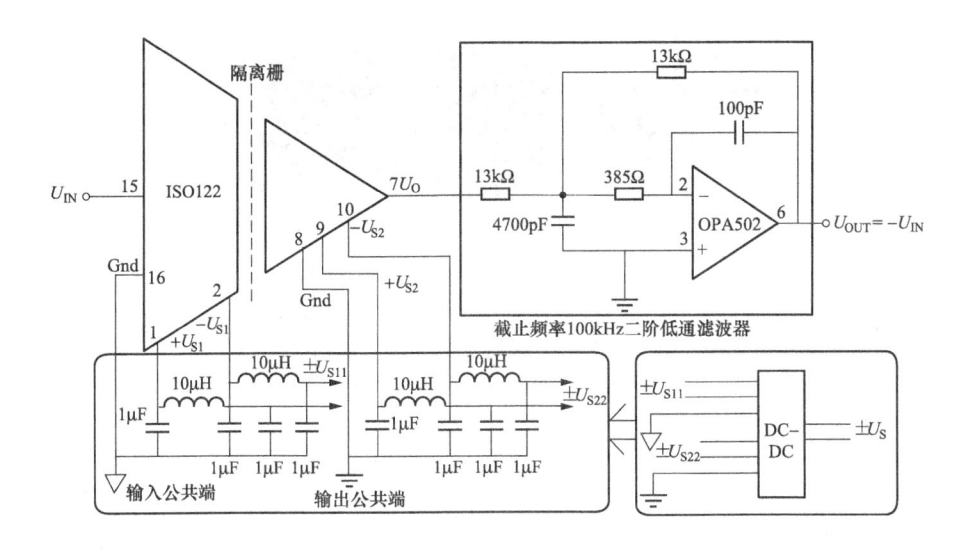

图 2-20 隔离运放 ISO122 的信号和电源滤波电路

3. 重要参数

有关隔离运放 ISO122 的更详细参数可参见其数据手册,现将其一些重要参数小结如下:

(1) 输入电压 U_{S1} 范围:±4.5~±18V。
(2) 输出电压 U_{S2} 范围:±4.5~±18V。
(3) 输入阻抗:200kΩ。
(4) 额定隔离电压:1500V_{AC}。
(5) 工作温度范围:-25~85℃。
(6) 高精度:最大非线性度为±0.020%。
(7) 信号带宽:50kHz。
(8) 低的静态电流:输入端电源 U_{S1} 为±5.0mA、输出端电源 U_{S2} 为±5.5mA。

五、光耦隔离运放 ISO100

1. 基本原理

隔离运放 ISO100 是光耦隔离线型运放,其外形实物图如图 2-21 (a) 所示。它将 LED 产生的耦合光负反馈回输入端,同时向前传输到输出端,实现了高精确度、线性化和长时间的温度稳定性。精细匹配光耦并对放大器采用激光修正,确保了其卓越的统调性能和低失调误差,其原理框图如图 2-21 (b) 所示,图中示意了电压源 U_{IN}(图中电阻 R_{IN} 表示电源回路包括电源内阻、导线电阻等在内的总电阻)和电流源 I_{IN} 两种信号,两个精密电流源通过不同的接线方式可实现单极性、双极性工作模式。

现将隔离运放 ISO100 额管脚及其接线方法简述如下:

(1) 对于输入端而言,当管脚 16 与 15 脚短接时,芯片工作在双极性状态,当管脚 16 与 18 脚短接且接地时,芯片工作在单极性状态。

(2) 对于输出端而言,当管脚 8 与 7 脚短接时,芯片工作在双极性状态,当管脚 8 与 9 脚短接且接地时,芯片工作在单极性状态。

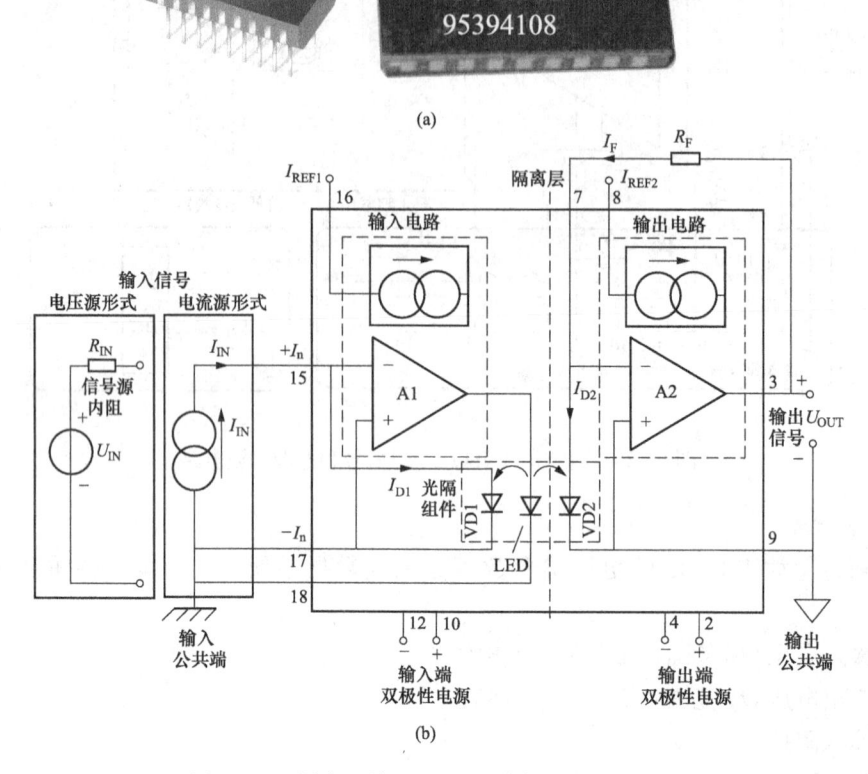

图 2-21 隔离运放 ISO100 的实物图与原理框图
(a) 实物图片；(b) 原理框图

另外，隔离运放 ISO100 可作为一个电流—电压变换器，其输入与输出端之间具有最小 750V（2500V 实验电压）隔离电压，有效地断开了输入端与输出端之间公共电流的联系，具有超低漏电流，在 240V、60Hz 时最大漏电流为 0.3μA。

隔离运放 ISO100 的交直流性能突出，并具有多功能特性，使得其在解决复杂的隔离问题时非常方便。芯片 ISO100 有能力工作在许多模式下，如：

1) 单极性和双极性的同相放大器模式。
2) 单极性和双极性的反相放大器模式。
3) 两个精密电流源可实现双极性工作模式。

因为在这些不需要单电源工作的场合，用芯片 ISO100 设计电路时，几乎可以不用外围元件，其输出电压 U_{OUT} 就可以非常容易地由输入电流和反馈电阻的乘积（即 $I_{IN} \times R_F$）确定，并且其增益可通过改变反馈电阻值来实现。

下面简单推演一下隔离运放 ISO100 输出电压的表达式。

在图 2-21（b）所示的芯片 ISO100 的原理框图中，运放 A1 和运放 A2 均被看作理想运放。根据运放虚断原理，得到表达式

$$\begin{cases} I_{IN} = I_{VD1} \\ I_F = I_{VD2} \end{cases} \quad (2-55)$$

根据运放虚短原理，得到表达式

$$U_{OUT} = I_F R_F \tag{2-56}$$

由 ISO100 的工作机理，可以得到一个重要表达式

$$I_{VD1} = I_{VD2} \tag{2-57}$$

联立式（2-55）～式（2-57），化简得到隔离运放 ISO100 输出电压的表达式

$$U_{OUT} = I_{IN} R_F = \frac{U_{IN}}{R_{IN}} R_F \tag{2-58}$$

2. 重要参数

有关隔离运放 ISO100 的更详细参数可参见其数据手册，现将其一些重要参数罗列如下：

(1) 输入电压范围：-10～15V。
(2) 共模电压范围：±10V。
(3) 输入阻抗：0.1Ω。
(4) 输出阻抗：1.2kΩ。
(5) 额定隔离电压：750V（2500V 实验电压）。
(6) 漏电流：≤0.3μA。
(7) 工作温度范围：-25～85℃。
(8) 高精度：最大非线性度为±0.02%。
(9) 信号带宽：DC-60kHz。
(10) 电源电压范围：±7～±18V。

3. 反相放大器电路

图 2-22 表示的是隔离运放 ISO100 作为反相放大器的电路图，其接线方法简述如下：

(1) 图 2-22（a）所示的是单极性的反相放大器，其接线方法是：对于输入端而言，将管脚 16 与 18 脚短接于输入端的地线；对于输出端而言，将管脚 8 与 9 脚短接于输出端的地线。

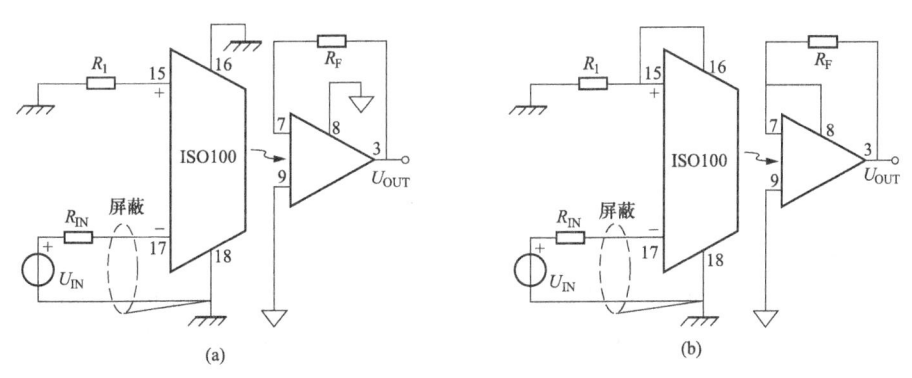

图 2-22　隔离运放 ISO100 作为反相放大器的电路图
(a) 单极性；(b) 双极性

(2) 图 2-22（b）所示的是双极性的反相放大器，其接线方法是：对于输入端而言，将管脚 16 与 15 脚短接；对于输出端而言，将管脚 8 与 7 脚短接。

(3) 作为反相放大器时，隔离运放 ISO100 的输出电压 U_{OUT} 的表达式为

$$U_{\mathrm{OUT}}=-\frac{U_{\mathrm{IN}}}{R_{\mathrm{IN}}}R_{\mathrm{F}} \qquad (2-59)$$

不过，需要提醒的是，为了降低漏电流的影响，要求输入信号幅值必须满足的条件是

$$U_{\mathrm{IN}} \gg R_{\mathrm{IN}} \times 10\mu\mathrm{A} \qquad (2-60)$$

式中，R_{IN} 表示信号源内阻。

4. 同相放大器电路

图 2-23 表示的是隔离运放 ISO100 作为同相放大器的电路图，其接线方法简述如下：

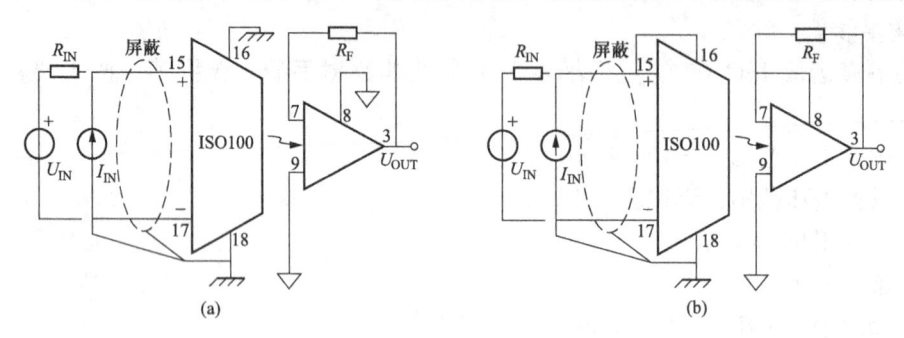

图 2-23 隔离运放 ISO100 作为同相放大器的电路图
(a) 单极性；(b) 双极性

（1）图 2-23（a）所示的是单极性的同相放大器，其接线方法是：对于输入端而言，将管脚 16 与 18 脚短接于输入端的地线；对于输出端而言，当管脚 8 与 9 脚短接于输出端的地线。

（2）图 2-23（b）所示的作为双极性的同相放大器，其接线方法是：对于输入端而言，将管脚 16 与 15 脚短接；对于输出端而言，将管脚 8 与 7 脚短接。

（3）作为同相放大器时，隔离运放 ISO100 输出电压 U_{OUT} 的表达式为

$$\begin{cases} U_{\mathrm{OUT}} = \dfrac{U_{\mathrm{IN}}}{R_{\mathrm{IN}}}R_{\mathrm{F}} & \text{电压源信号形式} \\ U_{\mathrm{OUT}} = I_{\mathrm{IN}}R_{\mathrm{F}} & \text{电流源信号形式} \end{cases} \qquad (2-61)$$

式中，R_{IN} 表示信号源内阻。

第四节 运放选型方法与实例分析

一、运放类型

了解、认识、掌握运放并恰当选用，对电子产品的开发、电子设备的技术改造、电子电路的工程设计以及电子产品的维护和保养都是大有好处的。弄清运放的电气特性，并能正确测试诸多参数，是准确选择运放、正确使用运放的前提。按照运放的构成来分，它主要的类型有：① BJT 型：μA741、LM324、LM358。② CMOS 型：CH14574、ICL7613。③ Bi-MOS：CA3130、CA3140。④ Bi-JFET：LF356、LF357、TL071。现将时下发展最快的、最具有特色的 6 大类运放总结如下：

（1）通用型运放。通用型运放是指没有特殊要求（如低噪、微偏流等），在普通电路中广泛使用的性价比较好的运放，如 μA709、μA741、LF356、LF358、LF411、LM833、

TL071、NE5532、NE5534、RC4558、AD711、AD8047、MC33077、NJM4580、OP282、OP275、OPA604、LMC662 和 TLC271 等。

(2) 高精度型运放。对于高精度型运放而言，它最重要的参数是失调电压和漂移等直流参数，这个值越小，其精度越高，价格也越高，则频率特性的重要性相对较低。一般精密电子仪器仪表，常常需要选用漂移电压非常小的高精度运放，如 OP07、OP97、OP707、OP177、OPA227、OPA2227、OPA4227、OPA228、OPA2228、OPA4228、AD705、AD795、AD648、AD711、AD712、AD713、LT1012、LT1013、LT1112、LT1052、LT1152、LT1113、TLC2652 和 TLC2654 等。

(3) 低噪声型运放。在高精度运放中，也有低频噪声特性这一重要参数，不过它是指在 0.1～10Hz 的频带内的低噪声的运放。而低噪声型运放是指宽带范围内，其噪声都很小的一类运放，如 OP27 和 OP37，其输入噪声电压密度为 3.2nV/$\sqrt{Hz}$，其他同类运放如 AD605、AD797、AD829、AD743、AD745、LT1028、OPA627、OPA637、OPA227、OPA2227、OPA4227、OPA228、OPA2228 和 OPA4228 等。

(4) 微偏流型运放。随着电子电路进一步微型化，以及与特种传感器配接，要求输入偏流进一步减小，尽管过去通用运放的输入偏流已经很小，为纳安或皮安级，但还是满足不了使用需要，为此，研制出专用型微偏流运放，目前的最新产品是偏流为 fA 级，如 ICH8500A、LMP7721、LMC6001A、LMC6001B、LMC6001C、LMC6042A、AD549J、AD549K、AD549L、AD704、AD705、OPA128J、OPA128K、OPA128L、MC33078 和 MC33079 等。

(5) 高速型运放。通用运放和高精度运放，它们是用在信号频率比较低的场合，属电压负反馈型运放。对比之下，高速运放运用，则应用在高频宽带电子设备中。高速运放改用电流负反馈模式，与电压负反馈相比具有不少优越性，尤其在高频宽带和高转换速度方面更胜一筹，如 LM118、LM218、LM318、AD8001、AD811、AD8038、AD8029、AD8030、AD8040、OPA644、AD644、AD8051、AD8052、AD8054 和 NE5539 等。

(6) 低功耗型运放。低功耗电子电路是发展的大趋势，对运放也不例外。该类运放的最大特点就是电源电流在 1μA 以下也能正常运行，如 AD515A、AD795、AD812、OP22、OP90、LT1077、MAX478、MAX480、LM158、LM258、LM358、LM224、LM324、MC33171、MC33172 和 MC33174 等。

二、运放选型原则与方法

1. 关键参数

(1) 增益带宽积（GBW）。电压反馈型运放的增益带宽，决定了它在某项应用中的有用带宽，该可用带宽 BW 近似于增益带宽积 GBW 与该应用电路中的闭环增益 G 的商，即

$$BW = \frac{GBW}{G} \tag{2-62}$$

对于电压反馈型运放而言，增益带宽积 GBW 是常数。工程实践表明，许多应用都因选择宽得多的带宽、高得多的转换速率的运放而受益匪浅，它有利于实现低失真、优秀线性、良好增益准确度和宽增益平坦度等特性。

(2) 静态电流（功耗）。静态电流（功耗），是运放在许多应用中的重要问题之一。由于运放有可能对整个测试系统的功率分配产生巨大影响，因此关注运放的静态电流（功耗），

对设计合理的处理电路是至关重要的,尤其是在电池供电型应用电路与设备中。

(3) 轨至轨(Rail-Rail) I/O。在便携式、小型化的应用场合中,对运放的低电压、低功耗及最大效率提出了更高的要求,因此,出现了轨—轨运放。此类运放的电源电压与输出电压之间的电压差较低,可提供最大的输出电压摆幅,以实现最宽的动态范围,因而其电源利用率极高,如轨—轨输出运放LMV931,在5V供电时,其输出的典型值可达4.967V(负载为2kΩ时),而且此电路能在1.8、2.5V或5V电源供电下工作。虽然轨—轨输出运放,能够提供接近电源干线的电压摆幅,但其缺点是输出通常为共发射极级或者共源极级,因此对负载的变化更加敏感。

(4) 电压噪声。由运放产生的噪声,可能会降低检测系统的极限动态范围、准确度或分辨率,即使在慢速直流测量场合中,低噪声运放也能够提高准确度。

(5) 失调电压/失调电流。在直流/直流耦合精密放大电路中,必须注意失调电压/失调电流的影响。根据检测系统的具体需求,选择低失调电压、失调电流的运放。

(6) 输入偏置电流。由于受到源阻抗或反馈阻抗的影响而可能产生失调误差,采用较高源阻抗或高阻抗反馈元件(比如跨阻抗放大器或积分器)时,往往要求低输入偏置电流。选择FET输入型运放和CMOS型运放,可提供非常低的输入偏置电流。

(7) 压摆率。压摆率是指运放输出的最大变化率,它是衡量运放输出电压变化速率的重要参数。当把幅值较低的信号,驱动至高频信号时,它是非常重要的。运放的可用大信号带宽 f 由压摆率 SR 和放大器增益 G 来决定,即

$$f = \frac{SR}{2\pi G} \quad (2-63)$$

式中,f 表示信号的带宽;SR 表示压摆率;G 表示放大器增益。

(8) 负载能力。在选择运放构建放大器电路时,必须关注其负载能力。以运放OP27为例,给出其与负载相关的典型关系曲线。

1) 输出电压峰值与负载电阻的关系曲线,如图2-24所示。

2) 输出电压峰—峰值与信号频率的关系曲线,如图2-25所示。

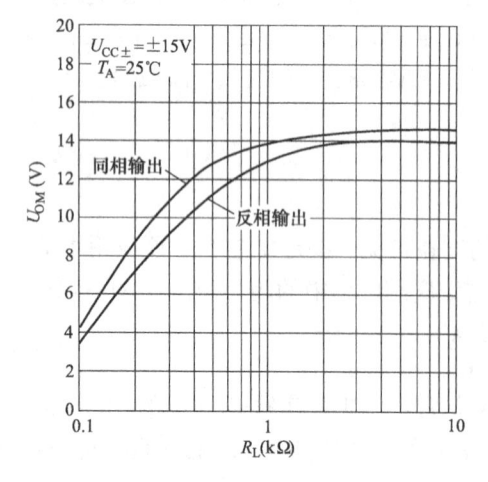

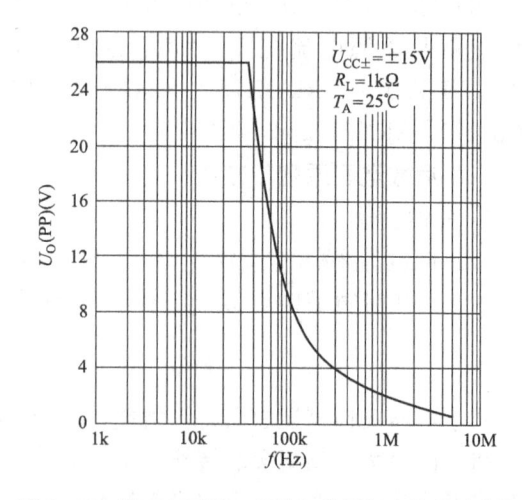

图2-24 输出电压峰值与负载电阻的关系曲线　　图2-25 输出电压峰—峰值与信号频率的关系曲线

3) 差分放大器增益与负载电阻的关系曲线,如图2-26所示。

4)差分放大器增益与电源幅值的关系曲线,如图 2-27 所示。

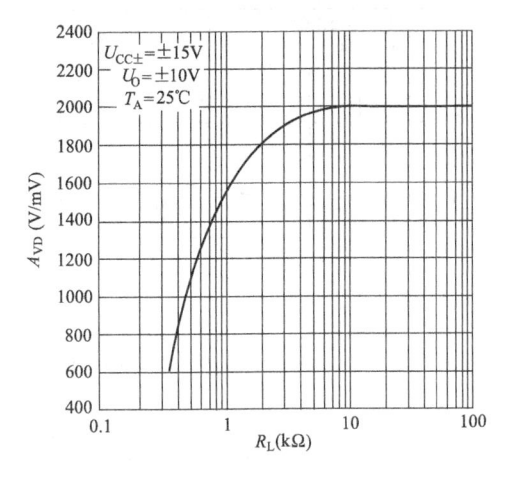

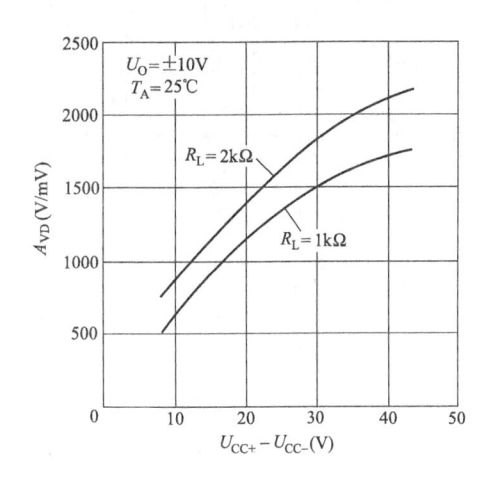

图 2-26 差分放大器增益与负载电阻的关系曲线　　图 2-27 差分放大器增益与电源幅值的关系曲线

通过分析上述关系曲线,才能分析所选择的运放是否满足测试需求。

(9)增益带宽。在选择运放构建放大器电路时,必须关注其增益带宽参数。以运放 OP27 为例,给出与增益带宽相关的关系曲线。

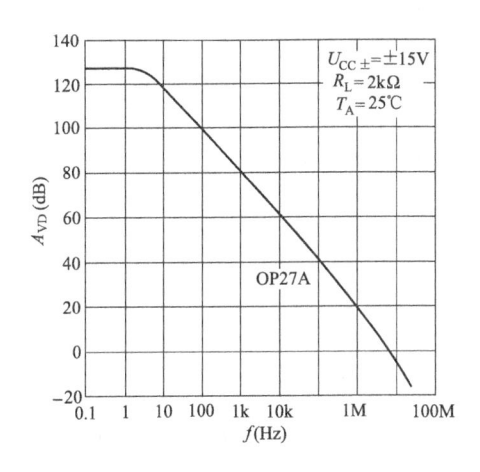

1)差分放大器增益与信号频率的关系曲线,如图 2-28 所示。

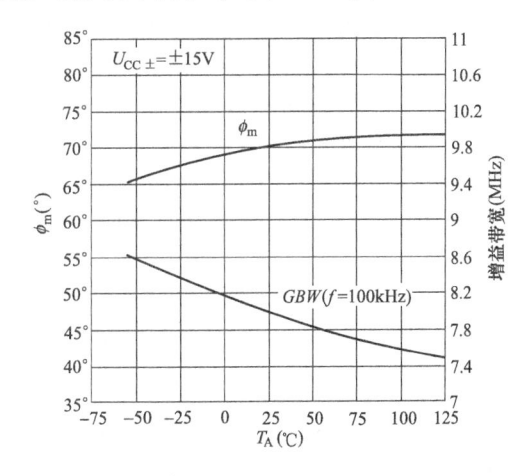

2)环境温度与增益带宽和相位容限(阈量)的关系曲线,如图 2-29 所示。

图 2-28 差分放大器增益　　　　　图 2-29 环境温度与增益带宽
与信号频率的关系曲线　　　　　　和相位容限(阈量)的关系曲线

通过分析这些关系曲线,才能分析所选择的运放是否满足测试需求。

(10)共模抑制比。在选择运放构建放大器电路时,必须关注其共模抑制比参数。以运放 OP27 为例,给出其共模抑制比与信号频率关系曲线,如图 2-30 所示,通过分析该关系曲线,才能分析所选择的运放是否满足测试需求。

(11)压摆率。在选择运放构建放大器电路时,必须关注其压摆率参数。以运放 OP27 为例,给出其环境温度与压摆率的关系曲线,如图 2-31 所示。

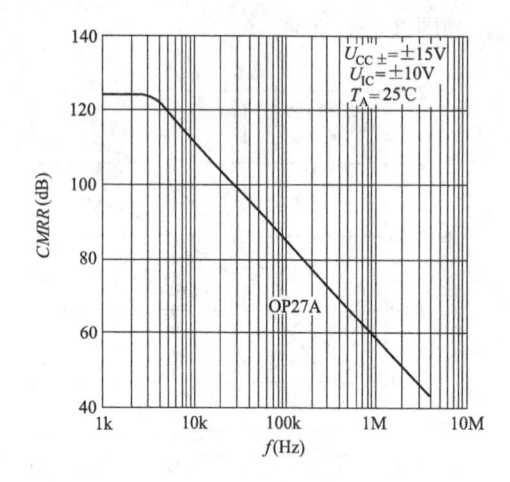

图 2-30 共模抑制比与信号频率关系曲线　　图 2-31 环境温度与压摆率的关系曲线

（12）输出阶跃响应。图 2-32 表示跟随器大小信号输出阶跃响应曲线，通过分析这些关系曲线，才能分析所选择的运放是否满足测试需求。

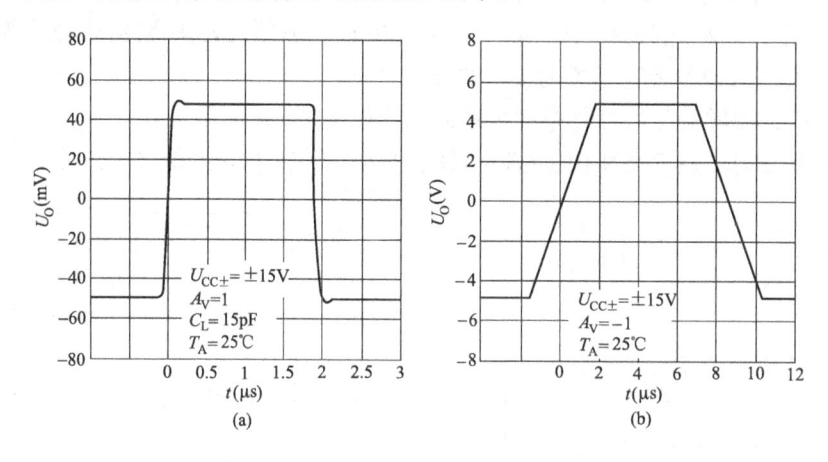

图 2-32 跟随器大小信号输出阶跃响应曲线
(a) 小信号；(b) 大信号

2. 选型原则

在设计信号处理电路时，运放的选型重点包括运放的性能、外形封装、PCB 尺寸、成本和供货渠道等。运放的选型方法与原则：

（1）如果没有特殊要求，选用通用型运放。
（2）如系统要求精密、温漂小、噪声干扰低，则选择高精度、低漂移、低噪声运放。
（3）如系统要求运放输入阻抗高、输入偏流小，则选择高输入阻抗运放。
（4）若系统对功耗有严格要求，比如便携式测试电路，则选择低功耗运放。
（5）若系统工作频率高，则选择宽带、高速运放或比较器。

三、低噪声精密运放范例分析

1. 关键性参数

以低噪声的精密差动运放 OPA124 为例，其关键性参数有：

(1) 低噪声：6nV/$\sqrt{Hz}$（10kHz）。

(2) 低偏置电流：≤1pA。

(3) 低漂移电压：≤250μV。

(4) 低温漂：≤2μV/℃。

(5) 高开环增益：≥120dB。

(6) 高共模抑制比：≥100dB。

2. 关注重点

在使用低噪声精密运放时，根据其参数手册，需要重点关注以下几个问题：

(1) PCB 封装和管脚定义。图 2-33 为 OPA124 的 PCB 封装及其管脚定义示意图，其中图 2-33（a）表示 DIP 封装的管脚定义（顶视图），图 2-33（b）表示 SOIC 封装的管脚定义（顶视图），"NC"表示悬空不接，"Substrate"表示该芯片的屏蔽接线端。

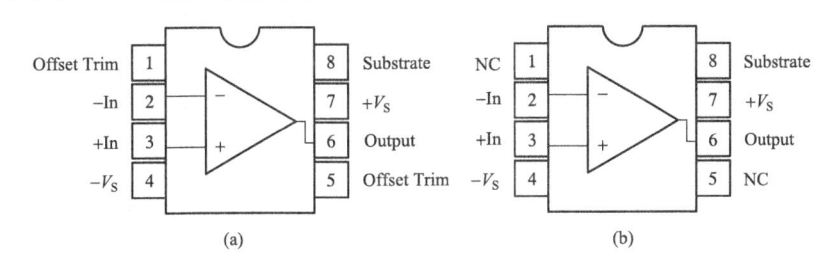

图 2-33　OPA124 的 PCB 封装及其管脚定义示意图

(a) DIP 封装；(b) SOIC 封装

(2) 学会阅读参数手册。

1) 重点关注其测试条件和静态参数，如图 2-34 所示，尤其是这些参数的最大值，便于分析误差。

图 2-34　运放 OPA124 的测试条件和静态参数（一）

2) 重点关注其测试条件和动态参数，如图 2-35 所示，尤其是它的输入阻抗、共模抑制比、单位增益带宽积、输入和输出电压范围、压摆率等，特别是它们的最大值，便于确定运放的放大增益。

At V_CC= ±5VDC and T_A=+25℃, unless otherwise noted.

运放类型 PARAMETER(参数)	CONDITION(条件)	OPA124U,P MIN (最小值)	OPA124U,P TYP (典型值)	OPA124U,P MAX (最大值)	OPA124UA,PA MIN	OPA124UA,PA TYP	OPA124UA,PA MAX	OPA124PB MIN	OPA124PB TYP	OPA124PB MAX	UNITS 单位
IMPEDANCE 输入阻抗 Differential Common-Mode			10^{13} ‖ 1 10^{14} ‖ 3				最大值			最大值	Ω‖pF Ω‖pF
VOLTAGE RANGE 输入电压范围 Common-Mode Input Range Common-Mode Rejection vs Temperature	$V_{IN}=\pm10\ V_{DC}$ $T_A=T_{MIN}$ to T_{MAX}	±10 92 86	±11 110 100		94			100 90			V dB dB
OPEN-LOOP GAIN,DC 直流开环增益 Open-LOOP Voltage Gain	$R_L \geq 2k\Omega$	106	125					120			dB
FREQUENCY RESPONSE 频率响应 Unity Gain,Small Signal Full Power Response Slew Rate THD Settling Time,0.1% 0.01% Overload Recovery, 50% Overdrive(2)	20Vp-p,R_L=2kW $V_O=\pm10V,R_L=2k\Omega$ Gain=-1,R_L=2kΩ 10V Step Gain=-1	16 1	1.5 32 1.6 0.0003 6 10 5								MHz kHz V/μs % μs μs μs
RATED OUTPUT 额定输出范围 Voltage Output Current Output Output Resistance Load Capacitance Stability Short Circuit Current	$R_L=2k\Omega$ $V_O=\pm10V_{DC}$ DC,Open Loop Gain=+1	±11 ±5.5 10	±12 ±10 100 1000 40								V mA Ω pF mA

图 2-35 运放 OPA124 的测试条件和动态参数（二）

3）重点关注其测试条件和使用参数，如电源电压、温度范围，如图 2-36 所示，确保所选运放满足现场使用条件，并留有阈量。比如电源电压幅值，决定了输出电压的范围；再比如其频响特性、增益线性度、温漂等多个参数均与温度范围直接相关。

At V_CC= ±15VDC and T_A=+25℃, unless otherwise noted.

运放类型 PARAMETER(参数)	CONDITION(条件)	OPA124U,P MIN (最小值)	OPA124U,P TYP (典型值)	OPA124U,P MAX (最大值)	OPA124UA,PA MIN	OPA124UA,PA TYP	OPA124UA,PA MAX	OPA124PB MIN	OPA124PB TYP	OPA124PB MAX	UNITS 单位
POWER SUPPLY 电源 Rated Voltage Voltage Range,Derated Current,Quiescent	$I_O=0mA_{DC}$	±5	±15 2.5	±18 3.5							V_DC V_DC mA
TEMPERATURE RANGE 温度范围 Specification Storage θ Junction-Ambient:PDIP SOIC	T_{MIN} and T_{MAX}	-25 -65	90 100	+85 +125							℃ ℃ ℃/W ℃/W

图 2-36 运放 OPA124 的测试条件和使用参数（三）

（3）PCB 布局设计。在使用低噪声运放过程中，为了最大限度降低漂移和偏置的影响，除了考虑电路结构的对称性，即输入端阻抗匹配之外，还需要可靠的接地和良好的屏蔽，其接地和屏蔽示意图如图 2-37 所示。

3. 典型应用

以 OPA124 在霍尔电流传感器中的典型应用为例，讲解其使用方法。如果采用双极性电源±15V，根据运放 OPA124 的参数手册得知，额定输出电压的最小值为±11V，典型值为±12V，那么被测电流经由运放 OPA124 构成的放大器的输出电压的最大值就被限制在±12V 范围内，才能保证放大器的线性度。

如果被测电流为 I_{MAX}，传感器输出的最大电压为 U_{S_MAX}（对应被测电流为 I_{MAX}），传感器的输出电压 U_S，经由运放 OPA124 放大器输出，该电压的最大值为 U_{OUT_MAX}，且满足约束条件

$$U_{OUT\_MAX} \leq 11V \qquad (2-64)$$

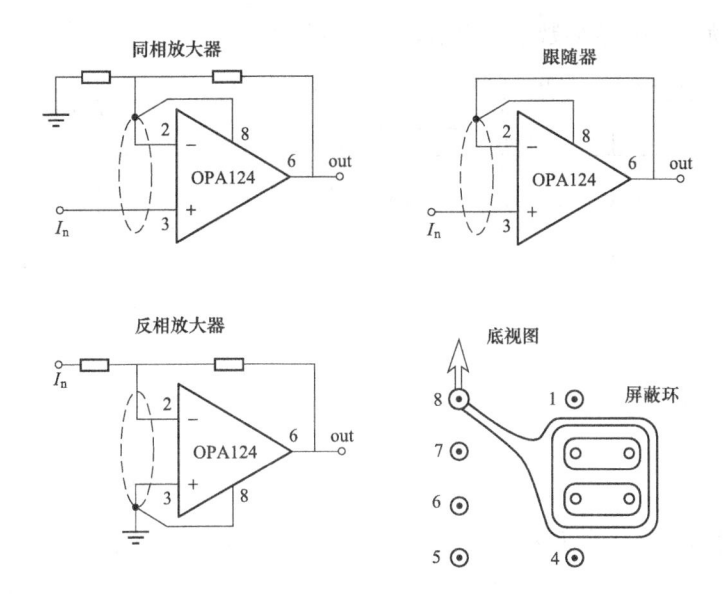

图 2-37 运放 OPA124 的接地和屏蔽示意图

那么测量系统的增益的表达式为

$$G = \frac{U_{\text{OUT\_MAX}}}{U_{\text{S\_MAX}}} \leqslant \frac{11\text{V}}{U_{\text{S\_MAX}}} \quad (2-65)$$

式（2-65）即为放大器增益的设计依据，根据放大器电路拓扑的不同，增益的表达式有所区别，但是，其最大值必须满足式（2-65）。

四、超低偏置电流运放范例分析

1. 关键性参数

以超低偏置电流差动运放 OPA129 为例，其关键性参数有：

（1）超低偏置电流：$\leqslant 100\text{fA}$。

（2）低漂移电压：$\leqslant 2\text{mV}$。

（3）低温漂：$\leqslant 10\mu\text{V}/℃$。

（4）低噪声：$15\text{nV}/\sqrt{\text{Hz}}$（10kHz）。

（5）高开环增益：$\geqslant 94\text{dB}$。

（6）高共模抑制比：$\geqslant 80\text{dB}$。

2. 关注重点

在选用 OPA129 运放时，根据其参数手册，需要重点关注的问题有：

（1）PCB 封装和管脚定义。图 2-38 表示 OPA129 的 PCB 封装及其管脚定义示意图（顶视图），其中 DIP 和 SOIC 封装相同，其中"NC"表示悬空不接，"Substrate"表示该芯片的屏蔽接线端。

（2）学会阅读参数手册。

1）重点关注其测试条件和静态参数，如

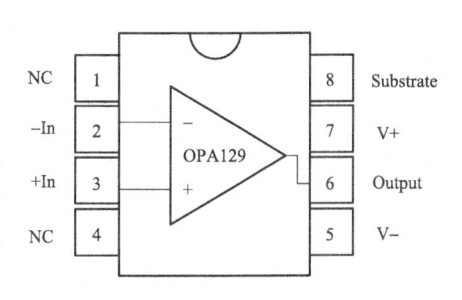

图 2-38 运放 OPA129 的 PCB 封装及其管脚定义示意图

图 2-39 所示，尤其是这些参数的最大值，便于分析误差。

At V_S = ±15V and T_A=+25℃, unless otherwise noted. Pin 8 connected to ground.

PARAMETER(参数)		CONDITION(条件)	OPA129PB,UB MIN(最小值)	OPA129PB,UB TYP(典型值)	OPA129PB,UB MAX(最大值)	OPA129P,U MIN	OPA129P,U TYP	OPA129P,U MAX	UNITS 单位
INPUT BIAS CURRENT[1] vs Temperature	偏置电流	V_CM=0V		±30 Doubles every 10℃	±100			±250	fA
INPUT OFFSET CURRENT	漂移电流	V_CM=0V		±30					fA
OFFSET VOLTAGE Input Offset Voltage vs Temperature Supply Rejection	漂移电压	V_CM=0V V_S=±5V to ±18V	±0.5 ±3 ±3	±2 ±10 ±100		±1 ±5	±5		mV μV/℃ μV/V
NOISE Voltage	噪声电压和电流	f=10Hz f=100Hz f=1kHz f=10kHz f_B=0.1Hz to 10Hz		85 28 17 15 4					nV/√Hz nV/√Hz nV/√Hz nV/√Hz μVpp
Current		f=10kHz		0.1					fA/√Hz

图 2-39 运放 OPA129 的测试条件和静态参数

2）重点关注其测试条件和动态参数，如图 2-40 所示，尤其是其输入阻抗、共模抑制比、单位增益带宽积、输入和输出电压范围、压摆率等，特别是它们的最大值，便于确定运放的放大增益。

At V_S = ±15V and T_A=+25℃, unless otherwise noted. Pin 8 connected to ground.

PARAMETER(参数)		CONDITION(条件)	OPA129PB,UB MIN(最小值)	OPA129PB,UB TYP(典型值)	OPA129PB,UB MAX(最大值)	OPA129P,U MIN	OPA129P,U TYP	OPA129P,U MAX	UNITS 单位
INPUT IMPEDANCE Differential Common-Mode	输入阻抗			10^{13}‖1 10^{15}‖2					Ω‖pF Ω‖pF
VOLTAGE RANGE Common-Mode Input Range Common-Mode Rejection	输入电压范围	V_IN=±10V	±10 80	±12 118					V dB
OPEN-LOOP GAIN,DC Open-Loop Voltage Gain	直流开环增益	R_L≥2kΩ	94	120					dB
FREQUENCY RESPONSE Unity Gain, Small Signal Full Power Response Slew Rate Settling Time: 0.1% 0.01% Overload Recovery,50% Overdrive[2]	频率响应	20Vp-p,R_L=2kΩ V_O=±10V, R_L=2kΩ G=-1,R_L=2kΩ,10V Step G=-1	1	1 47 2.5 5 10 5					MHz kHz V/μs μs μs μs
RATED OUTPUT Voltage Output Current Output Load Capacitance Stability Short-Circuit Current	额定输出范围	R_L=2kΩ V_O=±12V Gain=+1	±12 ±6 ±35	±13 ±10 1000 ±55					V mA pF mA

图 2-40 运放 OPA129 的测试条件和动态参数

3）重点关注其测试条件和使用参数，如电源电压、温度范围，如图 2-41 所示，确保所选运放满足现场使用条件，并留有裕量。比如电源电压幅值，决定了输出电压的范围；再比如其频响特性、增益线性度、温漂等多个参数均与温度范围直接相关。

（3）PCB 布局设计。在使用低噪声运放过程中，为了最大限度降低漂移和偏置的影响，除了考虑电路结构的对称性，即输入端阻抗匹配之外，还需要可靠的接地和良好的屏蔽，其接地和屏蔽示意图如图 2-42 所示。

3. 典型应用

以运放 OPA129 在获取光电二极管电流方面的典型应用为例，讲解这种运放的使用方法。

（1）设计要求。

第二章 运算放大器

PARAMETER(参数)	运放类型 CONDITION(条件)	OPA129PB, UB MIN(最小值)	TYP(典型值)	MAX(最大值)	OPA129P, U MIN	TYP	MAX	单位
POWER SUOOLY 电源								
Rated Voltage			±15					V
Voltage Range. Derated Performance		±5		±18				V
Current.Quiescent	I_O=0mA		1.2	1.8				mA
TEMPERATURE 温度范围								
Specification	Ambient Temperature	−40		+85				℃
Operating	Ambient Temperature	−40		+125				℃
Storage		−40		+125				℃
Thermal Resistance	θ_{JA}, Junction-to-Ambient							
DIP-8			90					℃/W
SO-8			100					℃/W

测试条件：At V_S=±15V and T_A=+25℃, unless otherwise noted.Pin 8 connected to ground.

图 2-41　运放 OPA129 的测试条件和使用参数

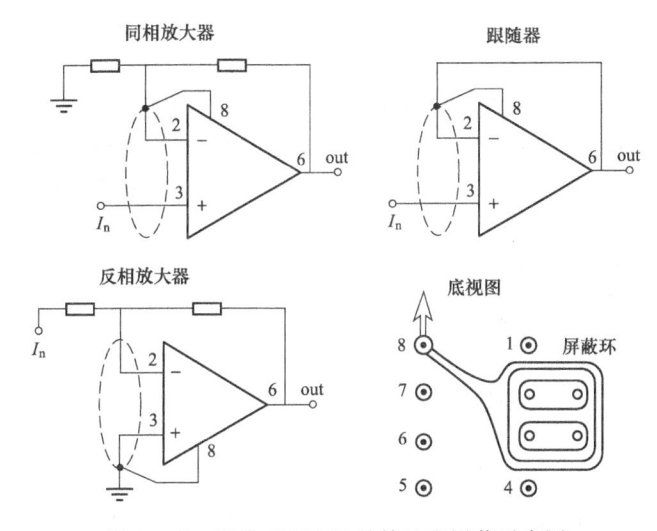

图 2-42　运放 OPA129 的接地和屏蔽示意图

1) 基于运放 OPA129 的放大器增益为 −6V/nA。
2) 采用 ±15V 电源。
3) 需要求出光电二极管的最大输出电流。

（2）设计分析。基于运放 OPA129 获取光电二极管的测试电路如图 2-43 所示，本例采用 T 形网络构建反馈电阻 R_{13}，那么放大器的输出电压 U_{OUT1} 的表达式为

$$U_{OUT1} = -I_N \times R_{13} \tag{2-66}$$

式中，R_{13} 为反馈电阻，如图 2-45 中的虚线框所示部分，其表达式为

$$R_{13} = R_1 + R_3 + \frac{R_1 \times R_3}{R_2} \tag{2-67}$$

放大器的增益 F_N 的表达式为

$$F_N = \frac{U_{OUT1}}{I_N} = -R_{13} = -6\text{V/nA} \tag{2-68}$$

联立式 (2-67) 和式 (2-68)，可以得到电阻 R_1、R_2、R_3 的关系式为

$$R_{13} = R_1 + R_3 + \frac{R_1 \times R_3}{R_2} = 6\text{V/nA} \tag{2-69}$$

电阻 R_1、R_2、R_3 的取值分别为

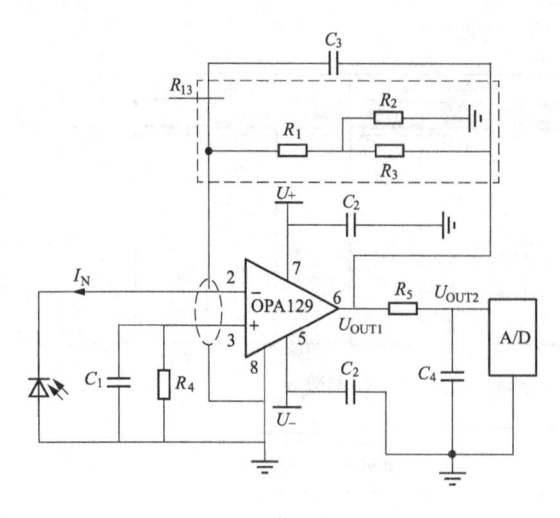

图 2-43 基于运放 OPA129 获取光电二极管电流的测试电路

$$\begin{cases} R_1 = 470\mathrm{M}\Omega \\ R_3 = 140\mathrm{k}\Omega \\ R_2 = 11\mathrm{k}\Omega \end{cases} \quad (2-70)$$

外反馈电阻上并联的电容 C_3 为消振电容。电容 C_1、C_3 的取值均为几十皮法，电阻 R_4 取值与光电二极管等效阻抗接近相等即可。电容 C_2 取值为 $0.01\sim0.1\mu\mathrm{F}$。电阻 R_5 和电容 C_4 组成低通滤波器，其截止频率为几十赫兹即可。

如果采用双极性电源 $\pm15\mathrm{V}$，根据运放 OPA129 的参数手册得知，其额定输出电压的最小值为 $\pm12\mathrm{V}$，典型值为 $\pm13\mathrm{V}$，那么被测电流经由运放 OPA124 构成的放大器的输出电压的最大值就被限制在 $\pm12\mathrm{V}$ 范围内，才能保证放大器的线性度。当然，如果要求留有更大阈量，那么，输出电压的最大值也可以被限制在 $\pm11\mathrm{V}$ 范围内。

如果被测的光电二极管输出电流的最大值为 $I_{\mathrm{N\_MAX}}$，经由运放 OPA129 放大器的输出电压的最大值为 $U_{\mathrm{OUT1\_MAX}}$，且满足约束条件

$$U_{\mathrm{OUT\_MAY}} \leqslant 12\mathrm{V} \quad (2-71)$$

被测电流的最大值 I_{MAX} 的表达式为

$$I_{\mathrm{N\_MAX}} = \frac{U_{\mathrm{OUT1\_MAX}}}{R_{13}} \leqslant \frac{12\mathrm{V}}{R_{13}} \quad (2-72)$$

式（2-72）即为约束光电二极管的选型依据，如果其输出电流过大，将导致放大器饱和、线性度变差，测量误差也就增大。需注意的是：

（1）电路中运放可选用以 JFET 为输入级的前置运放，这种运放的输入偏置电流很小，且小的偏置电流在很宽的温度范围内保持不变，JFET 型运放的功耗也是最小的。

（2）选用前置放大器时，注意尽量使放大器的反相端的等效阻抗、同相端的等效阻抗、光电二极管的等效阻抗相匹配，以达到运放噪声系数最小的目的。

（3）反馈电阻在满足频带宽度的情况下应尽量选择较大电阻值，以提高测量系统的信噪比。

（4）光电检测电路必须用金属外壳来屏蔽。

（5）由于摩擦电、外界振动、输入连接及输入电缆等都能引起误差和漂移，因此，要尽可能严格地连接，避免电缆振动。

（6）尽可能缩短输入连接线路的长度。

五、运放压摆率范例分析

1. 测试背景

磁场定向控制算法的最大的特点，就是依赖交流电动机的三相相电流，利用前向 Clarke 运算和 Park 运算，间接得到转矩分量和磁通分量，经过经典的 PI 算法对其进行精确控制，从而保证电动机能以最佳的扭矩高效运行，实现精确的速度变化控制。

由此可知，电动机相电流检测的精度，是决定整个电动机控制性能的一个重要因素。一般来说，检测电动机相电流的常用方法有：霍尔电流传感器、分流器和互感器等几种方法。相比而言，在电压等级较低（数十伏特以内）、电流不大（数安培以内），分流器因其精度较高（全温范围校正后精度2%左右），成本低而得到广泛应用，如图2-44所示。

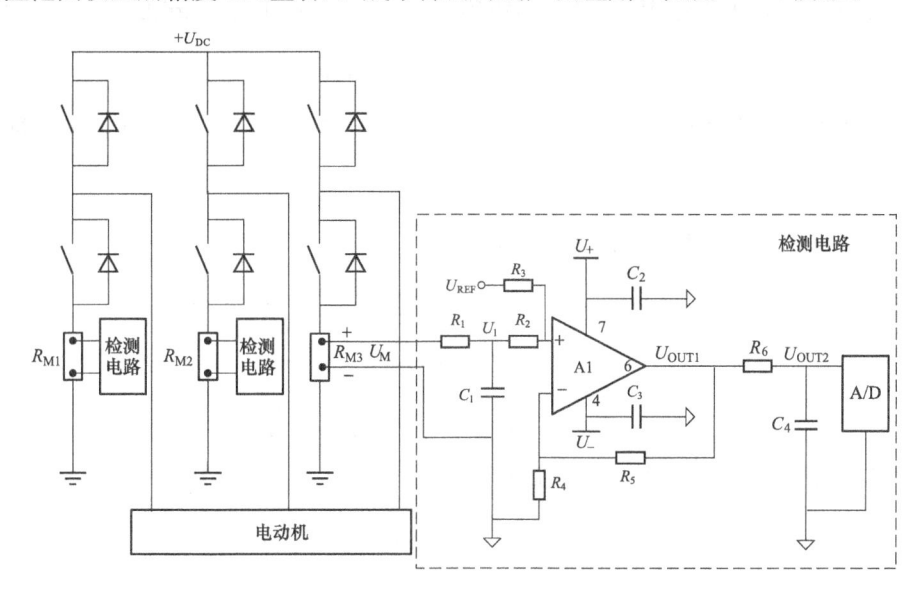

图 2-44 基于分流器的电流检测电路原理框图

2. 测试原理

如图 2-44 中，分流器将电动机的相电流转化为电压信号，经过第一级 RC 低通滤波（由电阻 R_1 和电容 C_1 组成），滤波之后经过同相放大器放大，输出给 RC 低通滤波（由电阻 R_6 和电容 C_4 组成），传给 DSP 或者 ARM 单片机内部的 A/D 模块（也可以采用单独的A/D模块），进而供 DSP 或者 ARM 单片机使用。

在本例中，对于被测相电流而言，采用第一级 RC 无源低通滤波器（如果希望输入阻抗更大，可以采用 RC 有源低通滤波器，本书后面会专门讲解两种滤波器的使用方法与设计技巧），既可以显著减小功率部分的开关噪声，提高相电流检测精度，还能保证时延不是太大。

研究表明，本例滤波器并不适宜采用高阶滤波器，其成本较高是原因之一，更为重要的是高阶滤波器虽然衰减效果更好，但是滤波器延时也相应显著增加，限制了可检测相电流的最小 PWM 占空比，降低磁场定向控制算法的控制精度。一般来说，对于类似这种 PWM 控制器来讲，低通滤波器电路不宜高于 2 阶，RC 低通滤波器的常数 T_1 通常取在 100~200ns 之间。

鉴于被测相电流为交流电流，其方向可正可负，所以分流器的端电压也带有极性，而一般 DSP 或者 ARM 内部的 A/D 模块并非双极性 A/D 模块，所以在滤波电路之后有一个偏置电路，将电压转化为单极性。本例采用加法器构建直流偏置电路，经过一级放大器之后得到动态范围扩展至电源轨的信号，以提高信噪比。

以第三个桥臂的分流器为例，如图 2-44 所示，推导输出电压的表达式。

（1）获取第一级 RC 低通滤波器的输出电压 U_1 的表达式。

$$U_1 = \frac{U_M}{R_1 + \frac{1}{\omega C_1}} \frac{1}{\omega C_1} = \frac{U_M}{\omega C_1 R_1 + 1} \quad (2-73)$$

(2) 利用叠加定理，求放大器的输出电压 U_{OUT1} 的表达式。

1) 参考电压 U_{REF} 单独作用时，放大器的输出电压 U_{OUT1_1} 的表达式为

$$U_{OUT1\_1} = U_{REF}\left(1 + \frac{R_5}{R_4}\right) \quad (2-74)$$

2) 第一级 RC 低通滤波器的单独作用时，放大器的输出电压 U_{OUT1_2} 的表达式为

$$U_{OUT1\_2} = U_1\left(1 + \frac{R_5}{R_4}\right) \quad (2-75)$$

3) 放大器的输出电压 U_{OUT1} 的表达式为

$$U_{OUT1} = U_{OUT1\_1} + U_{OUT1\_2} = (U_1 + U_{REF})\left(1 + \frac{R_5}{R_4}\right) \quad (2-76)$$

联立式（2-73）和式（2-76），得到放大器的输出电压 U_{OUT1} 的表达式为

$$U_{OUT1} = \left(\frac{U_M}{\omega C_1 R_1 + 1} + U_{REF}\right)\left(1 + \frac{R_5}{R_4}\right) \quad (2-77)$$

4) 要将电压 U_{OUT1} 转化为单极性，即要求

$$U_{OUT1} = \left(\frac{U_M}{\omega C_1 R_1 + 1} + U_{REF}\right)\left(1 + \frac{R_5}{R_4}\right) > 0 \quad (2-78)$$

化简得到

$$\frac{U_M}{\omega C_1 R_1 + 1} > -U_{REF} \quad (2-79)$$

一般满足表达式

$$\omega C_1 R_1 \gg 1 \quad (2-80)$$

可以将式（2-79）化简为

$$U_M > -U_{REF}\omega C_1 R_1 = -\frac{2U_{REF}\pi C_1 R_1}{T_1} \quad (2-81)$$

(3) 求电压 U_{REF} 的取值依据。

将式（2-81）进行变换，即可得到电压 U_{REF} 的取值依据为

$$U_{REF} < -\frac{U_M \times T_1}{2\pi C_1 R_1} \quad (2-82)$$

3. 运放压摆率选择方法

研究表明，影响分流器电流检测精度的关键性因素包括：

(1) 分流器电阻的精度及其温漂。

(2) 运放偏置电压及其温漂。

(3) 运放非线性误差及其温漂。

由此可见，要想提高分流器电流检测精度，选择性能较好的运放，是必不可少的。对于分流器电流测量电路而言，如何选择运放的压摆率（Slew Rate），将对整个测试结果产生决定性影响。

对于 PWM 方式获得的相电流，对运放的压摆率要求较高，而压摆率是衡量运放输出电压变化速率的重要参数，其单位是 V/μs，定义公式为

$$SR = \left|\frac{dU}{dt}\right|_{MAX} \qquad (2-83)$$

举例说明：

1) 假设运放的输出信号的频率为 f，幅值为 U_{OUT1_MAX} 的正弦信号，则该运放的压摆率 SR 为

$$SR = \left|\frac{dU}{dt}\right|_{MAX} = 2\pi f U_{OUT1\_MAX} \qquad (2-84)$$

2) 假设运放的输出信号的频率为 f，幅值为 U_{OUT1_MAX} 的三角波信号，则该运放的压摆率 SR 为

$$SR = \left|\frac{dU}{dt}\right|_{MAX} = 2 f U_{OUT1\_MAX} \qquad (2-85)$$

3) 在常用电动机控制中，PWM 频率 f_{PWM} 一般是 10～20kHz。本例以 $f_{PWM}=20\text{kHz}$ 为例，一个 PWM 周期为 50μs。

在 50μs 里，需要检测三相电流，所以每相相电流检测窗口时间 $t_{窗口}$ 为

$$t_{窗口} = \frac{50\mu s \times D}{3} \qquad (2-86)$$

式中，D 表示 PWM 的占空比。一般电动机控制系统中，最小 PWM 占空比定义为 5%，所以每相相电流检测窗口时间最小值 $t_{窗口MIN}$ 为

$$t_{窗口MIN} = \frac{50 \times 5\%}{3} = 0.83(\mu s) \qquad (2-87)$$

而在程序控制中，A/D 模块的采样时刻常控制在这个相电流检测窗口正中间，所以对于分流器电流检测电路而言，必须在 A/D 模块采样时刻之前稳定，完成电压信号的建立稳定，此时间主要包含两个时间，即上升沿时间（T_R，它由运放的压摆率 SR 决定）和稳定时间（T_W）。

假设上升沿时间占相电流检测窗口时间最小值 $t_{窗口MIN}$ 的 20%，即

$$t_R = t_{窗口MIN} \times 20\% = 0.83 \times 20\% = 0.167(\mu s) \qquad (2-88)$$

那么对于一个 3.3V 的 DSP 而言，运放的最小压摆率 SR_{MIN} 为

$$SR_{MIN} = \frac{3.3V}{t_R} = \frac{3.3V}{0.167\mu s} = 19.8(V/\mu s) \qquad (2-89)$$

同时，运放的带宽应远大于 PWM 频率的至少 10 倍以上，即

$$BW > 10 f_{PWM} = 200\text{kHZ} \qquad (2-90)$$

4. 运放选择方法

满足上述要求的运放较多，如 OPA141、OPA2141 和 OPA4141，作为 10MHz 单电源低噪声 JFET 型精密放大器的典型代表，具有优良的漂移特性和低输入偏置电流，其关键性参数如下：

(1) 低噪声：$6.5\text{nV}/\sqrt{Hz}$（1kHz）。
(2) 压摆率：$\leqslant 20\text{V}/\mu s$。
(3) 低失调温漂：$\leqslant 10\mu V/℃$。
(4) 低输入偏置电流：$\leqslant 20\text{pA}$。
(5) 增益带宽积：10MHz。
(6) 单电源操作：4.5～36V。

(7) 双电源操作：±2.25～±18V。

(8) 低电源电流：≤2.3mA。

与此运放性能相当的运放，还比如 OPA140、OPA209、OPA827、OPA376 和 OPA132 等。

第五节 运放共模电压范例分析

一、不同类型运放的共模电压范围分析

不同类型的运放的共模电压范围 U_{CMVR}，如图 2-45 所示。图中并未按照比例绘制，且以 $U_-=0$（或画作 GND）为例，不同运放，电源要求不一样，有的为单极性电源，有的为双极性电源，有的两种供电方式均可。

现将其的共模电压范围 U_{CMVR}，小结于表 2-4 中（每一个运放的测试条件详见其参数手册）。

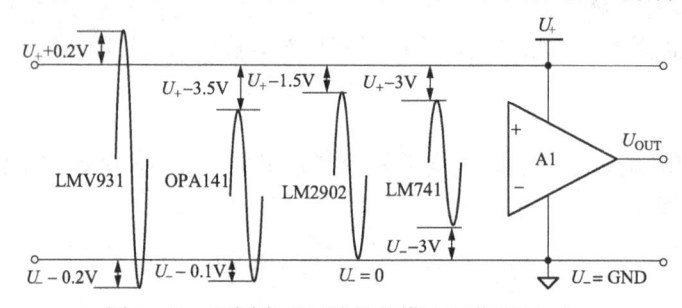

图 2-45 不同类型运放的共模电压范围 U_{CMVR}

表 2-4　　不同类型运放的共模电压范围 U_{CMVR}

运放型号	共模电压范围（V）		电源电压（V）	
	最小值	最大值		
LMV931	U_-－0.2	U_+－0.2	U_-	U_+
OPA141	U_-－0.1	U_+－3.5		
LM2902	0	U_+－1.5		
LM741	U_-＋3	U_+－3		

二、不同类型运放的输出电压范围分析

不同类型运放的输出电压范围 U_{CMVR}，如图 2-46 所示。图中未按照比例绘制，且以 $U_-=0$（或画作 GND）为例。现将其的输出电压范围 U_{CMVR}，小结于表 2-5 中。

表 2-5　　不同类型运放的输出电压范围 U_{CMVR}

运放型号	共模电压范围（V）		电源电压（V）	
	最小值	最大值		
LMV931（R_L=2kΩ）	U_-＋0.2	U_+－0.2	U_-	U_+
OPA141（R_L=2kΩ）	U_-＋0.2	U_+－0.2		
LM2902（R_L=2kΩ）	U_-＋0.02	U_+－1.5		
LM741（R_L=2kΩ）	U_-＋5	U_+－5		

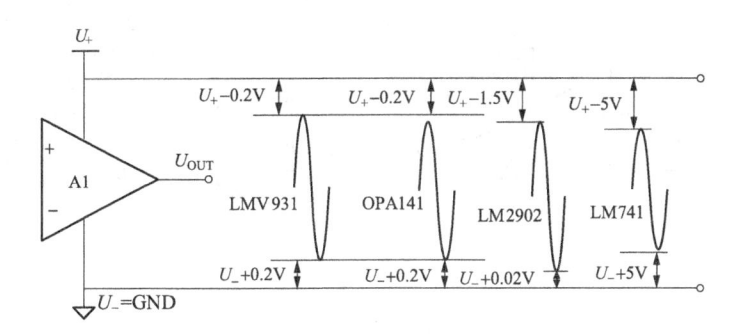

图 2-46 不同类型运放的输出电压范围 U_{CMVR}

三、不同放大器的共模电压范围分析

1. 单电源供电

假设图 2-47 所示电路中的运放的共模电压 U_{CMVR} 范围为

$$\text{GND} + 1.5\text{V} > U_{CMVR} > U_+ - 1.5\text{V} \quad (2-91)$$

式中，U_+ 电源电压，本例采用单极性电源供电方式。假设输入电压的范围为

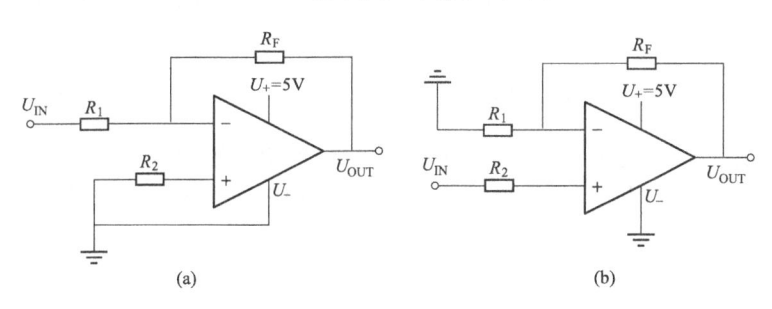

$$1.0\text{V} > U_{IN} > 4.0\text{V} \quad (2-92)$$

图 2-47 两种放大器共模电压分析（一）
(a) 反相放大器；(b) 同相放大器

（1）分析反相放大器电路的合理性。对于图 2-47（a）所示的反相放大器而言，运放可以承受的共模电压范围为 1.5～3.5V，而实际放大器的共模电压 U_{CM} 为 0，即 $U_{CM}=0$V。

因此，实际放大器的共模电压 U_{CM} 没有超过运放可以承受的共模电压范围（它介于 1.5～3.5V），因此，该电路是合理的。

（2）分析同相放大器电路的合理性。对于图 2-47（b）所示的同相放大器而言，运放可以承受的共模电压范围为 1.5～3.5V，而实际放大器的共模电压 U_{CM} 为输入电压的范围，即 $1.0\text{V} \leqslant U_{CM} \leqslant 4.0\text{V}$。

因此，实际放大器的共模电压 U_{CM} 超过运放可以承受的共模电压范围（它介于 1.5～3.5V），因此，图 2-47（b）所示电路是不合理的，需要修改设计。

将图 2-47 电路修改为图 2-48 所示的两种加法器电路，运放的共模电压 U_{CMVR} 范围同前，仍然介于 1.5～3.5V。输入电压的范围 U_{IN} 同前，仍然介于 1.0～4.0V。假设参考电压 U_{REF} 为 2.5V。

（3）分析加法器 1 的合理性。加法器 1 如图 2-48（a）所示，其输出电压的表达式为

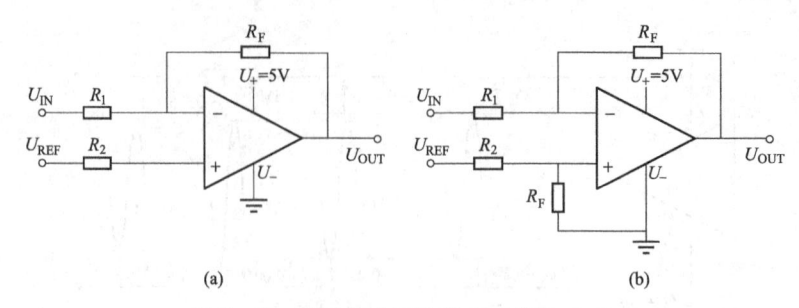

图 2-48 两种放大器共模电压分析（二）
(a) 加法器 1；(b) 加法器 2

$$U_{\text{OUT}} = U_{\text{REF}}\left(1+\frac{R_F}{R_1}\right) - U_{\text{IN}}\frac{R_F}{R_1} \qquad (2-93)$$

加法器 1 的实际共模电压 U_{CM}，为同相端输入电压的幅值，即

$$U_{\text{CM}} = U_{\text{REF}} = 2.5\text{V} \qquad (2-94)$$

因此，加法器 1 的实际共模电压 U_{CM} 并未超过运放可以承受的共模电压范围（它介于 1.5~3.5V），因此，图 2-48（a）所示电路是合理的。

不过，需要提醒的是，根据运放输出电压的范围，要求该电路的输出电压的公式（2-93），必须满足条件

$$0\text{V} < U_{\text{REF}}\left(1+\frac{R_F}{R_1}\right) - U_{\text{IN}}\frac{R_F}{R_1} < 5\text{V} \qquad (2-95)$$

式（2-95）即为约束加法器 1 的电阻参数 R_1 和 R_F 的重要依据。

（4）分析加法器 2 的合理性。设 $R_1 = R_2$，加法器 2 如图 2-48（b）所示，其输出电压的表达式为

$$U_{\text{OUT}} = (U_{\text{REF}} - U_{\text{IN}})\frac{R_F}{R_1} \qquad (2-96)$$

加法器 2 的实际共模电压 U_{CM} 为

$$U_{\text{CM}} = U_{\text{REF}}\frac{R_F}{R_F + R_1} < 2.5\text{V} \qquad (2-97)$$

加法器 2 的实际共模电压 U_{CM} 并未超过运放可以承受的共模电压范围，它介于 1.5~3.5V，因此，图 2-48（b）所示电路是合理的。

需要注意的是，根据运放输出电压的范围，要求该电路的输出电压表达式（2-96）介于 0~5.0V，即

$$0\text{V} < (U_{\text{REF}} - U_{\text{IN}})\frac{R_F}{R_1} < 5\text{V} \qquad (2-98)$$

式（2-98）即为约束加法器 2 的电阻参数 R_1 和 R_F 的重要依据。

2. 双电源供电

假设图 2-49 所示电路中的运放的共模电压 U_{CMVR} 范围为

$$U_- + 1.5\text{V} > U_{\text{CMVR}} > U_+ - 1.5\text{V} \qquad (2-99)$$

式中，U_+ 和 U_- 为电源电压，本例采用双极性电源供电方式。

假设输入电压的范围为

$$1.0\text{V} > U_{\text{IN}} > 4.0\text{V} \qquad (2-100)$$

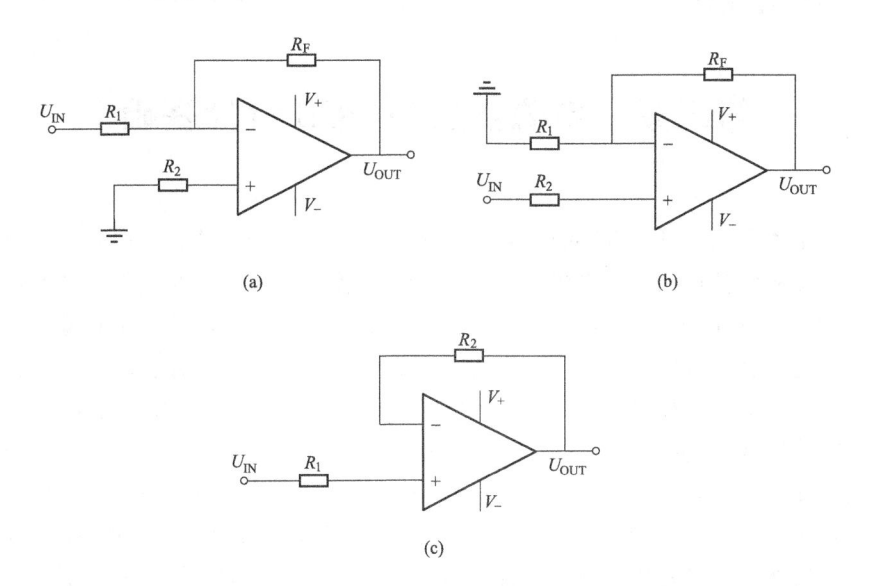

图 2-49 两种放大器共模电压分析（三）
(a) 反相放大器；(b) 同相放大器；(c) 跟随器

(1) 求取图 2-49 (a) 所示电路的共模电压。

图 2-49 (a) 所示反向放大器电路的共模电压 U_{CM} 的表达式为

$$U_{CM} = 0V \tag{2-101}$$

(2) 求取图 2-49 (b) 所示电路的共模电压。

图 2-49 (b) 所示同相放大器电路的共模电压 U_{CM} 的表达式为

$$U_{CM} = U_{IN} \tag{2-102}$$

同相放大器电路的输出电压 U_{OUT} 为

$$U_{OUT} = \left(1 + \frac{R_F}{R_1}\right) U_{IN} \tag{2-103}$$

对比式 (2-102) 和式 (2-103) 得知，同相放大器电路的共模电压 U_{CM} 小于其输出电压 U_{OUT}，即

$$U_{OUT} = \left(1 + \frac{R_F}{R_1}\right) U_{IN} = \left(1 + \frac{R_F}{R_1}\right) U_{CM} \geqslant U_{CM} \tag{2-104}$$

(3) 求取图 2-49 (c) 所示电路的共模电压。

图 2-49 (c) 所示跟随器电路的共模电压 U_{CM} 的表达式为

$$U_{CM} = U_{IN} \tag{2-105}$$

跟随器电路的输出电压 U_{OUT} 为

$$U_{OUT} = U_{IN} \tag{2-106}$$

对比式 (2-105) 和式 (2-106) 得知，跟随器的共模电压 U_{CM} 等于它的输出电压 U_{OUT}，即

$$U_{OUT} = U_{IN} = U_{CM} \tag{2-107}$$

第三章 电磁兼容与PCB设计基础

在国际电工委员会标准IEC对电磁兼容（Electromagnetic Compatibility，简称EMC）的定义为：系统或设备在所处的电磁环境中能正常工作，同时不会对其他系统和设备造成干扰。因此，EMC包括两个方面的要求：一方面是指设备在正常运行过程中对所在环境产生的电磁干扰不能超过一定的限值；另一方面是指设备对所在环境中存在的电磁干扰具有一定程度的抗扰度，即电磁敏感性。随着电力电子装置向高频、高压、强电流和高速方面的发展，对传感器检测技术的要求也向高速度、高精度、高可靠性、高灵敏度、高密度（小型化、大规模集成化）、大功率、小信号运用、复杂化等方面发展，掌握必要的电磁兼容与PCB设计方面的基础知识，对于确保装置系统或设备之间在电磁环境中的相互兼顾、装置系统或设备在自然界的电磁环境中能按照设计要求正常工作，就显得非常重要。

第一节 差模信号与共模信号

一、应用背景

噪声干扰指对有用信号以外的一切电子信号的总称，也可以理解为电磁干扰。电磁干扰按传播路径来分可分为传导噪声干扰和空间噪声干扰，其细化分类如图3-1所示。

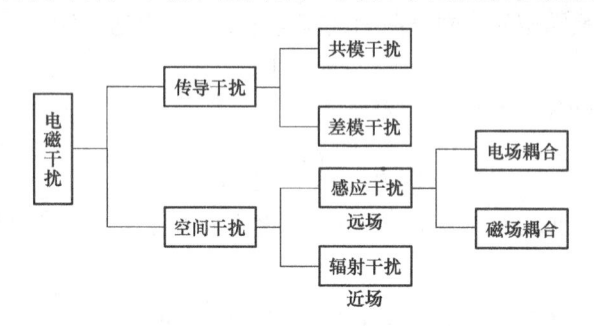

图3-1 电磁干扰的细化分类

传导干扰主要通过导体传播，通过导电介质把一个电网络上的信号（干扰）耦合到另一个电网络，其频谱主要为30MHz以下。而空间噪声干扰源通过空间把其信号（干扰）耦合到另一个电网络，其频率范围比传导噪声频率宽得多，大致介于30～30GHz之间。

随着电力电子技术的不断发展和广泛应用，电力电子装置正朝着高频化、大容量方向发展，由于电力电子换流过程中产生很陡的前后沿（di/dt 可达1A/ns，dv/dt 可达3V/ns）脉冲，这不仅会导致器件所承受的电应力增加和开关损耗增加，而且也会产生许多难以抑制的宽带电磁干扰，从而可能引发严重事故。这些干扰经近场和远场耦合形成传导和辐射干扰，严重污染周围电源系统和控制系统，这不仅会使装置中变换电路自身的可靠性降低，而且使电网及邻近设备运行质量受到严重影响，最显著的影响就是增加获取如电压、电流、振动、位移、速度、加速度、湿度、温度等重要参变量的难度与复杂性。虽说上述参变量的作用不一定同等重要，功能不尽相同，但是这些参变量的幅值却较低、非常微弱，还耦合了工频、静电和电磁等共模干扰，需要采取合理的抗干扰措施，以提高信噪比、降低信号失真，保证电力电子装置的顺利运行。

抑制电磁干扰应综合使用滤波、屏蔽、接地、密封、PCB布局与布线等多种措施。由于干扰源的传输途经主要分为传导干扰和辐射干扰。传导噪声的频率范围很宽，从10kHz～30MHz，仅从产生干扰的原因出发，通过控制脉冲的上升与下降时间来解决干扰问题，是远远不够的，还是需要认真学习共模和差模信号的相关知识，了解它们之间的重要差别，正确理解电力电子装置中的电磁干扰的特点，搞清楚系统中的共模干扰与差模干扰的来源、传播途径、敏感对象，才能采取合理措施，彻底消除干扰。

二、基本含义

"差模"和"共模"是指由于电压、电流的变化，通过导线传输时的两种形态。差模信号如图3-2（a）所示，是指作用在差分放大器的同相输入端、反相输入端的相反信号，两个信号的相位相差180°，用u_D和$-u_D$描述；共模信号如图3-2（b）所示，是指作用在差分放大器或仪用运放的同相输入端、反相输入端的相同信号，用u_C描述。

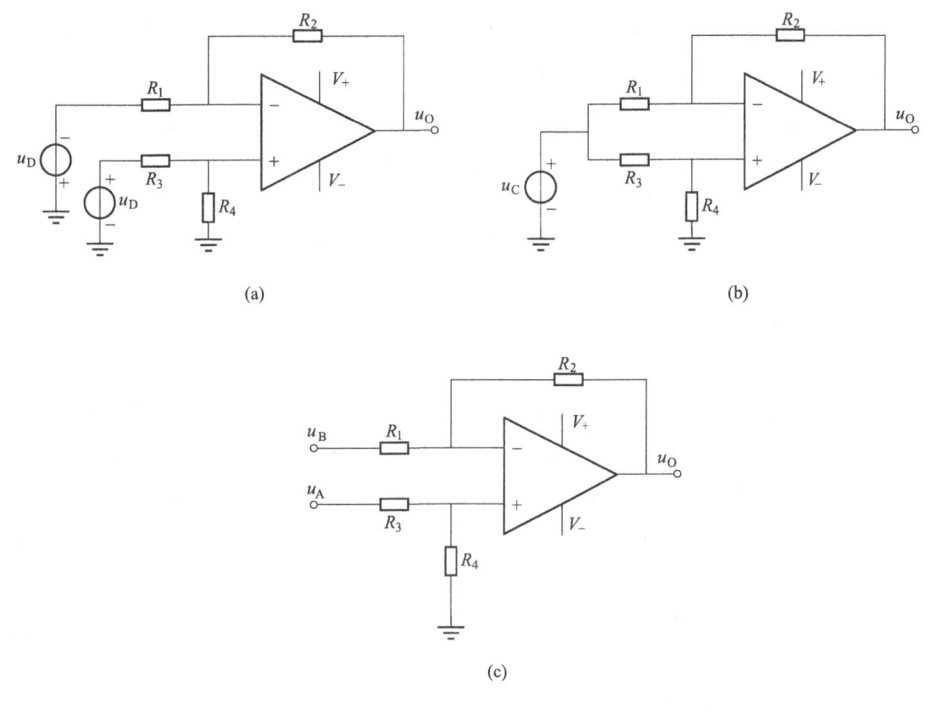

图 3-2 差分放大器
(a) 差模信号；(b) 共模信号；(c) 两个输入端的信号

以差分放大器为例进行分析。在图3-2（c）所示的差分放大器中，假设同相端与反相端的输入信号分别为u_A和u_B，那么同相端与反相端的输入信号u_A和u_B可以用差模信号和共模信号表示为

$$\begin{cases} u_A = u_C + u_D \\ u_B = u_C - u_D \end{cases} \qquad (3-1)$$

假设 $R_1=R_3=R_2=R_4=R$，根据第二章差分放大器的知识，可以得到输出电压的表达式为

$$u_O = (u_A - u_B)\frac{R_2}{R_1} = (u_A - u_B)\frac{R}{R} = 2u_D \qquad (3-2)$$

分析式（3-2）得，差分运放的输出电压与共模信号 u_C 无关，只与差模信号 u_D 有关，而且得到两倍的放大，这就是差模放大器的工作原理。由此可见，由于差分运放具有对称性电路结构，从原理上它可以抑制共模信号。前面我们在复习差分运放时就指出，为了最大限度降低或者抑制共模干扰，在设计差分运放电路时，重点要求尽可能选择精密电阻充当它的外围电阻器件，以保障电路的对称性，原因就在于此。

经过前面的讨论，可以得到下面两个重要结论：

（1）重点关注共模抑制比 CMRR 参数。对于理想的差分放大器，这是由于差分输入（同相和反相）抵消掉了相同的输入成分即共模信号，衡量实际运放这一特性的参数称为共模抑制比 CMRR，在选择运放时，尤其需要重点关注该参数。

（2）任何一个信号都可以分解为共模信号和差模信号。如果将差分运放的两个输入端短接在一起，那么差模信号 $u_D=0$，并施加一个共模信号 u_C，即 $u_C \neq 0$。一个真正的差分放大器，一定会得到输出电压 $u_O=0$，而不管共模信号 u_C 的极性和大小如何。当然，为安全起见，共模信号 u_C 的大小一定不要超过该运放许可的共模电压范围。相反，这可以用作一种测试方法，去检验一个实际的差分放大器是如何接近一个理想的差分放大器的。由于某一给定的共模信号 u_C 起伏变化，差分放大器的输出电压波动越小，该差分放大器越接近理想的差分放大器。

三、差模干扰与共模干扰

1. 差模电压

差模干扰（Differential-mode Interference），简单地说就是线对线的干扰。它是指任何两个载流导体之间的不希望有的电位差。对差分放大器而言，加载在两个输入端的干扰信号，如果方向不同，则被称为差模干扰信号。差模干扰中的干扰是起源在同一电源线路之中（直接注入），比如同一线路中工作的电动机、开关电源、晶闸管等，它们在电源线上所产生的干扰就是差模干扰。差模干扰直接作用在设备两端，表现为尖峰电压、电压跌落及中断等，直接影响设备工作，甚至破坏设备。滤除差模干扰的方法，主要是采用差模线圈和差模电容。

（1）差模线圈的工作原理。其工作原理示意图如图 3-3 所示，流过差模线圈的电流 i_X 与流过负载的电流 i_L 相等，且等于回路电流 i_D，即

$$\begin{cases} i_X = \dfrac{u_X}{Z_X} \\ i_L = \dfrac{u_L}{Z_L} \\ i_X = i_L = i_D \end{cases} \qquad (3-3)$$

式中，u_X 和 Z_X 分别表示差模线圈的端电压和阻抗；u_L 和 Z_L 分别表示负载的端电压和阻

抗；u_D 和 i_D 分别表示差模信号电压和差模信号电流。

根据 KVL 得知，差模线圈端电压 u_X 与负载端电压 u_L 之和等于差模电压 u_D，即

$$u_D = u_X + u_L \quad (3-4)$$

因此，负载端电压 u_L 的表达式为

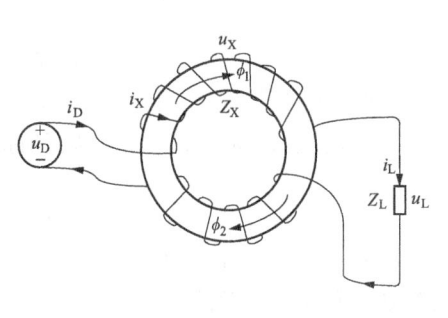

$$u_L = u_D \frac{Z_L}{Z_L + Z_X} \quad (3-5)$$

图 3-3 差模线圈的工作原理示意图

当差模线圈的阻抗为无穷大时，那么负载端电压 u_L 就趋近于 0。因此，当差模信号电流 i_D 流过差模线圈之后，线圈里面的磁通是增强的，相当于上下两个线圈磁通之和，即

$$\phi = \phi_1 + \phi_2 \quad (3-6)$$

式中，ϕ_1 和 ϕ_2 分别上下两个线圈的磁通；ϕ 表示线圈总磁通。

根据线圈特性得知，低频率时，线圈呈现低阻抗；高频率时，线圈呈现高阻抗，因此，差模线圈就是充分利用它在高频时的高阻抗，从而衰减差模信号。

1) 假设线圈电感为 1mH，当频率为 500kHz 时，线圈阻抗 Z_X 为

$$Z_X = 2\pi \times 50Hz \times 1mH \approx 0.314(\Omega) \quad (3-7)$$

因此，当频率为 50Hz 时，线圈阻抗近似为 0.3Ω，接近于 0Ω，相当于一根导线，不起任何衰减作用。

2) 当频率为 500kHz 时，线圈阻抗 Z_X 为

$$Z_X = 2\pi \times 500kHz \times 1mH \approx 3140(\Omega) \quad (3-8)$$

因此，当频率为 500kHz 时，线圈阻抗达到 3.14kΩ。假设负载阻抗为 50Ω，根据表达式 (3-5)，此时负载端电压 u_L 为

$$u_L = u_D \frac{Z_L}{Z_L + Z_X} = u_D \frac{50}{50 + 3140} \approx 1.6\% u_D \quad (3-9)$$

表达式 (3-9) 表明，差模线圈分得的差模干扰电压为 98.4%，而负载只分得了 1.6% 的差模干扰电压。同时，电流 i_D 的幅值也有很大程度地衰减。

(2) 差模电容的工作原理。其工作原理示意图如图 3-4 所示，流过回路的总电流 i_D 为流过负载的电流 i_L 与流过电容的电流之和，即

$$i_D = i_L + i_C \quad (3-10)$$

负载的端电压 u_L 与电容的端电压 u_C 相等，即

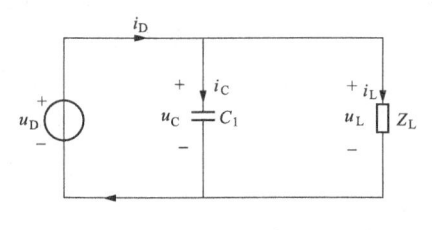

$$u_L = u_C \quad (3-11)$$

图 3-4 差模电容的工作原理示意图

流过负载的电流 i_L 的表达式为

$$i_L = i_D \frac{Z_C}{Z_L + Z_C} \quad (3-12)$$

当差模电容的阻抗为 0 时，那么负载端电压 i_L 就趋近于 0。

根据电容特性可知，当低频率时，电容呈现高阻抗；高频率时，电容呈现低阻抗。因此，可以利用电容在高频时呈现低阻抗的这种特性，将差模干扰短路掉。

1) 当频率为 50Hz 时，假设电容取值 1μF，电容阻抗 Z_C 为

$$Z_{\mathrm{C}} = \frac{1}{2\pi \times 50\mathrm{Hz} \times 1\mu\mathrm{F}} \approx 32(\mathrm{k}\Omega) \qquad (3-13)$$

可见,电容阻抗 Z_{C} 很大。

2) 当频率为 500kHz 时,电容阻抗 Z_{C} 为

$$Z_{\mathrm{C}} = \frac{1}{2\pi \times 500\mathrm{kHz} \times 1\mu\mathrm{F}} \approx 0.32(\Omega) \qquad (3-14)$$

可见,电容阻抗 Z_{C} 很小。假设负载阻抗为 50Ω,根据表达式(3-12)可以得到流过负载的电流 i_{L} 的表达式为

$$i_{\mathrm{L}} = i_{\mathrm{D}} \frac{Z_{\mathrm{C}}}{Z_{\mathrm{L}} + Z_{\mathrm{C}}} = i_{\mathrm{D}} \frac{0.32}{50 + 0.32} \approx 0.6\% i_{\mathrm{D}} \qquad (3-15)$$

表达式(3-15)表明,差模电容分得的差模干扰电流为 99.4%,而负载只分得了 0.6% 的差模干扰电流。

2. 共模电压

共模干扰(Common-mode Interference),简单地说就是共同对地的干扰。它是指任何载流导体与参考地之间的不希望有的电位差。对差分放大器而言,加载在两个输入端的干扰信号,如果方向相同,则被称为共模干扰信号。

(1) 产生共模干扰的主要原因有:

1) 电网串入共模干扰电压。

2) 辐射干扰(如雷电、设备电弧、附近电台和大功率辐射源)在信号线上,感应出共模干扰。其原理是交变的磁场产生交变的电流,由于地线—零线回路面积与地线—火线回路面积不相同,两个回路阻抗不相同等原因造成电流大小不同。

3) 接地电压不一样,也就是说地电位差异引入共模干扰。

4) 设备内部电线对电源线的影响。

共模电压有时较大,特别是采用隔离性能差的配电供电室,变送器输出信号的共模电压普遍较高。共模电压通过不对称电路可以转换成差模电压,直接影响测控信号,造成元器件损坏,这种共模干扰可为直流,也可为交流。滤除共模干扰的方法,主要是采用共模线圈和共模电容。

(2) 共模线圈的工作原理。其工作原理示意图如图 3-5 所示,当电路中的正常电流流经共模电感时,电流在同相位绕制的电感线圈中产生反向的磁场而相互抵消,此时正常信号电流主要受线圈电阻的影响(和少量因漏感造成的阻尼);当有共模电流流经线圈时,由于共模电流的同向性,会在线圈内产生同向的磁场而增大线圈的感抗,使线圈表现为高阻抗,产生较强的阻尼效果,以此衰减共模电流,达到滤波的目的。

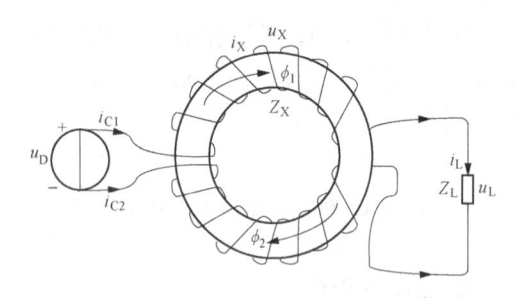

图 3-5 共模线圈的工作原理示意图

对比图 3-3 和图 3-5 得知,共模线圈和差模线圈原理比较类似,都是利用线圈高频时具有高阻抗,从而衰减干扰信号。共模线圈和差模线圈绕线方法刚好相反。因为差模线圈在滤除干扰的同时,还会一定程度的增加阻抗,而共模线圈对方向相反的电流基本不起作用,所以在能够满足特性的前提下,一般很少使用差模线圈。

(3) 共模电容的工作原理。如图 3-6 所示为共模电容的滤波电路示意图，它由电容 C_1 和 C_2 组成。如图 3-7 所示为共模电容的原理示意图，共模电容的工作原理和差模电容的工作原理是一致的，都是利用电容的高频低阻抗特性，使高频干扰信号短路，而低频时电路不受任何影响。只是差模电容是两极之间的短路，而共模电容是线对地之间的短路。

共模电容不是单独工作的，它是和共模电感一起共同工作，组成一个谐振回路共同起作用。共模滤波器电路示意图如图 3-8 所示，一般电容 C_1 和 C_2 取值相同，如 1000pF，电感 1mH，截止频率为

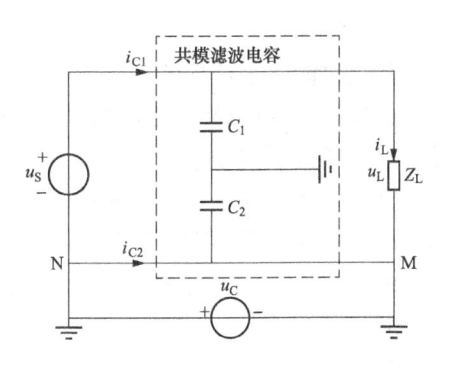

$$f_C = \frac{1}{2\pi\sqrt{LC}} = \frac{1}{2\pi\sqrt{1000\text{pF} \times 1\text{mH}}} \approx 159\text{kHz} \tag{3-16}$$

图 3-6 共模滤波电容电路示意图

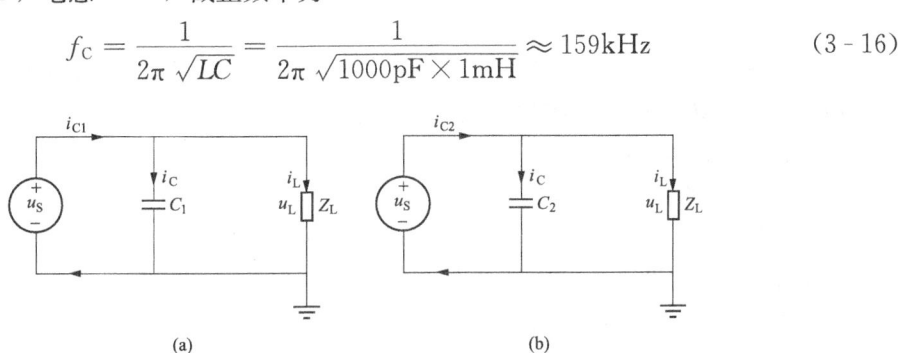

图 3-7 共模电容的原理示意图
(a) 电容器 C_1 的通路；(b) 电容器 C_2 的通路

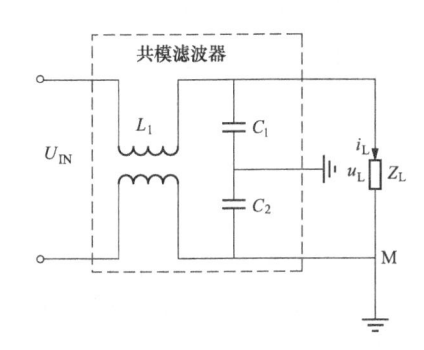

图 3-8 共模滤波器电路示意图

需要提醒的是，在实际工程中，要滤除的电磁噪声频率往往高达数百 MHz，甚至超过 1GHz。对如此高频的电磁噪声，必须使用穿心电容才能有效地滤除。普通电容之所以不能有效滤除高频噪声，有两个方面的原因：

(1) 普通电容引线电感造成电容谐振，对高频信号呈现较大的阻抗，削弱了对高频信号的旁路作用。

(2) 导线之间的寄生电容，使高频信号发生耦合，降低了滤波效果。

穿心电容之所以能有效地滤除高频噪声，是因为穿心电容不仅没有引线电感造成电容谐振频率过低的问题，而且穿心电容可以直接安装在金属面板上，利用金属面板起到高频隔离的作用。简单地讲，穿心电容是一个共模电容，它是线对地的电容；穿心电容是一个比较理想的电容，它没有引线，大大提高了谐振频率点。

在使用穿心电容时，要注意它的安装问题。穿心电容最大的弱点是怕高温和温度冲击，使其往金属面板上焊接时，增加了难度。造成许多穿心电容在焊接过程中的损坏，特别是需要将大量的穿心电容安装在面板上时，只要有一个损坏，就很难修复，因为在将损坏的电容拆下时，会造成邻近其他电容的损坏。

3. 重要特点

任何电源线上传导的干扰信号，均可用差模信号和共模信号来表示。

差模干扰在两导线之间传输，属于对称性干扰。在一般情况下，差模干扰幅度小、频率低、所造成的干扰较小。

共模干扰在导线与地（机壳）之间传输，属于非对称性干扰。共模干扰幅度大、频率高，还可以通过导线产生辐射，所造成的干扰较大。因此，共模电流的辐射作用通常比差模电流的辐射作用要大得多，治理难度更大。

4. 范例分析

通常我们使用的电器是两线的，一根相线（L），另一根零线（N），零线被认为是三相电的中线，同时还有一根接地线叫作地线。

零线与相线之间的干扰叫作差模干扰，相线与地线之间的干扰、零线与地线之间的干扰都叫作共模干扰。

正常情况下，零线与地线之间认为是没有电压的，或者可以认为是零线没有电压，不能驱动电器，因此认为零线与地线之间没有干扰。

四、差模电流与共模电流

1. 差模电流及其产生原因

（1）差模电流。是指在任意两条载流导线之间的电位差所形成的电流，如图 3-9（a）所示的电流 i_{D1} 和 i_{D2} 即为差模电流。图 3-9（a）中 u_D 表示差模电压，i_D 表示总的差模电流，即为两个差模电流 i_{D1}、i_{D2} 之差，$i_D = i_{D1} - i_{D2}$。

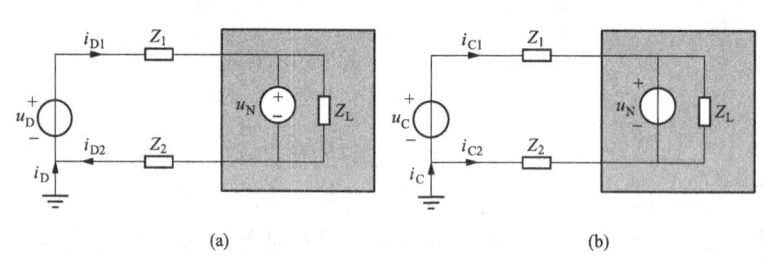

图 3-9 差模电流和共模电流通路示意图
(a) 差模电流通路；(b) 共模电流通路

同理，差模干扰电流是指在任意两条载流导线之间的无用电位差所形成的电流，它在信号线与信号地线之间（或电源线的相线和零线之间）流动。在信号电路走线中，差模干扰电流是在外界电磁场中信号线和地线所构成的回路中感应产生的。

（2）在电力电子装置中，造成差模干扰电流的原因主要有：

1）如果电路板的信号线与地线靠得较远，形成的环路面积较大，则外界电磁场感应的差模电流一般就会很大。

2）在电源线中，往往由于电网上其他电气设备的电源发射出来的，特别是开关电源和感性负载在电流通断时产生的差模干扰电流，其幅度往往很大。

3）当开关电源工作时，在电源线上既会产生很强的共模干扰电流，也会产生很强的差模干扰电流，差模干扰电流会直接影响电气元件的正常工作。

4）在高压大容量电力电子装置中，由于走线的分布，电容、电感、信号走线阻抗不连续，以及信号回流路径流过了意料之外的通路等，均容易产生差模电流。

2. 共模电流及其产生原因

（1）共模电流。是指在任意（或全部）载流导线与参考地之间的无用电位差所形成的电流，又称共模干扰电流。它在电路走线中的所有导线上的幅度、相位相同，在电路走线与大地之间形成的回路中流动，如图 3-9（b）所示的电流 i_{C1} 和 i_{C2}，即为共模电流。图 3-9（b）中 Z_1 和 Z_2 分别表示回路阻抗，Z_L 分别表示负载阻抗，u_C 和 u_N 分别表示共模电压和噪声电压，i_C 表示总的共模电流，即为两个共模电流 i_{C1}、i_{C2} 之和，$i_C = i_{C1} + i_{C2}$。

（2）在电力电子装置中，造成共模干扰电流的原因主要有：

1）外界电磁场在装置板卡电路的走线中的所有导线上感应出来的电压（这个电压相对于大地是等幅、同相的），由这个感应电压所产生的电流。

2）由于装置板卡电路走线两端的器件所处的地电位不同，在这两端地电位差的驱动下所产生的电流。

3）在高压、大容量电力电子器件上的电路走线与大地之间存在明显的电位差，由这个巨大的电位差在电路走线产生的电流。

（3）共模干扰电流的影响及其降低措施。共模电流不会对电路产生影响，只有当共模电流转化成差模电流时，才对电路产生影响，尤其是当电路结构不平衡时更容易发生。电力电子器件如果在其电路走线上产生了共模电流，则该电路走线将会产生强烈的电磁辐射，造成器件满足不了电磁兼容标准中对辐射的限制要求，并对其他器件或者控制电路等造成干扰。因此，在设计阶段就必须认真考虑如何抑制或者降低其影响的措施和方法。

现将经常使用的方法和措施小结如下：

1）尽量缩短电缆的长度和采用屏蔽双绞线，并有效接地。

2）强电场的地方还要考虑屏蔽（如采用镀锌管）。

3）布线时远离高压线，更不能将高压电源线和信号线捆在一起走线。

4）不要和电控锁共用同一个电源。

5）采用线性稳压电源或高品质的开关电源（建议纹波干扰小于 50mV）。

6）在 PCB 布局设计阶段，需要考虑通过在线路板上使用地线面来降低地线阻抗。

7）在电缆的端口处使用 LC 低通滤波器或共模扼流圈。

3. 滤波器拓扑结构

传导噪声干扰可以通过设计滤波电路或追加滤波器的方法来进行抑制和衰减，而空间辐射干扰主要通过密封屏蔽技术，在结构上实行电磁封闭。为减少重量目前大都采用铝合金外壳，但铝合金导磁性能差，因而外壳需要镀一层镍或喷涂导电漆，内壁贴覆高导磁率的屏蔽材料。普通滤波器的原理图，如图 3-10 所示。

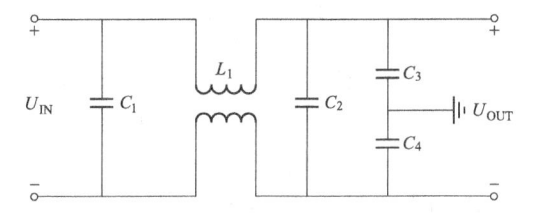

图 3-10 普通滤波器的原理图

在图 3-10 中，差模电容 C_1 和 C_2 取值介于 $1 \sim 100 \mu F$，共模电感 L_1 视电流情况，取值介于 $100 \sim 1000 \mu H$，共模电容 C_3 和 C_4 取值介于 $1000 \sim 10000 pF$。

一般滤波器不单独使用差模线圈，因为共模电感两边绕线不一致等原因，电感必定不会相同，因此能起到一定的差模线圈的作用。如果差模干扰比较严重，就要追加差模线圈。

五、差模阻抗与共模阻抗

下面通过计算图 3-11（a）和图 3-11（b）所示电路的共模输入阻抗、差模输入阻抗来加深了解共模电流和差模电流的物理含义。

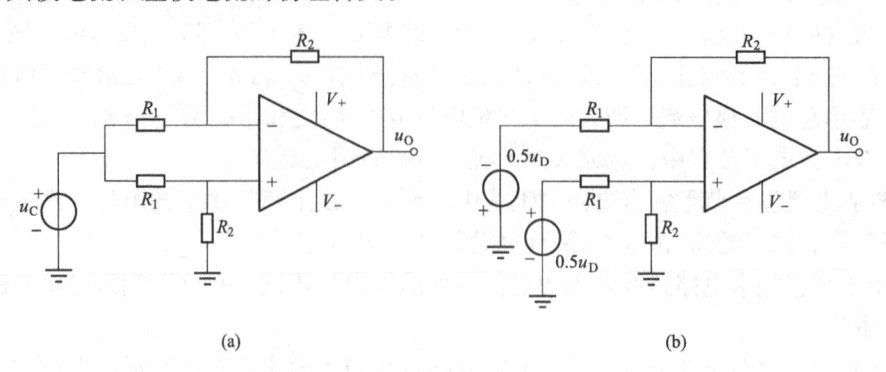

图 3-11 求解共模阻抗和差模阻抗
(a) 共模信号；(b) 差模信号

根据前面复习的运放电路的计算知识，利用叠加定理，可以很容易地得到图 3-11（a）所示共模输入电路的输出电压 u_O 的表达式为

$$\begin{cases} u_O = u_{O1} + u_{O2} \\ u_{O1} = \dfrac{u_C}{R_1+R_2} R_2 \left(\dfrac{R_1+R_2}{R_1}\right) = \dfrac{R_2 u_C}{R_1} \\ u_{O2} = -\dfrac{R_2 u_C}{R_1} \end{cases} \quad (3-17)$$

化简得到图 3-11（a）所示共模输入电路的输出电压 u_O 为 0，那么，图 3-11（a）所示共模输入电路的等效电路如图 3-12 所示，它的共模电流 i_C 的表达式为

$$i_C = \dfrac{u_C}{R_1+R_2} + \dfrac{u_C}{R_1+R_2} = \dfrac{2u_C}{R_1+R_2} \quad (3-18)$$

因此，共模输入阻抗 R_C 的表达式为

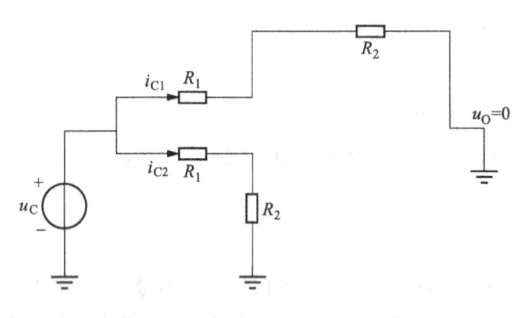

$$R_C = \dfrac{u_C}{i_C} = \dfrac{R_1+R_2}{2} \quad (3-19)$$

图 3-12 图 3-11（a）所示共模输入电路的等效电路

接下来计算图 3-11（b）所示差模输入电路的差模输入阻抗。应用叠加定理，将图 3-11（b）所示电路，分解为同相端输入和反相端输入，它们各自的等效电路如图 3-13（a）和图 3-13（b）所示。

分析图 3-13（a）和图 3-13（b）得知，图 3-11（b）所示差模输入电路的差模电流 i_D 的表达式为

$$i_D = \dfrac{0.5 u_D}{R_1} \quad (3-20)$$

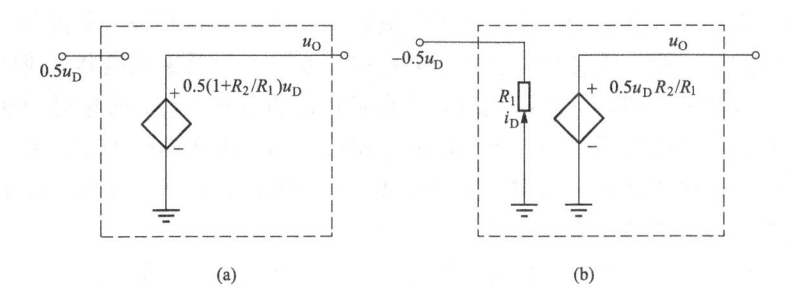

图 3-13　图 3-11（b）所示差模输入电路的等效电路
(a) 同相端输入时；(b) 反相端输入时

分析图 3-13（a）和图 3-13（b）得知，图 3-11（b）所示差模输入电路的差模输入阻抗为

$$R_\mathrm{D} = \frac{u_\mathrm{D}}{i_\mathrm{D}} = 2R_1 \tag{3-21}$$

小结：差分放大器的共模输入阻抗 R_C 和差模输入阻抗 R_D 的表达式分别为

$$\begin{cases} R_\mathrm{C} = \dfrac{R_1 + R_2}{2} \\ R_\mathrm{D} = 2R_1 \end{cases} \tag{3-22}$$

单从式（3-22）来看，无法直接判断两个阻抗的大小关系。但是，假设差分放大器增益为 G（一般 $G>1$），那么 $R_2 = GR_1$，因此联立式（3-21）和式（3-22），可得

$$\begin{cases} R_\mathrm{C} = \dfrac{R_1 + R_2}{2} > \dfrac{G+1}{2}R_1 = \dfrac{G+1}{2}\dfrac{R_\mathrm{D}}{2} = \dfrac{G+1}{4}R_\mathrm{D} \\ \dfrac{R_\mathrm{C}}{R_\mathrm{D}} > \dfrac{G+1}{4} \end{cases} \tag{3-23}$$

分析式（3-23）得知，当且仅当差分放大器增益 G 超过 3 时，共模输入阻抗才会大于差模输入阻抗，因此，从降低共模干扰对后续电路的影响角度来看，在设计差分放大器时，尽量取较大增益 G（需要提醒的是，如果增益 G 超过 1000 以上时，必须注意运放漂移电压和偏置电流的影响）。因此，在设计或者选择差分放大器时，需要重点关注放大器的共模抑制能力和放大器的增益带宽积。

当然，除了利用增加差分放大器的放大倍数的方法，来降低共模干扰之外，还有其他用于降低共模干扰的方法，包括：

（1）采用屏蔽双绞线并良好接地。
（2）强电场的地方还要考虑采用镀锌管屏蔽，并良好接地。
（3）布线时远离高压线，更不能将高压电源线和信号线捆在一起走线。
（4）采用线性稳压电源或高品质的开关电源（纹波干扰小于 50mV）。

第二节　接 地 基 本 知 识

一、应用背景说明

电力电子装置作为由各类电力电子电路组成的装置，它主要用于大功率电能变换和控制，如整流器、逆变器、直流变流器、交流变流器、各类电源和开关、电机调速装置、直流输电装置、感应加热装置、无功补偿装置和电镀电解装置，以及家用电器变流装置等。鉴于它们安装使用现场的特殊性，不可避免地会存在着较强的电磁干扰。强电磁干扰势必会窜入装置中控制器和弱信号处理系统中，除有时候直接会使电力电子器件误动作外，还会经常干扰装置的控制电路，造成装置误动作、乱动作或不动作等严重问题。所以，在上述装置的使用现场中，经常会采取的抗干扰技术有：

（1）采取降低措施，抑制干扰信号的强度，例如：在交流继电器、交流接触器的触头处并联吸收模块（一般由电容和电阻串联组成 RC 吸收回路），可减小触头通断时产生的电火花，防止干扰其他关键性电路。

（2）通过合理布线，减小导线间的分布电容、分布电感和互感，防止干扰信号窜入传感器的输入和输出端口、关键性弱信号变换电路等环节中，造成重大影响。

（3）通过正确实施电磁屏蔽措施、采用合适的接地点并良好接地，最大限度将干扰转移掉。

（4）通过采取包括选择抗干扰能力强的元器件、改善处理电路拓扑结构、合理布置 PCB 板子等措施，进一步加强电路本身的抗干扰能力。

（5）控制电路共用直流稳压电源时，区分强电与弱电，它们应单独布线，在条件许可情况下，增加相互间隔距离。

（6）在信号强度允许条件下，尽量降低各单元电路的输入、输出阻抗。

（7）通过采用变压器耦合、光电耦合、电容器耦合等合理的隔离手段，将控制电路、信号源等弱信号回路与电力电子装置的强电回路，在电路上隔离开来，防止干扰信号窜入。

二、接地含义及其目的

1. 基本含义

在电力电子装置中，接地（earthing）通常有两种含义：

（1）大地。指装置的中性点作为装置外壳的外露导电部分，它经由导体与大地相连（称为安全接地），提供静电屏蔽通路（被称为屏蔽接地），这种接地的目的，既可以保证设备和人身安全，还能有效降低电磁噪声。

（2）工作基准地（又称工作接地或者系统接地）。指装置的基准零电位，在电力电子装置中，将各部分电路（如传感器测试系统、控制系统、显示系统等）的信号返回线与工作基准地（基准零电位）进行连接，这种接地的目的是为各部分电路提供稳定的基准电位，所以，在设计该装置时，必须尽量减小接地回路中的公共阻抗的电压降，旨在降低系统中干扰信号的强度。实践表明，其有效解决方法之一就是在 PCB 板中设置大面积的地线层。

2. 目的与意义

在电力电子装置中，接地的目的与意义无外乎三个方面：

（1）为各个功能电路的正常工作提供基准零电位，符合系统的工作机理，否则，就不可能构建电力电子装置。

（2）为了安全，符合用电法规，电力电子装置外壳必须接地，称为安全接地，它是为了防止电力电子装置因绝缘损坏带电可能危及人身安全而设计的接地。为此，特在电力电子装置的金属外壳设置接地棒或接地杆。保护接地只是在设备绝缘损坏的情况下才会有电流流过，其值可以在较大范围内变动。

(3) 为了抑制干扰,电力电子装置中的某些敏感部分,如传感器及其后续处理电路,在条件许可的情况下,将它们屏蔽起来,外壳与大地相连,可以起到抑制干扰的作用,如信号线缆的屏蔽层接地就可以抑制变化的电场干扰。

三、典型接地类型

根据电力电子装置中各个功能电路性质和接地的目的,可将电力电子装置的接地方式分为:

(1) 安全接地。电力电子装置外壳接地。

(2) 工作接地（系统地）。信号回路接于基准零电位导体点或基准零电位点。需要特别注意的是,在正常情况下就会有电流长期流过接地电极,但是只有几安培到几十安培的不平衡电流。在系统发生接地故障时,会有上千安培的工作电流流过接地电极。

(3) 屏蔽接地。信号线缆的屏蔽层、变压器的屏蔽层、传感器外壳的屏蔽层等接地。

电流流经以上三种接地电极时,都会引起接地电极电位的升高,影响人身和设备的安全。为此,在设计电力电子装置的过程中,上列三种地线应分别设置,以消除各地线之间的相互干扰。

四、弱信号接地方法

1. 工作接地方法

工作接地是为了使电力电子装置或者系统以及与之相连的传感器测试系统或者控制系统,均能可靠运行并保证测量的准确性、控制的精准性而设计的接地线,没有它,信号便没有回路,不能正常工作,其分为:

(1) 信号地。指的是传感器信号的地线,不论是数字式还是模拟式传感器,它的地线都是传感器本身的信号电位基准公共线。

(2) 数字信号回路接地（简称数字地,又称逻辑地）。专指数字电路的公共地线,如温度开关、烟雾报警开关、门控开关等开关量及其变送器的负端的接地点。

(3) 模拟信号回路接地（简称模拟地）。专指模拟电路的公共地线,电压、电流、振动、位移、速度、加速度、湿度、温度等模拟信号的负端的接地点。

(4) 功率地线。相对于弱信号而言,它指的是超过数百 mA 以上电流的回路的地线,包括电源的地线（如线性稳压电源的地线、开关电源的地线）、具有较大电流的开关电路的地线。

2. 屏蔽接地方法

屏蔽接地（简称屏蔽地）,是用来防止或者抑制外部电磁干扰的接地线。由于在电力电子装置的工作现场,电磁干扰非常明显,在获取弱信号（如温度、转速、电压、电流等）时,常规的做法就是设置屏蔽线缆,而该线路必须设置屏蔽接地。对易受到电磁干扰的电磁敏感电路（如传感器测试电路）、器件（如传感器/头）要进行重点保护,最常见的方法就是加强该探测设备的传感器输入电路和前级放大电路的电磁屏蔽。

在电磁屏蔽设计时,一般采用电导率高的材料作为屏蔽体,并将屏蔽体良好接地,这种做法是利用屏蔽体,在高频磁场作用下产生反方向的涡流磁场,与原磁场抵消而削弱高频磁场的干扰,也因屏蔽体良好接地而实现电场的屏蔽。屏蔽体的厚度不必过大,应以趋肤深度和结构强度满足要求为宜。另外要注意屏蔽体的完整性,如果屏蔽体不完整,将导致电磁场泄漏。

3. 工程范例分析

如现场测量某冷板的温度就是利用精密集成温度传感器 AD592，该传感器外形实物如图 3-14（a）所示，它是 TO-92 铁壳的封装结构，图 3-14（b）为管脚图，根据它的参数手册得知，其管壳与 2 脚短接作为屏蔽层，1 脚为正端，3 脚为负端。这种传感器的特点是：

（1）AD592 是一种典型的电流输出型、精密集成温度传感器，其输出的电流与绝对温度成比例，在宽电源电压范围内，该器件可充当一个高阻抗、1μA/K 与温度有关的电流源，不受长线路上的压降和电压噪声影响，因此适用于远程检测。

（2）AD592 可用于 -25~105℃ 范围的温度测量。

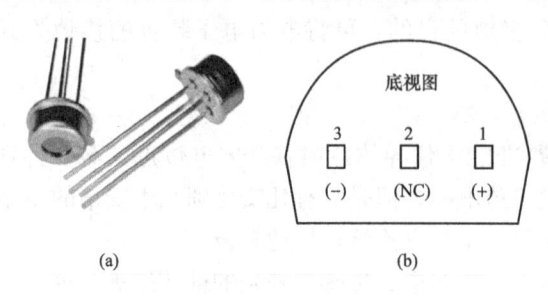

图 3-14 集成温度传感器 AD592
(a) 实物图；(b) 管脚视图

（3）使用 AD592 时，外围电路简单，只需接一个采样电阻即可实现电流—电压转换，无需线性化电路、精密基准电压源、电桥器件、电阻测量电路和冷结补偿。

（4）AD592 按性能分为三种等级：AD592AN、AD592BN 和 AD592CN。所有器件均采用 TO-92 封装，壳温范围 -45~125℃。在 -25~105℃ 范围内可以保证其额定性能。

在电力电子装置中，AD592 的典型应用有：

（1）检测电力电子器件的冷板温度。
（2）检测控制器/板中核心器件的温度。
（3）制作为密封结构时，可以检测冷却液的温度。
（4）检测风冷系统的进、出口温度。

经过认真分析和实践运行表明，在使用这种传感器时需要采用双绞屏蔽线，屏蔽层必须接到传感器的金属管壳（即 2 脚）上，屏蔽线最好采用单点接地方式、确保屏蔽的完整性和接地的有效性。除此之外，还必须重点关注其后续电流—电压转换电路、放大电路，均要良好接地，最大限度抑制电磁干扰。

五、去耦与滤波设计技巧

1. 去耦方法

如图 3-15 所示为运放电源去耦电路与差模输入、共模输入时的滤波时间常数等效电路。每个运放的电源引线，一般都采用去耦旁路措施，图 3-15 中的高频去耦电容 C_1，通常可选用高频性能优良的陶瓷电容，其值约为 0.01~0.1μF。好的高频去耦电容可以去除高到 1GHz 的高频成分，陶瓷片电容或多层陶瓷电容的高频特性较好。同时还有采用旁路电容 C_2，常常选择 10~50μF 的钽电容，这些电容的内电感值都较小。

当运放在高速应用场合时，旁路电容 C_1 和 C_2 应接到集成运放的电源引脚上，引线尽量短，这样可以形成低电感接地回路，且接地平面尽量要大。举例说明，如果线路板为四层板，其中至少有一层是大面积的地线层；对于双面板，信号线的反面必须是大面积的地线层，这种信号间的交叉干扰就会变小，其原因在于大面积的地线层会减小信号线的特性阻抗，信号反射大为减小。

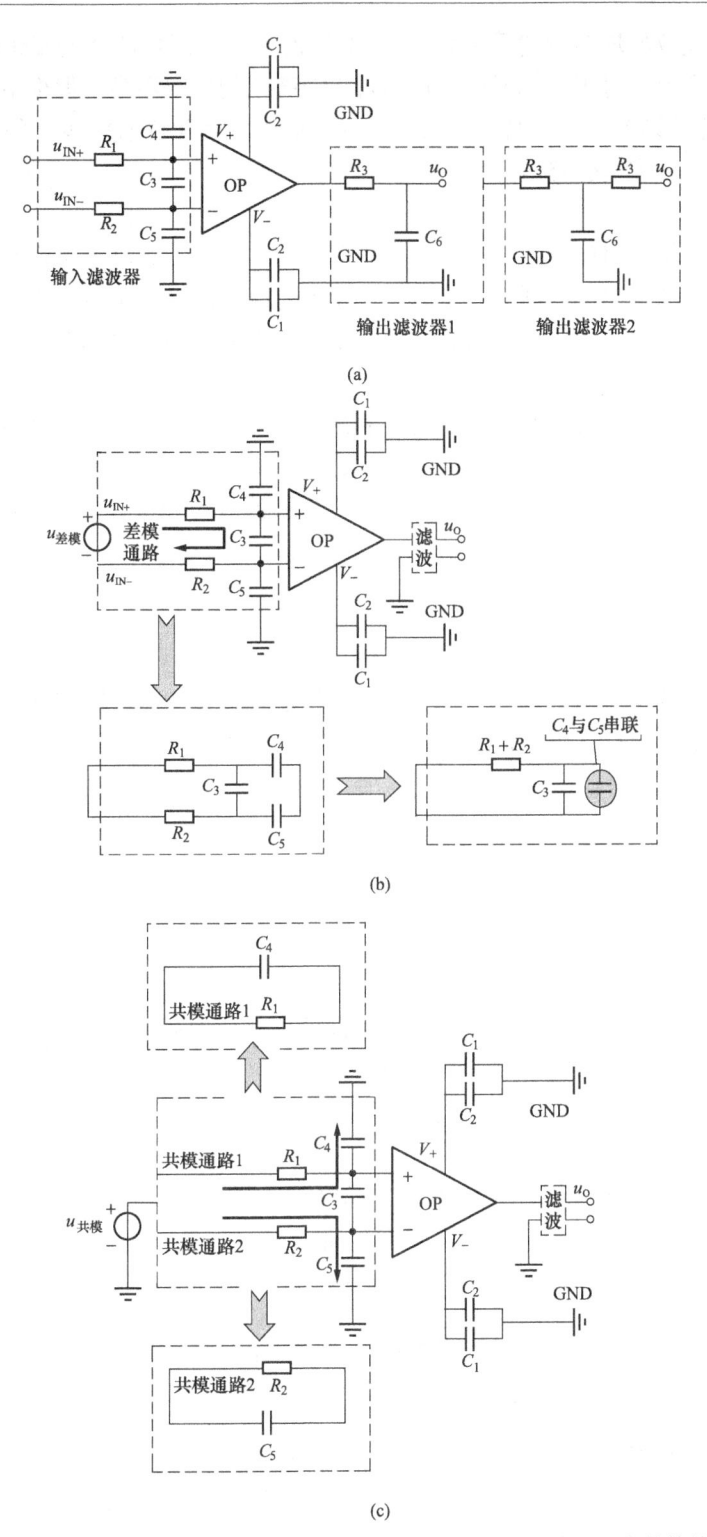

图 3-15 运放电源去耦电路与差模输入、共模输入时的滤波时间常数等效电路
(a) 运放电源去耦电路和运放输入端滤波电路；(b) 差模输入时滤波时间常数的等效电路；
(c) 共模输入时滤波时间常数的等效电路

当所使用的运放的增益带宽乘积大于 10MHz 时，应采用更严格的高频旁路措施，此时应选用射频旁路电容，对于其他通用芯片而言，对旁路的要求不高，但也不能忽视，通常最好每 3～5 个芯片就设置一套旁路电容。不论所用集成电气元件有多少，每个印刷板都要至少加一套或者甚至更多套旁路电容。

2. 滤波方法

在工程应用现场，射频干扰是非常普遍和明显的，一般的解决方法就是在运放的输入端和输出端设计滤波器电路，如图 3-15（a）所示的电路。图 3-15（a）中左边虚线框表示输入端的差模与共模低通滤波器，右边虚线框表示输出端的差模低通滤波器，此处给出了两种低通滤波器形式。

（1）输入端的共模滤波器和差模滤波器的截止频率算法。根据第一章的第二小节中的复杂电路 RC 时间常数的计算方法，可以得到图 3-15（a）所示电路的差模输入电路的滤波时间常数的等效电路，如图 3-15（b）所示，那么差模滤波时间常数 $\tau_{差模}$ 的表达式为

$$\begin{cases} \tau_{差模} = (R_1 + R_2)[C_3 \mathbin{/\mkern-6mu/} (C_4 \text{ 与 } C_5 \text{ 串联})] = (R_1 + R_2)\left(C_3 + \dfrac{C_4 C_5}{C_4 C_4}\right) \\ f_{差模} = \dfrac{1}{2\pi\tau_{差模}} \end{cases} \quad (3-24)$$

同理，可以得到图 3-15（a）所示电路的共模输入电路的滤波时间常数的等效电路，如图 3-15（c）所示，那么共模滤波时间常数 $\tau_{共模}$ 的表达式为

$$\begin{cases} \tau_{共模1} = R_1 C_4 \\ \tau_{共模2} = R_2 C_5 \\ f_{共模1} = \dfrac{1}{2\pi\tau_{共模1}} \\ f_{共模2} = \dfrac{1}{2\pi\tau_{共模2}} \end{cases} \quad (3-25)$$

根据前面复习差分放大器的知识得知，在设计该电路时强调输入电路的对称性，因此，在做电阻和电容的取值选择时，要求满足的条件为

$$\begin{cases} R_1 = R_2 = R \\ C_4 = C_5 = C_C \end{cases} \quad (3-26)$$

那么共模滤波时间常数 $\tau_{共模}$ 的表达式可以简化为

$$\begin{cases} \tau_{共模1} = RC_C = \tau_{共模} \\ \tau_{共模2} = RC_C = \tau_{共模} \\ f_{共模1} = \dfrac{1}{2\pi\tau_{共模1}} = \dfrac{1}{2\pi\tau_{共模2}} = f_{共模2} \\ f_{共模2} = \dfrac{1}{2\pi RC_C} \end{cases} \quad (3-27)$$

那么差模滤波时间常数 $\tau_{差模}$ 的表达式可以简化为

$$\begin{cases} \tau_{差模} = 2R\left(C_3 + \dfrac{C_C}{2}\right) \\ f_{差模} = \dfrac{1}{2\pi\tau_{差模}} \end{cases} \quad (3-28)$$

在设计工程实践中，在做电阻和电容的取值选择时，一般按照下面的方法取值，首先限

流电阻的取值，要保证流入运放输入端的电流不超过其额定电流，差模滤波电容 C_3 和共模滤波电容 C_C 相差至少一个数量级以上，即

$$C_3 \geqslant 10C_C \tag{3-29}$$

那么差模滤波器与共模滤波器的截止频率 $f_{差模}$ 和 $f_{共模}$ 可以分别化简为

$$\begin{cases} f_{差模} = \dfrac{1}{2\pi R(2C_3 + C_C)} \approx \dfrac{1}{4\pi RC_3} \\ f_{共模} = \dfrac{1}{2\pi RC_C} \end{cases} \tag{3-30}$$

因此，对于输入滤波器而言，差模滤波器的截止频率要比共模滤波器的截止频率低得多。

（2）对于第一种输出滤波而言，其滤波时间常数 τ_{O1} 和截止频率 f_{O1} 分别可以表示为

$$\begin{cases} \tau_{O1} = 2\pi R_3 C_6 \\ f_{O1} = \dfrac{1}{2\pi \tau_{O1}} \end{cases} \tag{3-31}$$

（3）对于第二种输出滤波而言，其滤波时间常数 τ_{O2} 和截止频率 f_{O2} 分别可以表示为

$$\begin{cases} \tau_{O2} = 2\pi (R_3 /\!/ R_3)C_6 = \pi R_3 C_6 \\ f_{O2} = \dfrac{1}{2\pi \tau_{O2}} \end{cases} \tag{3-32}$$

如果两种输出滤波器的电阻和电容参数取值相同的话，第二种滤波器的截止频率要比第一种高。

应注意的是：必须考虑滤波电阻与偏置电流对运放准确度的影响，如果需要更高的滤波电阻，建议考虑选用 FET 输入型的仪用运放。

六、设计范例——A/D 和 D/A 模块接地方法

将同时含有 A/D 和 D/A 模块的接地方法，示意于图 3-16（a）中，它包括模拟电路部分，如：①运放电路；②参考电压电路；③采样时钟发生器电路；④A/D 模块（或 D/A 模块）。

上述电路的地线为模拟地线 AGND，但是 A/D 模块（或 D/A 模块）既有模拟地线 AGND 又有数字地线 DGND。特别是 A/D 模块（或 D/A 模块），既有模拟电路所需电源 U_A，又有数字电路所需电源 U_D。

除了模拟电路部分之外，还包括数字电路部分，如：①A/D 模块（或 D/A 模块）；②缓冲电路或者寄存器；③其他数字电路。

上述电路的地线为数字地线 DGND，但是 A/D 模块（或 D/A 模块）既有模拟地线 AGND 又有数字地线 DGND。特别是 A/D 模块（或 D/A 模块）。

将只含有 A/D 模块的接地方法示意于图 3-16（b）中，它包括模拟电路部分，如：①仪用运放电路 AD620；②采样保持电路 AD585；③A/D 模块 AD574A。

其地线为模拟地线 AGND，但是 A/D 模块既有模拟地线 AGND 又有数字地线 DGND，既有模拟电路所需电源 U_A，又有数字电路所需电源 U_D。

在 A/D 模块（或 D/A 模块）中，将模拟地线 AGND 和数字地线 DGND 采取一点接地方法，即将它们分开走线，最后汇聚一点。

七、设计范例——屏蔽接地

1. 仪用运放屏蔽驱动方法

如图 3-17 所示，为采用跟随器驱动屏蔽层的方法。其中图 3-17（a）为 AD620 的屏蔽

(a)

(b)

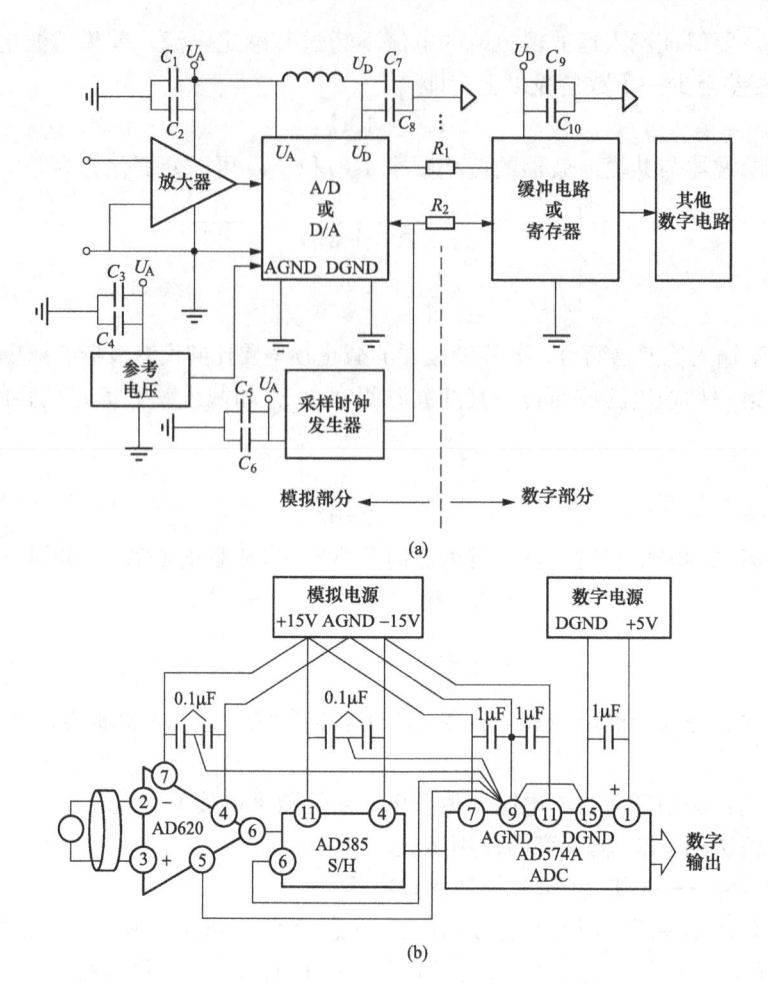

图 3-16 接地示意图
(a) A/D 或 D/A 模块接地方法；(b) A/D 模块接地方法

层接线方法；图 3-17 (b) 为 INA110 的屏蔽层接线方法；图 3-17 (c) 为 INA103 的屏蔽层接线方法；图 3-17 (d) 为 INA15 的屏蔽层接线方法。

(a)

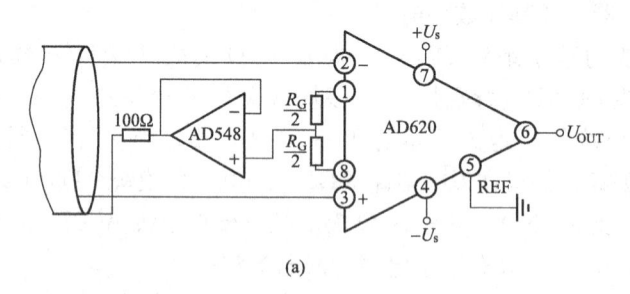

图 3-17 采用跟随器驱动屏蔽层的方法（一）
(a) AD620 的屏蔽层接线方法；

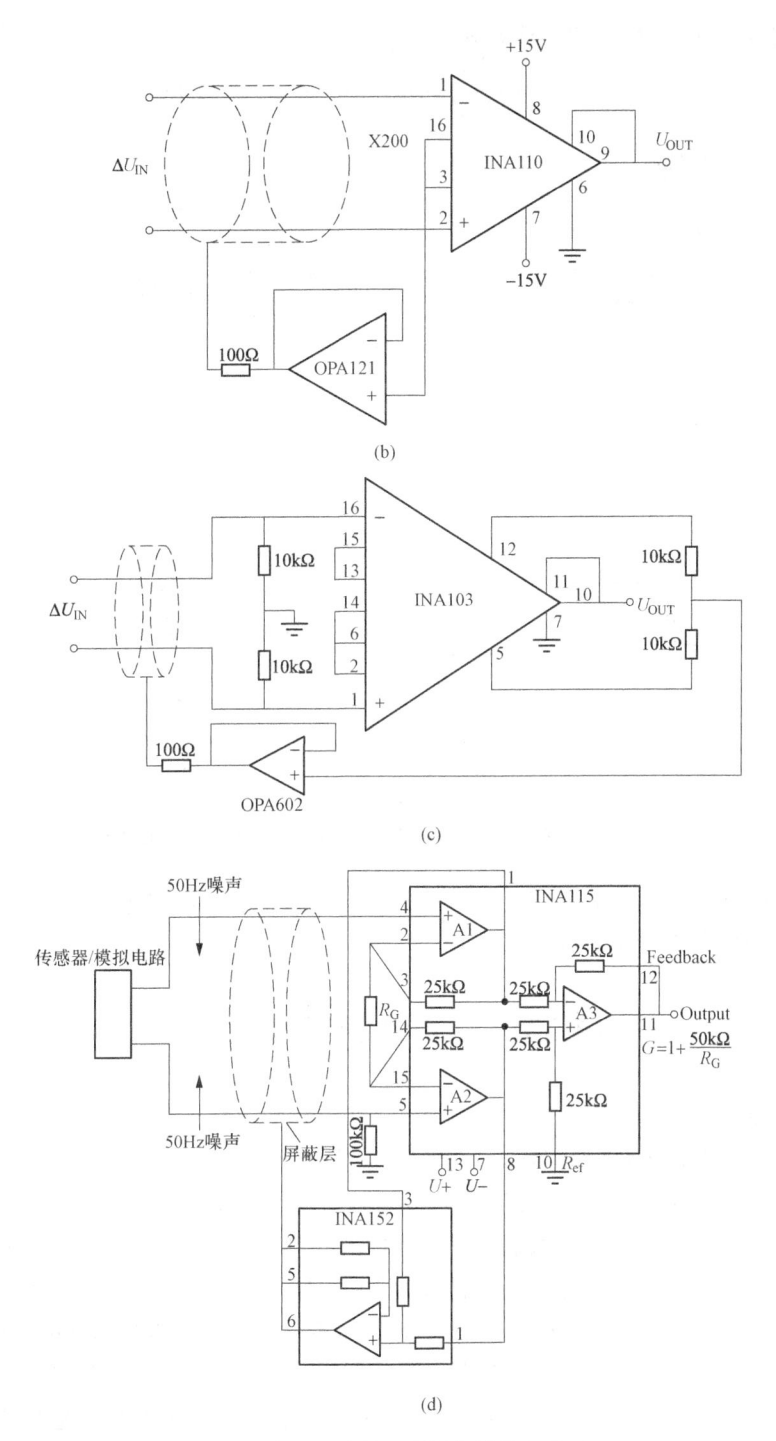

图 3-17 采用跟随器驱动屏蔽层的方法（二）

(b) INA110 的屏蔽层接线方法；(c) INA103 的屏蔽层接线方法；(d) INA15 的屏蔽层接线方法

2. 仪用运放屏蔽接地方法

基于仪用运放的测量应变的桥式电路，如图 3-18（a）所示，它可以采用将屏蔽层直接接地的方法。图 3-18（a）中电阻 75kΩ 和电容 1μF 构成差模低通滤波器（一般采用大电阻

和小电容构建），其截止频率的表达式为

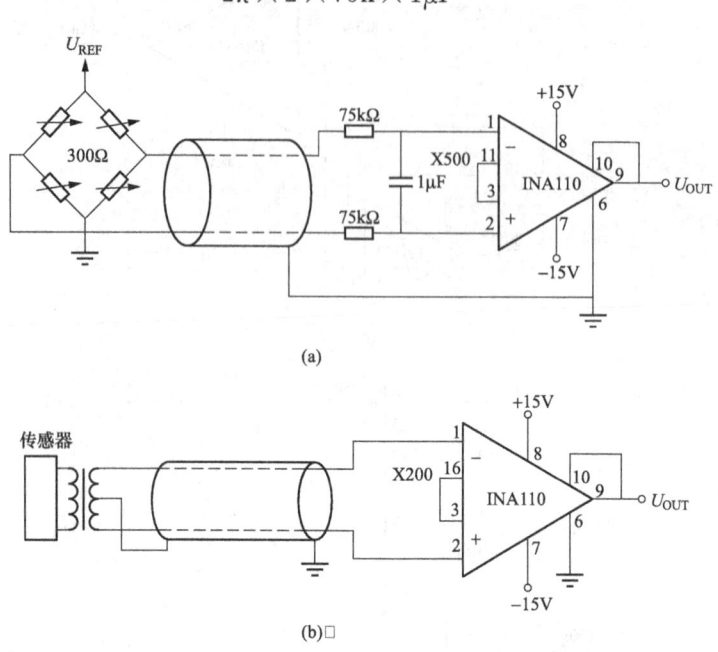

$$f_{\mathrm{DM}} = \frac{1}{2\pi \times 2 \times 75\mathrm{k} \times 1\mu\mathrm{F}} = 1.06\mathrm{Hz} \qquad (3-33)$$

图 3-18 采用屏蔽层直接接地的方法
(a) 桥式电路屏蔽层接地；(b) 变压器式传感器中性点与屏蔽层接地

如图 3-18（b）所示，对于仪用运放用于变压器式传感器测量电路而言，可以采用将屏蔽层和变压器中性点直接接地的方法。

第三节　PCB 设计重要知识

一、应用背景

印制电路板（Printed Circuit Board，PCB），又称印刷电路板、印刷线路板，简称印制板。以绝缘板为基材，切成一定尺寸，其上至少附有一个导电图形，并布有孔（如元件孔、紧固孔、金属化孔等），用来代替以往装置电子元器件的底盘，并实现电子元器件之间的相互连接。由于这种板是通过电子印刷术制成的，故被称为印刷电路板。它以电路原理图为依据，实现电路设计者所需要的功能。印刷电路板的设计主要指 PCB 版图设计，需要考虑外部接口关系、信号线缆配置、电路板内部电子元器件的优化布局、电磁保护、热耗散和装拆方便性等多种因素。

实践证明，即使电路原理图设计正确，PCB 板设计不当，也会影响电子设备的可靠性。例如，如果印制板两条细平行线靠得很近，则会形成信号波形的延迟，在传输线的终端形成反射噪声。因此，在设计印制电路板的时候，应注意采用正确的方法。

研究表明，一个集成电路本身的封装材料引入 2～6pF 电容，一个线路板上的接插件，会有 520nH 的分布电感，一个双列直插、24 个管脚的插座（DIP24），引入存在 4～18nH 的分布电感。这些小的分布参数对于较低频率下的微控制单元系统，是可以忽略不计的，而对于高速系统必须予以特别注意。因此，在印刷线路板上，把模拟信号部分、高速数字电路部分、噪声源部分（如继电器、大电流开关）等合理地分开，恰当排列各个器件、缩短各部件之间的引线、使相互间的信号耦合为最小，就显得非常关键，这对于提高信噪比、降低信号失真度、达到良好的电路性能和散热性能，至关重要。

二、地线设计方法

1. 方法概述

在电力电子装置中，地线设计、合理接地是控制干扰的重要方法。印刷电路板上，电源线和地线最重要。克服电磁干扰，最主要的手段就是接地。对于双面板，地线布置特别讲究，大多采用单点接地法，电源的地线是印刷线路板唯一的一个接地点，但是印刷线路板上，要有多个返回地线，这些都会聚集一起回到电源的接地点上，就是所谓的单点接地。

相关书籍中指出"模拟地、数字地、大功率器件的地均要分开"，在 PCB 版图设计中，其实就是指分开布线，但是，到最后都要汇集到一个接地点上来。与印刷线路板以外的信号相连时，视具体情况而定，通常采用信号线缆或者屏蔽电缆。对于高频和数字信号，屏蔽电缆两端都要接地。低频模拟信号用的屏蔽电缆，大多采用一端接地为好。对噪声和干扰非常敏感的电路或高频噪声，特别严重的电路应该用金属罩屏蔽起来，如果受制于位置条件，可以采取利用 PCB 布线方式设置 PCB 环，将关键性管脚保护起来。

2. 设计范例分析

实践经验表明，在设计弱电流信号的放大器时，大多都会选用低功耗、低噪声精密 FET 运算放大器，如 AD851X 系列 JFET 运放。AD8510/AD8512/AD8513 分别为单通道、双通道和四通道精密 JFET 运放，具有低失调电压、低输入偏置电流、低输入电压噪声和低输入电流噪声特性。低失调、低噪声和极低输入偏置电流这些特性相结合，使这些放大器特别适合高阻抗传感器（光电二极管）放大以及采用分流的精密电流测量应用。直流精度、低噪声和快速建立时间特性相结合，则使医疗仪器、电子测量和自动测试设备可以获得优异的精度。

低输入偏置电流、低失调和低噪声特性，使光电二极管放大器电路具有较宽的动态范围。如图 3-19 所示为运放 AD8510 作为反相放大器时的屏蔽方法及 PCB 布局示意图。

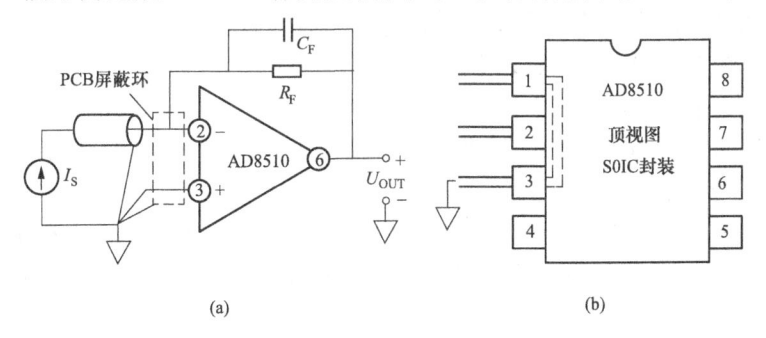

图 3-19 运放 AD8510 作为反相放大器时的屏蔽方法及 PCB 布局示意图
(a) 原理图；(b) PCB 布局

（1）图 3-19 (a) 所示为运放 AD8510 作为反相放大器时的屏蔽方法，它要求用 PCB 屏蔽环将反相端与同相端包裹起来，且与连接光电二极管的导线屏蔽层一起共同短接到地线上。

(2) 图 3-19 (b) 示意了 AD8510 的 SOIC 封装时的 PCB 走线方法。

另外，提醒读者，由于该芯片的管脚 1、5 和 8 均悬空没用，建议将它们接地以减小漏电流。

如图 3-20 所示为运放 AD8510 作为同相放大器时的屏蔽方法及 PCB 布局。其中：

(1) 图 3-20 (a) 所示为运放 AD8510 作为同相放大器时的屏蔽方法，它要求用 PCB 屏蔽环将反相端与同相端包裹起来，且与电阻 R_1 和电阻 R_F 交点处短接。如果运放 AD8510 充当跟随器时，将 PCB 屏蔽环与运放输出管脚 6 短接。该芯片悬空没用的管脚 1、5 和 8 的处理方法同前所述。

(2) 图 3-20 (b) 示意了 AD8510 的 SOIC 封装时的 PCB 走线方法。

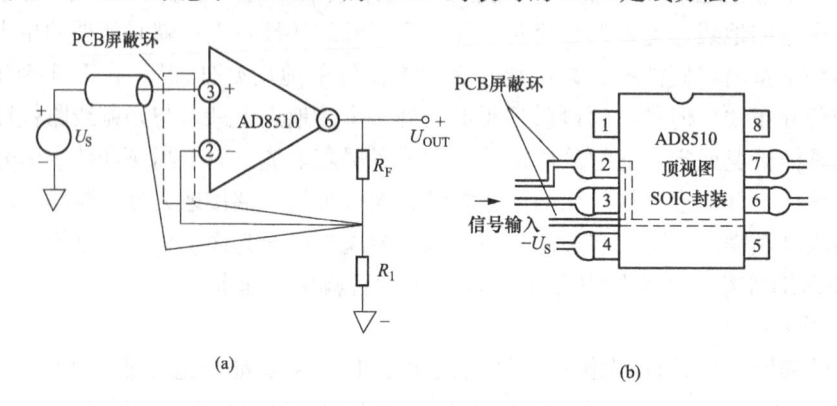

图 3-20 运放 AD8510 作为同相放大器时的屏蔽方法及 PCB 布局
(a) 原理图；(b) PCB 布局

因此，在设计 PCB 版图时，尽量能将接地和屏蔽正确结合起来，可解决大部分干扰问题。

3. 地线设计范例分析

在电力电子装置中，一般有多种电路板卡，如拾取关键控制量的模拟板卡、采集状态量的接口板卡、重要数字量的数字板卡以及完成计算和控制的控制板卡，这些板块中的地线结构大致有机壳地（屏蔽地）、信号地、数字地、模拟地 4 种。

因此，在地线设计中必须注意以下几点：

(1) 正确选择单点接地与多点接地。在低频电路中，信号的工作频率不会超过 1MHz，它的布线和器件间的电感影响较小，而接地电路形成的环流对干扰影响较大，因而应采用单点接地，如图 3-21 所示。

在高频电路中，由于信号工作频率大多超过 10MHz 时，地线阻抗变得很大，此时应尽量降低地线阻抗，就需要采用就近接地方式，这就会产生多个接地点，即采用多点接地方式。

当工作频率在 1～10MHz 时，如果采用单点接地，其地线长度不应超过波长的 1/20，否则应采用多点接地法。

(2) 将数字电路与模拟电路分开布置。在电力电子装置中，为了减小 PCB 板卡的尺寸，有些接口板上既有高速逻辑电路，又有线性放大电路，因此，应尽量分开布置它们，且两者的地线千万不要混淆，分别单独与各自的电源端地线相连，而且还要尽量加大线性放大电路

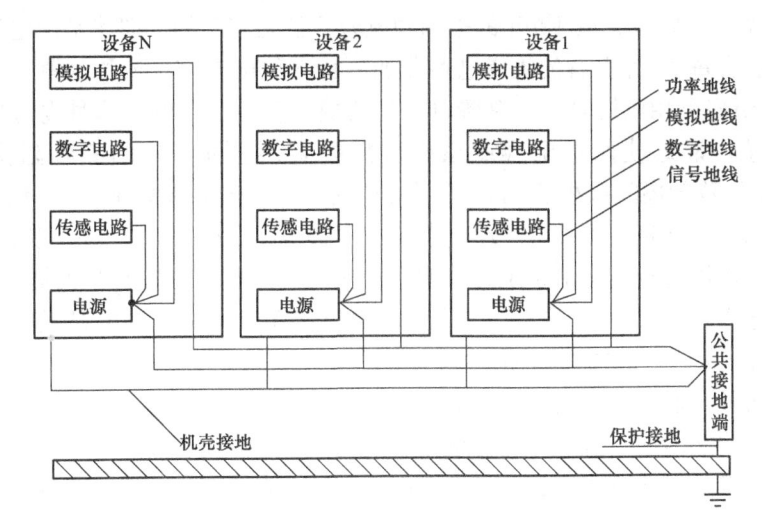

图 3-21 单点接地（适用于工作频率 1MHz 以下系统）

的接地面积。

（3）尽量加粗接地线。选择合理的地线宽度非常重要，由于瞬变电流在印制线条上所产生的冲击干扰主要是由印制导线中电感造成的，因此应尽量减小印制导线的电感量。印制导线的电感量与其长度成正比，与其宽度成反比，所以，短而粗的导线对抑制干扰是有利的。

若接地线很细，接地电位则随电流的变化而变化，致使电子设备的定时信号电平不稳，抗噪性能变坏。因此应将接地线尽量加粗，使它能通过三倍于印制电路板的允许电流。如条件许可的话，接地线宽度至少应大于 1mm 以上，如图 3-22 所示，它为双面板，其电源线均加宽处理。

其他信号线、时钟引线、行驱动器或总线驱动器的信号线常常载有大的瞬变电流，印制导线要尽可能的短。对于分立组件电路，印制导线宽度在 1.5mm 左右时，即可完全满足要求。对于集成电路，印制导线宽度可在 0.2~1.0mm 选择。

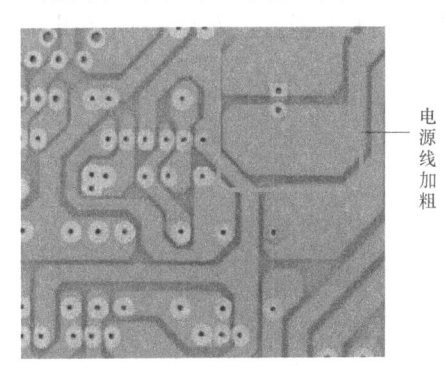

图 3-22 加宽处理的电源线

三、电容放置方法

在直流电源回路中，负载的变化会引起电源噪声。当电路从一个状态转换为另一种状态时，就会在电源线上产生一个很大的尖峰电流，形成瞬变的噪声电压。配置去耦电容是印制电路板可靠性设计的一种常规做法，去耦电容可以抑制因负载变化而产生的噪声，其原因在于：

（1）去耦电容是集成电路的蓄能电容，提供和吸收该集成电路开断瞬间的充放电能。

（2）去耦电容能够有效旁路掉试图窜入该器件的高频噪声。

现将去耦电容的配置方法小结如下：

（1）在数字电路中，典型的去耦电容为 0.1μF 的去耦电容带 5nH 的分布电感。其共振频率大约在 7MHz 左右，也就是说对于 10MHz 以下的噪声有较好的去耦作用。在电源进入印刷板的地方放置一个 1μF 或 10μF 的去高频电容往往是有利的,即使是用电池供电的系统也需要这种电容。每 10 片左右的集成电路要加一片充放电电容,或称为蓄放电容,电容大小可选 10μF。最好不用电解电容,电解电容是两层薄膜卷起来的,这种卷起来的架构在高频时表现为电感,最好使用钽电容或聚碳酸酯电容,这种器件的高频阻抗特别小,在 500kHz~20MHz 范围内阻抗小于 1Ω,而且漏电流很小(0.5μA 以下)。在数字电路中,去耦电容值的选取并不严格,可按 $C=1/f$ 计算,即 10MHz 取 0.1μF,对于以 DSP、ARM 和 FPGA 为核心控制器构成的板卡系统,去耦电容的取值在 0.01~0.1μF 也是可以的。

(2) 电源输入端跨接一个 10~100μF 的电解电容器,如果印制电路板的位置允许,采用 100μF 以上的电解电容器的抗干扰效果会更好。

(3) 对于防噪声能力弱、关断时电流变化大的器件以及存储型器件如 ROM、RAM 等,应在芯片的电源线和地线间直接接入去耦电容,取 0.01~0.1μF 之间也是可以的。

(4) 去耦电容的引线不能过长,特别是高频旁路电容不能带引线,最好采用贴片电容。

四、电源滤波方法

在一个电路板既有弱信号放大器电路,又有其功率放大器电路,而它们使用的是同一套电源,就必须考虑强电流电路部分与弱电流电路部分的滤波问题。如图 3-23 所示为强弱信号均有的放大器中电源滤波器电路,在弱电信号放大器的正负电源(如果仅仅使用单极性电源的分析方法与此类似)的入口处增加 RC 导通滤波器或者 LC 低通滤波器即可,本例仅以双极性电源的 RC 低通滤波器为例,其他参照此方法处理,需要注意的是,滤波电阻 R_F 的取值需要兼顾弱信号放大器对电源电流大小的需求。

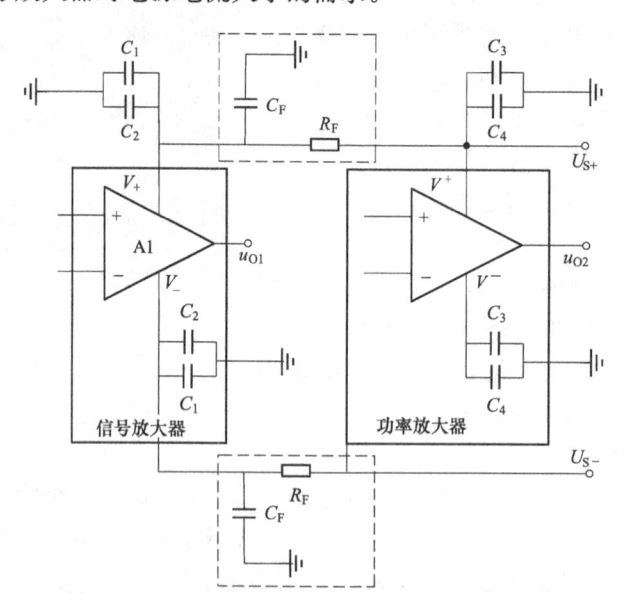

图 3-23 强弱信号均有的放大器中电源滤波器电路

电源 RC 滤波结构在电力电子装置中,经常被用来充当过电压抑制电路,又称为阻容吸收网络或者抑制浪涌电路,它是实现外部因过电压保护的最简单和最常见的措施。RC 过电压抑制电路可接于供电变压器的两侧、电力电子电路的直流侧、大功率电力电子器件如晶闸管阴阳极两端,由于电容端电压不能突变,故可有效地抑制过电压、浪涌尖峰。串联电阻的目的是在能量转化过程中消耗一部分能量，并抑制 LC 回路的振荡。

五、PCB 板布局方法

1. 总体规划 PCB 的方法

根据原理图、按照电路功能，首先对板卡有一个区域划分，如电源区、高频数字区、低频数字区、模拟弱电流区、模拟强电流区等。划分功能区域时，需要重点处理几个关键性器件。

（1）大而重的元器件。当印刷板上有大而重的元器件（比如变压器、继电器）时应安排在靠近板子固定端的位置，也可将其放到辅助电路板上，利用加固件对其进行固定处理，以提高机械强度，并留有足够的装配空间和拆卸位置。

（2）发热元器件。应将发热元器件放在有利于散热的位置，必要时可单独放置或加装散热片，并留足够的装配空间和拆卸位置。

（3）强电磁辐射元器件。对于辐射电磁场较强的元件（或局部电路）以及对电磁感应比较敏感的元件，应加大它们之间的距离，必要时要进行屏蔽，元器件放置的方向与相邻的印制导线交叉。

（4）可调元件或者微动开关。对于电位器、可变电容等可以调整的元件或者微动开关等，在设计时要考虑整机的结构要求。如果是在机器外部调整，其位置要与调节旋钮在机器面板上的位置相对应，如果是在机器内部调整，则应放在印刷板上方便调整的位置处。

2. 优选 PCB 层数的方法

多数的 PCB 板是双面板，就是两面都有布线。多层 PCB 板是以布线的层数来确定的。与双面板不同，多层板在外观上基本看不出来，是通过压缩工艺压合到一起的，中间可能有多层信号线。

确定 PCB 板层数从频率上来说，数字电路 50MHz 以下、模拟电路 10MHz 以下的电路只考虑双面板，超过上述频率时，就要考虑四层板甚至更多层数的 PCB 板，以提供隔离地和回流路径，避免 EMI 和 EMC 等问题。目前电力电子装置中的绝大多数控制板卡都是采用四层板结构，如图 3-24 所示为典型的四层板的布线。不过，也有

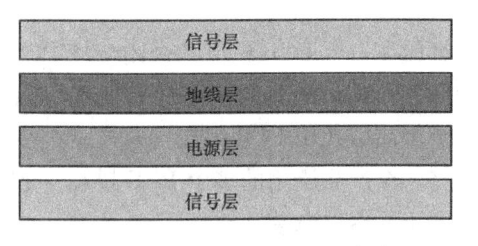

图 3-24 典型的四层板的布线

采用六层板和八层板的，其分层方案分别如表 3-1 和表 3-2 所示。图 3-25 表示六层板的第 3 套分层方案示意图。图 3-26 表示八层板的第 2 套分层方案示意图。图 3-27 表示八层板的第 3 套分层方案示意图。

表 3-1　　　　　　　　　　六层板的分层方案

分层方案	电源层（P）	地线层（G）	信号层（S）	1	2	3	4	5	6
1	1	1	4	S1	G	S2	S3	P	S4
2	1	1	4	S1	S2	G	P	S3	S4
3	1	2	3	S1	G1	S2	P	G2	S3
4	1	2	3	S1	G1	S2	G2	P	S3

表 3-2　　　　　　　　　　　　八层板的分层方案

分层方案	电源层（P）	地线层（G）	信号层（S）	1	2	3	4	5	6	7	8
1	1	2	5	S1	G1	S2	S3	P	S4	G2	S5
2	1	3	4	S1	G1	S2	G2	P	S3	G3	S4
3	2	2	4	S1	G1	S2	P1	G2	S3	P2	S4
4	2	2	4	S1	G1	S2	P1	P2	S3	G3	S4

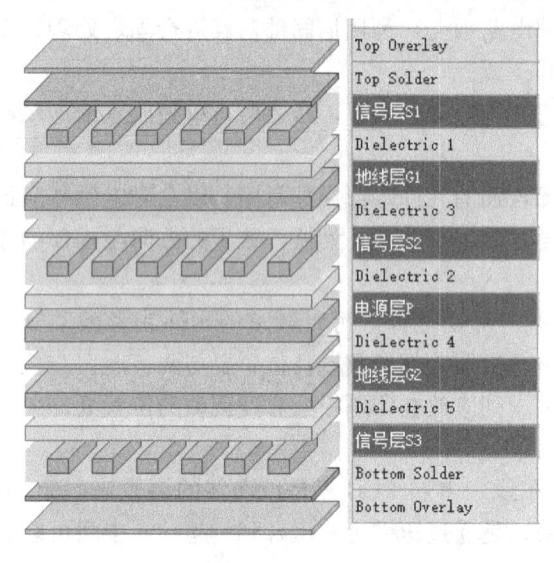

图 3-25　六层板的第 3 套分层方案示意图

选择多层 PCB 时，推荐把电源面和接地面尽可能近的放置在相邻的层中，以便在整个板上产生一个大的 PCB 电容。速度最快的关键信号应当临近接地面的一边，非关键信号则放置在靠近电源面。但究竟选择几层板，具体情况还要具体分析。一般来说如果频率不高，要以能完全布通的最小层数来决定 PCB 板的层数。

3. 布局 PCB 的方法

(1) PCB 板的布置与安排。

1) 合理预估元器件的尺寸、数量、重量，给各个功能区的元器件分配合理位置，最后预估整个电路板的尺寸。

2) 当板的尺寸大于 300mm×200mm 时，应考虑分板设计。建议不要将全部功能都放在一个 PCB 板上，否则会使 PCB 尺寸过大、笨重，损坏更换的成本很高，抗冲击振动性能较差，PCB 的伸缩性有问题，除非采取特殊处理措施，如加厚、设置伸缩缝/孔等。一个产品由几块 PCB 组成，这样就需要把若干小板拼成一个面积符合生产要求的大板，或者将一个产品所用的多个 PCB 拼在一起而便于生产电装，既能够满足 PCB 生产工艺条件，也便于元器件电装。

3) 在 PCB 板边缘的元件，应距离边缘至少 2mm。

4) PCB 板的形状应呈矩形，长宽比例一般为 3∶2 或者是 4∶3。

(2) PCB 板上元器件的布置。将元器件按功能排布，应按照强电部分与弱电部分隔离；数字电路与模拟电路分割开来；易受干扰较为敏感部分与强电磁干扰强辐射部分分开的原则进行配置，使得电路板看起来规矩、整洁。

如条件许可的话，还可以将一些芯片的管脚重新配置，比如 CPLD、FPGA、DSP 和 ARM 之类的芯片，能够大量减少飞线、方便走线，同时也会使 PCB 板布局更简洁、直观。

按照原理图里面的电气连接来放元件，边看原理图，边放置元器件，一般是分模块先放好，再整体放，最后再小范围调整，具体包括：

1) 电路板上的元器件应按照信号的流程逐个安排，以核心元件为中心，例如以集成电路为主，围绕其进行布局。

2) 元器件在印刷板上的重量应分布均匀，元器件不允许交叉和重叠放置。

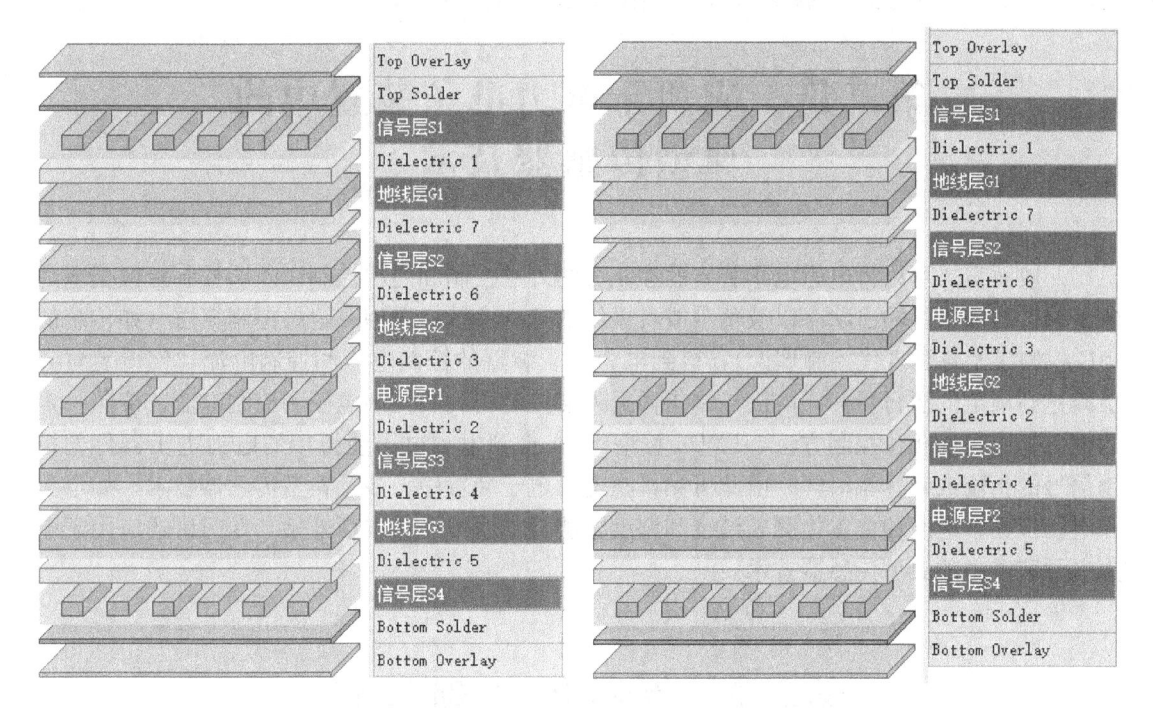

图 3-26　八层板的第 2 套分层方案示意图　　图 3-27　八层板的第 3 套分层方案示意图

3）应尽量放在元件面上，分布均匀，排列紧凑，以缩短连线长度，降低连接电阻。

4）集成电路器件尤其是双列直插器件，布局要尽量方向一致、间隔相等、整齐排列有序。

5）为每个集成电路芯片配置一个 $0.01\mu F$ 的陶瓷电容器。如遇到印制电路板空间小而装不下时，可每 4~10 个芯片配置一个 10~$50\mu F$ 钽电解电容器。

（3）PCB 板的固定。PCB 板上应留有固定支架、定位螺丝孔和连接插座，且为固定散热片预留安装位置。

第二篇 应用于电力电子装置中的典型传感器技术

一般而言，可以将电力电子装置的控制分为外层控制和内层控制。外层控制指根据电力电子装置的输入、输出状态以及负载或者系统的运行参数，采用一定的控制算法（如传统的 PID 控制或者各种现代控制理论），得到电力电子装置的控制电压和控制电流，使得装置和负载达到预定的运行目标。内层控制指根据外层控制得到的控制电压和控制电流，按照一定的控制算法（如相位控制方法、PWM 算法等），得到电力电子装置中的电力电子器件的控制信号的相位或者脉宽时间。由此可见，在电力电子装置中，涉及典型传感器技术，如电流和电压检测、速度和位置检测、温度和湿度检测等。所以，从本篇开始，专门讲述应用于电力电子装置中的典型传感器技术。

第四章 传感器基础知识

在电力电子装置的设计过程中，要用到许多传感器来监视和控制装置运行过程中的各个参数，使设备工作在正常状态或最佳状态，并使产品达到最好的质量。例如，采用交流调压的温控装置，其内层控制根据温度传感器，采集冶炼炉内部温度，按照一定的控制方法得出交流调压装置应该输出的交流电压的幅值大小，这个电压就是给内层控制的控制电压。内层控制根据控制电压，按照交流电压电路输出电压控制方式，采用移相调压或者 PWM 调压方法，计算得出晶闸管的触发脉冲的相位和脉宽时间，并把这个控制信号传送到晶闸管的触发电路。因此，没有优良的传感器，电力电子装置也就失去了获得参变量的基础。选择合适的传感器、正确判断传感器的性能、合理使用传感器，这对大多数设计者来讲，仍是较为关键性的技术问题。

第一节 传感器的含义及其特性

一、传感器的含义与组成

1. 传感器的含义

传感器（Transducer/sensor），国际电工技术委员会（International Electro Technical Commission，IEC）的定义为：传感器是测量系统中的一种前置部件，它将输入变量转换成可供测量的信号。GB/T 7665—2005《传感器通用术语》中的定义是：传感器是能感受规定的被测量件并按照一定的规律（数学函数法则）转换成可用信号的器件或装置，也叫变换器、换能器、探测器。

2. 传感器的组成

传感器是包含承载体和电路连接的敏感元件，它的主要特征是能够感知和检测某一形态的信息，并将其转换成另一形态的信息。传感器系统则是组合有某种信息处理（模拟或数字）能力的系统。传感器是传感系统的一个重要组成部分，它是被测量信号输入的第一道关口，它能够把某种形式的能量转换成另一种形式的能量。传感器一般由敏感元件、转换元件和转换电路三部分组成，如图4-1所示为传感器的基本组成框图。

（1）敏感元件。其是在传感器中能直接感受或响应被测量的那一部分，它的功能是直接感受被测量（如物理量、化学量、生物量等）并输出与之成确定关系的另一类物理量，例如温度传感器的敏感元件的输入是温度，它的输出则应为温度以外的某类物理量，如电压或者电流信号。简单讲，敏感元件是将被测量转换为特定的非电量（如应变、位移等）的元件。

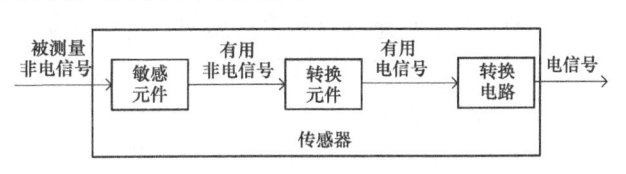

图4-1 传感器的基本组成框图

（2）转换元件。敏感元件的输出就是转换元件的输入，转换元件是传感器中将敏感元件的输出转换为电参量的那一部分，即是能将敏感元件感受（或响应）到的被测量转换成能够传输和（或）测量的电信号的元件。也就是说，敏感元件的输出经常需要转换为电参量如电压、电流、电阻、电容、电感、频率和脉冲等，以便进一步处理。简单讲，转换元件是将非电量转换为电参数（电阻、电感、电容、电势等）的元件。

（3）转换电路。转换电路可以将转换元件输出的电参量，转换成其他电参量输出或其他所需形式的信息进行传输。它通常由电源（如交流、直流供电系统）、相关功能电路等组成。如果转换元件输出信号很微弱且含有电噪声，或者不是易于处理的电压或电流信号，则需要由转换电路将其调整（如进行放大、滤波处理）为便于传输、转换和显示的形式（一般为电压或电流信号），即转换电路的功能就是把转换元件输出变换为易于处理、显示、记录、控制的信号。简单讲，转换电路是将电参数变换为电参量（电压或电流）的特定电路。

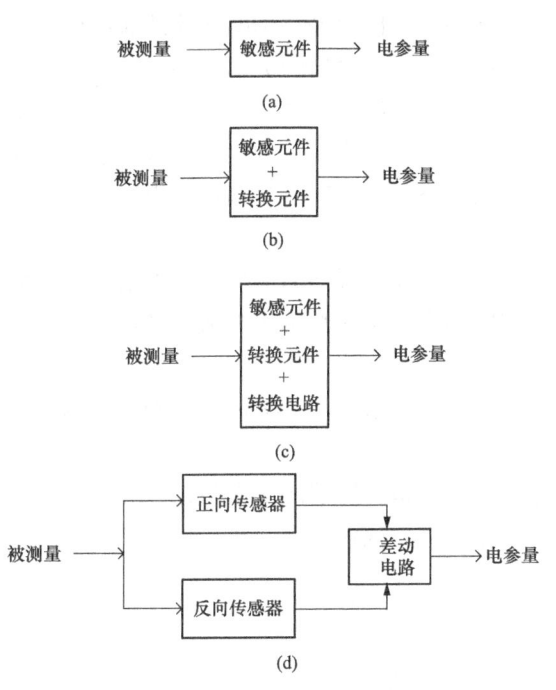

图4-2 不同结构的传感器
(a)"三合一"结构；(b)"二合一"结构；
(c)常规结构；(d)混合结构

有些传感器很简单，仅由一个敏感元件（兼作转换元件）组成，它感受被测量时直接输出电参量，如图4-2（a）所示，这种传感器的敏感元件、转换元件和转换电路是"三合一"的，它把感应到的外界非电量的变化直接转换成电参量（如电荷、电势）输出。这种传感器的典型代表有：热电偶、磁电式传感器、光电池和压电式传感器。这类传感器的转换元件大多是无源元件，被称为电参量传感器。

第二种结构的传感器是将敏感元件和转换元件合二为一，如图4-2（b）所示，这类传感器的典型代表，如热敏电阻式传感器、电容式传感器、感应同步器和角度编码器等。

第三种结构的传感器就是常规结构，它包含敏感元件、转换元件和转换电路三个部分，如图4-2（c）所示，这类传感器最多，如电阻应变式传感器、电位器式传感器、电感式传感器、压磁式传感器等。

对比而言，第一种结构的传感器常被称为电参量传感器，后两种结构的传感器则被称为电参数传感器。

最复杂的结构当属图4-2（d）所示结构，它将两个传感器构造成一个测量正增益变化、一个测量负增益变化，它们的输出经差动电路处理后再输出，这种结构的传感器，也称为差动结构型传感器，如差动式电感传感器。

另外，也有些特殊传感器，它的转换元件不止一个，且要经过若干次转换，方可转换成能够传输和（或）测量的电参量。

二、传感器的特性

1. 传感器特性的含义

传感器的特性指传感器所特有性质的总称。而传感器的输入—输出特性是其最基本的特性。一般可以把传感器视为二端网络，那么其输入—输出特性便是二端网络的外部特性。从系统角度看，一种传感器就是一种系统。而一个系统的输入—输出的关系和特性总是可以用一个数学方程式或函数来描述的。所以，传感器的输入—输出的关系和特性，也就可以用某种方程式或函数来表征，这对传感器的设计、制造、校正和使用均具有重要的指导意义。通常从传感器的静态输入—输出关系和动态输入—输出关系两方面来建立其数学模型。

2. 传感器的静态模型

静态模型是指在输入信号不随时间变化的情况下，描述传感器的输出与输入量的一种数学关系。如果不考虑蠕动效应和迟滞特性，传感器的静态模型一般可用多项式来表示，即

$$y = a_0 + a_1 x + a_2 x^2 + \cdots + a_n x^n \tag{4-1}$$

式中，a_0、a_1、$\cdots$、a_{n-1}、a_n 为传感器的结构参数，x 和 y 分别表示传感器的输入量和输出量。

3. 传感器的动态模型

动态模型是指在准动态信号或动态信号作用下，描述指传感器的输出与输入量的一种数学关系。传感器的动态模型通常采用微分方程和传递函数来描述，即

$$\begin{aligned}&a_n \frac{\mathrm{d}^n y}{\mathrm{d}t^n} + a_{n-1} \frac{\mathrm{d}^{n-1} y}{\mathrm{d}t^{n-1}} + \cdots + a_1 \frac{\mathrm{d}y}{\mathrm{d}t} + a_0 y \\ &= b_m \frac{\mathrm{d}^m x}{\mathrm{d}t^m} + b_{m-1} \frac{\mathrm{d}^{m-1} x}{\mathrm{d}t^{m-1}} + \cdots + b_1 \frac{\mathrm{d}x}{\mathrm{d}t} + b_0 x\end{aligned} \tag{4-2}$$

式中，a_0、a_1、$\cdots$、a_{n-1}、a_n 和 b_0、b_1、$\cdots$、b_{m-1}、b_m 为传感器的结构参数，除 $b_0 \neq 0$ 外，一般取 b_1、$\cdots$、b_{m-1}、b_m 为零。

传感器的传递函数 $H(s)$ 的表达式为

$$H(s) = \frac{Y(s)}{X(s)} = \frac{b_m S^m + b_{m-1} s^{m-1} + \cdots + b_0}{a_n s^n + a_{n-1} s^{n-1} + \cdots + a_0} \qquad (4-3)$$

式中，$X(s)$ 和 $Y(s)$ 分别表示传感器的输入量 $x(t)$ 和输出量 $y(t)$ 的拉氏变换。对输出量 $y(t)$ 进行拉氏变换的初始条件是 $t \leqslant 0$ 时，$y(t) = 0$。对于传感器被激励之前所有的储能元件如质量块、弹性元件、电气元件等均符合上述的初始条件。由于传感器的传递函数 $H(s)$ 与输入量 $x(t)$ 无关，只与传感器系统的结构参数有关，因而，$H(s)$ 可以简单而恰当地描述传感器输出与输入的关系。

研究表明，传感器不同，其输入—输出特性也不相同；同一传感器感应不同的被测信号，所呈现的特性也会有所不同，尤其是当被测信号为静态信号和动态信号两种状态下，传感器的输入—输出特性有可能会完全不同。

随着计算机技术、网络技术和通信技术的飞速发展，出现了许多先进的、新型的传感器产品，传感器技术也因此而呈现出前所未有的大好形势与崭新面貌，且具有许多全新的特点，如微型化、数字化、智能化、多功能化、系统化、网络化。

4. 传感器的要求

传感器作为一种检测装置，其功用可以概括为"一感二传"，即能将被测量转换为特定的非电量（如应变、位移等）、将非电量转换为电参数（电阻、电感、电容、电势等）、将电参数变换为电参量（电压或电流），并能将感受到的电参量信息，按一定规律变换成可用信号，如电信号或其他所需形式的信息进行传输，以满足信息的传输、转换、存储、显示、记录和控制等不同要求。当传感器只完成被测参数到电参量的基本转换，且输出为规定的标准信号时，则称之为变送器。

传感器是检测系统与被测对象直接发生联系的器件或装置，其作用是感受被测参量的变化并按照一定规律转换成一个相应的便于传递的输出信号。由此可见，传感器是整个检测系统的信号源头，其性能的好坏将直接影响到检测系统的精度和其他指标。传感器是检测系统中十分重要的环节，因此，对其技术要求如下：

(1) 准确性。传感器的输出信号必须准确地反应被测量的变化。因此，传感器的输出与输入关系必须是严格的单值函数关系，最好是线性关系。

(2) 稳定性。传感器的输入、输出的单值函数关系，最好不随时间和温度而变化，受其他外界因素的干扰影响越小越好，且重复性要好。

(3) 灵敏度。指即使被测参量仅有较小幅值的变化，也可使传感器获得较大幅值的输出信号。

(4) 其他特点。如耐腐蚀性好、低能耗、输出阻抗小、宽温度范围、不受湿度约束、售价相对较低等。

第二节 传感器的分类方法

一、传感器的典型分类

由于工作原理、测量方法和被测对象的不同，传感器的分类方法也有所不同，其典型的分类方法有：

(1) 根据传感器的基本感知功能。它可以分为热敏元件、光敏元件、气敏元件、力敏元件、磁敏元件、湿敏元件、声敏元件、放射线敏感元件、色敏元件和味敏元件等。

(2) 按传感器的用途（输入量类型）。它可以分为力传感器、加速度传感器、位移传感器、温度传感器、流量传感器、电压传感器和电流传感器等。

（3）按传感器工作时的物理基础。它可以分为电气式传感器、光学式传感器和机械式传感器等。

（4）按传感器的能量关系。它可以分为无源传感器和有源传感器。无源传感器通过被测量（大多为非电量）直接或间接的作用，引起该元件的某一电参数（如电阻、电容、电感、电阻率、介电常数等）的变化，即它能够将非电能量转换为电能量，因此也称为能量转换型传感器。要想获得电压和电流等电参量的变化值，它所配用的转换电路通常是信号放大器，例如压电式传感器、热电式传感器（热电偶）、电磁式传感器和电动式传感器等，这些传感器不需要工作电源。有源传感器本身不能换能，被测非电参量仅对传感器中的能量起控制或调节作用，所以必须具有测量电路和辅助能源（如电源），故又称为能量控制型传感器，它通常使用电桥和谐振电路，如电阻式、电容式和电感式等参数型传感器。

（5）按传感器的测量方式。它可以分为接触式传感器和非接触式传感器。接触式传感器与被测物体接触，如电阻应变式传感器、压电式传感器和热电偶温度传感器。非接触式传感器与被测物体不接触，如光电式传感器、红外线传感器、涡流式传感器和超声波传感器等。

（6）按传感器输出信号的形式。它可以分为模拟式传感器和数字式传感器。模拟式传感器的输出信号是连续变化的模拟量，如霍尔电流传感器和霍尔电压传感器。数字式传感器的输出信号是数字量，如光栅、光电编码器、接近开关等。需要注意的是，将被测量的信号量直接或间接转换成频率信号或短周期信号输出一类的传感器也称为数字式传感器；当一个被测量的信号达到某个特定的阈值时，传感器相应地输出一个设定的低电平或高电平信号的传感器，也称为数字式传感器，不过它有一个专有名词，即开关式传感器。

二、传感器的典型输出信号

典型传感器及其输出信号如表 4-1 所示。

表 4-1　　　　　　　　　典型传感器及其输出信号

被测量	传感器	有源/无源	输出量
温度	热电偶	无源	电压
	PN 结	有源	电压/电流
	RTD		电阻
	热敏电阻		电阻
力/压力	应变计	有源	电阻
	压电传感器	无源	电压
加速度	加速度计	有源	电容
位置	线性差动变压器	有源	交流电压
光强度	光电二极管	无源	电流

第三节　传感器的作用和地位

一、传感器的作用

传感器作为感受外界信息的关键部件，为便于理解，将人体感受外界信息的过程与传感器进行类比,如图4-3所示。它们具有明显的相似性:感官和皮肤相当于传感器,人的大脑相当于控制器或者计算机,肌体相当于执行机构。由此看来,传感器好比人的感官的延长,所以有人称其为"电五官"。传感器对自动检测与自动控制系统的重要性,就与人的感官对于人体的重要性一样,任何自动检测与控制系统都需要与外界进行信息交换,若没有传感器,这些系统将不复存在。

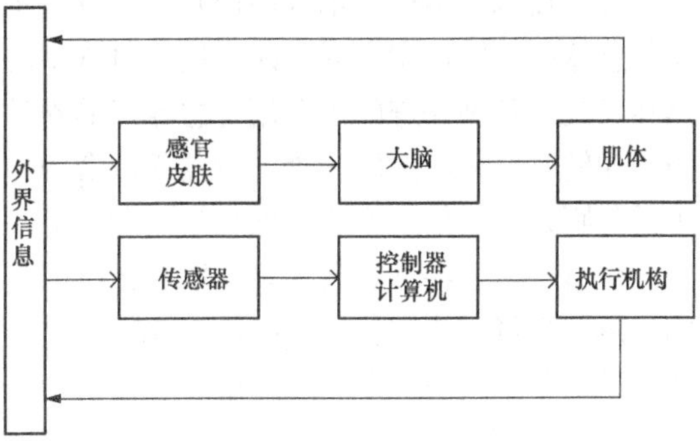

二、传感器的地位

图4-3 人体感受外界信息的过程与传感器对比

在新的产业经济环境下,工业领域的结构演变和调整正成为新经济增长的不绝动力,特别是在作为先进制造业代表的德国提出工业4.0的概念之后,"智能工业"与"智能生产"正成为带动产业转型升级的重要推动力。如何将资源、信息、物品和人进行互联,将成为首先解决的问题,这需要以信息网络技术为载体、以数字化制造技术为重点,以传感器技术为依托,打造全面而先进的系统架构。为适应这种新情况,则需要大量的工业用传感器,只有传感器能够测量或感知特定物体的状态和变化,并转化为可以传输、处理、存储的电信号或其他需要的形式的信息。

如今,在智能制造业的未来,对人机交互技术、机器视觉技术都有更高的要求,这些都必须要依靠工业用传感器技术来实现。在现代工业生产尤其是自动化生产过程中,要用各种传感器来监视和控制生产过程中的各个参数,使设备工作在正常状态或最佳状态,并使产品达到最好的质量。工业用传感器是实现工业自动检测和自动控制的首要环节,与信息技术一起,逐渐成为支撑工业智能化的重要支点,并已变为工业领域在高新技术发展方面争夺的一个制高点。

研究与实践表明,在电力电子装置中,传感器能够以一定的准确度把被测量转换为与之有确定对应关系的、便于应用的某种物理量,它们一直处于装置之首,其作用相当于装置的"五官",能快速、准确地获取信息并能经受得住严酷环境的考验,是电力电子装置达到高水平的根本保障。如果缺少这些专门的传感器,就不可能对装置的运行状态进行实时、准确而可靠地检测,就不会有电力电子装置信息的变换、传输,也就不会制订正确的控制策略,更无法实现其保护功能。比如说变频器,作为一种控制交流电动机运转的控制装置,能够把固定频率(如我国为50Hz)的交流电源变成频率可调、电压可调的交流电源,从而控制电动机的转速。随着我国节能行业的加速发展以及工业自动化程度的不断提高,变频器也得到了更为广泛的应用。变频器之所以能够准确操作、健康运行,主要是因为正常工况时有合适的控制策略能够顺利地执行,异常工况时有合理的保护措施并及时实施,这些都得益于各种现场用传感器的正常工作,得益于其能够准确、可靠感知自身、负载对象以及工作环境的各种重要参变量和状态反馈量,即能够通过内部传感器(如电压、电流和温度等传感器)正确可靠获取自身重要信息,外部传感器(如位置、速度、加速度、温度和湿度等)顺利及时获取外部工作环境的反馈量。所以,工业用传感器技术正在极大地影响并决定着变频器功能的正常发挥,变频器装置的自动化程度越高,对传感器的要求也就越高。

各发达国家都将传感器列为优先发展的高技术并且倍加重视。目前世界上规模化从事传感器研究和生产的单位已有5000多家，其中美国、欧洲、俄罗斯各有1000余家，日本有800余家。传感器技术、传输技术（通信）和处理技术（计算机）并称为现代信息技术的三大基础，足见传感器在人类认识世界、改造世界过程中的巨大作用。伴随着半导体技术和集成电路技术的迅猛发展，各种先进的工业用传感器产品被越来越多地应用于包括电力电子装置在内的许多领域，如航空航天、军事工程、机器人、资源探测、环境监控、医疗诊断、家用电器等。工业电子设备则是电子信息产业中增长最快的行业，也是工业用传感器应用最多的领域，如测量各种工艺变量、电子特性和物理量，以及传统的运动/定位等。有统计数据显示，预计未来五年，国内传感器市场平均销售增长率将达31%。本土传感器需求规模快速增长的主要动力，来自于工业电子设备和汽车电子、通信电子、消费电子和专用电子设备等。

第四节 传感器的选型原则

一、传感器的指标参数

为传感器选型方便起见，现将其相关指标参数小结于表4-2中。

表4-2　　　　　　　　　　　传感器的相关指标参数

基本参数指标	环境参数指标	可靠性指标	其他参数指标
量程有关：量程范围、过载能力等	温度有关：工作温度范围、温度误差、温度漂移、温度系数、热滞后等	工作寿命、平均无故障时间、保险期、疲劳性能、绝缘电阻、耐压、抗浪涌能力等	使用有关：供电方式[直流、交流（频率、波形）等]、功率、各项分布参数值、电压范围、电压稳定度、外形尺寸、重量、壳体材质、结构特点、安装方式、馈线电缆、可维修性等
精度有关：精度、误差、线性度、滞后、重复性、灵敏度误差、稳定性等	抗冲击有关：允许各个方向抗冲击振动的频率、振幅及其加速度、冲击振动所引入的误差		
灵敏度有关：灵敏度、分辨力、满量程输出等	其他环境参数：抗潮湿、抗核辐射、抗腐蚀、抗电磁干扰能力等		
动态性能有关：固定频率、阻尼比、时间常数、频率响应范围、频率特性、临界频率、临界速度、稳定时间等			

二、传感器的选型原则

选择传感器时，可以参考下面的选型原则：

（1）看传感器的精度、灵敏度和分辨率，能否满足装置对准确度的要求。需要提醒的是，灵敏度越高的传感器，噪声也越容易混入。

（2）看传感器的线性度、稳定性和重复性，是否满足装置对可靠性的要求。需要提醒的是，线性范围越宽，传感器的工作量程越大。影响稳定性的因素是时间和环境，常用时漂和温漂来反映。

（3）看传感器的静、动态性能，是否满足装置对速度的要求。需要提醒的是，响应特性对测试结果有直接影响，它必须在所测频率范围内尽量保持不失真。

总之，鉴于传感器的种类太多，一种传感器可以测量几种不同的被测量，而同一种被测量可以采用几种不同类型的传感器来测量，加之被测量的要求千差万别，因此，必须熟悉常用传感器的工作原理、结构性能、测量电路和使用性能等多方面内容，才能选对传感器。

第五节　传感器检测系统的基本构成

一、传感器检测系统的构成

传感器检测系统一般是由传感器（拾取非电信号并转换为电信号）、信号处理电路（又称信号调理电路，它完成信号的滤波、放大、转换等重要功能）、信号输出电路（包括信号显示和记录以及辅助电路（如电源电路、接口电路和数据传输电路等）组合而成的，其基本构成框图如图 4-4 所示。

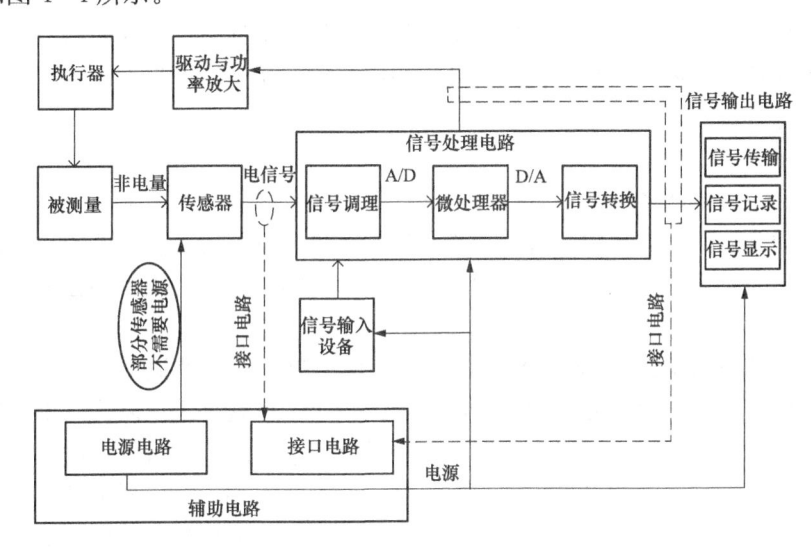

图 4-4　检测系统的基本构成框图

1. 传感器

传感器是能够感受被测量的大小并输出相对应的可用输出信号的器件或装置。它作为检测系统与被测对象直接发生联系的器件或装置，其作用是感受指定被测参量的变化并按照一定规律转换成一个相应的便于传递的输出信号。

例如，半导体应变片式传感器，能把被测对象受力后的微小变形感受出来，通过桥式电路转换成相应的电压信号输出。这样，通过测量传感器输出电压便可知道被测对象的受力情况。

2. 信号处理电路

信号处理电路在检测系统中的作用是对传感器输出的微弱信号进行检波、转换、滤波、放大、模/数（A/D）转换、数/模（D/A）转换、数据存储，变成另一种参数信号或某种标准化的统一信号，如数字量电信号或者光信号等，以便检测系统后续处理或显示。例如，在电力电子装置中，经常采用热电阻型温度检测电路，其传感器以 PT100 为最多，传感器输出的信号为热电阻值的变化量，为便于后续处理，通常需设计一个四臂电桥，把随被测温度变化的热电阻阻值转换成电压信号。由于该信号中往往夹杂着包括 50Hz 的工频和电力电子器件开断产生的高频噪声电压，故其信号调理电路通常包括滤波、放大、线性化等处理电路。

如果还需要远传的话，通常采取 A/D 或 V/I 电路，将获得的电压信号转换成数字信号或者标准的 4~20mA 电流信号后，再进行远距离传送。检测系统种类繁多，复杂程度各不相同，信号形式也多种多样，各系统的精度、性能指标要求也不尽相同，它们所配置的信号处理电路也千差万别。尽管如此，还是要求信号处理电路能准确转换、稳定放大、可靠地传输，且具有信噪比高、抗干扰性能好等显著特点。

在信号处理电路中，通常以各类模/数（A/D）转换器为核心，辅以模拟多路开关、采样/保持器、输入缓冲器、输出锁存器等，对信号调理后的连续模拟信号离散化，并转换成与模拟信号电压幅度相对应的一系列数值信息，同时以一定的方式把这些转换数据及时传递给微处理器或依次自动存储。作为检测仪表、检测系统进行数据处理和各种控制的中枢环节的微处理器，通常以各种型号的单片机、微处理器为核心来构建，对高频信号和复杂信号的处理有时需增加数据传输和运算速度快、处理精度高的专用高速数据处理器（DSP）或直接采用工业控制计算机。

3. 信号输出电路

在许多情况下，检测系统在信号处理电路计算出被测参量的瞬时值后，除送显示器进行实时显示外，通常还需把测量值及时传送给其他计算机、可编程控制器（PLC）或其他执行器、打印机、记录仪等，以达到监视、记录或传输的目的，进而构成闭环控制系统或实现打印（记录）输出。

检测系统的信号通常以 4~20mA、经 D/A 变换和放大后的模拟电压、开关量、脉宽调制（PWM）、串行数字通信和并行数字输出等形式输出，也就是说，测量结果可以采用模拟显示，也可以采用数字显示，需根据检测系统的具体要求而定。测量的目的是通过测量获取被测量的真实值，但在实际测量过程中，由于种种原因，例如，传感器本身性能不理想、测量方法不完善、受外界干扰的影响以及人为疏忽等，都会造成被测参数的测量值与真实值不一致，两者不一致的程度，可以用测量误差来描述。

4. 辅助电路

辅助电路主要由电源电路（为检测系统提供电源）、数据传输电路和接口转换电路等组成。一个检测系统往往既有模拟电路部分，又有数字电路部分，通常需要多组幅值大小要求各异、但性能稳定、输出质量好、运行可靠的电源。这类电源在检测系统使用现场一般无法直接提供，通常只能提供交流 220V 工频电源或+24V 直流电源。检测系统的设计者，需要根据使用现场的供电电源情况以及检测系统内部电路的实际需要，综合设计各组稳压电源，给系统各部分的电路和器件，分别提供它们所需电源。

对于检测系统而言，经常将传感器输出信号由一个地方向另一个地方传输，且将几个不同功能电路集成一体，因此，不仅要把各个相关环节的不同传输接口连成一体，并且还要解决数据信号的高效传输问题。传输接口的作用是联系仪表的各个环节，给各环节的输入、输出信号提供通路，它可以是导线、管路（如光纤）以及信号所通过的空间等。信号传输所需的接口电路一般比较简单，易被人所忽视，如果不按规定的要求正确设计、合理布置和仔细选择，则易造成信号的损失、失真或引入干扰等，进而影响检测系统的整体精度。

5. 接口电路

接口电路作为不同功能电路之间、I/O 与 CPU 设备之间交换信息的媒介和桥梁，其多以 IC 芯片或接口板形式出现，尤其是当检测系统中的参数信号不适于传输时，就需要用接口电路适当地进行变换处理，如前后级隔离变换（对于模拟式传感器而言，大多采用隔离运放进行隔离变换处理；对于数字式传感器而言，大多采用光耦进行隔离变换处理）。由于 I/O 设备品种繁多，其相应的接口电路也各不相同，现将三种基本接口方式对比列于表 4-3。

表 4-3　　　　　　　　　　　三种基本接口方式对比

接口方式	基 本 方 法
模拟量接口方式	模拟式传感器输出模拟信号→放大→隔离处理→采样/保持→模拟多路开关→A/D 转换→I/O 接口→计算机/控制器
数字量接口方式	数字式传感器输出数字量（二进制代码、BCD 码、脉冲序列等）→隔离处理→计数器→三态缓冲器→计算机/控制器
开关量接口方式	开关式传感器输出逻辑 1 或 0 的二值信号→隔离处理→三态缓冲器→计算机/控制器

需要提醒的是，在图 4-4 中，"执行器"和"驱动与功率放大"之间的箭头部分为可选内容，因为有些简单的测试系统并不需要参与控制，而仅仅是用于获取反馈量而已。不过，在绝大多数的电力电子装置中，所获取的大部分物理量都要参与控制，因此，需要将拾取的这些物理量经由信号处理电路的转换之后，传送到驱动与功率放大电路，控制执行器完成既定操作，如电力电子开关完成导通或关断操作、加湿器打开或者停止、风扇启动或者停止等。

在图 4-4 中的信号输入设备是操作人员和检测系统联系的另一主要环节，用于输入设置参数、下达有关命令等。最常用的输入设备是各种键盘、拨码盘、条码阅读器等。近年来，随着工业自动化、办公自动化和信息化程度不断提高，通过网络或各种通信总线，利用其他计算机或数字化智能终端，实现远程信息和数据的输入方式越来越普遍。对于电力电子装置而言，就是无人值守、随时操控、人机界面友好等成为常用的处理形式，特别是各种开关、按钮、借助电位器进行模拟量输入和设置等，往往是电力电子装置中最简单、最常用的输入设备。

二、典型处理电路

1. 处理电路

传感器检测系统这一概念，是传感技术发展到一定阶段的产物。根据被处理信号的特点，可以将处理电路分为以下三种典型电路：

(1) 模拟信号处理电路。是指用模拟方法对信号进行加工、变换处理的电路的总称。模拟信号是指信息参数在给定范围内表现为连续的信号，或在一段连续的时间间隔内，其代表信息的特征量可以在任意瞬间呈现为任意数值的信号。通常自然界所遇到的信号均为模拟信号，它在频域内和时域内都是连续的，对这些信号进行放大、滤波、调制、解调以及各种频率变换都属于模拟信号处理。模拟信号处理的优点是实时性能好，而且所使用器件、设备体积小、价格低。模拟信号的主要缺点是会受到杂讯（信号中不希望得到的随机变化值）的影响。信号被多次复制，或进行长距离传输之后，这些随机噪声的影响可能会变得十分显著。在电学里，使用接地屏蔽、线路良好接触、使用同轴电缆或双绞线，都能在一定程度上缓解这些负面效应。

(2) 数字信号处理电路。是将信号以数字方式表示并处理的电路的总称。数字信号处理与模拟信号处理，是信号处理的子集。数字信号处理的目的是对真实世界的连续模拟信号进行测量或滤波。因此，为了实现数字处理，信号必须首先进行时间上的抽样、幅度上的量化，然后输入给计算机进行处理。在进行数字信号处理之前需要将信号从模拟域转换到数字域，这通常通过模/数转换器（A/D）实现；而数字信号处理的输出经常也要变换到模拟域，这是通过数/模转换器（D/A）实现的。

(3) 开关信号处理电路。相对于模拟信号——信号的大小、方向在时间上是连续变化的，开关量信号的变化不是连续的，而是跳跃变化的，故又称为脉冲信号。相对于模拟信号，它具有抗干扰能力强的特点，广泛应用于电力电子装置的开关信号的处理板卡中。对这类信号的处理电路的总称，即为开关信号的处理电路。

2. 信号特征

典型信号的处理方法对比如表4-4所示。

(1) 当输入信号是"通—断"的开关信号时，可以检测输入开关的通断状态，最简单方法可以是控制一个指示灯或蜂鸣器。

(2) 当输入信号是"1"—"0"（高—低电平）的开关信号时，检测输入电平是高电平还是低电平，最简单的处理方法可以是一个指示灯或者是一个两位制的电压检测器。

表 4-4　　　　　　　　　典型信号的处理方法对比

信　号　特　点		基　本　方　法
"通—断"开关信号	数字量	控制一个指示灯或蜂鸣器
"1"—"0"（高—低电平）开关信号		指示灯或一个两位制电压检测器
变化的电流	模拟量	电流检测法：（I/V）变换电路
变化的电压		电压检测法
变化的电阻		电阻检测法

(3) 当输入信号是变化的电流（例如4~20mA），属于模拟量信号，其最简单的处理方法就是采取电流检测法，再利用电流/电压（I/V）变换电路。

(4) 当输入信号是变化的电压（例如0~10V），属于模拟量信号，其最简单的处理方法就是采取电压检测法，有时候还需要前级放大、滤波处理等电路。

(5) 当输入信号是变化的电阻值（例如PT100温度传感器的输出），属于模拟量信号，其最简单的处理方法就是采取电阻检测法，但是，必须考虑阻抗匹配的问题。

第六节　典型转换原理及其在传感器中的应用

一、光—电转换

当入射光照射到PN结上时，使PN结的正向压降发生变化，利用这个特性制作光电二极管和光电三极管，使光转换为电压变量。同样，当光照射到光敏半导体材料上时，使其电阻发生变化，该半导体材料将光转换为他的电阻（或电导）变量。

1. 光敏二极管

图 4-5（a）表示光敏二极管（也叫光电二极管）的示意符号。图 4-5（b）表示光敏二极管的实物图。图 4-5（c）表示与运放组合电路 1，它是将光敏二极管输出电压转化为电压输出的反相放大器电路。图 4-5（d）表示与运放组合电路 2，它是将光敏二极管输出电压转化为电压输出的同相放大器电路。

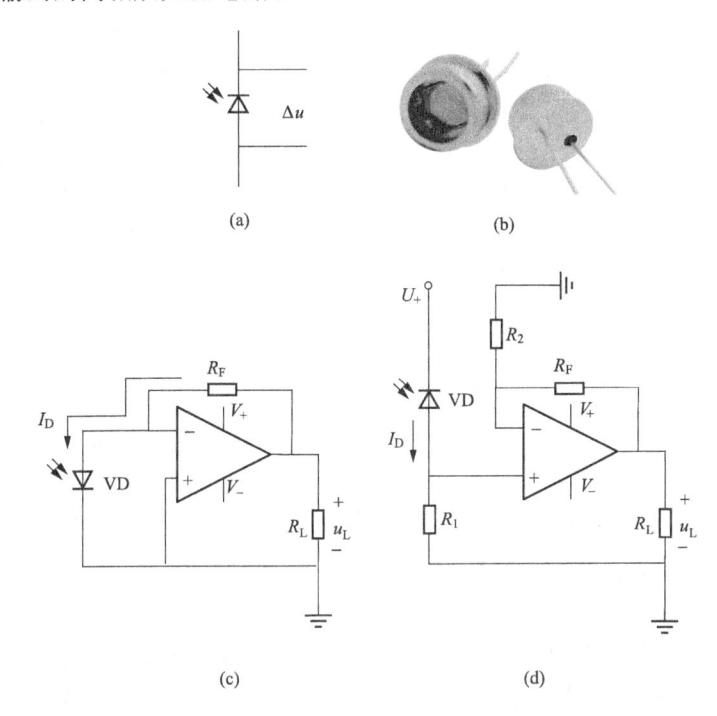

图 4-5 光敏二极管的符号及其应用电路
(a) 符号；(b) 实物图；(c) 与运放组合电路 1；(d) 与运放组合电路 2

光敏二极管与半导体二极管在结构上是类似的，其管芯是一个具有光敏特征的 PN 结，且它的 PN 结面积比一般的 PN 结要大，是专门为接收入射光而设计的。它具有单向导电性，因此工作时需加上反向电压。无光照时，有很小的饱和反向漏电流，即暗电流，此时光敏二极管截止。当受到光照时，饱和反向漏电流大大增加，形成光电流，它随入射光强度的变化而变化。当光线照射 PN 结时，可以使 PN 结中产生电子—空穴对，使少数载流子的密度增加。这些载流子在反向电压下漂移，使反向电流增加。换句话讲，在没有光照射时，光敏二极管的反向电阻很大，反向电流很小；当有光照射时，反向电阻减小，反向电流增大。因此可以利用光照强弱来改变电路中的电流。常见的典型光敏二极管产品有 2CU、2DU 等系列。

对于光敏二极管与运放组合电路 1 而言，负载电阻 R_L 的端电压 u_L 的表达式为

$$u_L = I_D \times R_F \tag{4-4}$$

式中，I_D 表示流过光电二极管的电流；R_F 表示运放组合电路 1 的反馈电阻。

对于光敏二极管与运放组合电路 2 而言，负载电阻 R_L 的端电压 u_L 的表达式为

$$u_L = I_D \times R_1 \times \left(1 + \frac{R_F}{R_2}\right) \tag{4-5}$$

式中，I_D 表示流过光敏二极管的电流；R_1 表示采样电阻；R_2 和 R_F 表示运放组合电路 2 的外围电阻，它们用于调整放大器的增益。

2. 光敏三极管

图 4-6（a）表示光敏三极管的示意符号，光敏三极管和普通三极管相似，也有电流放大作用，只是其集电极电流不仅受基极电路和电流的控制，同时也受光辐射的控制。通常基极不引出，但一些光敏三极管的基极有引出的情况，它便于温度补偿和充当附加控制端。当具有光敏特性的 PN 结受到光辐射时，形成光电流，由此产生的光生电流由基极进入发射极，从而在集电极回路中得到一个放大了相当于 β 倍的信号电流。不同材料制成的光敏三极管具有不同的光谱特性，与光敏二极管相比，具有很大的光电流放大作用，即很高的灵敏度。

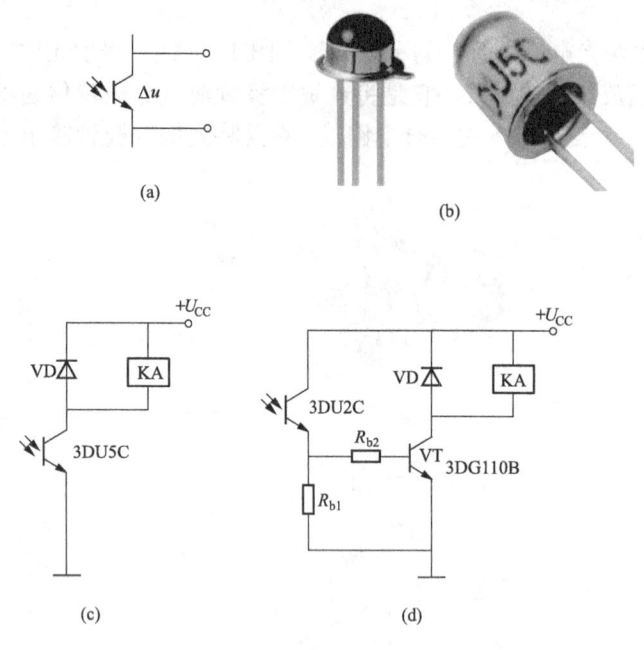

图 4-6 光敏三极管符号及其应用电路
(a) 符号；(b) 实物图；(c) 应用电路 1；(d) 应用电路 2

图 4-6（b）表示光敏三极管的实物图。图 4-6（c）表示光敏三极管的应用电路 1，它为直接驱动式，能提供 3mA 的光电流，图 4-6（c）中 KA 表示继电器线圈，二极管 D 用于续流作用。图 4-6（d）表示光敏三极管的应用电路 2，它用于驱动三极管 T，旨在放大驱动电流，KA 表示继电器线圈，图 4-6（d）中二极管 D 用于续流作用。

硅光敏三极管 3DU 系列的关键性参数如表 4-5 所示。

表 4-5 硅光敏三极管 3DU 系列的关键性参数

参数名称	符号	单位	最小值	中间值	最大值
击穿电压	$U_{(BR)CE}$	V	—	30	—
最高工作电压	$U_{(Rm)CE}$	V	—	10	—
暗电流	I_D	μA	0.001	—	0.1
光电流	I_L	mA	—	1.5	—
上升时间	T_r	μs	—	3	—
下降时间	T_f	μs	—	3	—
峰值波长	λ	nm	—	8800	—
输出功率	P_O	mW	18	20	25

光敏二极管、光敏三极管是电子电路中广泛采用的光敏器件。光敏二极管和普通二极管一样具有一个 PN 结，不同之处是在光敏二极管的外壳上有一个透明的窗口以接收光线照射，实现光电转换，在电路图中文字符号一般为 VD。光敏三极管除具有光电转换的功能

外，还具有放大功能，在电路图中文字符号一般为 VT。光敏三极管因输入信号为光信号，所以通常只有集电极和发射极两个引脚线。同光敏二极管一样，光敏三极管外壳也有一个透明窗口，以接收光线照射。

3. 光敏电阻

图 4-7（a）表示光敏电阻器的示意符号，光敏电阻器是利用半导体的光电导效应制成的一种电阻值随入射光的强弱而改变的电阻器，又称为光电导探测器。其入射光强，电阻减小，入射光弱，电阻增大。还有另外一种光敏电阻器，当入射光弱，电阻减小，入射光强，电阻增大。图 4-7（b）表示光敏电阻器的实物图。图 4-7（c）表示光控开关应用电路，其工作原理是：当光照度下降到设置值时，由于光敏电阻阻值上升，超过比较器的参考电压，导致比较器输出低电平，光耦 HCPL-2201 不开通，输出低电平，经过反相器输出高电平。反之，当光照度增加到设置值时，由于光敏电阻阻值下降，低于比较器的参考电压，导致比较器输出高电平，光耦 HCPL-2201 开通，输出高电平，经过反相器输出低电平，从而实现对外电路的控制。

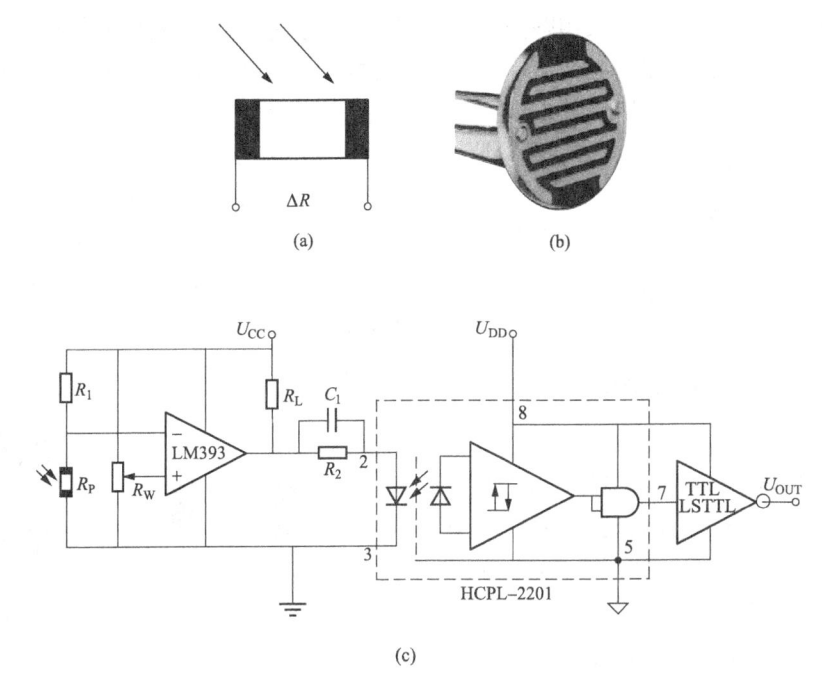

图 4-7 光敏电阻器及其应用电路原理图
（a）符号；（b）实物图；（c）应用电路

二、热—电转换

将半导体材料或导体加热或冷却，使它的电阻发生变化，应用这个效应制作热敏电阻，它将热转换为电阻变量。热敏电阻的示意符号如图 4-8 所示。

1. PTC 热敏电阻

PTC 是 Positive Temperature Coefficient 的缩写，意思是正温度系数，泛指正温度系数很大的半导体材料或元器件。通常提到的 PTC 是指正温度系数的热敏电阻，简称 PTC 热敏电阻。PTC 热敏电阻是一种典型具有温度敏感性的半导体电阻，超过一定的温度（居里温度）时，它的电阻值随着温度的升高呈阶跃性的增高，它应用于电池、安防、医疗、科研、工业电机、航天航空等电子电气温度控制相关的领域。PTC 热敏电阻实物图如图 4-9 所示。

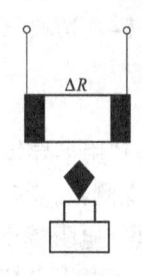

图 4-8 热敏电阻示意符号　　图 4-9 PTC 热敏电阻实物图

2. NTC 热敏电阻

NTC 是 Negative Temperature Coefficient 的缩写，意思是负温度系数，泛指负温度系数很大的半导体材料或元器件，NTC 是指负温度系数的热敏电阻器。它是以锰、钴、镍和铜等金属氧化物为主要材料，采用陶瓷工艺制造而成的。这些金属氧化物材料都具有半导体性质，因为在导电方式上完全类似锗、硅等半导体材料。温度低时，这些氧化物材料的载流子（电子和孔穴）数目少，所以其电阻值较高；随着温度的升高，载流子数目增加，所以电阻值降低。NTC 热敏电阻器在室温下的变化范围在 100～1MΩ 之间，温度系数介于 -2%～-6.5%。NTC 热敏电阻器可广泛用于测温、控温、温度补偿等方面。NTC 热敏电阻实物图如图 4-10 所示。

图 4-10 NTC 热敏电阻实物图

三、力—电阻转换

1. 压力电阻效应

压力电阻效应即半导体材料的电阻率随机械应力的变化而变化的效应。可制成各种力矩计、半导体话筒、压力传感器等，主要品种有硅力敏电阻器、硒碲合金力敏电阻器，相对而言，合金电阻器具有更高灵敏度。

2. 电阻应变片

电阻应变片是用于测量应变的元件。它能将机械构件上应变的变化转换为电阻的变化。电阻应变片的测量原理为：金属丝的电阻值除了与材料的性质有关之外，还与金属丝的长度，横截面积有关。将金属丝粘贴在构件上，当构件受力变形时，金属丝的长度和横截面积也随着构件一起变化，进而发生电阻变化。电阻应变片是由直径 $\Phi=0.02\sim0.05$mm 的康铜丝或镍铬丝绕成栅状（或用很薄的金属箔腐蚀成栅状）夹在两层绝缘薄片中（基底）制成的。用镀银铜线与应变片丝栅连接，作为电阻片引线。

图 4-11 (a) 表示压敏电阻的示意符号，图

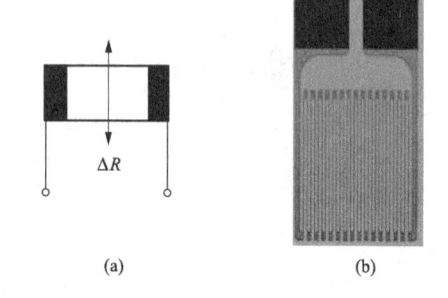

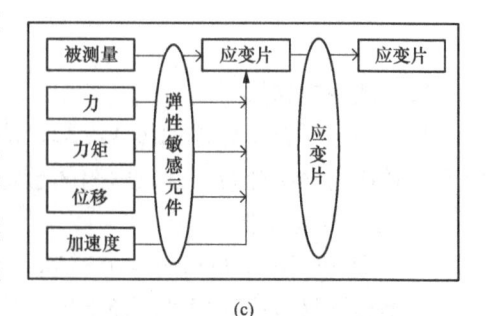

图 4-11 压敏电阻
(a) 示意符号；(b) 实物图；(c) 原理示意图

4-11（b）表示电阻应变片实物图，图 4-11（c）表示电阻应变式传感器的组成原理示意图。图4-11（c）中弹性敏感元件能够感受被测量、产生变形，它是传感器组成中的敏感元件；电阻应变片是传感器组成中的转换元件（传感元件），它将应变转换为电阻值的变化，即将非电量变换为电量。

电阻应变式传感器的基本原理，是通过弹性敏感元件将被测量的变化转换成弹性变形，这个变形在应变片的作用下转换为电阻值的变化，再经过信号调节转换电路变成电压或电流信号的变化。通过测量电压或电流信号的变化，来确认传感器输出电阻的变化，从而进一步依赖电阻变化与应变之间的关系，以及应变和被测量之间的关系来求得被测量的变化。通过不同的弹性敏感元件可以将不同的被测量转换为应变的形式，从而实现不同的测量目的。

电阻应变片的主要参数如下：

（1）应变片电阻值（R_0）。应变片电阻值指未安装的应变片，在不受外力的情况下，于室温条件测定的电阻值，也称原始阻值。应变片电阻值趋于标准化。

（2）绝缘电阻。绝缘电阻是指敏感栅与基底间的电阻值，一般应大于10GΩ。

（3）灵敏系数（K）。灵敏系数指应变片安装于试件表面，在其轴线方向的单向应力作用下，应变片的阻值相对变化与试件表面上安装应变片区域的轴向应变之比。灵敏系数的准确性，直接影响测量精度，其误差大小是衡量应变片质量优劣的主要标志。灵敏系数要求尽量大且稳定。

（4）允许电流。允许电流是指不因电流产生热量而影响测量精度，应变片允许通过的最大电流。

（5）应变极限。在温度一定时，要求指示应变值和真实应变值的相对差值不超过一定数值时的最大真实应变数值，该差值一般规定为10%。当指示应变值大于真实应变值的10%时，该真实应变值称为应变片的极限应变。

（6）机械滞后。对粘贴的应变片，在温度一定时，增加和减少机械应变过程中，同一机械应变量下指示应变的最大差值。

（7）零漂。零漂指已粘贴好的应变片，在温度一定和无机械应变时，指示应变随时间的变化量。

（8）蠕变。蠕变指已粘贴好的应变片，在温度一定并承受一定的机械应变时，指示应变值随时间的变化量。

3. 力敏电阻

力敏电阻是一种电阻值随压力变化而变化的电阻，国外称为压电电阻器。它是一种能将机械力转换为电信号的特殊元件，它是利用半导体材料的压力电阻效应制成的，即电阻值随外加力大小而改变。主要用于各种张力计、转矩计、加速度计、半导体传声器及各种压力传感器中。如图 4-12 所示为力敏电阻的实物图。

图 4-12 力敏电阻的实物图

虽然力敏电阻在电力电子装置中应用面较窄，但是了解它的主要参数还是非常必要的，将有利于力敏电阻的正确选用。力敏电阻的主要参数有温度系数、灵敏度系数、灵敏度温度系数和温度零点漂移系数等。

（1）温度系数。力敏电阻的电阻值变化与温度有关，温度变化1℃，电阻值变化的百分数称为温度系数。

（2）灵敏度系数。灵敏度系数是指力敏电阻的形变与电阻值的变化关系，形变与电阻值的变化关系满足表达式

$$\frac{\Delta R}{R} = k \times \frac{\Delta l}{l} \qquad (4-6)$$

式中，k 就是灵敏度系数；ΔR 表示电阻值的变化量；Δl 表示电阻形变的变化量。

（3）灵敏度温度系数。当温度升高时，力敏电阻的灵敏度下降，温度每升高 1℃，灵敏度系数下降的百分比，被称为灵敏度温度系数。

（4）温度零点漂移系数。在环境温度范围内，环境温度每变化 1℃ 时，引起的零点输出变化与额定输出的百分比，被称为温度零点漂移系数。

四、力—电荷转换

1. 压电效应

某些电介质在沿一定方向上受到外力的作用而变形时，其内部会产生极化现象，同时在其两个相对表面上出现正负相反的电荷。当外力去掉后，电介质又会恢复到不带电的状态，这种现象称为正压电效应。当作用力的方向改变时，电荷的极性也随之改变。相反，当在电介质的极化方向上施加电场，这些电介质也会发生变形，电场去掉后，电介质的变形随之消失，这种现象称为逆压电效应。如图 4-13 所示为压电效应的示意符号。

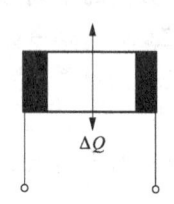

图 4-13 压电效应的示意符号

2. 压电传感器

压电传感器是依据电介质压电效应而研制的一类重要传感器，它是一种自发电式和机电转换式传感器，其敏感元件由压电材料制成。压电材料受力后表面产生电荷，此电荷经电荷放大器、测量电路放大和变换阻抗后，就成为正比于所受外力的电参量输出。压电传感器用于测量力和能变换为力的非电物理量，其优点是频带宽、灵敏度高、信噪比高、结构简单、工作可靠和重量轻等。但是，它也存在着一些不足，如某些压电材料需要防潮措施，而且输出的直流响应差。研究与实践表明，可以通过采用高输入阻抗电路或电荷放大器来克服这些缺陷，如运放 LF355、LF356、LF347（四运放）、CA3130 和 CA3140 等。

图 4-14（a）和图 4-14（b）分别表示压电拉力传感器和压电加速度传感器的实物图。

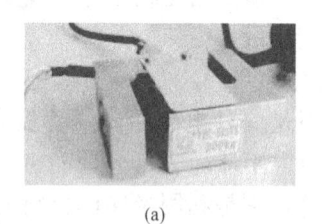

五、磁—电转换

电磁感应是指因为磁通量变化产生感应电动势的现象。电磁感应现象的发现，是电磁学领域中一项伟大的成就。它不仅揭示了电与磁之间的内在联系，而且为电与磁之间的相互转化奠定了基础，为人类获取巨大而廉价的电能开辟了道路。事实证明，电磁感应在电工、电子技术、电气化、自动化等方面的广泛应

图 4-14 压电拉力传感器和压电加速度传感器实物图
(a) 压电拉力传感器；(b) 压电加速度传感器

用对推动社会生产力和科学技术的发展发挥了重要的作用。磁电式传感器就是利用电磁感应原理，能够将输入运动速度变换成感应电势输出的一种传感器，如测量线速度或角速度的磁电式传感器。磁电式传感器不需要辅助电源，就能把被测对象的机械能转换成易于测量的电

信号，属于无源传感器范畴。

磁电式传感器一般分为两种：

（1）磁电感应式。主要用于振动测量，主要有动铁式振动传感器、圈式振动速度传感器等。

（2）霍尔式。置于磁场中的导体（或半导体），当有电流流过时，由于电荷受到洛伦兹力的作用，在垂直于电流和磁场的方向会产生电动势（霍尔电势），霍尔传感器可以用于位移、转速、电压和电流等参量的测量。

磁电式传感器直接输出感应电势，且传感器通常具有较高的灵敏度，所以一般不需要高增益放大器，但磁电式传感器是速度传感器，若要获取被测位移或加速度信号，则需要配用积分或微分电路。

根据法拉第电磁感应原理，块状金属导体置于变化的磁场中或在磁场中作切割磁力线运动时（与金属是否块状无关，且切割不变化的磁场时无涡流），导体内将产生呈涡旋状的感应电流，此电流叫电涡流，以上现象称为电涡流效应，而根据电涡流效应制成的传感器称为电涡流式传感器。

电涡流传感器的原理是：通过电涡流效应的原理，准确测量被测体（必须是金属导体）与探头端面的相对位置。其特点是长期工作可靠性好、灵敏度高、抗干扰能力强、非接触测量、响应速度快、不受油污和水等介质的影响，常被用于测量大型旋转机械的轴位移、轴振动、轴转速等参数，可以快速分析出设备的工作状况和故障原因。电涡流传感器以其独特的优点，被广泛应用于电力、石油、化工、冶金等行业，可实时、在线地测量汽轮机、水轮机、发电机、鼓风机、压缩机、齿轮箱等大型旋转机械轴的径向振动、轴向位移、鉴相器、轴转速、胀差、偏心、油膜厚度等重要参量，便于转子动力学研究和零件尺寸检验等。

图 4-15 (a)、图 4-15 (b) 和图 4-15 (c) 分别表示磁电式速度传感器、磁电式振动传感器和电涡流传感器实物图。

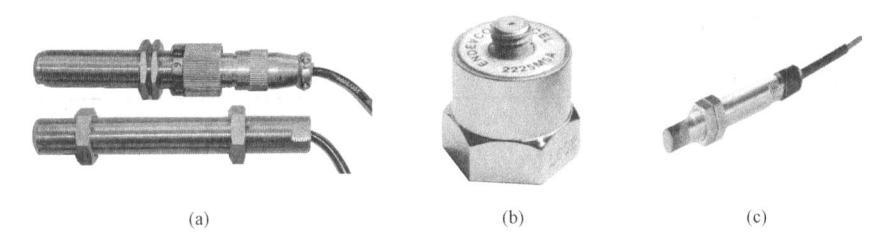

图 4-15　三种典型磁电式传感器实物图
(a) 磁电式速度传感器；(b) 磁电式振动传感器；(c) 电涡流传感器

六、湿度—电阻转换

有些材料吸收空气中的水分而导致本身电阻值发生变化，称这种材料为湿敏材料。利用这种特性材料可以制作湿度传感器，它能够将湿度的变化转化为电阻的变化，从而实现湿度—电阻的转换。

湿敏电阻就是利用湿敏材料吸收空气中的水分而导致本身电阻值发生变化的原理而制成的，其示意符号如图 4-16 (a) 所示。工业上流行的湿敏电阻主要有氯化锂湿敏电阻，有机高分子膜湿敏电阻。湿敏电阻的特点是在基片上覆盖一层用感湿材料制成的膜，当空气中的水蒸气吸附在感湿膜上时,元件的电阻率和电阻值都发生变化,利用这一特性即可测量湿度。如图4-16(b)所示为湿敏电阻实物图。

七、综合应用

典型转换原理及其在传感器中的综合应用如表4-6所示。

注意:湿敏电阻只能用交流电源激励,如果用直流电源激励会导致湿敏失效,因为直流的电场,会导致高分子材料中的带电粒子偏向两极,一定时间后湿敏电阻就会失效。所以必须用交流维持其动态平衡,这也就是为什么测湿敏电阻阻值,要用电桥而不能用普通万用表的原因。

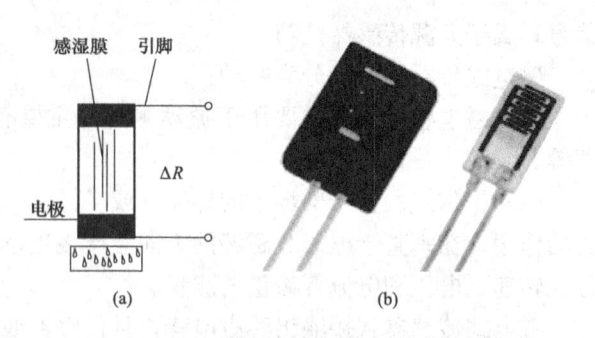

图4-16 湿敏电阻的符号和实物图
(a)符号;(b)实物图

表4-6 典型转换原理及其在传感器中的综合应用

转换原理	典型传感器	应用
光—电转换	光敏二极管、光敏三极管、光敏电阻、光电接近开关	各种遥控接收器、烟雾报警、门控开关、光亮开关等
热—电转换	PTC 和 NTC	电池、安防、医疗、科研、工业电动机、航天航空等电子电气温度控制
力—电阻转换	力矩计、压力传感器、电阻应变片、力敏电阻、张力计、转矩计、加速度计	半导体话筒、半导体传声器、测量加速度、转矩、应力、受力形变等
力—电荷转换	压电拉力传感器、压电加速度传感器	测试拉力、压力、加速度、振动等
磁—电转换	霍尔电压传感器、霍尔电流传感器、霍尔位移传感器、霍尔转速传感器、电涡流线性传感器、电涡流接近开关、磁式速度传感器、磁式振动传感器	测量电压、电流、位移、速度、加速度、振动等
湿度—电阻转换	湿度传感器	测量湿度

第五章 电流传感器及其典型应用技术

在电力电子装置中，电流传感器产品及交直流电流测量，是获取装置正常运行所必需的控制变量的必备手段。如何选择合适的电流传感器，如何判断电流传感器的性能？如何使用好电流传感器？这对大多数设计者来讲，仍是一件关键性的技术问题。

第一节 应 用 背 景

一、电力电子装置的基本类型

电力电子装置是由各类电力半导体器件、电子电路组成的实现大功率电能变换和控制的装置，又称变流装置。它包括四种基本类型：

(1) 交流—直流（AC-DC）的整流装置。
(2) 直流—交流（DC-AC）的逆变装置。
(3) 交流—交流（AC-AC）的变流装置。
(4) 直流—直流（DC-DC）的变流装置。

由于本书的重点是讨论电力电子装置中的传感器技术，有关电力电子装置本身的更详细知识，恕不赘述。

二、电力电子装置的基本组成

目前，随着计算机、通信、控制和网络技术蓬勃发展，加之大容量电力电子器件如8000V等级的相控晶闸管、5000V等级的IGBT管、7000V的IGCT等的相继问世，极大地促进了电力电子装置朝着大功率、高效率、全数字化、模块化方向发展。虽然，它们的功能千差万别，但是，它们的基本组成却大同小异，如图5-1所示为电力电子装置的基本组成框图，其主要由主电路、控制电路和电源电路三个基础部分组成。

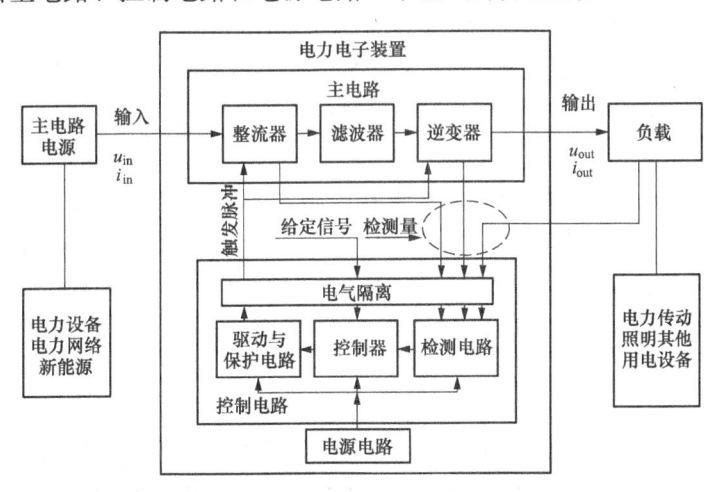

图 5-1 电力电子装置的基本组成框图

1. 主电路

主电路一般由电力半导体器件构成的电能变换电路，如整流器、直流滤波器和逆变器。现将它们分别简述如下：

（1）整流器。整流器与单相或三相交流电源相连接，产生脉动的直流电压，目前大量使用的是二极管不控整流器，它把工频电源变换为直流电源，它分为单相不控桥和三相不控桥。

（2）直流滤波器。在整流器输出的直流电压中，含有电源6倍频率的脉动电压，此外逆变器产生的脉动电流也使直流电压变动。为了抑制电压波动，采用电感（恒流源式）吸收脉动电流、采用电容（电压源式）吸收脉动电压。

（3）逆变器。逆变器是将固定的直流电压变换成电压可变、频率可调的交流电压，它可分为单相H桥、三相H桥和三电平等多种拓扑结构。

当然，有些电力电子装置，在整流器的输入端设置了交流滤波器，在逆变器输出端设置了交流滤波器。因此，究竟是否需要设置滤波器，它取决于使用场合、作用对象、功能要求和应用目的等多个因素，需要具体问题具体分析。

2. 控制电路

控制电路是指为负载供电（如电压和频率可调）的主电路提供控制信号、状态（反馈）信号的回路。它由获取主电路的速度、频率、电压、电流等重要参变量和许多状态（反馈）量的检测电路，完成如速度、频率、电压、电流等重要参变量的变换与运算，且制定相关控制策略和保护措施的控制器，将控制器发送的控制信号或保护指令进行放大处理传给适合于电力电子器件的驱动和保护电路等组成。

现将这三个组成部件简述如下：

（1）检测电路。与主回路严格电气隔离（如采取变压器耦合、光电耦合、电容耦合等多种方式），检测主回路中的电压、电流、温度、速度等重要参变量。有些复杂的电力电子装置，还设有获取反映装置运行状态的状态反馈量，表征工作环境的湿度、风速、流量、液位等重要特征量，一并送入到控制器。

（2）控制器。将外部给定的速度、转矩等指令汇同检测电路获取的电流、电压、温度等信号进行比较、计算、变换等重要运算处理，以决定逆变器的输出电压、电流、频率等重要参数。最终由控制器完成运算处理后制定控制策略和保护措施，再下达控制指令，通过驱动和保护电路去控制电力电子器件的开断操作，进而执行控制指令，可使负载按指令速度运行或停止。

（3）驱动和保护电路。正常时，接收来自控制器的带有控制策略的控制指令，将其转化、放大处理成适应于电力电子器件正常开断的触发脉冲；当控制器综合所获得的各种信息，一旦发现过载或过电压等异常情况时，为了防止逆变器和负载损坏，控制器会立即给驱动和保护电路下达带有保护措施的控制指令，进而控制逆变器停止工作或抑制电压、电流上升。

3. 电源电路

电源电路是指为控制器中各个功能电路、传感器及其处理电路等提供电源的电路。有些复杂的电力电子装置，还专门设有电源监控板等具有特种功能的辅助电路。

分析图5-1得知，电力电子装置作为有效使用电力半导体器件，借助检测电路获取参与控制的电压、电流、速度和位置等重要参变量，拾取表征装置健康情况的温度、湿度、流量/风速、液位等状态反馈量，再利用控制器的分析与计算，发送控制指令给驱动和保护电路，从而控制电力半导体器件开通或者关断，最终实现电能高效变换和控制。

因此，如何有效、可靠地获取控制所需的重要参变量、拾取表征装置健康与否的状态反馈量，对于电力电子装置能否安全、健康、可靠地运行，将起着决定性的作用。

三、范例分析

1. 概述

由图 5-1，在电力电子装置中，需要有多个、多种传感器来快速测量热工、机械、电气参数以及各种运行状态，然后进行综合处理，将各被监测的重要参数进行数字或模拟显示，并自动调整运行工况，对某些超限参数进行声光电报警或采取紧急措施。

为了方便阐述，以如图 5-2 所示的典型的电力电子装置为例，讨论电力电子装置中的常见被测物理量及其相应传感器。图 5-2 中虚线框表示可选而非必需部件，其中图 5-2（a）表示电网→输入滤波器→变压器→整流器→滤波器→逆变器→输出滤波器→电动机的能量流；图 5-2（b）表示发电机→输入滤波器→变压器→整流器→滤波器→逆变器→输出滤波器→电动机的能量流。

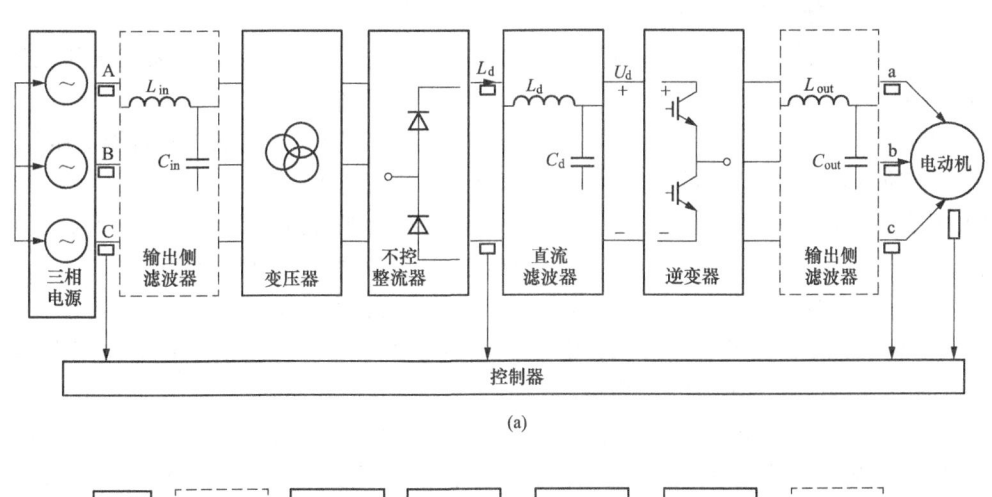

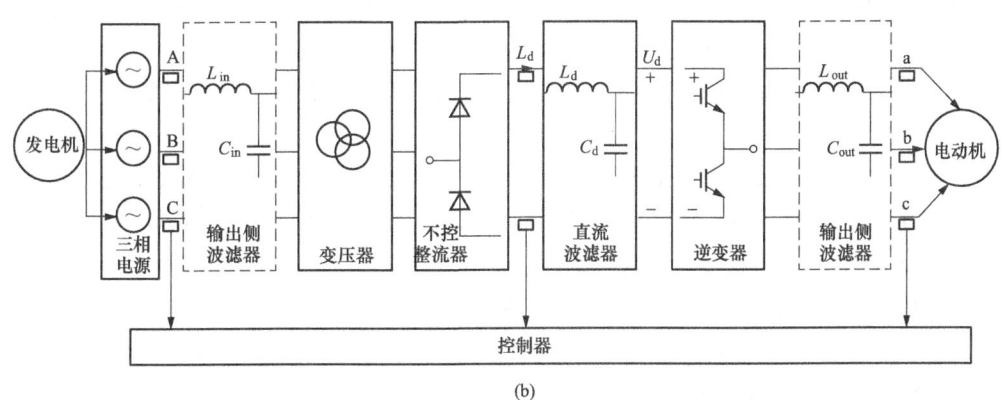

图 5-2 典型的电力电子装置
(a) 源头为电网；(b) 源头为发电机

该电力电子装置包括交流输入电源（由电网或者发电机提供）、交流输入滤波器（可选）、变压器、三相桥式不控整流器、直流滤波器、IGBT 三相桥式逆变器、输出滤波器（可选）和电动机或者电网（相当于负载）。

其工作原理如下：

（1）先是将交流电通过不控整流器变为直流电，然后用 IGBT 对直流电进行逆变变换。

（2）将直流功率变换为交流功率，为电动机提供交流电。

（3）装置中的直流滤波器用于吸收由整流器和逆变器回路产生的电压脉动，也是储能回路。当中间直流环节采用大电感滤波时，电流波形较平直，输出交流电流是矩形波或阶梯波，这类变频装置称为电流型变频器。当中间直流环节采用大电容滤波时，电压波形较平直，输出交流电压是矩形波或阶梯波，这类变频装置称为电压型变频器。

2. 测试技术

（1）负载（电机或者电网）部分。对于电动机负载而言，需要快速测量它的许多重要部位的温度、应力、振动、转速、位移等热工、机械参数，还必须测量电动机的电压、电流、功率、功率因数等电气参数。尤其是速度，需要在电动机轴机上安装速度传感器，送入控制器，根据指令和运算可使电动机按指令速度运转。

（2）主电路部分。对于主电路而言，需要检测以下物理量：

1）交流输入电源。需要检测输入电源的线电压 U_{AB}、U_{AC}，同时还需要检测相电流 I_A、I_B 和 I_C。所以，需要安装交流电压传感器和交流电流传感器。

2）整流器。图 5-2 示例了三相桥式不可控整流器，它需要检测输出侧直流电压 U_d、直流电流 I_d。所以，需要安装直流电压传感器和直流电流传感器。

3）逆变器。图 5-2 示例了 IGBT 三相桥式逆变器，需要检测输出侧线电压 U_{ab} 和 U_{ac}，检测输出电流 I_a、I_b 和 I_c。因此，需要安装交流电压传感器和交流电流传感器。

4）电力电子器件。对于电力电子器件而言，最重要的物理量就是温度，因此，需要实时监测其冷板的温度。因此，需要选择温度传感器，如 PT100 等。有些电力电子装置，还设计有测量冷板湿度和漏电流的传感器。

5）冷却系统。对于电力电子装置而言，必须测量其冷却介质的运行状态，如风速（采用风冷却时）、流量和液位（采用水冷却时）。除此之外，还必须测量装置内部的如温度、湿度、烟雾报警、门控报警等重要运行状态。

当然，有些复杂的电力电子装置，还设有装置内部的振动、受力形变等状态量的检测功能。

（3）控制器部分。对于控制部分而言，它主要由主电路的电压、电流检测电路、电动机的速度检测电路、频率检测与运算电路等组成，将运算获得的控制指令信号，传送给驱动和保护电路。相应地，需要检测以下物理量：

1）电源电路的健康状态（如过电压或者欠电压等）。

2）检测电路的健康状态（如传感器的开路或者短路报警、过温、过电压、欠电压等）。

3）控制器的健康状态（如过温、过电压、欠电压、开路或者短路等）。

4）驱动和保护电路的健康状态（如过温、过电压、欠电压、开路或者短路等）。

3. 综合应用

在电力电子装置中，需要测试的物理量较多，涉及的传感器种类也不少，为了快速理解记忆，现将它们小结于表 5-1 中。虽然，这些物理量中的部分物理量并不参与控制，但是，它对于实时监控电动机和发电机的运行状态，确保电动机和发电机可靠、安全、健康地运行，起着重要的作用。

表 5-1　　　　　　　典型传感器在电力电子装置中的综合应用

物理量		传感器	
电压	交流	分压器（低压时）	霍尔电压传感器
	直流		
电流	交流	分流器（低压、小电流时）	霍尔电流传感器
	直流		
温度		PT100、AD592、二极管 PN 结、热电偶等	
湿度		湿度传感器	
振动		振动传感器	
位移		涡流位移传感器、接近开关、光电编码器等	
速度		速度传感器、涡流位移传感器、接近开关、光电编码器等	
应力		应变片	
烟雾		烟雾报警开关	
门控		门控开关	
风速		速度传感器	
流量		流量传感器	
液位		液位传感器	

第二节　电流测量方法概述

一、电流测量的目的

电力电子装置中电流测量点示意图如图 5-3 所示。终其目的来看，主要分为 3 大类：

（1）测量用途。获取负载所需电流。

（2）保护用途。电流往往与功率形成直接的关系，如果电流过大，代表系统中有短路情况出现，因此需要保护。

（3）控制用途。如电动机和发电机控制、电池充放电等。

二、电流测量的方法

测量电流的方法，一般分为直接式和间接式两种。

（1）直接式测试方法。一般利用欧姆定律，通过分流器（或称取样电阻）进行。分流器的端电压与被测电流的大小成正比，因此可以通过测量一个小电阻的电压差得到所流过的电流大小。该方法大多用于测量幅值较小、电压较低的电流情况。

（2）间接式测量方法。一般通过监控电流产生的磁场得到。由于电流周围本身会产生磁场，电流的大小和磁场成正比，因此可以通过测量磁场的大小得到经过电流的大小，由于被测回路与检测回路不带有任何电气关系，因此可用于测量幅值较大、电压较高场合中的电流。属于该测量方法的典型代表有：交流电流互感器、直流电流互感器、霍尔电流传感器、

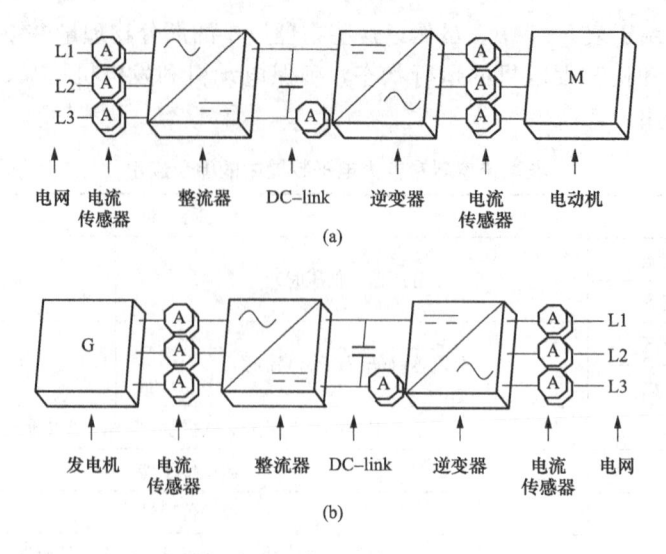

图 5-3 电力电子装置中电流测量点示意图
(a) 拓扑结构 1；(b) 拓扑结构 2

带有高频磁放大器的电流隔离器、Rogowski 线圈和光纤电流传感器等。

在电力电子装置中，尤其是在电机控制、电磁阀控制以及电源管理（如直流—直流转换器、电池监控系统）等诸多应用中，高精度的电流检测都是必须的。在这些应用场合中，电力电子装置对测量系统的要求主要有：

1) 具有线性关系的转换特性。
2) 反应快。
3) 连接简单和可靠。
4) 可靠的电气隔离（低压系统除外）。

简而言之，分流器测量低压、小电流时，成本低、频响好、使用方便，交流互感器只能测量交流，霍尔电流传感器性能好、使用方便，但价格稍高。选择何种类型的传感器，也可按以下思路考虑：

(1) 分析被测电流频率特征。被测电流主要有直流、交流、脉冲等几种典型情况。如果是测量直流，则交流互感器不合适，直流互感器或者霍尔传感器则可以。如果测量较大幅值的直流或者脉冲电流，分流器不合适，霍尔传感器则可以。

(2) 是否需要电气隔离措施。在满足第一条之后，需要考虑本条，如果不宜改变主电路结构且需要电气隔离的测试场合，首先考虑互感器和霍尔传感器，反之，如果可以改变主电路的话，可以考虑分流器，毕竟分流器也可以通过光耦或隔离放大器进行电气隔离，但隔离后，带宽有所下降，测试精度会不同程度地降低，当然测试成本也有所增加。

(3) 确定全系统测量精度的要求。在精度要求较高且价格不敏感的场合，霍尔电流传感器具有更好的性能价格比，属于首选传感器；如果对测量环节的插入损耗没有严格限制，可以考虑分流器。

(4) 测量全系统带宽的要求。是否需要宽带的约束，比如需要测试大于 1MHz 的脉冲电流，则应选用分流器；如果需要采取隔离措施，则可以先进行 A/D 转换，然后经由数字隔离技术，可以考虑采用现场总线隔离传输信号的方式等。

电流测量方法对比如表 5-2 所示。

表 5-2 电流测量方法对比

测量方法 项目	分流器（含隔离电路）	互感器	霍尔传感器	光纤传感器
测量对象	直流、交流、脉冲	交流（交流互感器），直流（直流互感器）	直流、交流、脉冲	直流、交流
线性度	<0.5%	易饱和	<0.1%	典型
精度	小电流低频时精度较高	中等	闭环型精度高	较高
输出信号	60、75、100、120、150 和 300mV 等	1A/5A	能够根据客户定制	1A/5A
插入损耗	有	无	无	无
频率范围	0～30kHz	较窄	0～100kHz	<1MHz
电气隔离	无隔离	隔离	隔离	隔离
适用场合	小电流，控制测量	交流测量，电网监控	控制测量	高压测量，电力系统常用
使用方便性	小信号放大，需隔离处理	使用较简单	使用简单	
布置方式	串入被测回路	串入被测回路	开孔，导线穿过	
对各次谐波幅度是否衰减及衰减一致性	无	有，不一致	无	无
对各次谐波有否相移及相移一致性	很小，可以忽略	有，不一致	很小，可以忽略	很小，可以忽略
所需电源	两组	不需要	一组	不需要
辅助电路	恒温电路	无	无	无
体积	大（尤其是测量高压大电流时）	大	小	小
重量	轻	重	轻	轻
安装是否方便	不便	不便	方便	不便
价格	低	低	高	最高
调试难易程度	较难	容易	容易	难
普及程度	普及	普及	较普及	未普及

第三节 霍尔电流传感器及其典型应用技术

实践表明，在电力电子装置中，采用检测电阻（即分流器）直接测量电流的方法，虽然简洁、成本低，但被测电流幅值较小，一般不宜超过 10A，且处于低压环境。对于霍尔电流传感器而言，由于其具有无插入损耗，易于实现磁场—电场的转换，能够检测的电流幅值大、频率变化范围广，包括直流、交流、脉冲电流等，且该传感器还具有安装布置方便、使用简单、性能优良等特点，应用越来越普及，在很多领域已经逐渐取代分流器和互感器。当然，它也存在着成本较高、电路比较复杂、对温度有些敏感等不足。

一、霍尔效应

霍尔效应（Hall effect）的本质在于，固体材料中的载流子在外加磁场中运动时，因为受到洛伦兹力的作用而使轨迹发生偏移，并在材料两侧产生电荷积累，形成垂直于电流方向的电场，最终使载流子受到的洛伦兹力与电场斥力相平衡，从而在两侧建立起一个稳定的电势差即霍尔电压。正交电场和电流强度与磁场强度的乘积之比就是霍尔系数 k；平行电场和电流强度之比就是电阻率。大量的研究揭示，参加材料导电过程的不仅有带负电的电子，还有带正电的空穴。

如图 5-4 所示为霍尔效应示意图，在半导体薄片两端通以控制电流 I_C，并在薄片的垂直方向施加磁感应强度为 B 的匀强磁场，则在垂直于电流和磁场的方向上产生电势差为 u_H 的霍尔电压，其表达式为

$$u_H = k \frac{BI_C}{d} \quad (5-1)$$

式中，u_H 表示霍尔电压；k 表示霍尔系数，它的大小与薄片的材料有关；I_C 表示控制电流（又称激励电流）；B 表示垂直于电流 I_C 的匀强磁场的感应强度；d 表示薄片的厚度。

霍尔系数 k 表达式为

$$k = \frac{1}{nq} \quad (5-2)$$

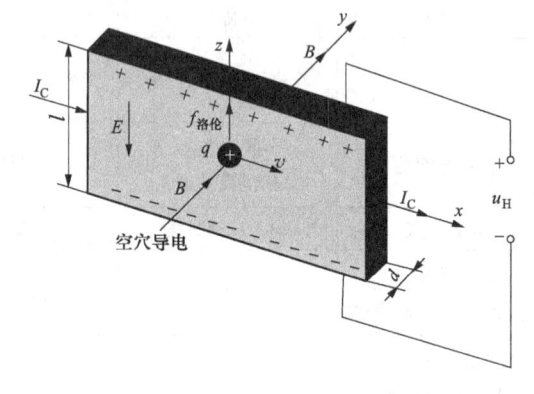

图 5-4 霍尔效应示意图

式中，n 表示单位体积内载流子或自由电子的个数；q 表示电子电量。

二、霍尔元件的分类

霍尔元件是基于霍尔效应，利用半导体材料（如 Ge、Si、InSb、GaAs、InAs、InAsP 等材料）制成的磁传感器元件。由于霍尔元件产生的电势差很小，通常将霍尔元件与放大器电路、温度补偿电路及稳压电源电路等集成在一个芯片上，称为霍尔传感器（Hall transducer）。

根据霍尔元件的功能的不同，可将霍尔传感器分为两大类型：

(1) 霍尔开关传感器。主要输出数字量，放在第十章讲述。

(2) 霍尔线性传感器。主要输出模拟量，其显著特点就是输出电压与外加磁场强度呈线性关系，一旦磁感应强度超出线性范围时，则呈现饱和状态。霍尔线性传感器又可分为开环式和闭环式。闭环式霍尔传感器又称零磁通霍尔传感器。霍尔线性传感器主要用于交直流电流和电压的测量。

按照被测对象性质的不同，可将其分为两大类型：

(1) 直接应用。直接检测出被测对象本身的磁场或磁特性。

(2) 间接应用。检测被测对象上的人为设置的磁场或磁特性。

两种型号的传感器均要利用这个磁场来做被测信息的载体，通过它可以将许多非电、非磁的物理量，如力矩、压力、应力、位置、位移、速度、加速度、角度、角速度、转数、转速以及工作状态发生变化的时间等，转变成电参量来进行检测和控制。

由于霍尔元件具有对磁场敏感、结构简单、体积小、频率响应宽、输出电压变化大以及使用寿命长等优点，已发展成一个品种多样的磁传感器产品族，在测量、自动化、计算机和信息技术等领域得到广泛的应用，如电动机中定、转子转速的准确测量就是应用典范。

如图 5-5 所示为不同封装形式的霍尔元件实物图。

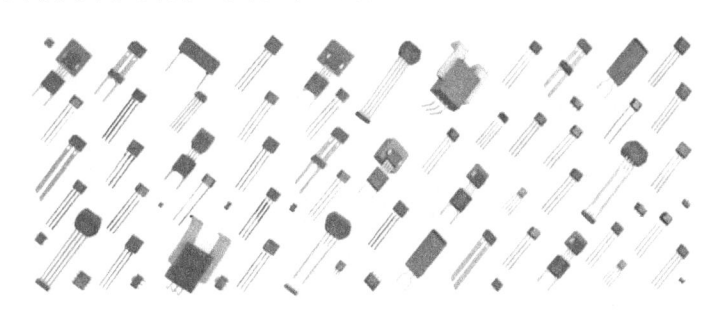

图 5-5　不同封装形式的霍尔元件实物图

霍尔传感器典型器件列表如附表 A-1 所示，作为典型的有源传感器器件，工程实践表明，霍尔元件主要有下列三种使用法：

(1) 事先使一定电流流过霍尔元件，用以检出磁场或变换成磁场的其他物理量的方法。

(2) 利用元件的电流、磁场及作为其变量的该两种量的乘法作用的方法。

(3) 利用非相反性，即在一定磁场中，使与输入端子通以电流时，获得的输出同方向的电流流过输出端子时，在输入端子会产生与最初的电压反方向的霍尔电压。

三、驱动方法

鉴于霍尔元件是一种有源器件，在使用过程中，必须需要为其提供电源，通常它有电压和电流两种驱动方式，现分别进行介绍。

1. 电压源驱动

图 5-6 (a) 和图 5-6 (b) 分别表示两种电压源驱动电路，均采用了差分放大器获取霍尔电压，该差分放大器可以选用 AD8475、AD8476、ADA4930-1、ADL5561、AD8275、INA101 和 INA105 等。

两种驱动电路的输出电压的表达式为

$$u_O = u_H \frac{R_4}{R_3} \tag{5-3}$$

需要提醒的是，图 5-6 (b) 电压源驱动电路 2 中，由于受到跟随器输出电流的限制，提供给霍尔元件的激励电流最好不要超过 10mA，否则，就需要选择功率型运放或者采取其他扩流措施。

2. 电流源驱动

如图 5-7 所示为电流源驱动电路，由运放 A2~A4 构成的电路，可以采用仪用运放（如 AD620）获得，运放 A5 构成的差分放大器可以选 INA105 获得。

(a)

(b)

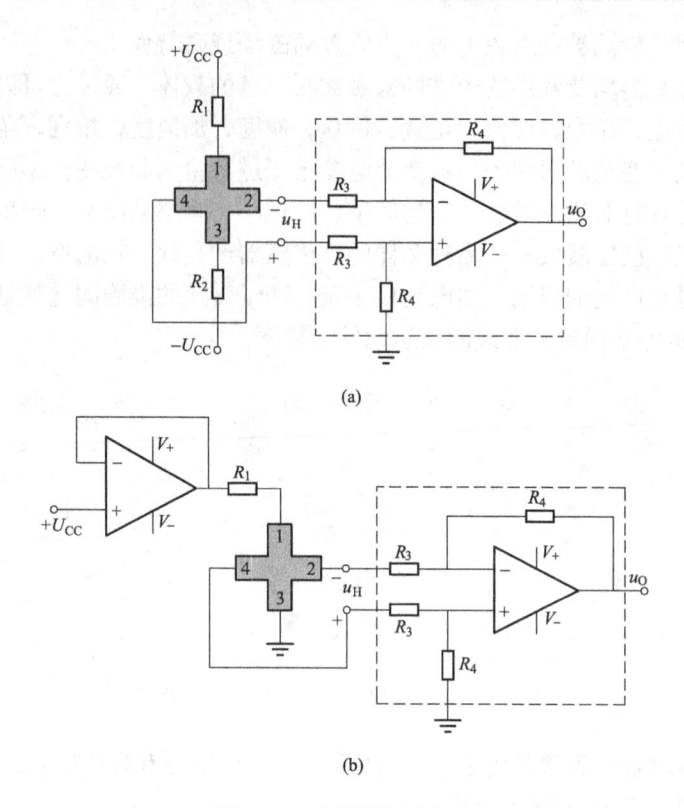

图 5-6 电压源驱动电路
(a) 驱动电路 1;(b) 驱动电路 2

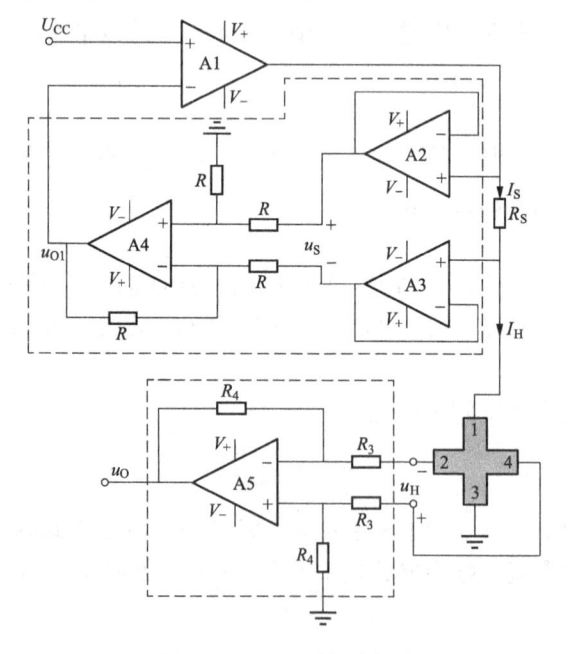

图 5-7 电流源驱动电路

根据差分放大器的工作机理,可以得到运放 A4 的输出电压 u_{O1} 的表达式为

$$u_{O1} = u_S = I_S R_S \tag{5-4}$$

根据运放虚短的含义，得知运放 A1 的同相端与反相端的电压相等，即

$$U_{CC} = u_{O1} \tag{5-5}$$

根据运放虚断的含义，得知流过采样电阻 R_S 的电流 I_S 与流入霍尔元件的电流 I_H 相等，即

$$I_H = I_S \tag{5-6}$$

联立式（5-4）~式（5-6），得到流入霍尔元件的电流 I_H 的表达式为

$$I_H = I_S = \frac{u_{O1}}{R_S} = \frac{U_{CC}}{R_S} \tag{5-7}$$

分析式（5-7）得知，流入霍尔元件的电流 I_H 仅仅取决于输入电压 U_{CC} 和采样电阻 R_S，而与其他因素无关。

当然运放 A5 的输出电压 u_O 的表达式为

$$u_O = u_H \frac{R_4}{R_3} \tag{5-8}$$

四、霍尔电流传感器的分类

霍尔电流传感器（Hall current sensors）和霍尔电压传感器（Hall voltage sensors），已成为当今电子测量领域中应用最多的传感器件之一。它们是测量控制电流、电压的新一代工业用电参量传感器，是一种新型的高性能电气隔离检测元件，被广泛用于电力、电子、交流变频调速、逆变装置、电子测量和开关电源等诸多领域以及逆变焊机、发电及输变电设备、电气传动、数控机床等工业产品上，它正在逐步替代传统的互感器和分流器，并具有电气隔离、精度高、线性好、频带宽、响应快、过载能力强和不损失测量电路的能量等优点。

目前最常用的霍尔电流传感器主要有开环式霍尔电流传感器和闭环式霍尔电流传感器两大类。

五、开环式霍尔电流传感器

1. 基本原理

由于通电螺线管内部存在磁场，其大小与导线中的电流成正比，故可以利用霍尔传感器测量出磁场，从而确定导线中电流的大小。利用这一原理可以设计制成霍尔开环式电流传感器。其优点是不与被测电路发生电接触，不影响被测电路，不消耗被测电源的功率，特别适合测量大电流。

开环式霍尔电流传感器的原理框图如图 5-8 所示，标准圆环铁芯有一个缺口，将霍尔传感器插入缺口中，圆环上绕有被测电流母排（线圈），当电流通过线圈时产生磁场，则霍尔传感器有信号输出。

根据霍尔效应的原理可知，从霍尔元件的控制电流端通入控制电流 I_C，并在霍尔元件平面的法线方向上施加磁场强度为 B 的磁场，那么在垂直于电流和磁场方向，将产生霍尔电势 u_H，即

$$u_H = k \frac{B I_C}{d} \tag{5-9}$$

根据无限长载流直导线在半径为 r 处的磁感应强度 B_0 的表达式为

$$B_0 = \frac{\mu_0 I_P}{2\pi r} \tag{5-10}$$

式中，I_P 表示被测电流；μ_0 表示真空磁导率。

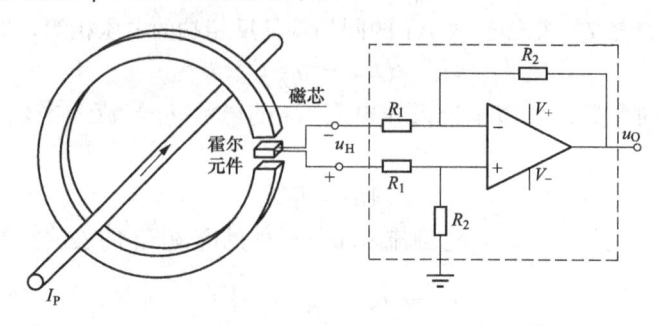

图 5-8 开环式霍尔电流传感器的原理框图

同理，可以推导得到被测电流 I_P 在半径为 r 处的磁芯中的磁感应强度 B 的表达式为

$$B = \frac{\mu I_P}{2\pi r} \tag{5-11}$$

式中，μ 表示霍尔传感器磁芯磁导率。

联立式（5-9）和式（5-11），化简得到被测电流 I_P 的表达式为

$$I_P = u_H \frac{d 2\pi r}{\mu k I_C} \tag{5-12}$$

由于霍尔传感器的磁芯材料特性（如 μ）、磁芯尺寸（如半径 r）、控制电流 I_C、霍尔元件的尺寸（如 d）固定不变，且假设霍尔系数 k 也不变，那么可以认为被测电流 I_P 只与霍尔电势 u_H 有关，即

$$\begin{cases} I_P = u_H K_H \\ K_H = \dfrac{d 2\pi r}{\mu k I_C} \end{cases} \tag{5-13}$$

如果测量获得霍尔电势 u_H，即可根据式（5-13）计算获得被测电流 I_P。这就是开环式霍尔电流传感器的工作机理。

如图 5-8 所示，当被测电流 I_P（又称为原边电流）流过一根长直导线时，在导线周围将产生一磁场，这一磁场的大小与流过导线的电流成正比，产生的磁场聚集在磁环内，通过测量磁环气隙中霍尔元件输出的霍尔电势并进行放大输出，该输出电压 u_O 能够精确地反映被测电流 I_P。

根据差分放大器的输出电压表达式得知，图 5-8 中的差分放大器的输出电压 u_O 的表达式为

$$u_O = u_H \frac{R_2}{R_1} \tag{5-14}$$

联立式（5-13）和式（5-14），可以推导获得被测电流 I_P 表达式为

$$I_P = \frac{u_O}{K_P} \tag{5-15}$$

式中，K_P 表示整个测试系统的比例系数。

K_P 可以表示为

$$K_P = \frac{\mu R_2 I_C k}{d 2\pi r R_1} \tag{5-16}$$

式（5-15）即为被测电流 I_P 的表达式，这就是开环式霍尔电流传感器的基本表达式。

2. 显著优点

开环式霍尔电流传感器应用非常普遍，其显著优点有：

（1）传感器的结构尺寸小。

（2）测量范围广。

（3）重量轻。

（4）低电源损耗。

（5）无插损。

六、闭环式霍尔电流传感器

1. 基本原理

闭环式霍尔电流传感器，也称补偿式或者磁平衡式霍尔电流传感器，它的原理框图如图 5-9 所示。在标准圆环铁芯有一个缺口，将霍尔传感器插入缺口中，圆环上还绕有二次线圈，当被测电流 I_P 通过线圈时，它便在聚磁环处产生的磁场，可以通过一个次级线圈电流所产生的磁场进行补偿，其补偿电流 I_S 精确地反映被测电流 I_P，从而使霍尔元件处于检测零磁通的工作状态。

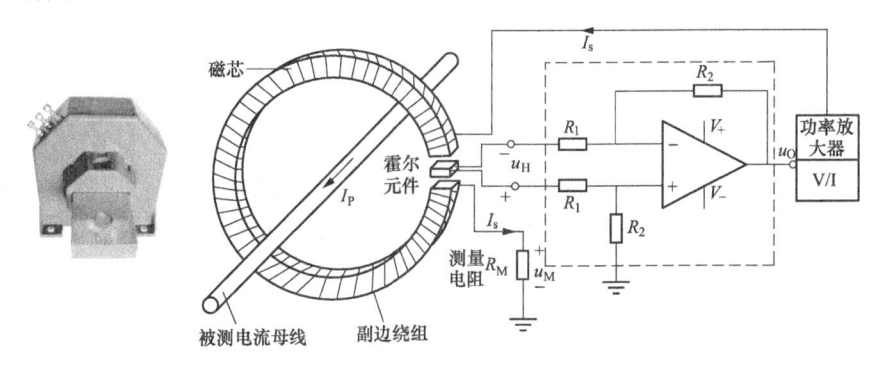

图 5-9 闭环式霍尔电流传感器的原理框图

现将闭环式霍尔电流传感器的具体工作过程简述如下：

（1）当主回路有一被测电流 I_P 通过时，在导线上周围产生的磁场被磁环聚集并感应到霍尔元件上，将所产生的霍尔电势信号 u_H。

（2）经过电压—电流变换输出用于驱动功率管并使其导通，从而获得一个补偿电流 I_S（又称为副边电流或者二次电流）。

（3）补偿电流，再通过多匝绕组 N_2（又称为副边绕组或者二次绕组或者次级绕组）产生磁场，该磁场与被测电流产生的磁场正好大小相等方向相反，从而补偿了原来被测电流所产生的磁场，使霍尔元件输出的霍尔电势信号 u_H 逐渐减小。

（4）当与被测电流 I_P 与匝数 N_1（又称为原边绕组或者一次绕组或者初级绕组）相乘所产生的磁场相等时，补偿电流 I_S 不再增加，这时霍尔元件起到指示零磁通的作用，此时可以通过检测补偿电流 I_S 来获得被测电流 I_P 的大小。

（5）一旦被测电流 I_P 发生变化时，零磁通的平衡状态就会遭到破坏，霍尔元件就会有霍尔电势信号输出，即重复上述过程，直至达到新的平衡。

（6）被测电流的任何变化都会破坏这一平衡，一旦磁场失去平衡状态，霍尔元件就会有霍尔电势信号输出，经功率放大后，立即就会有相应的补偿电流 I_S 流过次级绕组 N_2 以对失衡的磁场进行补偿。

(7) 从磁场失衡到再次平衡，所需的时间在理论上不到 $1\mu s$，这是一个动态平衡的过程。

因此，从宏观上看，补偿电流的安匝数（$I_S N_2$）在任何时间都与初级被测电流的安匝数（$I_P N_1$）相等，即

$$I_P N_1 = I_S N_2 \tag{5-17}$$

式中，N_1 和 N_2 分别表示一次绕组和二次绕组的匝数。

联立式（5-15）和式（5-17），可以推导获得补偿电流 I_S 表达式为

$$I_S = \frac{u_O N_1}{K_P N_2} \tag{5-18}$$

为了方便测试补偿电流 I_S 的大小，大多采用电流—电压变换电路，即在二次绕组出线端，串联一个测量电阻 R_M，因此，补偿电流 I_S 的表达式为

$$I_S = \frac{u_M}{R_M} \tag{5-19}$$

式中，u_M 表示测量电阻 R_M 的端电压。

联立式（5-17）和式（5-19），可以推导获得被测电流 I_P 的表达式为

$$I_P = \frac{u_M}{R_M} \frac{N_2}{N_1} \tag{5-20}$$

式（5-20）即为被测电流 I_P 的表达式，这就是闭环式霍尔电流传感器的基本工作原理。这种基于零磁通原理的闭环式霍尔电流传感器明显优于开环式霍尔电流传感器，突出表现在前者响应时间快、测量精度高，特别适用于弱小电流的检测。

不过，由于闭环式电流传感器必须在磁环上绕成千上万匝的补偿线圈，因而成本增加，其次，补偿电流的消耗也相应增加，加重了电源的负担。

2. 显著优点

闭环式霍尔电流传感器应用非常普遍，其显著优点有：

(1) 电流测量种类多。可以测量任意波形的电流，如直流、交流、脉冲波形等，甚至可以测量瞬态峰值。

(2) 跟随特性优秀。副边电流能够明确地反映原边电流的波形。

(3) 电气隔离特性好。原边电路与副边电路之间有良好的电气隔离，绝缘电压一般为 $2 \sim 12 kV$。

(4) 电流测量范围宽。可测量额定 $1mA \sim 50kA$ 电流。

(5) 精度高。在工作温度区内精度优于 0.2%，该精度适合于任何波形的测量。

(6) 线性度好。满量程优于 0.1%。

(7) 跟踪速度快。$di/dt > 50A/\mu s$。

(8) 宽带宽。频率响应 $0 \sim 100 kHz$。

3. 量程分析方法

根据图 5-9 所示的闭环式霍尔电流传感器的原理框图可知，补偿电流 I_S 的回路是：

电源正极 U_+ ——→ 传感器输出末级功率管子的集射极 ——→ 副边绕组 N_2 ——→ 测量电阻

R_M ——→电源地线 0，回路等效示意图如图 5-10 所示，图 5-10 中 R_{N2} 和 R_M 分别表示副边绕组的直流内阻和测量电阻，$u_{CE(sat)}$、u_{N2} 和 u_M 分别表示功率管集—射极导通时的饱和电压（一般为 0.5V 左右，为了留有阈量，可以按照 1.0V 考虑）、副边绕组的直流内阻的端电压和测量电阻的端电压，U_+ 表示正电源。

同理，电源负极 U_- ——→电源地线 0 的回路与此相同，即将电流反向即可。

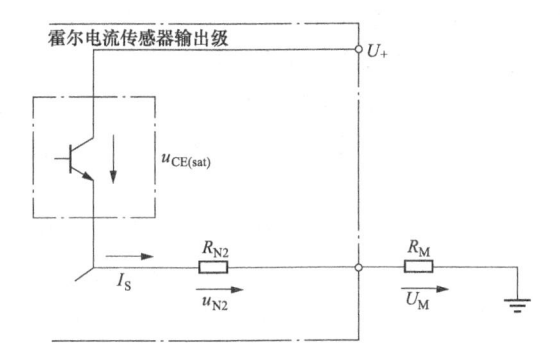

图 5-10 电源正极 U_+→电源地线 0 的等效回路

当补偿电流 I_S 为最大值 I_{SMAX} 时，补偿电流值不再跟着被测电流 I_P 的增加而增加，称其为传感器的饱和点。计算表达式为

$$I_{SMAX} = \frac{U_+ - u_{CE(sat)}}{R_{N2} + R_M} \tag{5-21}$$

分析式 (5-21) 可知，改变测量电阻 R_M，饱和点随之也改变。当测量电阻 R_M 确定后，也就确定了传感器的饱和点。

联立式 (5-17) 和式 (5-21)，可得被测电流的最大值 I_{PMAX} 为

$$I_{PAMX} = \frac{U_+ - u_{CE(sat)}}{R_{N2} + R_M} \frac{N_2}{N_1} \tag{5-22}$$

在测量交流或脉冲电流时，当传感器型号、测量电阻 R_M、电源电压（如 U_+ 和 U_-）确定后，即可根据式 (5-22) 计算出该传感器能够获取的最大被测电流 I_{PMAX}，如果它低于实际被测的交流电流峰值或脉冲电流幅值时，将会造成传感器输出波形削波或限幅现象，出现这情况时，需要根据具体情况采取下面的某一个或者全部措施。

（1）适当减小测量电阻 R_M。
（2）适当增加电源电压。
（3）更改传感器型号。
根据所选择的霍尔电流传感器的参数手册表，可以查得以下参数。
（1）副边绕组 N_2。
（2）测量电阻 R_M。
（3）电源范围 U_+。
（4）副边绕组 R_{N2}。
（5）集—射极导通时的饱和电压 $u_{CE(sat)}$。
（6）副边绕组的直流内阻的端电压 u_{N2}。
（7）测量电阻的端电压 u_M。

七、两种电流传感器的区别

（1）副边绕组方面。开环式霍尔电流传感器只有原边绕组（穿芯式一般只有一匝），闭环霍尔电流传感器有原边绕组和副边绕组。

（2）带宽方面。从结构上看，闭环式霍尔传感器原副边电流产生的磁通互相抵消，正常（不过载）时，铁芯中气隙处的磁场始终在零磁通附近变化，由于磁场变化幅度非常小，变化的频率可以更快，因此，这种传感器具有响应时间更短的特点，一般在 1μs 左右。目前闭环式霍尔电流传感器的带宽通常可以达到 100kHz 以上。

开环式霍尔传感器铁芯磁通与原边电流成正比，电流越大，磁通越大，当且仅当被测电流为 0 时，气隙处的磁场才会为 0。所以，开环式霍尔电流传感器的带宽较窄，大多在 3kHz 左右。

（3）精度方面。开环式霍尔电流传感器的副边输出与铁芯气隙处的磁通成正比，而磁芯由高导磁材料制作而成，非线性和磁滞效应是所有高导磁材料的固有特点，因此，这种传感器的线性度较差，且原边被测电流上升和下降过程中，副边输出会有所不同。开环式传感器的精度通常劣于 1%。相比而言，闭环式霍尔电流传感器由于工作在零磁通状态，磁芯的非线性和磁滞效应不会影响输出端，它可以获得较好的线性度和较高精度，因此它的精度一般优于 0.2%。

八、霍尔电流传感器的重要特点

霍尔电流传感器，不论是开环还是闭环原理，它们具有响应时间快、低温漂、精度较高、体积小、频带宽、抗干扰能力强、过载能力强等优势，具体包括以下几个方面：

（1）非接触式测量传感器。在现场测量时，不需要将霍尔电流传感器与被测量电流母排串联连接，具有良好的电气隔离特性，待测设备的电气接线不用丝毫改动，即可测得被测电流的数值。在 3kV 以上的高压系统，霍尔电流传感器能与传统的高压互感器配合，替代传统的电参量变送器，为模数转换提供方便。

（2）测量范围广。霍尔电流传感器可以测量任意波形的电流，如直流、交流、脉冲、三角波形等，甚至对瞬态峰值电流信号也能如实地进行反映。

（3）响应速度快。最快的霍尔电流传感器的响应时间不超过 1μs，可以满足电力电子装置的现场测控需要。

（4）测量精度高、线性度好。霍尔电流传感器的测量精度优于 1%，高精度的传感器可以达到 0.1%，它们适合于对任何波形的测量。

绝大多数的霍尔电流传感器的线性度优于 0.2%。

（5）工作频带宽。闭环式霍尔电流传感器在 0～100kHz 频率范围内的信号，均可以测量。

（6）与分流器相比。分流器的弊端是不能电气隔离，且还有插入损耗，电流越大，损耗越大，体积也越大。人们还发现分流器在检测高频大电流时带有不可避免的电感性，不能真实传递被测电流波形，更不能真实传递非正弦波形。与分流器相比，霍尔电流传感器则不存在这些缺点。

（7）与互感器相比。虽然电流互感器的工作电流等级多，在规定的正弦工作频率下有较高的精度，但它能适合的频带非常窄。此外，工作时，互感器存在激磁电流，所以这是电感性器件，使它在响应时间上只能做到数十毫秒。电流互感器二次侧一旦开路将产生高压危害，其测量动态范围小、频带窄、易受电磁干扰、精度低、绝缘结构复杂、造价高。

与电流互感器相比，霍尔电流传感器继承了互感器原副边可靠绝缘的优点，又解决了传递变送器价格昂贵、体积大以及要配仪用互感器使用等不足。在使用中，霍尔电流传感器输出信号既可直接输入到高阻抗模拟表头或数字面板表中，还可经过二次处理变换为模拟信号或者数字信号，将模拟信号送给自动化装置或者将数字信号送给计算机接口。

总之，传统的检测元件受到规定频率、规定波形、响应滞后等诸多因素的限制，不能适应大功率变流技术的发展。应运而生的新一代霍尔电流传感器，可广泛应用于变频调速装置、逆变装置、UPS电源、逆变焊机、电解电镀、数控机床、微机监测系统、电网监控系统和需要隔离的电流检测的各个领域中，这将是电力电子技术史上划时代的根本性变革。随着电力电子装置向高频化、模块化、组件化、智能化方向发展，霍尔电流传感器更是毫无争辩地当上霸主地位，它能够精确测量各种电压波形的有效值，设计人员不必再去考虑波形参数的变换计算及失真度，使用起来得心应手。

九、霍尔电流传感器的关键性参数

实践表明，是否正确理解霍尔电流传感器的关键性参数，对设计结果的正确性影响非常大，最终将影响整个测试系统的测试准确度。现将霍尔电流传感器的主要特性参数小结如下：

（1）原边与副边额定电流有效值。I_{PN}指电流传感器所能测试的标准额定值，用有效值表示。I_{PN}的大小与传感器型号有关。I_{SN}指电流传感器副边额定电流，一般为10~400mA，当然根据具体型号的不同，该参数可能会有所不同。

（2）零点失调电流。零点失调电流I_O，也叫残余电流或剩余电流，它主要是由霍尔元件或电子电路中运算放大器工作状态不稳造成的。电流传感器在生产时，在25℃、$I_P=0$时，零点失调电流已调至最小，但传感器在离开生产线时，都会产生一定大小的偏移电流。产品技术文档中提到的精度已考虑了偏移电流增加的影响。

（3）线性度。线性度决定了传感器输出信号（副边电流I_S）与输入信号（原边电流I_P），在测量范围内成正比的程度。

（4）温度漂移电流。零点失调电流I_O的温度漂移电流I_{OT}是指电流传感器性能表中的温度漂移值。失调电流I_O是在25℃时计算出来的，当霍尔电极周边环境温度变化时，失调电流I_O会产生变化，因此，考虑失调电流I_O在整个测试温度范围内的最大变化是很重要的。

（5）过载。电流传感器的过载能力是指发生电流过载时，在测量范围之外，原边电流仍会增加，而且过载电流的持续时间可能很短，而过载值有可能超过传感器的允许值。在选择传感器时，必须重视的是，当发生电流过载时，传感器虽然测量不出来，但不要对传感器造成损坏。

（6）精度。霍尔效应传感器的精度取决于额定电流I_{PN}。在25℃时，传感器测量精度与原边电流有一定影响，同时评定传感器精度时，还必须考虑零点失调电流I_O、线性度、温度漂移电流I_{OT}的影响。

为了阅读和理解，以LEM公司的霍尔电流传感器为例进行介绍，其关键性参数如表5-3所示。

表 5-3　　霍尔电流传感器的关键性参数

	参数名	含　义	单　位	备　注
电气参数	I_{PN}	原边额定电流有效值	A_{RMS}	大小与传感器产品的型号有关
	I_P	原边电流测量范围	A	
	I_{PMAX}	原边电流最大值	A	
	I_{SN}	副边额定电流有效值	mA	一般为 20~100mA，大电流型传感器会有所不同
	K_N	转换率，即副边电流与原边电流之比		$K_N = I_{SN}/I_{PN}$
	U_C	电源电压	V	一般为 ±15~±18V
	U_D	有效值电流用于绝缘检测	V	测试条件为 50Hz/1min
精度—动态参数	X_G	总精度		测试条件为：I_{PN}（原边额定电流有效值），环境温度 25℃
	ε_L	线性度		测试条件为：环境温度 25℃
	I_O	零点失调电流	A	测试条件为：环境温度 25℃
	I_{OM}	磁性失调电流	A	测试条件为：$I_{PN}=0$，环境温度 25℃
	I_{OT}	零点失调电流 I_O 的温度漂移电流	A	温度范围 −10~70℃
	T_{ra}	反应时间	ns	测试条件为：10% of I_{PMAX}
	T_r	响应时间	ns	测试条件为：90% of I_{PMAX}
	di/dt	di/dt 跟随精度	A/μs	
	f	频带宽度（−3Db）	kHz	
一般参数	T_A	正常工作温度范围	℃	如：−10~70℃
	T_S	存储温度范围	℃	如：−25~80℃
	R_S	副边线圈电阻	Ω	测试条件为：环境温度 70℃
	M	传感器质量	kg	

十、霍尔电流传感器的选型方法

选择哪种类型的霍尔传感器是由需求决定的。不过，在选择类型之前，需要进一步明确测试需求，包括性能要求、价格承受能力、使用安装方式等。某些厂商根据客户的不同需求，基于传感器内部工作原理、安装方式、测量信号特征的不同，对产品进行了分类，便于用户选择和使用，用户可据此进行选择。

根据 LEM 公司的手册，霍尔电流传感器主要有开环（又称直测式）和闭环（零磁通式）两种类型。开环型精度差、价格低，精度典型值为 1%，闭环型精度可以到 0.1%，但价格也比开环型高出好几倍。

选择霍尔电流传感器时，需要遵从传感器的选型方法和注意事项（详见本书第四章的第四~五节传感器的选型原则）。在选择传感器时，要了解被测电流的特点，如它的状态、性质、幅值、频带、测量范围、速度、精度，还有就是过载的幅度和出现频率等。考虑到霍尔电流传感器自身的特殊性，还需要重视以下几点：

(1) 被测电流额定值。如果被测电流长时间超额，会损坏传感器内部末极的功率放大器管子（指的是闭环式霍尔电流传感器），一般情况下，2 倍的过载电流持续时间不得超过 1min。选择量程时，应接近霍尔电流传感器的标准额定值 I_{PN}，不要相差太大。如条件所限，手头仅有一个额定值很高的传感器，而欲测量的电流值又低于额定值很多，为了提高测量精度，可以把被测电流母排多绕几圈，使之接近额定值。例如当用额定值 100A 的传感器去测量 10A 的电流时，为提高精度可将原边导线在传感器的内孔中心绕十圈［一般情况，$N_1=1$；在内孔中绕一圈，$N_1=2$；……；连续绕九圈，$N_1=10$，那么，则 $N_1 \times 10A = 100$ 安匝，与传感器的额定值相当，从而可提高精度。不过按照这种方法测量时，需要考虑下面的第（3）条的内容］。

(2) 被测电流频率特征。被测电流究竟是交流、直流和脉冲电流，是低压环境还是高压场合等测试要求。

(3) 安装方式的选择。常见的安装方式有 PCB 安装型和开孔型两种。PCB 安装型适合小电流采样，开孔型适合大电流采样。特别要注意传感器的穿孔尺寸，考虑是否能够保证被测电流母排顺利穿过传感器。

(4) 注意现场的应用环境。选择霍尔电流传感器时，需要注意现场的应用环境，是否有高温、低温、高潮湿、强振动等特殊环境。

(5) 需要注意安装空间、走线方式。选择霍尔电流传感器时，需要注意安装空间、被测电流母排的走线结构和进出线方式是否满足要求。

选择霍尔电流传感器，所需考虑的方面和事项很多，实际中不可能也没有必要满足所有要求。应从系统总体，对霍尔电流传感器的目的、要求出发，综合分析主次、权衡利弊、抓住主要方面、突出重要事项，并加以优先考虑。在此基础上，就可以明确选择霍尔电流传感器的具体问题，如量程的大小、过载量、被测电流母排的安装位置、霍尔电流传感器的重量和体积等。

为了方便选型，霍尔电流传感器的选型方法如表 5-4 所示。

表 5-4　　　　　　　　　　霍尔电流传感器的选型方法

参数名称		选型原则
电气参数	待测电流种类	直流、交流、脉冲以及混合电流波形
	量程	峰值电流，瞬间过载倍数
	输出信号	电流或电压，输出额定或峰值，负载阻抗
	准确度	考虑 25℃时的直流漂移和非线性度，以及整个工作温度范围内的准确度
	电源要求	电源幅值和功率，考虑电源波动时对测量的影响
	工作电压等级	原边工作电压等级、隔离电压等级、抗静电能力、绝缘强度、局部放电等
动态参数	频率范围	带宽、基波频率、谐波电流
	di/dt	传感器能够测量的最大 di/dt 值
	dv/dt	传感器能够容忍的最大 dv/dt 值
环境参数	温度范围	工作环境的最低温度和最高温度，储存温度
	冲击振动	—
	电磁环境	现场电磁干扰情况，核辐射情况

参 数 名 称		选 型 原 则
机械参数	传感器原边安装与电气要求	传感器采用机械式还是PCB板式安装，开孔形状和尺寸，被测电流母排的形状和尺寸，其他安装紧固螺钉等
	传感器副边安装与电气要求	采用机械式还是PCB板式安装，接插件、输出导线的形状和尺寸，其他安装紧固螺钉等
	传感器结构尺寸	最大安装空间，原副边的紧固措施、接插件及其紧固措施、爬电距离等
	安装紧固措施	PCB板、显示面板、测试装置等的安装紧固

确定类型之后，可以根据产品手册、网上资料，结合市场调研情况，尝试确定传感器的具体型号。而确定具体型号的时候，选择哪个厂家的产品也是很重要的。

十一、测量直流的范例分析

1. 设计要求

以LEM公司的霍尔电流传感器LT 1005-S/SP1为例进行分析。霍尔电流传感器LT 1005-S/SP1的实物图如图5-11所示，它有四只接线端子，"U_+"端为正电源端；"U_-"端为负电源端；"M"端为信号输出端；"E"端为传感器屏蔽接线端。根据用户所测电压的大小，须将被测电压串接一只电阻R后再接到传感器原边端子。现将设计要求小结如下：

(1) 额定电流：直流1000A。
(2) 最大电流：直流2000A。
(3) 测量电阻R_M的端电压u_M：10V。
(4) 工作电压：±24V。

图5-11 霍尔电流传感器LT 1005-S/SP1的实物图

2. 传感器选型

霍尔电流传感器LT 1005-S/SP1的关键性参数如表5-5所示。

表5-5 霍尔电流传感器LT 1005-S/SP1的关键性参数

参数名称	参数值	参数名称	参数值
原边理论值I_{PN}	1000 A（RMS）	线性度	0.1%
测量范围	±2000A	带宽	0～150kHz
副边额定电流I_{SN}	200mA	二次绕组内阻R_{N2}	43Ω
匝比K_N	1:5000	原边与副边隔离电压	6kV
工作电压U_S	±24V	测量电阻R_M范围（±24V供电时）	0～65Ω（±1000A_{max}）
			0～10Ω（±2000A_{max}）
精度	0.4%	工作温度范围	-25～70℃

3. 分析计算

要求测量电阻R_M的端电压u_M=10V，由表5-5得知传感器的副边额定电流I_S=0.2A，那么测量电阻R_M的设计值为

$$R_M = \frac{u_M}{I_S} = \frac{10}{0.2} = 50(\Omega) \tag{5-23}$$

由表 5-5 得知，测量电阻的设计值为 $R_M=50\Omega$，并没有超过它的最大值 $R_{M\_MAX}=65\Omega$，所以，传感器不会饱和。现在可以通过下面的方法进行验证计算。

将测量电阻的设计值 $R_M=50\Omega$，代入式（5-22），计算获得该传感器可以测量的被测电流的最大值 I_{PMAX} 为

$$I_{PMAX} = \frac{U_+ - u_{CE(sat)}}{R_{N2} + R_M} \frac{N_2}{N_1} = \frac{24 - 0.5}{50 + 43} \times 5000 \approx 1263(A) \tag{5-24}$$

计算得知，该传感器接上检测电阻 50Ω 后，它可以测量的被测电流的最大值 I_{PMAX} 是 1263A，大于设计要求所期望达到的直流额定值 1000A，因此，检测电阻 $R_M=50\Omega$ 的设计参数是合理的。当然，在上述分析过程中，并没有考虑电源的波动性的影响，一般按照 5% 的波动性考虑，因此，可以重新计算获得该传感器可以测量的被测电流的最大值 I_{PMAX} 为

$$I_{PMAX} = \frac{U_+ - u_{CE(sat)}}{R_{N2} + R_M} \frac{N_2}{N_1} = \frac{24 \times 0.95 - 0.5}{50 + 43} \times 5000 \approx 1199(A) \tag{5-25}$$

如果再考虑功率管集—射极导通时的饱和电压的分散性，虽然一般为 0.5V 左右，为了留有阈量，可以按照 1.0V 考虑，可以重新计算获得该传感器可以测量的被测电流的最大值 I_{PMAX} 为

$$I_{PMAX} = \frac{U_+ - u_{CE(sat)}}{R_{N2} + R_M} \frac{N_2}{N_1} = \frac{24 \times 0.95 - 1.0}{50 + 43} \times 5000 \approx 1172(A) \tag{5-26}$$

综上所述，传感器接上检测电阻 50Ω 后，它可以测量的被测电流的最大值 I_{PMAX} 是 1172A，大于设计要求所期望达到的直流额定值 1000A，因此，检测电阻 $R_M=50\Omega$ 的设计参数是合理的。最终检测电阻 R_M 的取值为 49.9Ω（采用金属膜电阻 IEC 标称值的 E192 电阻系列），检测电阻 R_M 的精度应比用户要求的检测精度要高一个数量级。

十二、测量交流的范例分析

1. 设计要求

以 LEM 公司的霍尔电流传感器 LT 2000-S 为例，其实物图如图 5-12 所示，它有 4 只接线端子，现将设计要求小结如下：

(1) 额定电流：交流 2000A。
(2) 最大电流：交流峰值 3000A。
(3) 测量电阻 R_M 的端电压 u_M：10V（额定交流 2000A 时）。
(4) 工作电压：±15V。

图 5-12 霍尔电流传感器 LT 2000-S 的实物图

2. 传感器选型

霍尔电流传感器 LT 2000-S 的关键性参数如表 5-6 所示。

表 5-6　　　　霍尔传感器 LT 2000-S 的关键性参数

参数名称	参数值
原边理论值 I_{PN}	2000A（RMS）
测量范围	±3000A

续表

参 数 名 称	参 数 值	
副边额定电流 I_{SN}	400mA	
匝比 K_N	1∶5000	
工作电压 U_S	±15V～±24V	
精度	0.4％	
线性度	0.1％	
带宽	0～100kHz	
二次绕组内阻 R_{N2}	25Ω	
原边与副边隔离电压	6kV	
测量电阻 R_M 范围	0～7.5Ω（±2000A_{max}）	（±15V 供电时）
	0～2.0Ω（±2200A_{max}）	
	0～25Ω（±2000A_{max}）	（±24V 供电时）
	0～8Ω（±3000A_{max}）	
工作温度范围	0～70℃	

3. 分析计算

要求测量电阻 R_M 的端电压 $u_M=10V$，由表 5-6 得知传感器的副边额定电流 $I_S=0.4A$，那么测量电阻 R_M 的设计值为

$$R_M = \frac{u_M}{I_S} = \frac{10}{0.4} = 25(\Omega) \tag{5-27}$$

由表 5-6 得知，测量电阻的设计值为 $R_M=25\Omega$，超过它的最大值 $R_{M\_MAX}=7.5\Omega$（±15V 供电时），所以，传感器肯定会饱和。现在可以通过下面的方法进行验证计算。

将测量电阻的设计值代入式（5-22）中，计算获得该传感器可以测量的被测电流的最大值 I_{PMAX} 为

$$I_{PMAX} = \frac{U_+ - u_{CE(sat)}}{R_{N2} + R_M} \frac{N_2}{N_1} = \frac{15-0.5}{25+25} \times 5000 \approx 1450(A) \tag{5-28}$$

计算得知，该传感器接上检测电阻 25Ω 后，它可以测量的被测电流的最大值 I_{PMAX} 是 1450A，而设计要求所期望达到的最大值 2828A，因此，检测电阻 $R_M=25\Omega$ 的设计参数不合理，取值过大。

分析式（5-22）得知，可以采取适当增加电源电压和降低测量电阻 R_M 的取值两种方法加以解决，现在分别分析如下。

（1）可以降低测量电阻 R_M 的取值。由表达式（5-22），可以获得测量电阻 R_M 的最大值的表达式为

$$R_{M\_MAX} = \frac{U_+ - u_{CE(sat)}}{I_{PMAX\_N}} \frac{N_2}{N_1} - R_{N2} \tag{5-29}$$

式中，I_{PMAX_N} 表示传感器给出的最大被测电流的额定值。将表 5-6 中的相关参数代入表达式（5-29）中，可以计算得到测量电阻 R_M 的最大值 R_{M_MAX} 为

$$R_{M\_MAX} = \frac{U_+ - u_{CE(sat)}}{I_{PMAX\_N}} \frac{N_2}{N_1} - R_{N2} = \frac{15-0.5}{2000} \times 5000 - 25 \approx 11.3(\Omega) \tag{5-30}$$

因此，我们可以选择电阻标称值 4.7Ω（采用金属膜电阻 IEC 标称值的 E24 系列），计算得到测量电阻 R_M 的端电压 $u_{M实际}$ =4.7×0.4=1.88（V），如果要达到设计要求，即测量电阻 R_M 的端电压 u_M 为 10V（u_M=10V），那么就需要采取放大器，放大倍数为

$$K_A = \frac{u_{M要求}}{u_{M实际}} = \frac{10}{1.88} \tag{5-31}$$

式中，$u_{M要求}$ 表示设计目标值（即 $u_{M要求}$=10V）；$u_{M实际}$ 表示传感器实际输出的检测电阻的端电压值（即 $u_{M实际}$=1.88V）。

选用 INA103 构建图 5-13（a）所示的霍尔电流传感器的后续处理电路。需要说明的是，图 5-13 中并没有画出电源的去耦和滤波电容以及运放输入输出滤波器电路，但实际在设计该电路时，必须要设置电源去耦和滤波电容以及运放的输入输出滤波器。

根据 INA103 的参数手册，得到其输出电压 u_O 的表达式为

$$u_O = \left(1 + \frac{6}{R_G}\right) u_{M实际} \tag{5-32}$$

式中，R_G 表示 INA103 的增益电阻，kΩ。

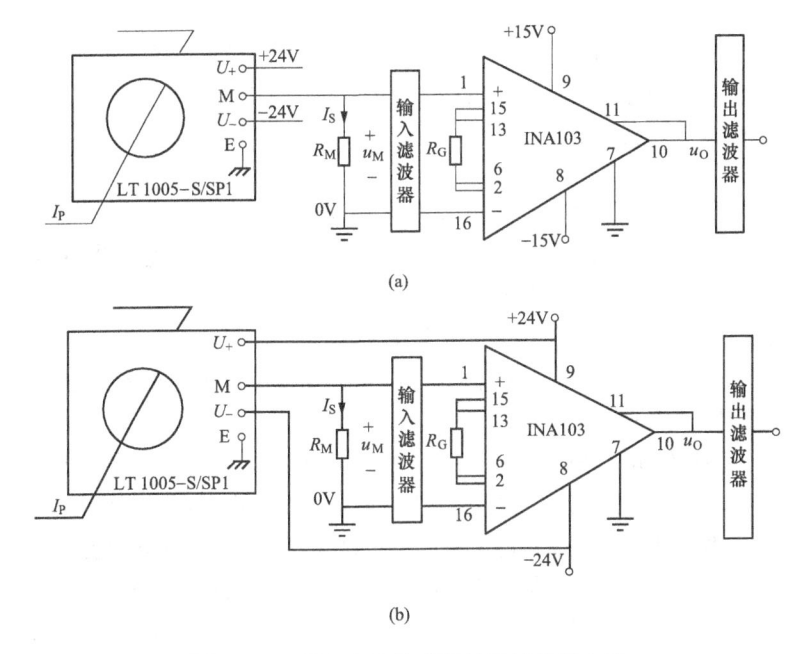

图 5-13 霍尔电流传感器的后续处理电路
(a) 传感器采用 24V 电源，仅用运放采用 15V 电源的后续处理电路 1；
(b) 传感器和仪用运放均采用 24V 电源的后续处理电路 2

推导获得它的表达式为

$$R_G = \frac{6u_{M实际}}{u_O - u_{M实际}} \tag{5-33}$$

由于要求 INA103 的输出电压为 10V，即 $u_O = u_{M要求}$ =10V，那么增益电阻 R_G 的取值为

$$R_G = \frac{6u_{M实际}}{u_O - u_{M实际}} = \frac{6 \times 1.88}{8.12} \approx 1.392(kΩ) \tag{5-34}$$

那么，增益电阻 R_G 可以选择 1.3kΩ+91Ω（采用金属膜电阻 IEC 标称值的 E24 系列）。

再来计算实际获得的输出电压 u_O 为

$$u_O = \left(1 + \frac{6}{R_G}\right)u_{M实际} = \left(1 + \frac{6}{1.391}\right) \times 1.88 \approx 9.989(\text{V}) \tag{5-35}$$

与设计要求值 10V 仅仅相差 11mV。当然，该处理电路需要采用两套电源，即传感器采用 24V 电源，仪用运放采用 15V 电源。

(2) 提高电源电压，由 ±15V 提高到 ±24V。将测量电阻设计值的代入式 (5-22)，计算获得该传感器可以测量的被测电流的最大值 I_{PMAX} 为

$$I_{PMAX} = \frac{U_+ - u_{CE(sat)}}{R_{N2} + R_M} \frac{N_2}{N_1} = \frac{24 - 0.5}{25 + 25} \times 5000 = 2350(\text{A}) \tag{5-36}$$

计算得知，该传感器接上检测电阻 25Ω 后，它可以测量的被测电流的最大值 I_{PMAX} 是 2350A，而设计要求所期望达到的最大值为 2828A，因此，检测电阻 $R_M = 25\Omega$ 的设计参数不合理，取值过大。可以降低测量电阻 R_M 的取值，比如选择电阻标称值 6.81Ω（采用金属膜电阻 IEC 标称值的 E96 系列），计算得到测量电阻 R_M 的端电压 $u_{M实际} = 6.81 \times 0.4 = 2.724$ (V)，由于要求 INA103 的输出电压为 10V，即 $u_O = u_{M要求} = 10V$，那么增益电阻 R_G 的取值为

$$R_G = \frac{6u_{M实际}}{u_O - u_{M实际}} = \frac{6 \times 2.724}{7.276} \approx 2.2463(\text{k}\Omega) \tag{5-37}$$

那么，增益电阻 R_G 可以选择 2.15kΩ+95.3Ω（采用金属膜电阻 IEC 标称值的 E96 系列）。再来计算实际获得的输出电压 u_O 为

$$u_O = \left(1 + \frac{6}{R_G}\right)u_{M实际} = \left(1 + \frac{6}{2.15 + 0.0953}\right) \times 2.724 = 10.003(\text{V}) \tag{5-38}$$

与设计要求值 10V 仅仅相差 3mV。与 (1) 相比，(2) 的处理电路只需要采用一套电源，即传感器和仪用运放均采用 24V 电源，如图 5-13 (b) 所示。

需要说明的是，本例选择 INA103 的原因在于：

(1) INA103 是具有极低的噪声和失真度的单片仪用放大器，它采用电流反馈电路，具有非常宽的频带和优越的动态响应特性。

(2) INA103 可用于低电平条件下的音频信号放大，如平衡低阻话筒放大器。INA103 提供在 200Ω 信号源内阻下几乎接近理论值的理想的噪声特性，其低噪声和宽频特性可用于工业方面。即使在高增益状态下，独一无二的失真消除电路，可以把失真减小到极低的程度。在专业音频设备应用方面，它的平衡输入、低噪声和低失真度提供了优于变压器耦合话筒的性能。

(3) INA103 具有宽的电压范围（±9～±25V）和大的驱动电流输出，因此，它可以采用 24V 双极性电源，与传感器所采用的电源为同一套，可以减少电源模块的种类和数量。

(4) 其塑封 DIP 中的铜引脚构架确保了其优越的温度性能。INA103 有 16 脚塑封和陶瓷 DIP 封装、SOL-16 表面封装，可在商用级和工业级温度范围内应用。

在上述分析过程中，没有提及检测电阻的功率问题，事实上它的实际功率的表达式为

$$P_{RG} = \frac{u_{M实际}^2}{R_G} \tag{5-39}$$

一般在选择检测电阻的额定功率值时，记得预留 1～2 倍的阈量，有时候还需要加散热片（也可以采用电阻的串并联混合形式来降低大功率电阻的热损耗的影响问题），其原因是降低由于电阻发热对测量结果的不良影响。另外，根据测量目的，可以酌情选择精密电阻，即检测电阻 R_M 的精度应比用户要求的检测精度高一个数量级。

第四节 使用霍尔电流传感器的注意事项

统计表明，在工程实践中，由于霍尔电流传感器的使用不当（包括选型不当、安装不当、后续电路设计不当等）导致的传感器故障，大概占了所有传感器故障的 3/10 以上。因此，能否正确使用霍尔电流传感器，对于准确、可靠地获得测量结果非常重要。

一、过载问题

根据被测电流额定值及其峰值，选用合适规格的电流传感器。超过产品说明书规定的饱和电流，将不能保证传感器测量的线性度。对于闭环式电流传感器，2 倍过载电流的持续时间不得超过 1min；对于霍尔电压传感器，在一般情况下，2 倍过电压的持续时间不得超过 1min，否则可能损坏其内部电路。

霍尔电流传感器的最佳精度是在原边额定值条件下得到的，所以当被测电流高于电流传感器的额定值时，应选用相应更大量程的传感器；当被测电流低于额定值 1/2 以下时，为了得到最佳精度，可以使用多绕原边圈数的办法。

二、绝缘问题

正规产品说明书中，应对耐压值有明确说明，使用时应严格在耐压范围内使用。绝缘耐压为 3kV 的传感器，可以长期正常工作在 1kV 及以下交流系统和 1.5kV 及以下直流系统中，绝缘耐压为 6kV 的传感器可以长期正常工作在 2kV 及以下交流系统和 2.5kV 及以下直流系统中，注意不要超压使用。

三、安装问题

霍尔电流传感器是基于霍尔效应原理工作的，对环境的磁场较为敏感，因此对安装位置、空间、进出母排的布置方式均有严格要求，正确安装，是提高其测试精度的重要保证。

（1）远离变压器、电抗器等强磁场设备。

（2）在要求得到良好动态特性的装置上，使用霍尔电流传感器时，最好采用单根铜排的连接方式，并与传感器内径开孔尺寸吻合；原边导线应放置于传感器内孔中心，尽可能不要放偏。同时还要求原边导线尽可能完全放满传感器内孔，不要留有空隙。以大代小或多绕圈数，均会影响传感器的动态特性。

如图 5-14 (a) 表示霍尔电流传感器的接线母排实物图。图 5-14 (b) 表示利用 2 个霍尔电流传感器，测试某电力电子装置中的 A、B 两相电流的接线实物图，C 相电流经由前两相计算获得，因此，可以采取两个电流传感器即可获得三相电流，且两个传感器相距较远，以降低相互间的干扰。图 5-14 (c) 表示利用 3 个霍尔电流传感器，同时测试某电力电子装置中的 A、B 和 C 三相电流的接线实物图，且三个传感器呈"品"字形错位安装，以减少传感器相互间的干扰，这种安装方式适应于大电流测试场合。图 5-14 (d) 表示利用 3 个霍尔电流传感器，安装在 PCB 板上面的实物图，且它们采取错开一定距离的布置方式。

（3）在工程实践中，经常会碰到无法更换霍尔电流传感器，而实测电流比额定值小得多的情况，为了提高测量灵敏度，可以在一次侧（即原方）加绕匝数，但是，必须兼顾传感器的开孔尺寸，否则无法实现多次缠绕的想法。

（4）在现场安装并连接霍尔电流传感器时，必须注意它的方向性问题。一般在霍尔电流传感器外壳上均有箭头表征，要求主回路被测电流在穿孔时观察箭头所示的电流正方向，这

(a)　(b)

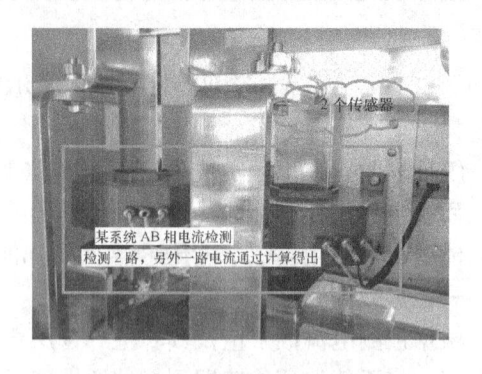

(b)　(d)

图 5-14　霍尔电流传感器接线实物图
(a) 霍尔电流传感器的接线母排的实物图；(b) 采用 2 个霍尔电流传感器位置安装实物图；
(c) 采用 3 个霍尔电流传感器位置安装实物图；(d) 电路板级霍尔电流传感器位置安装实物图

时电流传感器规定了被测电流的正方向与输出电流是同极性的，这在三相交流或多路直流检测量中是至关重要的。如图 5-14（a）所示的两种不同霍尔电流传感器的外壳上面，均有箭头标示。原边导线尽可能完全放满传感器内孔，不要留有空隙。

（5）霍尔电流传感器信号线与功率强电线（如功率母排、电缆等），避免近距离平行方式走线，距离应大于 10cm 以上，相交处最好采取垂直交叉方式，需要考虑输入与输出信号的流向、对其他弱信号元器件的影响等问题。

（6）霍尔电流传感器有不同封装形式，如图 5-15 所示。既有安装在固定支架上的结构形式，如图 5-15（a）所示的两种不同霍尔电流传感器；也有安装在 PCB 板上的结构形式，如图 5-15（b）所示。如果选用的是 PCB 安装方式的霍尔电流传感器，在绘制 PCB 板之前，需要仔细阅读所选传感器的参数手册，结合需要设计的板卡布局，将传感器放置合适位置，并且需要考虑安装的方便性、电路板的支撑强度。对于 PCB 安装方式的传感器而言，尤其还需要注意一点，即在焊接时，防止焊接过热，损坏内部电路。

（7）对处于剧烈振动的工作环境中的霍尔电流传感器，安装时必须采取紧固措施，确保传感器可靠固定，以防损坏传感器。

四、电源问题

选用恰当的供电电源，是保证传感器正常工作的基本前提。在工作时，霍尔电流传感器

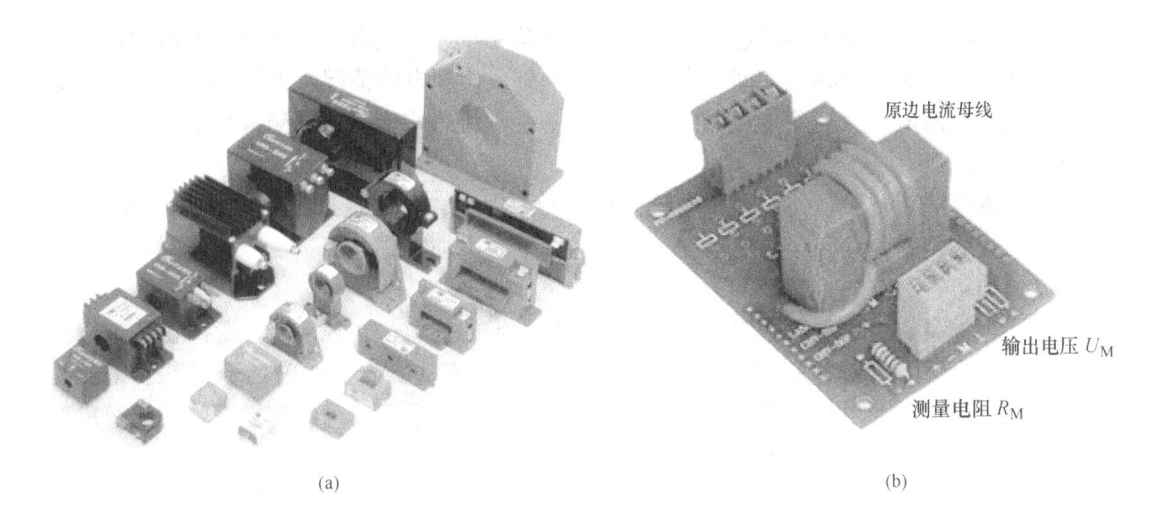

图 5-15 霍尔电流传感器的封装形式
(a) 安装在固定支架上的霍尔电流传感器；(b) PCB 封装式霍尔电流传感器及其安装

的副边（即二次侧），一般采用直流电源供电，为霍尔器件、运放、末极功率管等提供电源，并且还有功耗问题。电源电压值过低，传感器内部电路不能正常工作，在将输出电流经过取样电阻转换为电压信号时，不能保证电压的幅度；电源电压过高，则会烧毁运放等器件。有关它们所需电源的容量、极性、电压值和容差范围，均在产品说明书中有明确规定，必须正确接电源线，严禁将电源极性接反，导致传感器永久性损坏。

工业现场经常采用开关电源（AC-DC）供电，在精确测量中，应该选用电源噪声较小的（如 DC-DC、三端稳压芯片等）高性能电源供电。

如图 5-16 所示为经常采用的三端稳压芯片的典型电路原理图（以 24V 为例，其他电压参照此图）。图 5-16 中电容 C_1 和 C_3 可以取值 33μF 以上的钽电容，耐压值至少 50V 以上，如果电容 C_1 需要取更大电容值时，需要考虑它对整流器/桥的冲击电流，输出端接大电解电容时有利于降低噪声；电容 C_2 和 C_4 可以取值 0.01~0.1μF 高频瓷片电容；二极管 VD1 和 VD2 可以取 1N4001 系列。需要提醒的是，当选用 LM7824 和 LM7924 芯片时，其输入端电压最大值不能超过 40V；选择其他如 LM7815 和 LM7915 芯片时，其输入端电压最大值不能超过 35V，并且要考虑三端稳压芯片的散热问题。

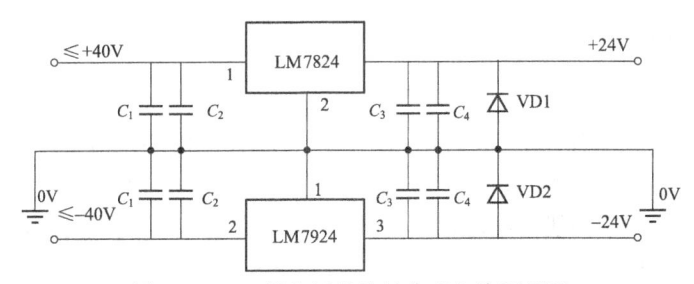

图 5-16 三端稳压芯片的典型电路原理图

有关电源问题中，正确的供电操作也不容小觑，因为正确供电操作主要是为了避免剩磁的影响。霍尔电流传感器的供电顺序是：

与被测电流相比,传感器副边(即二次侧)电源先接通后关断。如果测试过程中,在原边有较大电流通过时,而副边(即二次侧)此时恰好发生断电的情况,则需要按照合理上电顺序多次上电和断电,以消除传感器内部的剩磁,否则将影响传感器的测量精度。

五、干扰问题

在强直流变流装置中,使用霍尔电流传感器时,因某种原因造成工作电源开路或故障,则铁芯产生较大剩磁,剩磁会影响精度。退磁的方法是不加工作电源,在原边通一交流并逐渐减小其值即可。

必须注意的是,霍尔电流传感器的抗外界干扰磁场的能力。实践表明,距离霍尔电流传感器 5~10cm 处的一个超过传感器原边电流值 2 倍的电流,所产生的磁场干扰不会影响测量结果,因此,在布置单相或者三相强电流母排的时候,在空间许可的前提下,相间距离最好超过 5~10cm 甚至更大,并在尽可能的情况下,采取屏蔽措施。

除此之外,还应注意霍尔电流传感器二次侧引脚外的后续处理接线的防干扰措施。在接霍尔电流传感器的二次侧线路时,必须注意传感器外壳上面是否有专门的屏蔽接线端子,如有的话,还要考虑传感器的屏蔽接地问题,如图 5-17 所示为设有专门屏蔽接线端子的霍尔电流传感器的接线示意图。

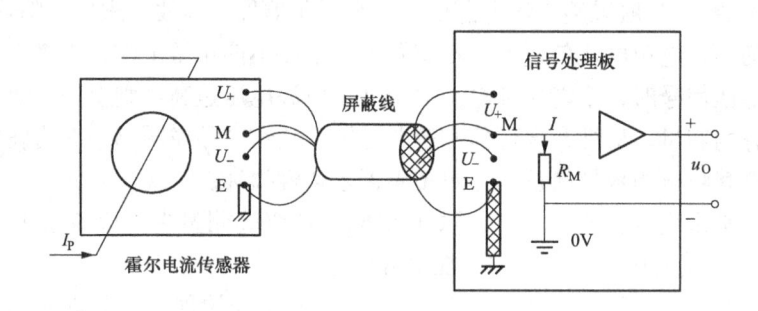

图 5-17 霍尔电流传感器的屏蔽线的接法示意图

接线端子裸露的导电部分,尽量防止 ESD 冲击,需要有专业施工经验的工程师才能对该产品进行接线操作。电源的正负端子、测量端子的输入/输出脚,必须正确且依序连接,不可错位或反接,否则可能导致传感器损坏。

六、测量电阻

对于电流输出型霍尔电流传感器,所需的测量电阻 R_M 通常采用精密电阻,它的取值大小满足下面的表达式

$$R_M \leqslant \frac{U_+ - 4\text{V}}{I_{SN}}$$

式中,I_{SN} 表示副边电流额定值;U_+ 表示霍尔电流传感器的电源电压。

因此,推荐选用低温漂的高精度的金属膜电阻,其原因在于它的寄生电感较小。在高频采样场合,应避免采用精密线绕电阻,因为其寄生电感较大。测量电阻的功率必须足够,最好预留 2 倍以上的阈量。

七、环境问题

被测电流母排的温度不得超过传感器所规定的最高温度,这是由 ABS 工程塑料的特性决定的,如有特殊要求,可选高温塑料做外壳,因此,在测试强电流时,需要注意通流母排

的温升及其对霍尔电流传感器的不良影响。

除了关注霍尔电流传感器使用环境的电磁特性问题之外,还需要关注传感器使用环境的温度。请注意产品说明书规定的传感器的工作温度,此温度主要受功率母排发热的影响,一般不得超过 80℃。另外,还有关注环境的湿度、盐雾等条件,必要时需要采取防护措施。

第五节 分流器及其典型应用技术

一、概述

根据欧姆定律,被测电流 I 可以表示为

$$I = \frac{U}{R} \tag{5-40}$$

式中,R 表示已知电阻值的电阻;U 表示电阻 R 的端电压。

分析表达式(5-40)表明:

(1) 由于电阻值 R 已知,只要检测获得其端电压 U,就可以计算出被测电流 I 的大小。

(2) 电阻 R 作为一个可以通过一定电流的精确小电阻,当电流流过时,在其两端就会出现一个 mV 级电压,用后续测量电路或者毫伏级电压表来测量这个电压,再将这个电压换算成电流,就完成了被测电流的测量的任务。

电阻 R 就是通常所称的分流器,又称为采样电阻、电流感应电阻、电流检测电阻、取样电阻。概括其测量原理和方法就是:利用一个阻值较小的电阻,串接在被测电流回路中,用于把电流转换为电压信号进行测量,功能上大多作为参考用。

直接采用分流器测量,简单且成本较低。不过由于它仅能检测低电压场合中的较小电流,对于那些没有经过特殊处理的电路板级的较大电流测量场合,建议最大电流不要超过 10A。因为被测电流回路与测量电路没有电气隔离,存在一定的安全隐患,如果要测量幅值过大的电流,就必须考虑电阻发热时对测量准确度的影响。所以两全其美的方法就是,将它用在电压不高的场合,且想办法采取特殊的测量电路(如使用隔离运放),将分流器的优势发挥到极致。

相比而言,利用磁效应的霍尔电流传感器,是经常采用的电流测量方法,它易于实现磁场与电场的转换,确保被测电流回路与测量电路,没有电气联系,不过它最终还是要根据欧姆定律表达式(5-40)来计算获得被测电流。

在工程实践中,如果不是高压环境(尤其是电路板级),要测量一个很大(数十安培以内)的电流,且又没有大量程的电流表进行电流测量,则最先考虑到的测量办法就是采用分流器。

二、分流器的封装结构

根据被测电流幅值大小的不同,分流器有不同的封装结构,如图 5-18 所示。图 5-18 (a)为贴片式封装,适用于小电流;图 5-18 (b)是螺栓压装式封装,适用于大电流的测量;图 5-18 (c)是焊接式封装,适用于中等电流的测量。

三、分流器的温度特性

利用分流器测量电流时,对该电阻的精度与温漂特性均有严格要求。分流器电阻值的绝对值的改变,可以通过后面的检测电路简单补偿予以实现,但是它的温度漂移误差却因不可预测,而难以补偿,最好的解决方法就是在设计阶段,就根据测算需求,选择合适精度等级的分流器和后续检测电路及其外围器件,而不至于造成质量缺陷和安全隐患。

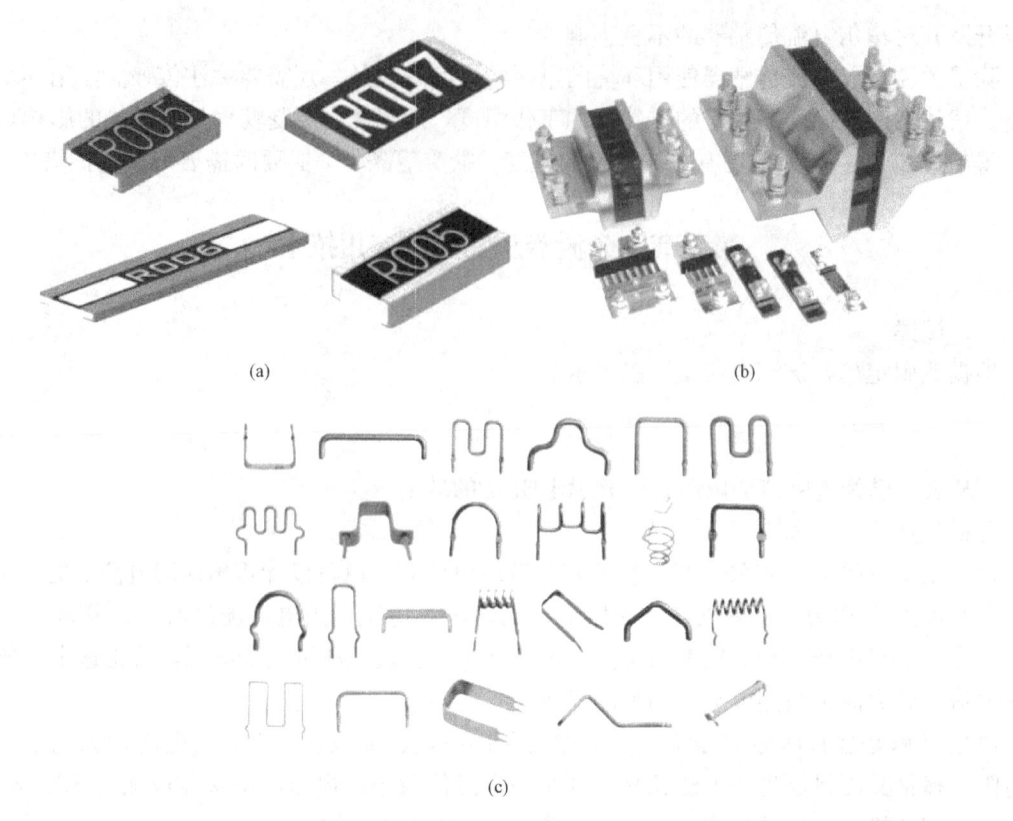

图 5-18　不同封装结构的分流器
(a) 贴片式封装；(b) 螺栓压装式封装；(c) 焊接式封装

1. 已知条件

现将相关分析所需条件小结如下：

(1) 分流器的电阻值：$R=1\text{m}\Omega$。

(2) 精度：α 为 $\pm0.1\%$。

(3) 温度漂移系数：$T_{\text{CR}}=\pm200\times10^{-6}/\text{℃}$。

(4) 被测电流有效值：$I_{\text{RMS}}=32\text{A}$。

2. 分析计算

(1) 首先计算分流器的功耗 P

$$P = I^2 R \frac{32\times23\times1}{1000} = 1.024(\text{W}) \tag{5-41}$$

由于被测电流有效值为 $I_{\text{RMS}}=32\text{A}$，因此，它的幅值 I_{PEAK} 为

$$I_{\text{PEAK}} = I\times\sqrt{2} = 32\times1.414 \approx 45(\text{A}) \tag{5-42}$$

当被测电流为幅值 I_{PEAK} 时，分流器的最大功耗 P_{PEAK} 为

$$P_{\text{PEAK}} = I_{\text{PEAK}}^2 R = \frac{32\times32\times1\times2}{1000} = 2.048(\text{W}) \tag{5-43}$$

由此可见，在没有考虑被测电流波动的情况下，当被测电流为幅值 I_{PEAK} 时，分流器的最大功耗将超过 2W，此时温度必然会对分流器的电阻产生负面影响。假设温度变化量为

$$\Delta T = 75\text{℃} \tag{5-44}$$

由于温度漂移系数为 $T_{CR}=\pm 200\times 10^{-6}/℃$，分流器的输出精度改变为最差值 α_{PEAK}

$$\alpha_{PEAK} = \Delta T \times T_{CP} \times 0.0001\% = 75 \times 200 \times 0.0001\% = 1.5\% \quad (5-45)$$

（2）如果分流器是普通电阻，其精度 α 为 $\pm 1\%$，温度漂移系数为 $T_{CR}=\pm 800\times 10^{-6}/℃$，分流器的输出精度改变为最差值 α_{PEAK}

$$\alpha_{PEAK} = \Delta T \times t_{CP} \times 0.0001\% = 75 \times 800 \times 0.0001\% = 6\% \quad (5-46)$$

综上所述，对于分流器而言，其温漂特性对测量精度影响非常明显，称其为最主要的误差源，所以，在测量现场，必须重点关注分流器测量满量程电流时的功耗及其散热问题。大多数测试工程师都会选用精密电阻，其精度大多在 $\pm 1\% \sim \pm 0.1\%$ 以内，如果要求更高时，会采用 0.01% 精度级的高精密电阻。

目前，分流器被广泛用于扩大仪表测量电流范围，它有固定式定值分流器和精密合金电阻器等不同种类。它们均可用于通信系统、自动化控制的电源回路，充当限流和均流取样检测，还被用于获取类似电力电子装置中的重要输出量（如电压或者电流等）。因此，在利用分流器直接测量电流时，需要根据被测电流对测量精度要求的不同，灵活选择不同温漂特性的分流器。

四、分流器的测试系统

1. 应用概述

采用小电阻取样的电流测量方法，经常被应用于电力电子装置中的电路板级，如电源产品、重要电路的状态检测、某些反馈取样环节中，它们大多利用分流器的端电压作为参考电压，参与反馈控制，以稳定输出电压、输出电流或者获取重要状态反馈量为目的。以稳压电源电路为例，它是将整流电路输出直流电压稳定在特定幅值上，其原理框图如图 5-19 所示，图中电阻 R_S 就是采样电阻，K 表示电力电子开关器件，V_{ref} 表示基准电压，A1 表示误差放大器，U_1 表示输入电源，U_2 表示输出电源。

稳压电源的基本原理为：将经由分流器采样获得的输出电压 U_2 和芯片内部的基准电压 V_{ref} 进行比较，比较的结果通过误差放大器 A1 放大，产生 PWM 控制脉冲，控制开关动作，从而调节其输出电流来跟踪负载，最终使低压差线性稳压器的输出电压 U_2 稳定。

用于电流测量的分流器有插槽式和非插槽式。分流器有锰镍铜合金电阻棒和铜带，并镀有镍层，其额定压降是 60mV，但也可被用作 75、100、120、150、300mV 等不同输出电压。插槽式分流器额定电流有 5、10、15、20、25A 几种规格；非插槽式分流器的额定电流从 30A 到 15kA 标准间隔均有。

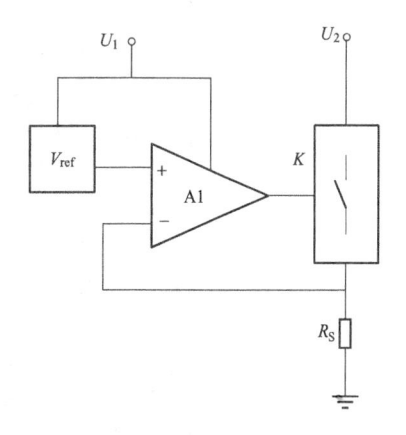

图 5-19 稳压电路的原理框图

2. 测试系统的分类

在低压电路中（比如在电源管理系统中），电流的测量是在不中断电流通路的情况下进行的。因此，电流检测电路，通常是在电流通路中串接一个分流器，并采用一个放大器来测量该电阻器的端电压。

如图 5-20（a）所示为常规的非隔离式测试系统组成框图，如图 5-20（b）所示为隔离式的测试系统组成框图，除此之外，其他环节均相同，即它们均包括以下几个重要环节：

（1）检测电路。完成信号的滤波、放大处理。

(2) A/D 变。由模拟量变成数字量。

(3) DSP 或者单片机。完成故障诊断、控制与保护等决策功能，发出控制指令（如发送电力电子开关的开通或关断驱动指令等）。

(4) D/A 变换。由数字量变成模拟量。

(5) 显示。完成数据输出、显示、上传等。

(6) 驱动脉冲。专门为可控式电力电子开关器件产生所需的驱动脉冲。

基于分流器的测试系统，主要包括两大类型：

(1) 按照接地回路来布设分流器，常常被称为低压侧电流测试系统，又称为低端电流测试系统。

(2) 如果把电流检测用电阻器置于电源和负载之间，常常被称为高压侧电流测试系统，又称为高端电流测试系统。

分析图 5-20 表明，在基于分流器的测试系统的组成框图中，它并没有画出分流器放置在电源侧还是接地端，不过却专门画出了驱动脉冲所在支路，其原因在于，在绝大多数的电力电子装置（极少数装置，比如不可控整流装置）中，都涉及控制电力电子开关的开通或关断，它们都需要专用的驱动脉冲电路。在现场使用经历表明，感应负载为最多，因此，本图以它为例，根据一般性，绘制测试框图。当然，图 5-20 中的分流器被放置在开关器件的下端（即大多数器件的 E 端），也可以放置在的开关器件的上端（即大多数器件的 C 端）。

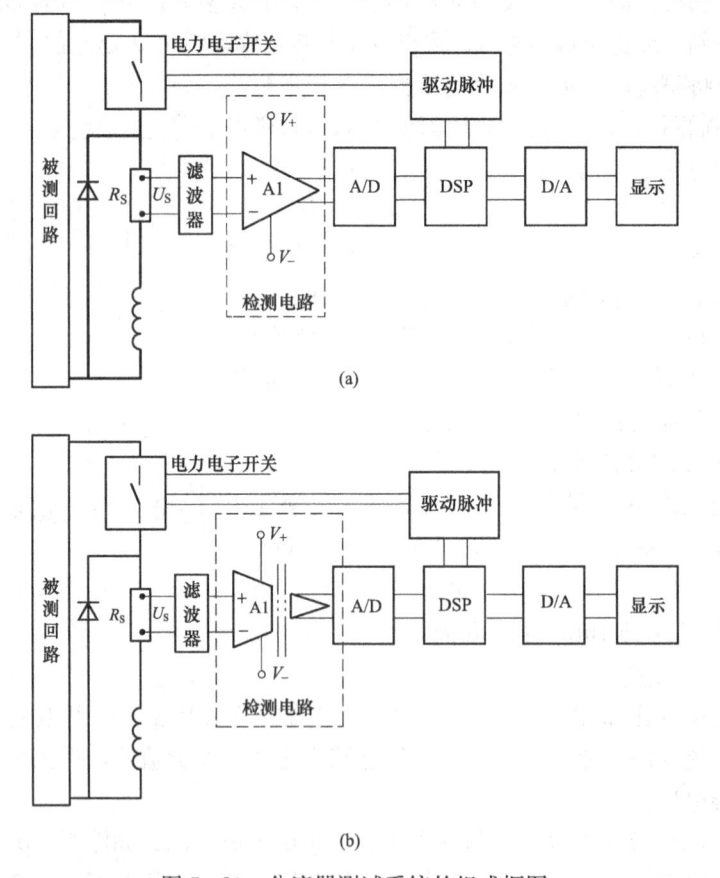

图 5-20 分流器测试系统的组成框图

(a) 常规的非隔离式测试系统组成框图；(b) 隔离式的测试系统组成框图

图 5-20 中二极管为续流回路，电感表示感性负载。

3. 低端测试系统

如图 5-21 所示为基于分流器的低端测量系统的原理框图，此图省略滤波器电路，仍然以感性负载为例将分流器放置在接地端。

(a)

(b)

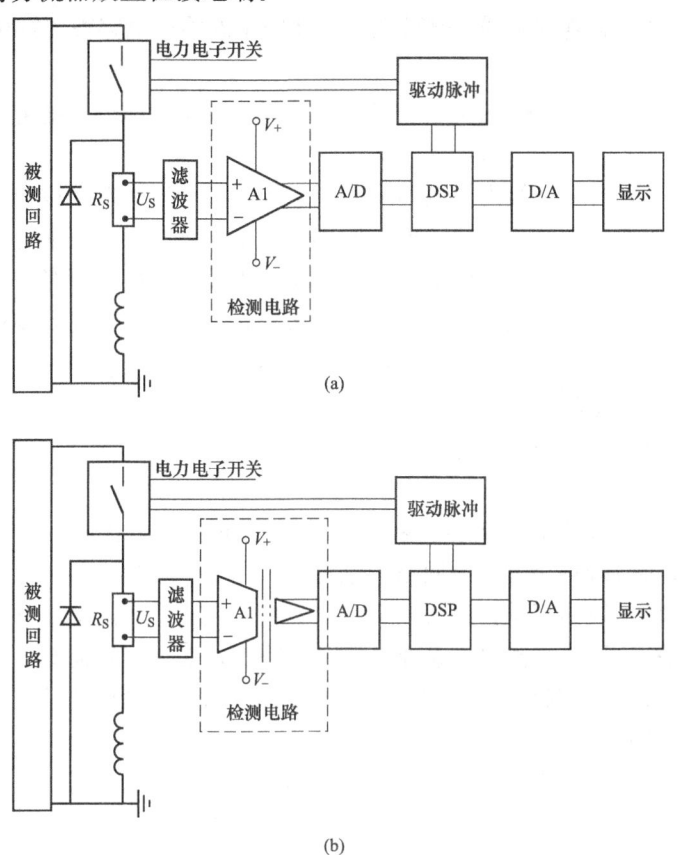

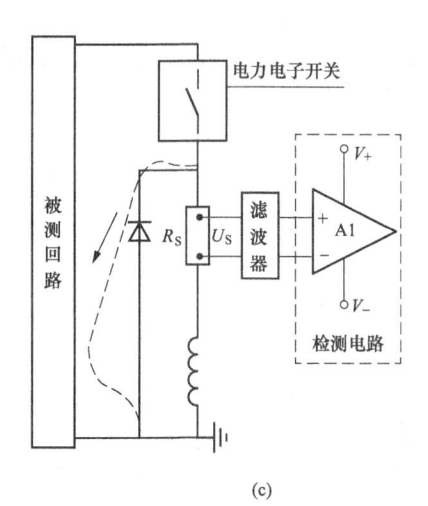

(c)

图 5-21　基于分流器的低端测试系统的原理框图
(a) 常规的非隔离式测试系统；(b) 采用隔离放大器的测试系统；(c) 故障时

(1) 图 5-21 (a) 表示是没有采取隔离措施的常规测试系统,因其线路简单、可靠,而被大量应用于低压、小电流回路中。

(2) 在有些较高电压场合或者强电磁干扰环境中,明确要求被测回路与测量系统要严格电气隔离,那么,就需要采取隔离措施,最简单、最有效的办法就是设置隔离放大器,如图 5-21 (b) 所示为采用隔离放大器的测试系统,在图中的检测电路虚线框中,有意画出了隔离运放的示意图。

(3) 图 5-21 (c) 表示被测回路的低压侧直接与地线之间发生短接故障时的示意图。

分析图 5-21 (c) 得知,假设被测回路的低压侧直接与地线发生短接故障时〔如图 5-21 (c) 中的虚线所示,即电力电子开关的低压端虚线为地线发生短接故障〕,由于分流器被旁路掉了,那么被测电流不会流进分流器,也就是说,当发生短接故障时,分流器根本无法检测出故障电流。由此可见,虽然低端电流测量方法具有电路简单、易于实现、对运放的抗共模干扰要求不高等优点,但是,它也存在两个典型不足:

(1) 易受地电位的影响。
(2) 不能真实反映接地短路故障电流。

4. 高端测试系统

如图 5-22 所示为基于分流器的高端测试系统的原理框图,仍然以感性负载为例。它将分流器放置在远离接地端且靠近被测回路的电源侧。图 5-22 (a) 表示是没有采取隔离措施的常规测试系统,因其线路简单,经常被采用。不过,在有些较高电压场合或者强电磁干扰环境中,明确要求被测回路与测量系统要严格电气隔离,那么,就需要采取隔离措施,最简单有效的办法就是设置隔离放大器。如图 5-22 (b) 所示,在图中的检测电路虚线框中,有意画出了隔离运放的示意图。

当然,这里的高压和低压,均是相对于普通测量电路来讲的。对于较为简单的分流器测试系统而言,如果仅仅用于显示的话,那么图 5-21 和图 5-22 所示的测试系统框图中的很多环节都可以省去不用。相反,对于较复杂的分流器测试系统而言,有些环节并没有被示意出来。因此,需要根据实际的需求情况,酌情处理。

对比来看,高端电流测量方法,虽然电路复杂、要求运放的抗共模干扰能力要强,但是该测试系统能够真实地反映接地故障电流。

5. 测试系统误差源分析

对比分析图 5-21 和图 5-22 所示的分流器低端和高端测试原理框图得知:经由分流器之后输出的信号为电压信号,该电压信号属于幅值比较小的弱信号,需要三管齐下:

第一,选用合适的运放。如精密运放 OPA350 和 OPA340、零漂移运放 OPA335 和 OPA333 等;表 5-7 列出了用于分流器测试系统中的几个典型运放的关键性参数。其中 OPA350 是典型的轨到轨 CMOS 运算放大器,它具有轨到轨输入/输出、低噪声（$5nV\sqrt{Hz}$）、高速运行（38MHz,$22V/\mu s$）的特点,是驱动模拟到数字转换器的理想选择。OPA333 是低功耗以及微小型封装的零漂移运放,它具有超低失调、超低静态电流、低至 1.8V 的工作电压。

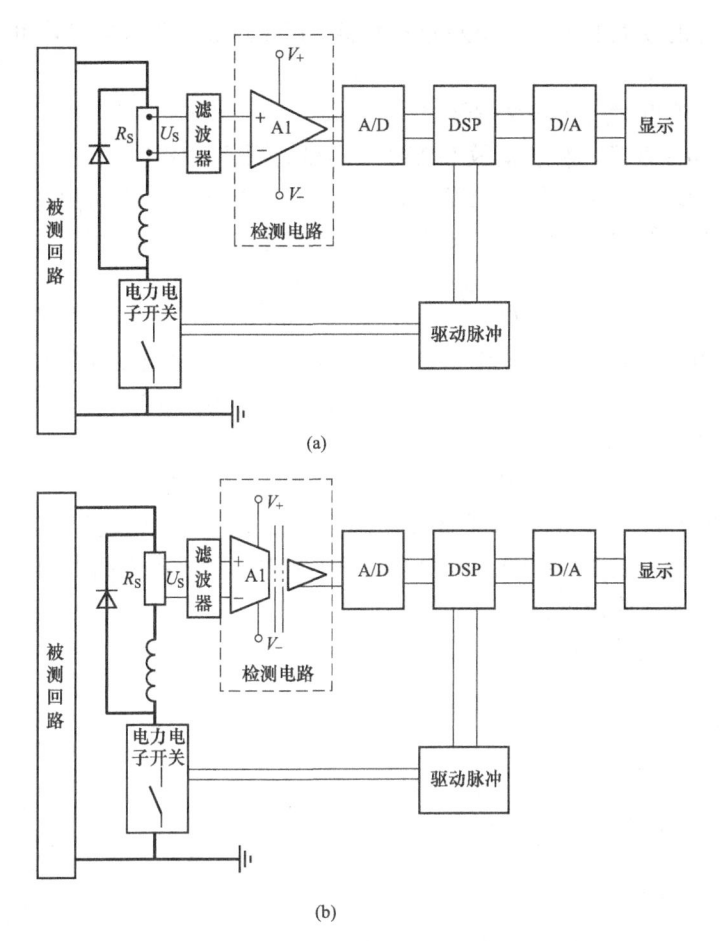

图 5-22 基于分流器的高端测试系统的原理框图
(a) 常规的非隔离式测试系统；(b) 采用隔离放大器的测试系统

表 5-7　　　　　　分流器测试系统常用的典型运放关键性参数

参数型号	OPA350	OPA340	OPA335	OPA333	单位
增益带宽积 GBW	38	5.5	2	0.35	MHz
摆率 SR	22	6	1.6	0.16	V/μs
偏置电压 U_{OS}	±500	±500	±5	±10	μV
温漂系数 $\Delta U_{OS}/\Delta T$	±4	±2.5	±0.05	±0.05	μV/℃
共模电压 $U_{CM-低压侧}$	−2.1	−0.3	−0.1	−0.1	V
共模电压 $U_{CM-高压侧}$	5.1	5.3	3.5	5.1	V

分析表 5-7 所示关键性参数得知：

（1）适当选择低增益带宽积、低速运放，对于获取较低的温漂特性特别有帮助，也特别重要。

（2）精密运放 OPA350 的增益带宽积最高、摆率最大，与此同时，它的温漂特性也最大（为±4μV/℃）。

（3）零漂移运放 OPA335 和 OPA333 的温漂特性最好（仅为±0.05μV/℃）。

第二，必要的滤波措施。大多采用 RC 有源低通滤波器。

第三，弱信号的放大处理。采用差分放大器、仪用运放的放大器等均可实现弱信号的放大处理功能。

(1) 首先讨论温度对运放的影响情况。

假设温差为 $\Delta t = 75\text{℃}$，精密运放 OPA350 的最大漂移电压为

$$U_{\text{OS\_MAX}} = U_{\text{OS}} + \Delta T \times T_{\text{CR}} = 500 + 75 \times 4 = 800(\mu\text{V}) \quad (5-47)$$

如果所选分流器的额定压降为 60mV，那么由温度导致运放产生的误差为

$$\alpha = \frac{U_{\text{OS\_MAX}}}{U_{\text{OUT}}} \times 100\% = \frac{800}{60} \approx 1.33\% \quad (5-48)$$

如果所选择的分流器电阻本身有 20 个 $10^{-6}/\text{℃}$ 的温漂，由温度变化而产生的误差为

$$\alpha_{\text{PEAK}} = \Delta T \times T_{\text{CR}} \times 0.0001 = 75 \times 20 \times 0.0001 = 0.15\% \quad (5-49)$$

对比式 (5-48) 和式 (5-49) 发现：

1) 既要关注分流器的温漂特性，也要关注运放的温漂特性。

2) 选择高精密分流器之后，如果选择的运放不合适的话，比较起来，温度对运放的影响远远超过了温度对分流器的影响，也就是说，运放对测量准确度的影响超过了分流器对测量准确度的影响，而成为最主要的误差源。

几个典型运放的误差电压计算结果如表 5-8 所示。

表 5-8　　　　　　　　几个典型运放的误差电压计算结果

参数型号	OPA350	OPA340	OPA335	OPA333	单位
温差 ΔT	75	75	75	75	℃
温漂电压 $\Delta U_{\text{OS}}(\Delta U_{\text{OS}}/\Delta T) \times \Delta T$	300	187.5	3.8	3.8	μV
偏置电压 U_{OS}	±500	±500	±5	±10	μV
总漂移电压 ($U_{\text{OS}} + \Delta U_{\text{OS}}$)	800	687.5	8.8	13.8	μV
满量程电压 FSR	60.0	60.0	60.0	60.0	mV
误差 α	1.33%	1.15%	0.01%	0.02%	

分析表 5-8 所示的误差电压得知：

1) 如果所选用的分流器的额定输出为 60mV，当选用精密运放 OPA350 拾取分流器的端电压时，如果温差为 75℃时，由于温度导致运放产生的温漂电压加上运放本身的偏置电压，累计产生幅值为 $800\mu\text{V}$ 的误差电压，相比于分流器的额定输出 60mV 的有用电压而言，其误差达到了 1.33%。因此，运放 OPA350、OPA340 所产生的误差远远大于分流器的误差，从而大幅度降低了测试系统的测量准确度。

2) 如果采用零漂移式运放 OPA333 和 OPA335，它们的误差将大幅度减小到 0.01% 和 0.03%，相比而言，利用其构建的测试系统，误差主要来源是分流器电阻本身而不是运放。

(2) 在设计分流器测量电路时，必须选择本身误差幅度远小于分流器电阻误差幅度的运放，例如选择零漂移式运放如 OPA333 和 OPA335。分流器电阻本身的温度误差远远大于放大器的输出误差，从而可以有效保证测试系统的整体精度。当然，如果选择温度性能更好的分流器电阻，则更有利于保证测试系统整体准确度。

(3) 除了运放、分流器电阻两大误差源之外，还有其他不同的误差源，如 PCB 布线的寄生参数、连接器的接触电阻、所需放大器电路拓扑及其外围元器件参数特性等，它们均会产生误差电压，一样会影响到测试系统的整体测量准确度。

(4) 实践表明，测量电路采用差分输入方式（即差分放大器），可以提高测试系统的整体准确度，排除寄生参数对测量电路的不良影响。根据前面的学习所知，差分放大器准确度的提高，必须要靠电路的对称性来保证，而决定对称电路对称性的最重要的因素就是差分放大器电路中所用电阻参数的匹配性。如果单纯由分立器件搭建差分放大器而不采取特殊措施，是很难保证电阻参数的匹配性的，其最简单的解决办法就是要选择集成式差分放大器，因为它把所有电阻集成到一个芯片中，如 INA132、INA148、INA152、INA145 和 INA146 等。差分运放 INA132、INA148 和 INA152 的特点是：在片内集成了 4 个电阻，既保证了电阻之间的匹配性，又保证了温漂特性的一致。差分运放 INA145 和 INA146 的特点是：不但在片内集成了 4 个电阻，而且在片内还集成了一个反相放大器，其增益由片外电阻确定，方便灵活设计。此外还可以选择仪用运放产品，可以非常方便地直接放大弱信号，如 INA326、INA337、INA114、INA118、INA122、INA128、INA321 和 AD620 等。

现将上述几种差分运放和仪用运放 INA326 的关键性参数小结于表 5-9 中。

表 5-9　　几种典型差分运放和仪用运放 INA326 的关键性参数

参数型号	INA132	INA145	INA146	INA148	INA149	INA152	INA326	单位
增益范围 G	1	1~1000	0.1~100	1	1	1	0.1~10 000	V/V
增益带宽积 GBW	0.3	0.5	0.05	0.1	0.5	0.8	0.001	MHz
摆率 SR	0.1	0.45	0.45	1	5	0.4		V/μs
偏置电压 U_{OS}	±500	±1000	±10	±5000	3500	±1500	±100	μV
温漂系数 $\Delta U_{OS}/\Delta T$	±10	±2	±2	±10	2.5	±15	±0.4	μV/℃
共模电压 $U_{CM\text{-}低端}$	0	−2.5	−25	−4	−275	−20	−0.02	V
共模电压 $U_{CM\text{-}高端}$	8	5.5	19	75	275	18	5.1	V
电源 $U_{S\text{-}低端}$	2.7	4.5	4.5	2.7	5	2.7	2.7	V
电源 $U_{S\text{-}高端}$	36	36	36	36	5	20	5.5	V

五、典型电流检测芯片

1. 背景说明

研究发现，低端电流检测方法会带来不少难题。如负载将不再具有一个可靠的接地线路。如果测量电路阻抗不合适的话，当电流发生变化时，电路的接地位置将随之改变。一个变动的接地位置会使许多电路产生误差。另外，为了准确地测量电流，必须完全隔离并容纳流经分流器的全部电流。为了消除低端电流检测的问题，大多数工程师会想到高端电流检测方法，但是该方法要能够准确、可靠地辨别加在一个高共模电压之上的幅值很小的有用电压。

所以，为解决此问题，一项用于高压侧电流检测的新技术应运而生。

首先对电流检测信号进行衰减；然后采用一个差分放大器来提取并放大差分电压，并将其集成封装，形成一类专用于电流检测所用的运放。该集成电路的显著特点是：

(1) 具有优秀的电阻器匹配性能。

(2) 具有高共模输入电压与极大共模抑制能力的差分放大器。

(3) 器件的一致性非常好。

(4) 优秀的温漂特性。

(5) 体积小，方便布线，外围电路设计简单。

(6) 功耗低，使用方便、灵活。

这类器件有如凌特公司的 LT1991、LTC6101HV、LT6100，美信公司的 MAX471、MAX472、MAX4172 和 MAX4173，TI 公司的 INA282、INA283、INA284、INA285 和 INA286 以及半导体（National Semiconductor）公司的 LMP8270 等。这些产品大多都是高精度、宽共模范围和零漂移，有的还是双向电流检测，用户可根据自己的需要配置外接的传感电阻与增益电阻。单片式电流检测放大器都能够在一个小型封装之内，且能够提供众多的功能。利用单个高端电流检测放大器，可使电流的监视和控制电路得以极大程度的简化。

2. 典型应用

高端电流检测放大器在电动机控制、电磁阀控制以及电源管理（如直流—直流转换器与电池监控）等诸多方面，应用特别广泛，因为对高端电流而非回路电流进行监控，能保持接地的完整性，有利于提高故障的诊断能力。

图 5-23（a）～图 5-23（c）分别给出电磁阀控制、H 桥电动机控制和三相电动机控制中的典型高端电流取样的工程实例，它们对于确定对地短路电流、连续监控续流回路二极管电流，均显示出了巨大的作用。

在图 5-23 所示的工程应用实例中，监控负载电流的分流器上的脉宽调制（PWM）共模电压幅值在 0V（接地点）与电源电压之间摆动。因此，用于监控分流器端电压的差分放大器，必须要具有极高的共模电压抑制能力、高压处理能力、高增益、高精度和低失调等重要特点，其目的是反映负载电流的真实情况。

在使用单一控制开关管的电磁阀控制系统中，如图 5-22（a）所示，电流始终沿同一方向流动，因此单向电流检测器即可满足测量要求。

在 H 桥电动机控制、三相电动机控制中，如图 5-23（b）和图 5-23（c）所示，电动机相位随时发生变化，意味着分流器中的电流沿着两个方向流动，因此，需要双向电流检测器。

3. 范例分析

以 INA282 系列电流检测器为例进行讲解，该芯片具有高精度、宽共模电压范围、双向电流检测、零漂移等特点，该系列器件还包括 INA283、INA284、INA285 和 INA286 器件，是电压输出的电流并联检测器。

INA282 系列电流检测器，能够感测具有共模电压范围为 -14～80V 的分流器的端电压，与电源电压无关。零漂移架构的低偏移，使得电流感测在整个分流器上的最大压降低至 10mV 的满量程。这个电流分流检测器由 2.7～18V 电源供电运行，使用最大 $900\mu A$ 的电源电流。INA282 系列电流检测器在 -40～125℃扩展的额定温度下运行，并采用小外形尺寸的集成电路 SOIC-8 的封装结构。

现将 INA282 系列电流检测器的关键性参数小结如下：

(1) 宽共模范围：-14～80V。

(2) 偏移电压：$\pm 20\mu V$。

(3) 共模抑制比（CMRR）：140dB。

(4) 精度：

1) $\pm 1.4\%$ 增益误差（最大值）。

2) $0.3\mu V/℃$ 偏移漂移。

3) $0.005\%/℃$ 增益漂移（最大值）。

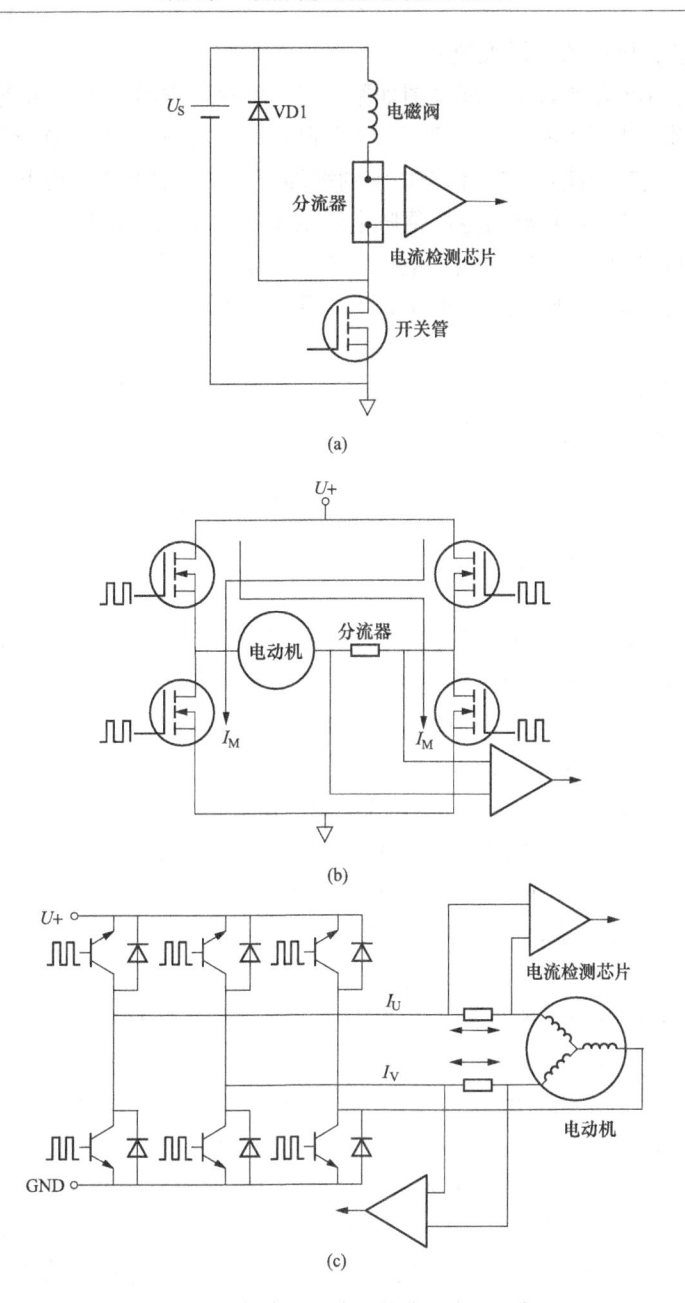

图 5-23 高端电流检测的典型应用示例

(a) 典型电磁阀控制中的高端检测；(b) 典型 H 桥电动机控制中的高端检测；
(c) 典型三相电动机控制中的高端检测

(5) 可用增益：
1) 50V/V：INA282。
2) 100V/V：INA286。
3) 200V/V：INA283。
4) 500V/V：INA284。
5) 1000V/V：INA285。

(6) 静态电流：900μA（最大值）。

INA282 系列的电流检测器原理框图如图 5-24 所示，它的三种输出类型为：

(1) 单向输出。将 REF1 和 REF2 同时接到 U_+ 端如图 5-24（a）所示或地端 GND 如图 5-24（b）所示。它们的输出电压值随电流的增加而呈线性地增加或较小。其中图 5-24（a）表示以 U_+ 端为基准输出，其输出电压值随电流的增加而呈线性地较小。图 5-24（b）表示以地端 GND 为基准输出，其输出电压值随电流的增加而呈线性地增加。

(2) 双向输出。将 REF1 接地端 GND，PEF2 接 U_+，如图 5-24（c）所示，输出以 $1/2U_+$ 为基准，线性增加或较小。

(3) 外部基准输出。将 REF1 和 REF2 一端接地端（GND），另一端接外部基准电压，输出从外部基准电压为基准，线性增加或较小。如图 5-24（d）所示，它表示以外部基准输出。

图 5-24（a）～图 5-24（d）所示的电流检测器 INA282 系列的接线示意图，给出了该系列器件的 4 种基本连接关系。

需要注意的是：

(1) 输入引脚 +IN 和 -IN，尽可能靠近分流器的两个接线端，旨在大大减少任何与分流器串联的电阻值，分流器采用 4 端接法。

(2) 电源需要旁路电容器来实现稳定性，带有噪声或者高阻抗电源的应用，还需要额外的去耦合电容器来抑制电源噪声。

(3) 将旁路电容器连接到接近器件电源引脚的位置。

(4) 尽管 INA282 系列的输出，可采取不同连接方式而用于单向或者双向输出模式，但是，无论 REF1 引脚还是 REF2 引脚，都不可以被连接至任何低于 GND 或者高于 U_+ 的电压源管脚上，并且有效基准电压（REF1+REF2）/2 必须为 9V 或者更低，这个参数意味着图 5-24（b）所示的以 U_+ 基准输出的连接方式不支持大于 9V 的 U_+ 输出方式。

(5) INA282 系列能够准确地测量其自身电源电压 U_+ 范围之外的电压，这是因为它的输入（IN+ 和 IN-）可以在独立于 U_+ 之外的介于 -14～80V 之间的电压范围内的任一电压值上运行。例如，U_+ 电源可以为 5V，而分路监控的共模电压可以高达 80V。当然，INA282 系列的输出电压范围，受到电源电压（由 U_+ 为 INA282 系列器件供电）的限制。

(6) 当 INA282 系列的电源被关闭时（也就是说，不由 U_+ 脚提供电压时），输入引脚（+IN 和 -IN）相对接地为高阻抗，并且在 -14～80V 共模范围上的典型漏电流少于 ±1μA。选择分流器电阻值 R_S 时，需要注意的是 INA282 系列的零漂移结构，可正常使用低至 10mV 的满量程分流电压而不会出现任何问题。

(7) 本芯片最大特色是，当测试系统采用 +5V 供电时，它能够承受共模电压高达 80V。如需了解更多信息，请参见该器件的参数手册，恕不赘述。

六、分流器的选型方法

在选择分流器时，需要重点关注以下几个问题：

(1) 电源的损耗问题。如果所选择的分流器的阻值过大，会加重电源的损耗，因此，需要根据电源的容量，兼顾检测精度，尽量选择低阻值的分流器。

(2) 分流器的损耗问题。根据前面的分析得知，如果流过分流器的电流过大，会引起分流器的功耗过大，导致其发热严重，必然增加测量误差。不过，在测量小电流时，分流器如

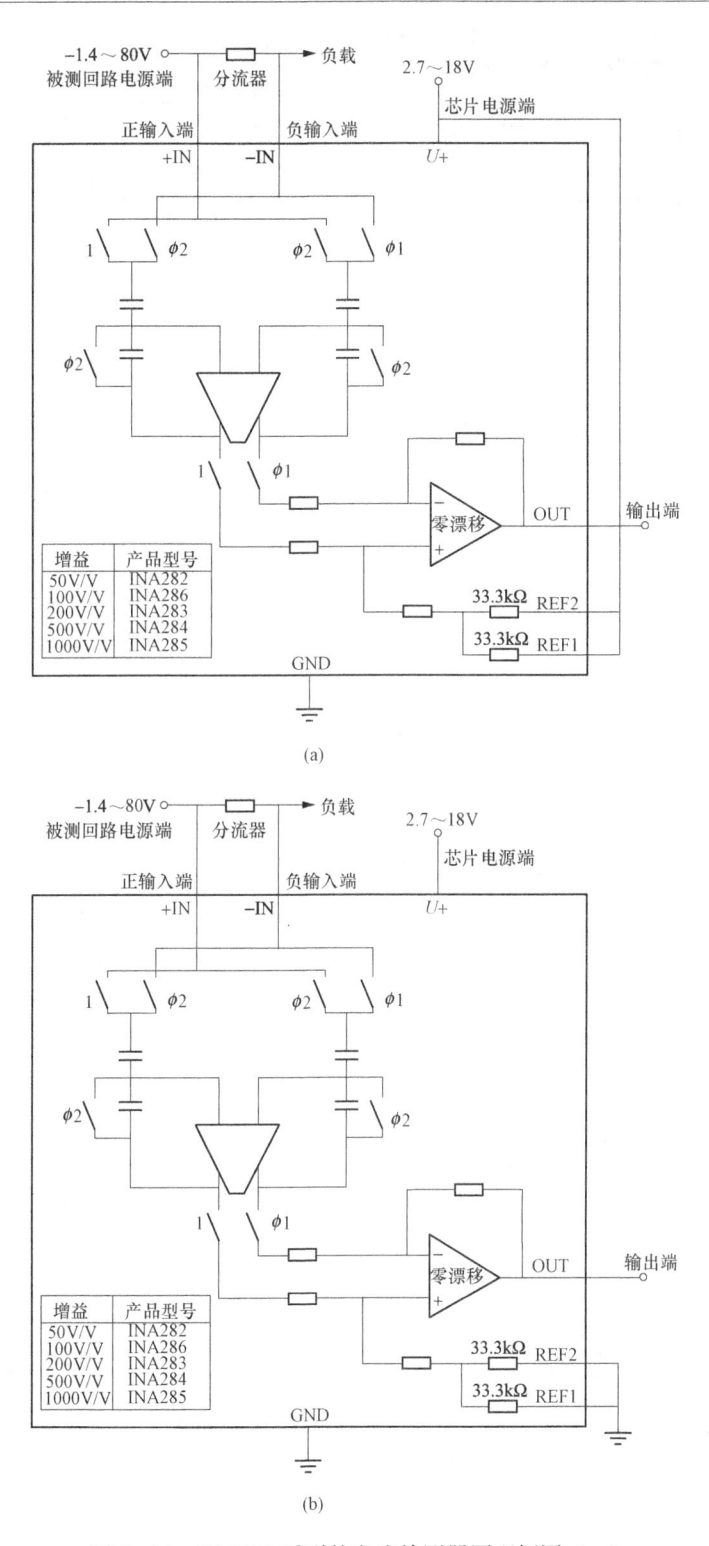

图 5-24 INA282 系列的电流检测器原理框图（一）
(a) REF1 和 REF2 同时接到 U_+ 端；(b) REF1 和 REF2 同时接到地端；

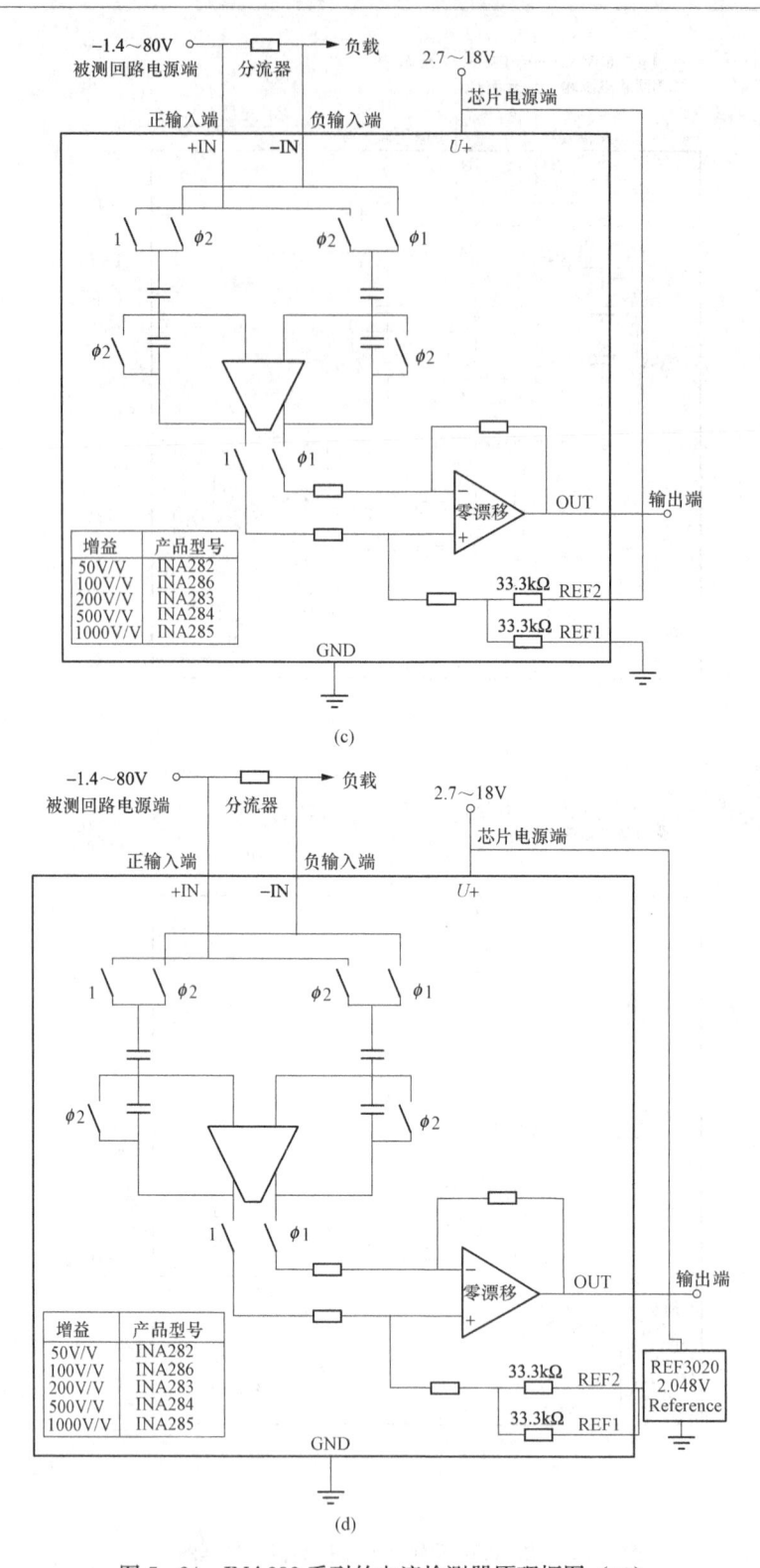

图 5-24　INA282 系列的电流检测器原理框图（二）
(c) REF1 接到地端 GND、REF2 接到 U_+ 端；(d) REF1 和 REF2 同时接到参考电源

果具有较大的电阻值,则可以获得更高幅值的端电压,这将有利于提高信噪比和测量精度。

(3) 分流器的精度问题。在条件许可的情况下,尽量选择较高精度的分流器,减少由于分流器精度不够而降低测量系统的整体检测精度。

(4) 分流器的电感问题。如果被测电流中含有大量的高频成分,例如 H 桥电动机控制中用于测量流过电动机的电流时,则由于经过 PWM 控制输出的电动机电流含有大量的高频成分,因此,要求分流器的电感越小越好。一般而言,线绕电阻的电感最大,金属膜电阻的比较小,应尽量选择精密金属膜电阻。

(5) 分流器的成本问题。如果所选择的合适的分流器的价格过高,在条件许可的情况下,则可以采取一种替代方案,即采用印制板敷铜的办法,将其作为检测用分流器的电阻。当然,由于印制板的铜导线的电阻并不十分精确,电路里需要增加一个与之匹配的电位器,调节满量程的电流值。另外,铜导线的温漂较大(大约为 0.4%/℃),在宽温度范围下工作时,测试系统需要重视铜导线因温漂而导致的不良影响的问题。

(6) 分流器的结构尺寸问题。对于非 PCB 安装的分流器而言,它主要由锰铜片和铜接头焊接而成,它采用 4 端接法,即在分流器两端的接头上有两组接线端钮,外边一组为电位端钮(与电源线连接),内边一组为测量端钮(与测量仪表连接),必须关注分流器和精密合金电阻器的电参数和结构尺寸。对于 PCB 安装的分流器而言,需要考虑进出线的方便性,不要影响其他弱信号的走线,不要干扰特别敏感的关键性弱信号,建议在 PCB 布局阶段,尤其要重视这个问题。

(7) 分流器的使用环境问题。如果需要关注分流器的温度工作范围和相对湿度的大小的问题时,对于工作在露天环境或者海洋环境的分流器,还必须注意盐雾、酸碱度对其影响,必须加强防护处理。

(8) 分流器的机械性能问题。分流器所能承受的最大加速度、冲击振动频率,是否与使用场合相匹配,是否满足测试要求。

(9) 分流器的超载能力问题。分流器能否承载额定电流的 120% 过载、能经受多长时间,是否满足使用要求等。

七、分流器测试系统范例分析

1. 低端电流检测电路 1 设计与分析计算

前面我们讨论了分流器的高端测试系统和低端测试系统的差别,给出了典型运放的选择方法以及其关键性参数。在基于分流器的电流测试系统中,可以将仪用运放应用于低端测试系统中,利用差分放大器的内在分压的形式,可以做高压端的电流测试。

现如图 5-25 所示的分流器低端测试系统的原理框图为例,来分析其基本构建方法。

首先,分析图 5-25 (a) 所示电路,它包括以下几个关键性环节:

(1) 分流器。被测电流不超过 3A,假设选择 1Ω 精密电阻,将它串联在被测回路且靠近接地端。

(2) 跟随器电路。运放 A1 和 A2 为跟随器,可以选择零漂移运放如 OPA2333(双运放),它可以承受的共模电压范围为 -0.1~5.1V,增益带宽积为 350kHz,最大漂移电压不超过 10μV,温漂系数不超过 0.05μV/℃,其他参数请翻阅其参数手册。本例中运放 A1 和 A2 所需电源可以由后面的隔离运放的输入电源 $+U_{\text{ISS}}$ 提供,如果带载能力不够时,就需要采用专用的 +5V 电源提供。跟随器运放 A1 和 A2 的输出电压的表达式为

$$\begin{cases} U_3 = U_{M+} \\ U_2 = U_{M-} \end{cases} \tag{5-50}$$

（3）差分放大器。运放 A3 为差分运放，如 INA132 和 INA152 等，它的关键性参数如表 5-9 所示，它的输出电压的表达式为

$$U_{OUT1} = U_3 - U_2 \tag{5-51}$$

（4）滤波器电路。

1）在差分放大器的输入端，设置了由电阻 R_1 和电容 C_1 构成的差模滤波器、由电阻 R_1 和电容 C_7 构成的共模滤波器。本例的差模滤波器的截止频率 f_{CD1}、共模滤波器的截止频率 f_{CC1} 的表达式分别为

$$\begin{cases} f_{CD1} = \dfrac{1}{4\pi R_1 C_1} \\ f_{CC1} = \dfrac{1}{2\pi R_1 C_7} \end{cases} \tag{5-52}$$

对于 RC 差模滤波部分而言，它可显著减小功率部分的开关噪声，提高电流检测精度。但是该滤波器并不能采用高阶滤波器，一是成本考虑；二是高阶滤波器虽然衰减效果更好，但是滤波器群延时也相应显著增加。一般来说，滤波电路不宜高于 2 阶。

2）在差分放大器的输出端，设置了电阻 R_2 和电容 C_2 构成的低通滤波器，它的截止频率 f_{C2} 的表达式为

$$f_{C2} = \dfrac{1}{2\pi R_2 C_2} \tag{5-53}$$

如果用于 PWM 控制器系统所需电流检测，那么对于 RC 低通滤波而言，该滤波器可显著减小功率部分的开关噪声，提高相电流检测精度。但是该滤波器并不能采用高阶滤波器，一是成本考虑，二是高阶滤波器虽然衰减效果更好，但是滤波器群延时也相应显著增加，限制了可检测相电流的最小 PWM 占空比。一般来说，滤波电路不宜高于 2 阶，RC 常数取 100~200ns。

（5）隔离放大器电路。

1）本例中差分放大器 A3 所需的电源由后面的隔离运放的输入电源 $+U_{ISS}$ 和 $-U_{ISS}$ 提供。

2）考虑到信号传输的可靠性，设计了隔离放大器。

本例采用精密、宽带宽、三端口隔离放大器 AD210，它通过模块内部的变压器耦合，提供信号隔离和电源隔离，采用 +15V 单电源供电。与光学耦合隔离器件不同，它无需外部 DC/DC 转换器，其三端口设计结构，使该器件可以用作输入或输出隔离器，同时还提供高精度和完整的电流隔离，中断接地回路和泄漏路径，并抑制共模电压和噪声，从而防止测量精度降低。此外，AD210 可提供故障保护，防止测量系统的其他部分受到损害。因此，它适合于单通道或多通道数据采集方面，且能够在持续共模应力下保持高性能。其关键性参数为：

a. 高共模电压隔离：2500V（均方根值、连续）；±3500V（峰值、连续）。

b. 三端口隔离：输入、输出和电源。

c. 低非线性度：±0.012%（最大值）。

d. 宽带宽：20kHz 全功率带宽（-3dB）。

e. 低增益漂移：±25×10^{-6}/℃（最大值）。

f. 高共模抑制：120dB（增益=100V/V）。

g. 隔离电源：输入和输出电压±15V（±5mA）。

隔离放大器输出电压的表达式为

$$U_{\text{OUT2}} = U_{\text{OUT1}} \frac{R_G + R_F}{R_G} \tag{5-54}$$

需要提醒的是：

（1）在图 5-25（a）所示的分流器低端测量系统的原理框图中，在隔离放大器输出端示意了输出滤波器，并不表示它根据实际测试环境情况，酌情选择，如可以选择二阶压控型低通滤波器，为了凸显主要问题，恕此处省略不画滤波器电路。

（2）本电路的滤波器的输出端可以非常方便地与后续其他电路或者器件接口，如可以直接与隔离运放、显示仪表或者 A/D 变换器等电路连接。

（3）本例中的输出滤波器电路以及其他后续电路所需的电源可以由后面的隔离运放的输出电源 $+U_{\text{OSS}}$ 和 $-U_{\text{OSS}}$ 提供，如果带载能力不够时，就需要采用专门的±15V 电源。

如果不考虑输出滤波器电路的话，图 5-25（a）所示测试系统的输出电压的表达式为

$$\begin{aligned}
U_{\text{OUT}} &= (U_3 - U_2) \frac{R_G + R_F}{R_G} \\
&= (U_{M+} - U_{M-}) \frac{R_G + R_F}{R_G} \\
&= I_M \times R_M \frac{R_G + R_F}{R_G}
\end{aligned} \tag{5-55}$$

式中，I_M 表示被测电流；R_M 表示分流器电阻值；R_G 和 R_F 是隔离放大器中用于控制其增益的电阻。

图 5-25（a）所示电路的特点：

1）由于采用了零温漂运放，整个测试系统的准确度较高。
2）尽管采用低端测量电流的方法，但是本系统的共模电压承受能力较高，超过 5V。
3）所需外围器件少，最大限度减少了影响整体测试准确度的环节。
4）由于采用了变压器式隔离运放，提供了高精度和完整的电流隔离、中断接地回路和泄漏路径，并抑制共模电压和噪声。
5）本电路易于实现，且简单、可靠、准确。

2. 低端电流检测电路 2 设计与分析计算

如图 5-25（b）所示电路，它所选用的差分运放与图 5-25（a）所示电路的差分运放不同，后者的差分运放的片内集成了 4 个电阻，既保证了电阻之间的匹配性，又保证了温漂特性一致，这类运放如 INA132 和 INA152 等。前者的差分运放的片内不但集成了 4 个电阻，而且在片内还集成了一个反相放大器，其增益由片外电阻确定，方便灵活设计，这类运放如 INA145 和 INA146。

（1）本例中的差分运放可以选择运放 INA145（也可以选择运放 INA146），它们的输出电压的表达式分别为

$$\begin{cases} U_{\text{OUT\_INA145}} = \dfrac{(U_3 - U_2)(R_{G2} + R_{G1})}{R_{G1}} = \dfrac{(U_{M+} - U_{M-})(R_{G2} + R_{G1})}{R_{G1}} \\ U_{\text{OUT\_INA146}} = \dfrac{(U_3 - U_2)(R_{G2} + R_{G1})}{10 R_{G1}} = \dfrac{(U_{M+} - U_{M-})(R_{G2} + R_{G1})}{10 R_{G1}} \end{cases} \tag{5-56}$$

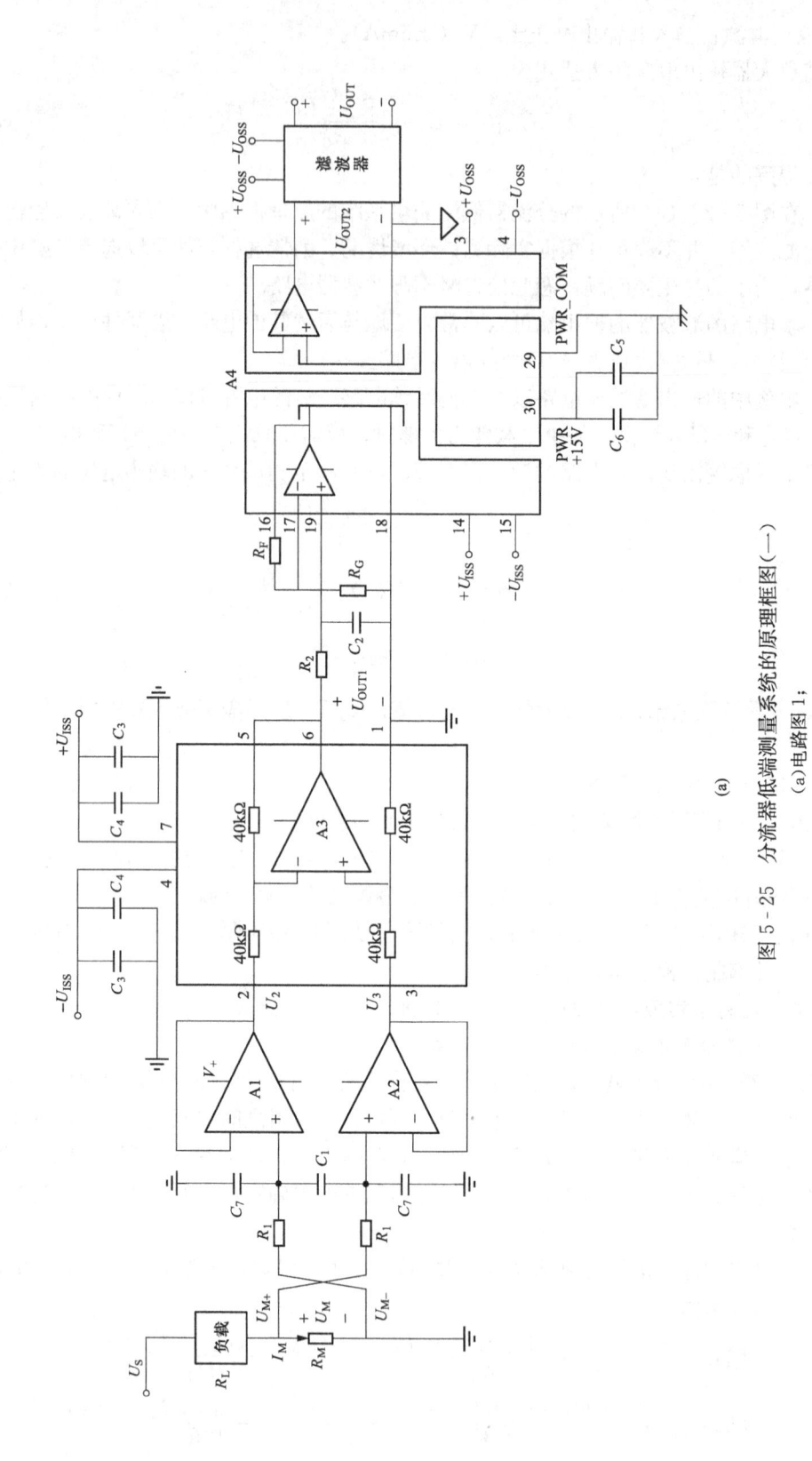

图 5-25 分流器低端测量系统的原理框图（一）

(a) 电路图 1；

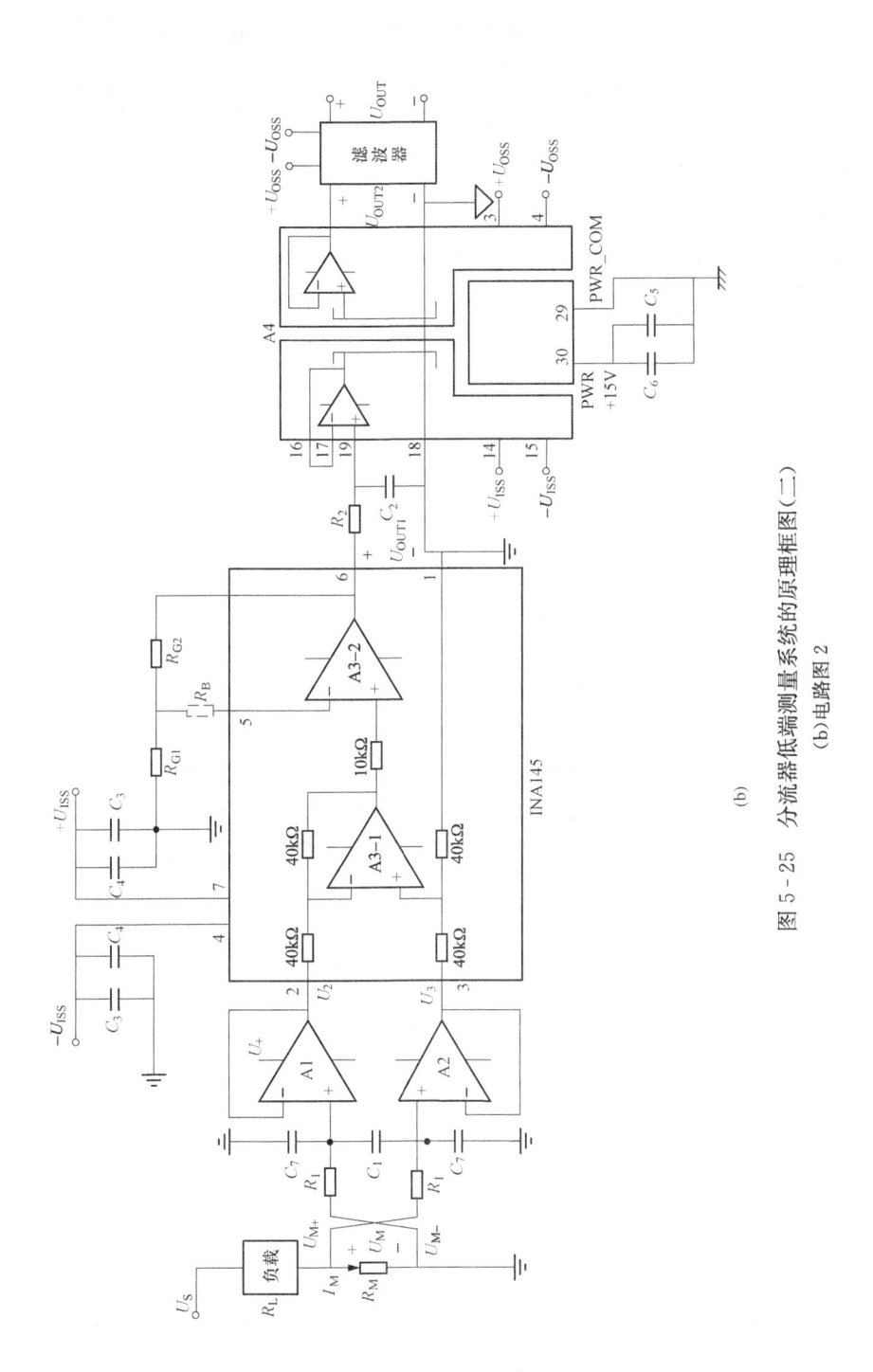

图 5-25 分流器低端测量系统的原理框图(二)
(b) 电路图 2

(2) 如果不考虑输出滤波器电路的话，图 5-25（b）所示测试系统的输出电压的表达式为

$$\begin{cases} U_{\text{OUT\_INA145}} = \dfrac{(U_{\text{M+}} - U_{\text{M-}})(R_{G2} + R_{G1})}{R_{G1}} = I_M \times R_M \dfrac{(R_{G2} + R_{G1})}{R_{G1}} \\ U_{\text{OUT\_INA146}} = \dfrac{(U_{\text{M+}} - U_{\text{M-}})(R_{G2} + R_{G1})}{10 R_{G1}} = I_M \times R_M \dfrac{(R_{G2} + R_{G1})}{10 R_{G1}} \end{cases} \quad (5-57)$$

(3) 现将不同增益所对应的外接电阻 R_{G1}、R_{G2} 和 R_B 的取值方法分别小结于表 5-10 和表 5-11 中。

表 5-10　　仪用运放 INA145 不同增益所对应的外接电阻的取值方法

总增益（V/V）	片内运放 A2 的增益（V/V）	采用 1% 精度的电阻		
		R_{G1}（Ω）	R_{G1}（Ω）	R_B（Ω）
1	1	—	10k	—
2	2	20k	20k	—
5	5	12.4k	49.9k	—
10	10	11.0k	100k	—
20	20	10.5k	200k	—
50	50	10.2k	499k	—
100	100	10.2k	1M	—
200	200	499	100k	9.53k
500	500	100	49.9k	10k
1000	1000	100	100k	10k

表 5-11　　仪用运放 INA146 不同增益所对应的外接电阻的取值方法

总增益（V/V）	片内运放 A2 的增益（V/V）	采用 1% 精度的电阻		
		R_{G1}（Ω）	R_{G1}（Ω）	R_B（Ω）
0.1	1	—	10k	—
0.2	2	20k	20k	—
0.5	5	12.4k	49.9k	—
1	10	11.0k	100k	—
2	20	10.5k	200k	—
5	50	10.2k	499k	—
10	100	10.2k	1M	—
20	200	499	100k	9.53k
50	500	100	49.9k	10k
100	1000	100	100k	10k

(4) 图 5-25（b）所示电路的特点。

1) 由于采用了零温漂运放，整个测试系统的准确度较高。

2) 尽管采用低端测量电流的方法，但是本系统的共模电压承受能力较高，超过 5V。

3) 所需外围器件少，最大限度减少了影响整体测试准确度的环节。

4) 由于片内集成了同相放大器，兼具差分放大器和同相放大器的优点，简化了电路，但是，又可以灵活设计放大器增益。

5) 由于采用了变压器式隔离运放，它提供高精度和完整的电流隔离，中断接地回路和泄漏路径，并抑制共模电压和噪声。

6) 本电路易于实现，且简单、可靠。

（5）现将图 5-25 所示电路各个器件参数汇集于表 5-12 中。

表 5-12　　　　　图 5-25 所示电路各个器件参数

符号	参数	符号	参数	符号	参数
C_1	$0.01\mu F$	R_2	$10k\Omega$	C_2	$0.1\mu F$
R_1	$4.7k\Omega$	R_G	$10k\Omega$	R_F	$20k\Omega$
C_3	$0.01\mu F$	C_4	\multicolumn{3}{c}{$10\mu F$（钽电容）}
C_5	$0.01\mu F$	C_6	\multicolumn{3}{c}{$10\mu F$（钽电容）}
C_7	\multicolumn{5}{c}{$10nF$}

3. 高端电流检测电路 1 设计与分析计算

前面讨论了低端测试系统的构建范例，接着以图 5-26 所示的分流器高压侧测试系统的原理框图为例，来分析其基本构建方法，它包括以下几个关键性环节：

（1）分流器。被测电流不超过 10A，假设选择 0.1Ω 精密电阻，将它串联在被测回路且远离接地端。

（2）滤波器电路。在差分放大器的输入端，设置了由电阻 R_1 和电容 C_1 构成的差模滤波器、由电阻 R_1 和电容 C_7 构成的共模滤波器。本例的差模滤波器的截止频率 f_{CD1}、共模低通滤波器的截止频率 f_{CC1} 的表达式分别为

$$\begin{cases} f_{CD1} = \dfrac{1}{4\pi R_1 C_1} \\ f_{CC1} = \dfrac{1}{2\pi R_1 C_7} \end{cases} \tag{5-58}$$

对于 RC 低通滤波部分，该滤波器可显著减小功率部分的开关噪声，提高电流检测精度。一般来说，滤波电路不宜高于 2 阶。

（3）差分放大器。运放 A1 为差分运放，如 INA149，它的关键性参数如表 5-9 所示（不过需要提醒的是，如果要求不是很高的话，可以采用单运放如 LMC7101、LMV931、LMV981 构成差分放大器即可），其输出电压的表达式为

$$U_{OUT1} = U_3 - U_2 \tag{5-59}$$

由于分流器端电压与差分放大器输入端电压相等，即

$$\begin{cases} U_3 = U_{M+} \\ U_2 = U_{M-} \end{cases} \tag{5-60}$$

本例中差分放大器 A1 所需的电源由后面的隔离运放的输入电源 $+U_{ISS}$ 和 $-U_{ISS}$ 提供。

在差分放大器 A1 的输出端，设置了电阻 R_2 和电容 C_2 构成的低通滤波器，它的截止频率 f_{C2} 的表达式为

$$f_{C2} = \frac{1}{2\pi R_2 C_2} \qquad (5-61)$$

如果用于 PWM 控制器系统所需电流检测，那么对于 RC 低通滤波而言，滤波阶数不宜高于 2 阶，RC 常数常常在 100~200ns 范围之间。

（4）隔离放大器。考虑到信号传输的可靠性，设计了一级隔离放大器。本例采用精密、宽带宽、三端口隔离放大器 AD210，它通过模块内部的变压器耦合提供信号隔离和电源隔离，采用+15V 单电源供电。

隔离放大器 A2 的输出电压的表达式为

$$U_{OUT2} = U_{OUT1} \frac{R_G + R_F}{R_G} \qquad (5-62)$$

需要注意的是：

（1）如图 5-26 所示的分流器高压侧测试系统的原理框图中，在隔离放大器输出端示意了输出滤波器，但并不代表它根据实际测试环境情况，酌情选择，如可以选择二阶压控型低通滤波器，为了凸显主要问题，恕此处省略不画。

（2）本电路的输出端可以非常方便地与后续其他电路或者器件接口，比如其可以直接与隔离运放、显示仪表或者 A/D 变换器等电路连接，为了凸显问题的主要方面，本例此处全部省略不画。

如果不考虑输出滤波器电路，图 5-26（a）所示测试系统的输出电压的表达式为

$$\begin{aligned} U_{OUT} &= (U_3 - U_2) \frac{R_G + R_F}{R_G} \\ &= (U_{M+} - U_{M-}) \frac{R_G + R_F}{R_G} \\ &= I_M \times R_M \frac{R_G + R_F}{R_G} \end{aligned} \qquad (5-63)$$

式中，I_M 表示被测电流；R_M 表示分流器电阻值；R_G 和 R_F 是隔离放大器中用于控制其增益的电阻。

图 5-26（a）所示电路的特点：

1）由于采用了抗共模能力非常强的差分运放，整个测试系统可以正常工作在 2500V 以内。

2）所需外围器件少，最大限度减少了影响整体测试准确度的环节。

3）由于采用了变压器式隔离运放，它提供高精度和完整的电流隔离，中断接地回路和泄漏路径，并抑制共模电压和噪声。

4）本电路易于实现，且简单、可靠、准确。

4. 高端电流检测电路 2 设计与分析计算

分析如图 5-26（b）所示电路，它采用仪用运放（如 AD620），代替了图 5-26（a）所示电路的差分运放，本例中的仪用运放的输出电压的表达式为

$$U_{OUT1} = (U_3 - U_2)\left(1 + \frac{49.4 \times 10^3}{R_G}\right) = (U_{M+} - U_{M-})\left(1 + \frac{49.4 \times 10^3}{R_G}\right) \qquad (5-64)$$

需要说明的是：

（1）本例仪用运放，增益为 10（计算值为 9.998），增益电阻 $R_G = 5.49\text{k}\Omega$。

（2）如果不考虑输出滤波器电路，图 5-26（b）所示测试系统的输出电压的表达式为

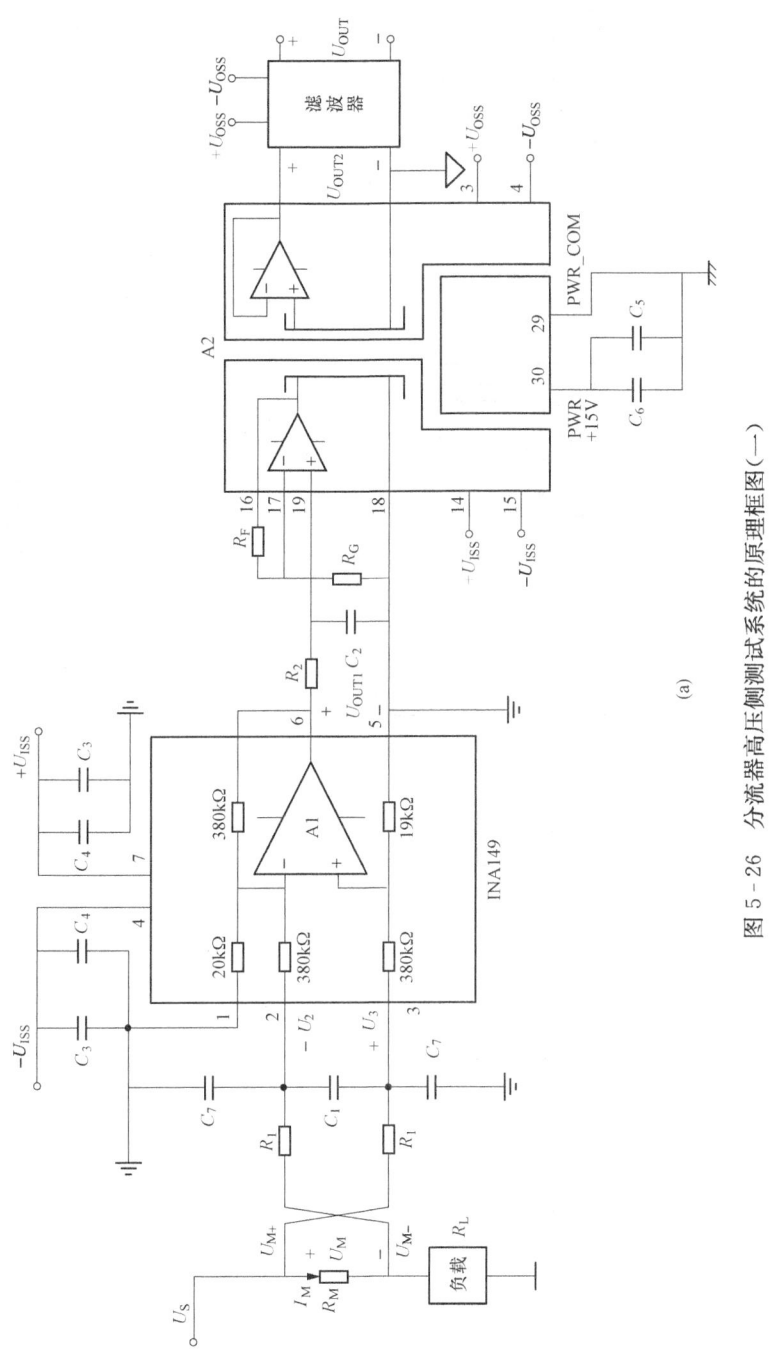

图 5-26 分流器高压侧测试系统的原理框图（一）
(a) 电路图 1；

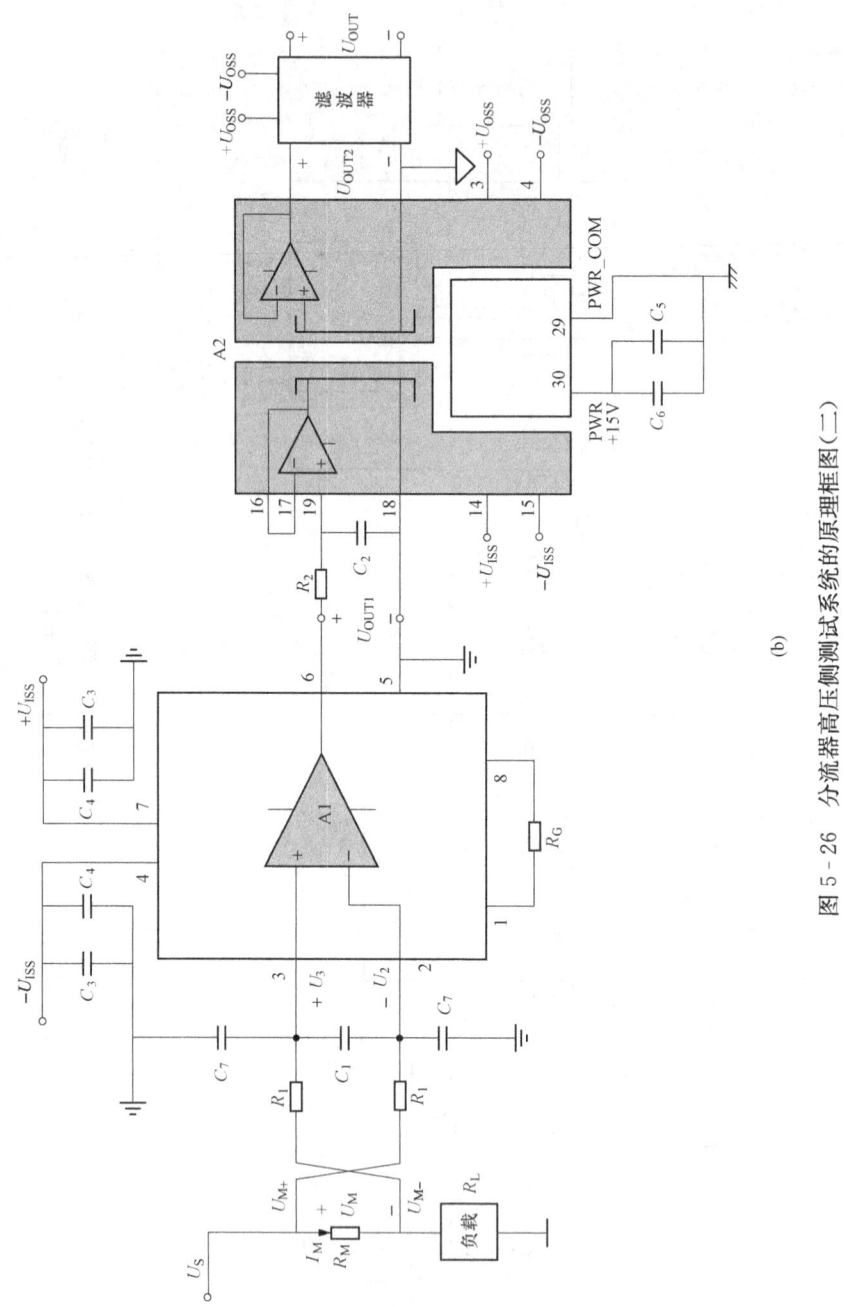

图 5-26 分流器高压侧测试系统的原理框图(二)
(b) 电路图 2

$$U_{\text{OUT}} = (U_{\text{M+}} - U_{\text{M-}})\left(1 + \frac{49.4 \times 10^3}{R_G}\right) = I_M \times R_M \left(1 + \frac{49.4 \times 10^3}{R_G}\right) \quad (5-65)$$

式中，I_M 表示被测电流；R_M 表示分流器电阻值；R_G 为仪用运放的增益电阻。

（3）本电路的特点：

1）由于在前级采用了仪用运放，可以将分流器输出的弱信号首先放大。由于仪用运放本身抗共模能力强，因此，整个测试系统的抗共模能力强、准确度高。

2）所需外围器件少，最大限度减少了影响整体测试准确度的环节。

3）由于采用了变压器式隔离运放，可提供高精度和完整的电流隔离、中断接地回路和泄漏路径，并抑制共模电压和噪声。

4）本电路易于实现，且简单、可靠。

现将图 5-26 所示电路各个器件参数汇集于表 5-13 中。

表 5-13　　　　　　　图 5-26 所示电路各个器件参数

符号	参数	符号	参数	符号	参数
C_1	$0.001\mu F$	R_2	10k	C_2	$0.1\mu F$
R_1	$4.7k\Omega$	R_G	$5.49k\Omega$	R_F	$49.3k\Omega+110$
C_3	$0.01\mu F$	C_4	$10\mu F$（钽电容）		
C_5	$0.01\mu F$	C_6	$10\mu F$（钽电容）		
C_7	10nF				

八、电流检测芯片测试系统设计范例分析

1. 低端检测电路设计与分析计算

对于图 5-25 所示测试系统而言，如果要求不是很高的话，可以采用单运放如 LM358、LMV821、LMC6035 构成同相放大器即可，而省略后面的仪用运放电路。如图 5-27 所示为基于单运放的低压侧电流测试系统原理框图。

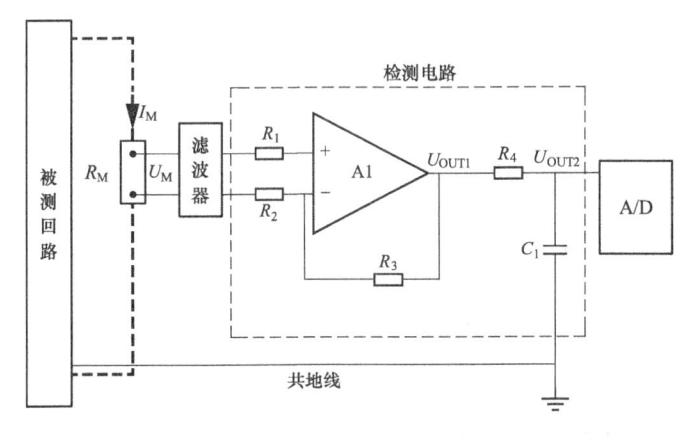

图 5-27　基于单运放的低压侧电流测试系统原理框图

现将其检测原理分析如下：

根据同相放大器的工作原理得知，它的输出电压 U_{OUT1} 的表达式为

$$U_{\text{OUT1}} = U_{\text{M}}\left(1 + \frac{R_3}{R_2}\right) \tag{5-66}$$

式中，U_{M} 表示分流器的端电压。

U_{M} 表达式为

$$U_{\text{M}} = I_{\text{M}} \times R_{\text{M}} \tag{5-67}$$

式中，I_{M} 表示被测电流；R_{M} 表示分流器电阻值。

低通滤波器的输出电压 U_{OUT2} 的表达式为

$$U_{\text{OUT2}} = \frac{U_{\text{OUT1}}}{R_4 + \frac{1}{\omega C_1}} \frac{1}{\omega C_1} = \frac{U_{\text{OUT1}}}{\omega C_1 R_4 + 1} \tag{5-68}$$

联立式（5-66）～式（5-68），得到低通滤波器的输出电压 U_{OUT2} 的表达式为

$$U_{\text{OUT2}} = \frac{I_{\text{M}} \times R_{\text{M}}\left(1 + \frac{R_3}{R_2}\right)}{\omega C_1 R_4 + 1} = \frac{I_{\text{M}} \times R_{\text{M}}(R_2 + R_3)}{(\omega C_1 R_4 + 1) R_2} \tag{5-69}$$

式（5-69）即为利用单个运放构成同相放大器获得的低端电流测试电路的最终表达式。需要提醒的是，为了凸显问题的主要方面，图 5-27 中没有画出滤波器电路。

2. 高端测试系统设计范例 1

对于图 5-26 所示测试系统而言，如果要求不是很高的话，可以采用单运放如 LMP7701/7702/7704、LMV931/932/934、LMP8270 和 LMP8275（抗共模能力极强的差分运放）和运放 LMC7101/LMC6482/LMC6484，构成差分放大器即可，而省略后面的仪用运放电路。如图 5-28 所示为基于差分运放的高压侧电流测试系统原理框图，检测电路与被检测回路没有其他的问题。

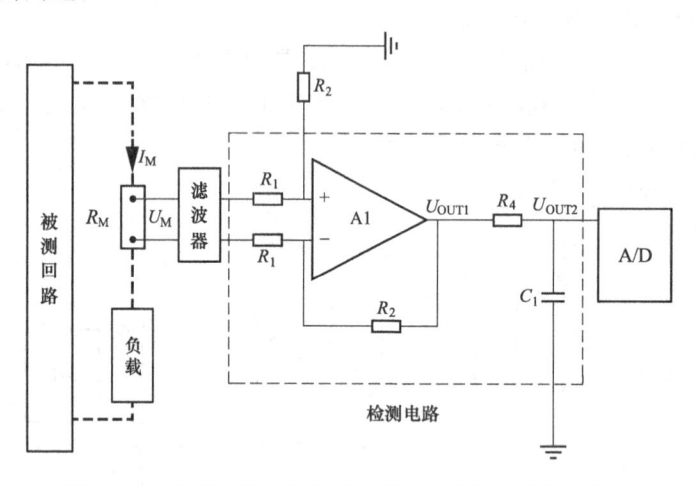

图 5-28 基于差分运放的高压侧电流测试系统原理框图

现将其检测原理分析如下：

根据差分放大器的工作原理得知，其输出电压 U_{OUT1} 的表达式为

$$U_{\text{OUT1}} = U_{\text{M}} \frac{R_2}{R_1} \tag{5-70}$$

式中，U_{M} 表示分流器的端电压。

U_{M} 的表达式为

$$U_M = I_M \times R_M \quad (5-71)$$

式中，I_M 表示被测电流；R_M 表示分流器电阻值。

低通滤波器的输出电压 U_{OUT2} 的表达式为

$$U_{OUT2} = \frac{U_{OUT1}}{R_4 + \dfrac{1}{\omega C_1}} \cdot \frac{1}{\omega C_1} = \frac{U_{OUT1}}{\omega C_1 R_3 + 1} \quad (5-72)$$

联立式（5-70）～式（5-72），得到低通滤波器的输出电压 U_{OUT2} 的表达式为

$$U_{OUT2} = \frac{I_M \times R_M \dfrac{R_2}{R_1}}{\omega C_1 R_3 + 1} = \frac{I_M \times R_M \times R_2}{(\omega C_1 R_3 + 1)R_1} \quad (5-73)$$

式（5-73）即为利用单个运放构成差分放大器获得的高端电流测试电路的最终表达式。需要提醒的是，为了凸显问题的主要方面，图 5-28 中没有画出滤波器电路。

3. 高端测试系统设计范例 2

由于 INA282 系列电流检测器，具有高精度、宽共模范围、双向电流检测、零漂移等重要特点，该系列产品包括 INA282、INA283、INA284、INA285 和 INA286 器件，是电压输出电流并联检测器的典型代表，该系列的增益列于表 5-14。以 INA282 系列电流检测器为例，介绍其设计过程，如图 5-29 所示为基于 INA282 系列的高端电流测试系统的原理框图。

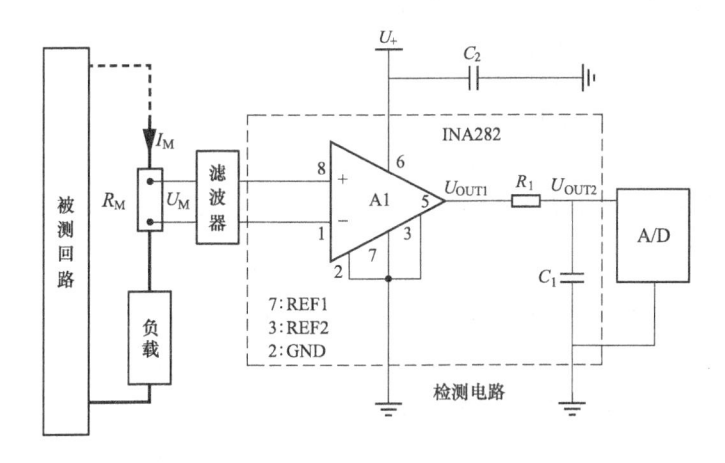

图 5-29 基于 INA282 系列的高端电流测试系统的原理框图

(1) 设计要求。

1) 被测母排的电源电压 $24U_{DC}$。
2) 测试系统的电源电压 $5U_{DC}$。

(2) 电流检测器 INA282 的输出电压的表达式为

$$\begin{cases} U_{OUT1} = G_{INA282} \times U_M + U_{REF} = G_{INA282} \times I_M \times R_M + U_{REF} \\ U_{REF} = \dfrac{U_{REF1} + U_{REF2}}{2} \end{cases} \quad (5-74)$$

式中，U_{REF1} 和 U_{REF2} 分别为电流检测器 INA282 的 7 脚和 3 脚，本例将它们均接地，因此 U_{REF1} 和 U_{REF2} 均为 0。

电流检测器 INA282 的输出电压的表达式为

$$U_{\text{OUT1}} = G_{\text{INA282}} \times U_{\text{M}} = G_{\text{INA282}} \times I_{\text{M}} \times R_{\text{M}} \tag{5-75}$$

表 5-14　　　　　　　　　电流检测器 INA282 系列的增益

器件	增益	电源电压 U_+（V）	单位
INA282	50	5	V/V
INA283	200	5	V/V
INA284	500	12	V/V
INA285	1000	12	V/V
INA286	100	5	V/V

(3) 电流检测器 INA282 系列的输出电压 U_{OUT1} 的摆动范围为

$$(U_{\text{GND}} + 0.04)\text{V} < U_{\text{OUT1}} < (U_+ - 0.4)\text{V} \tag{5-76}$$

由于本例采用 5V 供电，因此，输出电压 U_{OUT1} 的摆动范围为

$$0.04\text{V} < U_{\text{OUT1}} < 5 - 0.4 = 4.6\text{V} \tag{5-77}$$

(4) 确定分流器获得端电压 U_{M} 的范围。本例采用电流检测器 INA282，其增益 G_{INA282} 为

$$G_{\text{INA282}} = 50\text{V/V} \tag{5-78}$$

那么，分流器获得端电压 U_{M} 的范围为

$$\frac{0.04\text{V}}{50\text{V/V}} < U_{\text{M}} = \frac{U_{\text{OUT1}}}{G_{\text{INA282}}} < \frac{4.6\text{V}}{50\text{V/V}} \tag{5-79}$$

化简得到分流器获得端电压 U_{M} 的范围为

$$0.8\text{mV} < U_{\text{M}} < 92\text{mV} \tag{5-80}$$

(5) 确定分流器的低阻值 R_{M}。本例假设被测电流 I_{M} 峰值为 1A，那么分流器的低阻值 R_{M} 为

$$R_{\text{M}} = \frac{U_{\text{M}}}{I_{\text{M}}} = \frac{92}{1} = 92(\text{m}\Omega) \tag{5-81}$$

采用 E192 电阻系列，因此低阻值 R_{M} 为 92mΩ。其功耗为：

$$P_{\text{M}} = I_{\text{M}}^2 R_{\text{M}} = 1 \times 1 \times 92 = 92(\text{mW}) \tag{5-82}$$

因此，可以选择 1/2W 的精密电阻，即可。

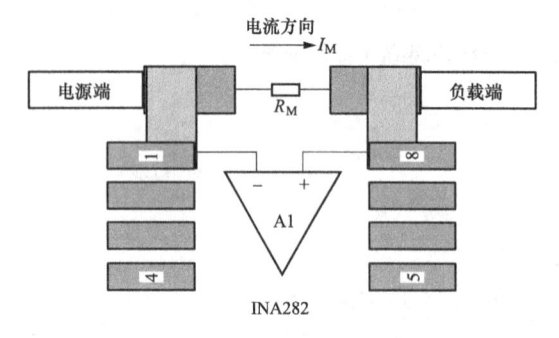

图 5-30　分流器和 INA282 的 PCB 布局示意图

(6) 被测母排电压损失。本例采用 24V 电源，如果不考虑导线损失电压，那么加载负载的电压的表达式为

$$U_{\text{L}} = 24\text{V} - U_{\text{M}} = 24 - 1 \times 92 = 23.908(\text{V}) \tag{5-83}$$

(7) 电路板布局。分流器和 INA282 的 PCB 布局示意图，如图 5-30 所示。它采用对称布置，确保电路走线为对称结构。

虽然本章以霍尔电流传感器和分流器为讨论对象，但是，根据具体应用场合的特殊性，有可能还会用到其他电流传感器，如监测绝缘强度的漏电流测试传感器等，请读者朋友查阅相关文献，在此恕不赘述。

第六章　电压传感器及其典型应用技术

在电力电子装置中，电压传感器产品及交直流电压测量，已经成为获取装置正常运行所必需的控制变量的重要手段。如何选择合适的电压传感器？如何判断电压传感器的性能？如何使用好电压传感器？这对大多数设计者来讲，仍是一件重要的技术问题。

第一节　工　作　原　理

电压传感器有很多种，从测量原理上分为霍尔电压传感器、光电隔离电压传感器、电隔离电压传感器和电压互感器等。统计表明，在电力电子装置中，应用最多的是霍尔电压传感器，因此，本章以它为重点，详细讲解霍尔电压传感器的工作原理、选型方法和后续电路设计技巧等重要内容。限于篇幅，其他电压传感器，请自行查阅相关文献。

一、基本构成

霍尔电压传感器作为霍尔线性传感器的典型代表，它是在霍尔效应原理的基础上，利用集成封装和组装工艺制作而成的，主要由霍尔元件、线性放大器和射极跟随器等电路组成。作为一种模拟信号输出的磁传感器，其输出电压与外加磁场强度呈线性关系。该传感器的电压输出会精确跟踪磁通密度的变化。

霍尔电压传感器实际上是一种特殊的原边多匝的霍尔闭环电流传感器，即它是一种小电流的电流传感器，通过在原边串入采样电阻，将被检测电压转换为小电流，然后进行测量，电流太小时要求传感器内部线圈较多，而且精度不高，所以一般都是 10mA 左右，当然也可以通过多绕原边圈数来解决这个问题，其组成框图如图 6-1 所示。

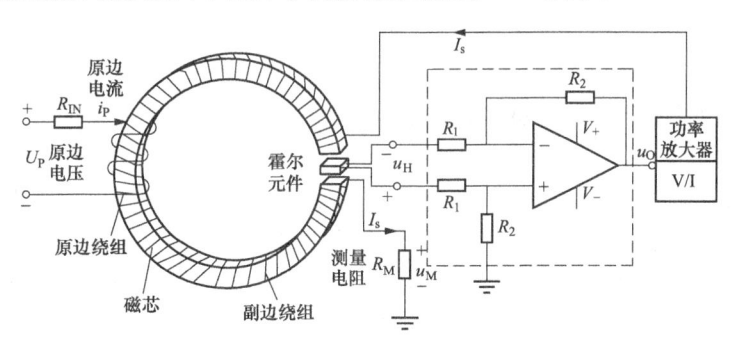

图 6-1　霍尔电压传感器的组成框图

分析图 6-1 得知，霍尔电压传感器仍然是基于霍尔闭环零磁通原理，所以它可以测量直流电压、交流电压和混合波形的电压。此特点区别于电磁隔离原理的电压互感器，电压互感器只能测量交流电压信号，且以 50Hz 交流电压信号为主。

鉴于霍尔电压传感器是基于磁平衡原理，因此，需要在它的原边匹配一个内置或外置电阻 R_{IN}（选择霍尔电压传感器时，必须认真阅读其参数手册，确认该电阻是内置还是外置）。

该电阻随着测量的电压量程的增大而增大，需要的阻值和功率也相应增大，甚至需要加散热片。

二、工作原理

根据闭环式霍尔电流传感器的工作原理，很容易得到霍尔电压传感器的原边电压（又称为被测电压）U_P的表达式为

$$U_P = (R_{N1} + R_{IN})I_P \qquad (6-1)$$

式中，R_{IN}和R_{N1}分别表示原边匹配电阻和原边绕组的内阻。

原边电流I_P的表达式为

$$I_P = \frac{I_S N_2}{N_1} \qquad (6-2)$$

联立式（6-1）和式（6-2），化简得到原边电压U_P的表达式为

$$U_P = (R_{N1} + R_{IN})\frac{I_S N_2}{N_1} \qquad (6-3)$$

由此可见，闭环式霍尔电流传感器和霍尔电压传感器原理基本相同。当霍尔电流传感器测量电流、霍尔电压传感器测量电压时，均表现为副边电流I_S的输出形式。若要获得电压的输出形式，用户需要在检测"M"端与电源地线之间串一只检测电阻R_M，如图6-1所示，那么副边电流I_S的表达式为

$$I_S = \frac{u_M}{R_M} \qquad (6-4)$$

联立式（6-3）和式（6-4），化简得到原边电压U_P的表达式为

$$U_P = (R_{N1} + R_{IN})\frac{u_M}{R_M}\frac{N_2}{N_1} \qquad (6-5)$$

式（6-5）即为霍尔电压传感器的输出表达式。由于霍尔电压传感器的原边采用多匝绕组，故存在比较大的电感，一般响应速度不高，因为原边绕组的时间常数为

$$\tau_P = \frac{L_P}{R_{IN} + R_{N1}} \qquad (6-6)$$

式中，L_P表示原边绕组的电感。

因此，它限制了霍尔电压传感器的频率范围。

三、实物范例

一般霍尔电压传感器有5个接线端子，其中2个为原边端子，即被测电压输入端"+HT"和被测电压输出端"-HT"；另外3个为副边端子，即"U_+"端（它为正电源端）、"U_-"端（它为负电源端）和"M"端（它为信号输出端）。也有部分霍尔电压传感器有6个接线端子，其他5个接线端子同前所述，还有1个专用屏蔽接线端子。霍尔电压传感器的输出端的应用方法与闭环式霍尔电流传感器的相同，恕不赘述。霍尔电压传感器的实物如图6-2（a）和图6-2（b）所示。

(1) 图6-2（a）为内置匹配电阻的电压传感器（型号：DVL1000）的实物图，它没有专用屏蔽接线端子。

(2) 图6-2（b）为内置匹配电阻的电压传感器（型号：LV200-AW/2/6400）的实物图，它有专用屏蔽接线端子。

(3) 图6-2（c）为某电压测试系统中，霍尔电压传感器安装位置实物图，必须严格区

分其高压侧与低压侧。

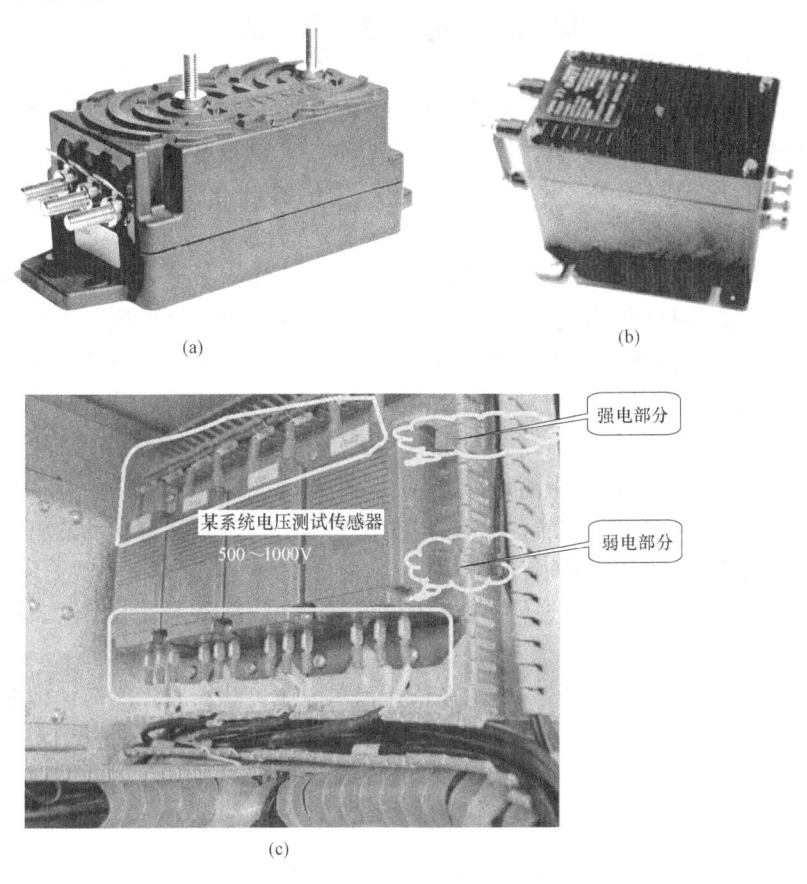

图 6-2　霍尔电压传感器及其安装位置实物图
(a) 内置匹配电阻 DVL 1000，不含屏蔽接线端；(b) 内置匹配电阻
LV 200-AW/2/6400，含屏蔽接线端；(c) 安装位置实物图

对于外置匹配电阻的霍尔电压传感器而言，需要用户根据所测电压大小的需要，将被测电压串接一只匹配电阻 R_{IN} 后，再接到传感器原边被测电压输入端"+HT"端和被测电压输入端"-HT"端，匹配电阻 R_{IN} 的表达式为

$$R_{IN} = \frac{U_P}{I_P} - R_{N1} \qquad (6-7)$$

式中，I_P 为原边输入电流（一般额定电压下取 10mA）；R_{N1} 为传感器原边绕组的内阻。

匹配电阻 R_{IN} 的功率的表达式为

$$W_{R\_IN} = U_P I_P \qquad (6-8)$$

一般在选择匹配电阻的额定功率值时，记得预留 1～2 倍的阈量，甚至还需要加散热片，这与选择检测电阻的额定功率值的方法类同。

霍尔电压传感器在电力电子装置中与 IGBT 等功率器件一起，共同构成了电力电子装置的核心。它在 UPS 电源、风电、铁路、光伏、整流、电镀等许多行业中均得到了应用。

第二节 选型方法

在选择霍尔电压传感器时，需要遵从传感器的选型方法和注意事项。选择传感器时，要了解被测电压的特点，如它的状态、性质、幅值、频带、测量范围、测量速度、测量精度要求、过载的幅度和出现频率等。考虑到霍尔电压传感器自身的特殊性，还需要重视以下几点：

（1）被测电压的额定有效值。必须根据被测电压的额定有效值，适当选用不同的规格的霍尔电压传感器。必须按照参数手册所给的原边匹配电阻范围合理取值，否则，如果原边电流长时间超额，会损坏传感器内部末极的功率放大器。选择量程时，应接近霍尔电压传感器的标准额定值 U_{PN}。

（2）注意传感器的安装尺寸。在选择霍尔电压传感器时，需要注意传感器的安装尺寸，它是否有安装和维修空间，爬电距离是否足够。

（3）注意现场的应用环境。在选择霍尔电压传感器时，需要注意现场的应用环境，是否有高温、低温、高潮湿、强振动等特殊环境。

（4）注意传感器的空间。在选择霍尔电压传感器时，需要注意安装空间、被测母线的走线结构和进出线方式是否满足。

当然，与选择霍尔电流传感器一样，在选择霍尔电压传感器时，所需考虑的方面和事项很多，实际中不可能满足所有要求，所以应从系统总体对霍尔电压传感器的目的、要求出发。

霍尔电压传感器的选型方法如表 6-1 所示。

表 6-1 霍尔电压传感器的选型方法

参 数 名 称		选 型 原 则
电气参数	被测电压种类	直流、交流、脉冲以及混合电压波形
	量程	峰值电压
	输出信号	电流、电压，输出额定或峰值，负载阻抗
	准确度	考虑 25℃时的直流漂移和非线性度，以及整个工作温度范围内的准确度，还要考虑串联在原边的匹配电阻的影响，如它的误差和温度漂移等
	电源要求	电源幅值和功率，考虑电源波动时对测量的影响，原边测量电路的功耗等
	工作电压等级	原边工作电压等级、隔离电压等级、抗静电能力、绝缘强度、局部放电等
动态参数	频率范围	带宽、基波频率、谐波频率，尤其要考虑原边电感 L_P 与串联在原边的电阻 R_P 之间的比值参数
	di/dt	传感器能够测量的最大 di/dt 值
	dv/dt	传感器能够容忍的最大 dv/dt 值

续表

	参数名称	选型原则
环境参数	温度范围	工作环境的最低温度和最高温度，储存温度
	冲击振动	
	电磁环境	现场电磁干扰情况，核辐射情况
机械参数	传感器原边安装与电气要求	传感器采用机械式还是PCB板式安装，开孔形状和尺寸，被测电流母线的形状和尺寸，其他安装紧固螺钉等
	传感器副边安装与电气要求	采用机械式还是PCB板式安装，接插件、输出导线的形状和尺寸，其他安装紧固螺钉等
	传感器结构尺寸	最大安装空间、原副边的紧固措施、接插件及其紧固措施、爬电距离等
	安装紧固措施	PCB板、显示面板、装置等的安装紧固

第三节 设计计算范例分析

一、不设屏蔽端的范例分析

1. 设计要求

以 LEM 公司生产的 DVL1000 霍尔电压传感器为例进行说明，它的实物图片如图 6-2（a）所示，它是典型的 5 个接线端子的传感器，且该传感器不设屏蔽接线端。其设计要求为：

(1) 额定电压：$U_{PN}=600\sim1000V$ 直流值，连续工作。

(2) 电压最大峰值：$U_{PMAX}=\pm1500V$。

(3) 工作电压：$\pm24V$。

(4) 测量电阻 R_M 的端电压 u_M：8V（$U_{PN}=1000V$）。

2. 传感器选型

以 LEM 公司生产的 DVL1000 霍尔电压传感器为例，查阅该传感器的技术参数手册，可以得到它的关键性参数，现将其小结于表 6-2 中。

表 6-2　　　　　　　传感器 DVL1000 的关键性参数

参数名称	参数值
原边理论值 U_{PN}	1000V（RMS）
测量范围	$\pm1500V_{MAX}$
副边额定电流 I_{SN}	50mA
工作电压 U_S	$\pm13.5\sim\pm26.4$（典型值$\pm24V$）
电源上升时间	$\leqslant100$ms
传感器启动时间	$\leqslant250$ms
电源功耗电流	$\leqslant25$mA
原边功耗	$\leqslant0.09$W（在 U_{PN} 时）
精度	$\pm0.5\%$（25℃） $\pm1\%$（$-40\sim80$℃）

续表

参 数 名 称	参 数 值
线性度	±0.5%
敏感度	μA/V (50mA→1000V)
带宽	14kHz (-3dB) 8kHz (-1dB) 2kHz (-0.1dB)
原边与副边隔离电压 AC/1min	8.5kV
绝缘电阻（500VDC）	200MΩ
原边电阻（内置匹配电阻）	11.3MΩ
测量电阻 R_M 范围（±24V 供电时）	0～133Ω（±1500V_{max}）
工作温度范围	-40～85℃

3. 分析计算

检测电阻 R_M 的取值为

$$R_M = \frac{u_M}{I_S} = \frac{8}{0.05} = 160(\Omega) > R_{M\_MAX} = 133\Omega \qquad (6-9)$$

根据设计需求得知，采用±24 电源时，要测量最大值电压为 1500V 的被测对象，检测电阻 R_M 的最大值不能超过 133Ω，所以必须采用一级放大电路。仍然采用 INA103 进行放大处理，放大器相关参数的计算过程如下：

（1）需要确定检测电阻 R_M 的取值。选择检测电阻 R_M = 82.0Ω（采用金属膜电阻 IEC 标称值的 E24 系列），因此，检测电阻的端电压 u_M 的实际值 $u_{M实际}$ 为

$$u_{M实际} = 0.05 \times 82 = 4.1(V) \qquad (6-10)$$

（2）确定检测电阻的功率，其计算方法为

$$P_{RG} = \frac{u_{M实际}^2}{R_G} \approx 0.21W \qquad (6-11)$$

在选择检测电阻的功率时，一般要比实际耗散功率高出一倍以上，即功率应适当留有裕量，因此，建议检测电阻的功率取值为 1.0W。另外，检测电阻 R_M 的精度，要比用户要求的精度高一个数量级。

（3）确认放大器型号、参数。由于检测电阻的端电压 u_M 的设计值为 8V，但是传感器实际输出电压值为 4.1V，拟采用仪用运放 INA103 进行放大处理。如图 6-3 所示，为霍尔电压传感器 DVL 1000 的后续处理电路，传感器和仪用运放均采用 24V 电源。不过，需要说明的是，图 6-3 中并没有画出电源的去耦电容和滤波电容，在实际设计电路时，必须要设置去耦电容和滤波电容。

该放大电路的增益电阻的计算值为

$$R_G = \frac{6u_{M实际}}{u_O - u_{M实际}} = \frac{6 \times 4.1}{8 - 4.1} \approx 6.308(k\Omega) \qquad (6-12)$$

增益电阻的实际取值为：6.2kΩ+110Ω=6.31kΩ（采用金属膜电阻 IEC 标称值的 E24 系列），计算得到仪用运放 INA103 的输出电压为

$$u_{\mathrm{O}} = \left(1+\frac{6}{R_{\mathrm{G}}}\right)u_{\mathrm{M实际}} = \left(1+\frac{6}{6.31}\right)\times 4.1 \approx 7.999(\mathrm{V}) \tag{6-13}$$

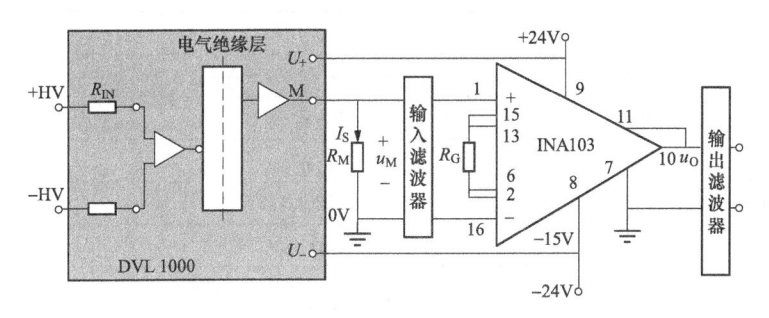

图 6-3 霍尔电压传感器 DVL 1000 的后续处理电路

分析式（6-13）得知，经由仪用运放处理后得到的检测电压为 7.999V，与设计值 8.0V，相差 1mV，可以满足设计需要。

需要提醒的是，对于模拟式传感器而言，后续处理电路的输出级大多采用隔离运放进行隔离变换处理，但是，为了凸显霍尔电压传感器的设计问题，本例的后续处理电路的输出级并没有画出隔离运放的相关电路，这部分内容需要根据测试现场的电磁环境情况，它为可选电路部分。

二、设有屏蔽端的范例分析

1. 设计要求

以 LEM 公司生产的 LV 200-AW/2/6400 霍尔电压传感器为例进行说明，它的实物图片如图 6-2（b）所示，它除了设置有 5 个常规接线端子，还专门设有屏蔽接线端子。其设计要求为：

（1）额定电压：$U_{\mathrm{PN}}=6000\mathrm{V}$ 有效值，连续工作。
（2）电压最大峰值：$U_{\mathrm{PMAX}}=\pm 9200\mathrm{V}$。
（3）工作电压：$\pm 24\mathrm{V}$（$\pm 5\%$）。
（4）测量电阻 R_{M} 的端电压 u_{M}：10V（$U_{\mathrm{PN}}=6000\mathrm{V}$）。

2. 传感器选型

以 LEM 公司生产的 LV 200-AW/2/6400 霍尔电压传感器为例，查阅该传感器的技术参数手册，可以得到它的关键性参数，现将其小结于表 6-3 中。

表 6-3　　　　　传感器 LV 200-AW/2/6400 的关键性参数

参 数 名 称	参 数 值
原边理论值 U_{PN}	6400V（RMS）
测量范围	$\pm 9600\mathrm{V}$
副边额定电流 I_{SN}	80mA
匝比 K_{N}	160000/2500
工作电压 U_{S}	$\pm 15 \sim \pm 24\mathrm{V}$
电源功耗	$\leqslant 30\mathrm{mA}+80\mathrm{mA}$（$\pm 24\mathrm{V}$ 供电时）
精度	$\pm 1.0\%$（25℃）

续表

参 数 名 称	参 数 值	
线性度	±0.1%	
变比	6400V/80mA	
原边与副边隔离电压 AC/1min	12kV	
原边功耗	≤8W	
原边电阻（含匹配电阻）	5120Ω（25℃时）	
副边电阻	40Ω（70℃时）	
测量电阻 R_M 范围	0～120Ω（±6400V_{max}）	±15V 供电时
	0～60Ω（±9600V_{max}）	
	0～220Ω（±6400V_{max}）	±24V 供电时
	0～110Ω（±9600V_{max}）	
工作温度范围	−40～70℃	

3. 分析计算

检测电阻 R_M 的取值为

$$R_M = \frac{u_M}{I_S} = \frac{10}{0.08} = 125(\Omega) \tag{6-14}$$

根据设计需求得知，采用±24 电源时，要测量最大值电压为 6000V 的对象，检测电阻 R_M 的最大值不能超过 110Ω，所以必须采用一级放大电路。仍然采用 INA103 进行放大处理，放大器相关参数的计算过程如下：

(1) 需要确定检测电阻 R_M 的取值。选择检测电阻 R_M=91.0Ω（采用金属膜电阻 IEC 标称值的 E24 系列），因此，检测电阻的端电压 u_M 的实际值 $u_{M实际}$ 为

$$u_{M实际} = 0.08 \times 91 = 7.28(V) \tag{6-15}$$

(2) 确定检测电阻的功率，其计算方法为

$$P_{RG} = \frac{u_{M实际}^2}{R_G} \approx 0.6W \tag{6-16}$$

在选择检测电阻的功率时，一般要比实际耗散功率高出一倍以上，即功率应适当留有阈量，因此，建议检测电阻的功率取值为 2.0W。另外，检测电阻 R_M 的精度，要比用户要求的精度高一个数量级。

(3) 确认放大器参数。由于检测电阻的端电压 u_M 的设计值为 10V，但是传感器实际输出电压值为 7.28V，拟采用仪用运放 INA103 进行放大处理。如图 6-4 所示，为霍尔电压传感器 LV 200-AW/2/6400 的后续处理电路，传感器和仪用运放均采用 24V 电源。不过，需要说明的是，图 6-4 中并没有画出电源的去耦和滤波电容，在实际设计电路时，必须要设置去耦和滤波电容。

该放大电路的增益电阻的计算值为

$$R_G = \frac{6u_{M实际}}{u_O - u_{M实际}} = \frac{6 \times 7.28}{10 - 7.28} \approx 16.059(k\Omega) \tag{6-17}$$

增益电阻的实际取值为：16kΩ+62Ω=16.062kΩ（采用金属膜电阻 IEC 标称值的 E24

系列），计算得到仪用运放 INA103 的输出电压为

$$u_O = \left(1 + \frac{6}{R_G}\right)u_{M实际} = \left(1 + \frac{6}{16.062}\right) \times 7.28 \approx 9.999(V) \qquad (6-18)$$

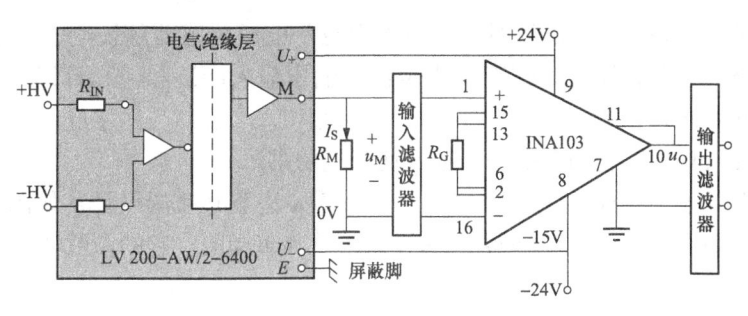

图 6-4　霍尔电压传感器 LV200-AW/2/6400 的后续处理电路

分析式（6-18）得知，经由仪用运放处理后得到的检测电压为 9.999V，与设计值 10.0V，相差 1mV，可以满足设计需要。

需要提醒的是，为了凸显霍尔电压传感器的设计问题，本例的后续处理电路的输出级没有画出隔离运放相关电路。

第四节　使用霍尔电压传感器的注意事项

统计表明，在工程实践中，由于霍尔电压传感器的使用不当（包括选型不当、安装不当、后续电路设计不当等），而导致传感器故障的情况大概占了所有传感器故障情况的3/10，甚至更多。因此，能否正确使用它，对于准确、可靠地获得测量结果非常重要。

一、过载问题

根据霍尔电压传感器的原理可知，必须按产品说明在原边串入一个匹配电阻 R_{IN}（传感器内置该电阻除外，需要仔细阅读所选传感器的参数手册），以使原边电流为额定值 I_{PN} 以内。对于霍尔电压传感器，在一般情况下，2 倍过电压的持续时间不得超过 1min，否则可能损坏其内部电路。

霍尔电压传感器的最佳精度，是在原边额定值条件下得到的，所以当被测电流高于电流传感器的额定值时，应选用相应更大量程的传感器；当被测电压高于电压传感器的额定值时，应重新调整匹配电阻。

二、绝缘问题

正规产品说明书中，应对耐压值有明确说明，使用时应严格在耐压范围内使用。绝缘耐压为3kV 的传感器，可以长期正常工作在 1kV 及以下交流系统和 1.5kV 及以下直流系统中，绝缘耐压为 6kV 的传感器可以长期正常工作在 2kV 及以下交流系统和 2.5kV 及以下直流系统中，注意不要过电压使用。

三、安装问题

霍尔电压传感器是基于霍尔效应原理工作的电气元件，对环境的磁场较为敏感，因此对安装位置、空间、进出母线的布置方式均有严格要求。正确安装是提高其测试精度的重要保证，如：

（1）远离变压器、电抗器等强磁场设备。

（2）在要求得到良好动态特性的装置上，使用霍尔电压传感器时，必须严格区分低压侧和高压侧。

（3）在现场安装并连接传感器时，必须注意霍尔电压传感器的被测电压端的接线问题，一般在传感器外壳上会有如"＋HT"（表示被测电压输入端）和"－HT"（表示被测电压输出端）之类的字样，如图6-5（a）所示；或者用"＋"和"－"字样，如图6-5（b）所示，因此，需要认真阅读它的参数手册或者使用说明书。

（4）对于PCB安装场合的电压传感器，尤其需要注意其布局设计，如图6-6所示为国产VSM1200DP系列霍尔电压传感器的PCB封装及其布局图，它的参数如表6-4所示。

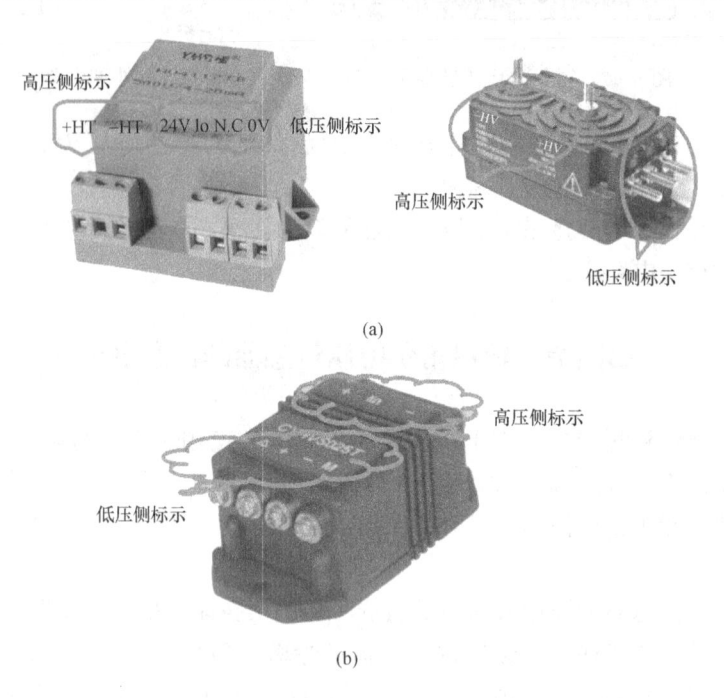

图6-5 霍尔电压传感器标示方法
(a) 标示1；(b) 标示2

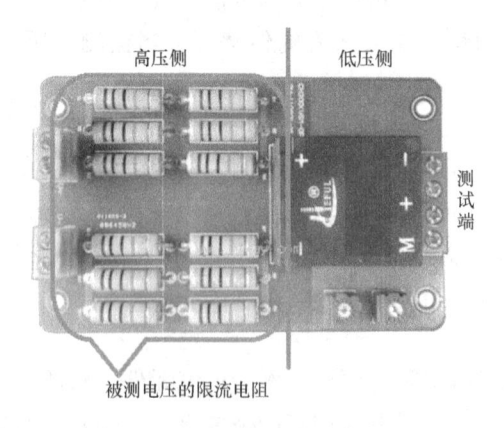

图6-6 国产VSM1200DP系列霍尔电压传感器的PCB封装及其布局图

表 6-4　　　　　　　　　　VSM1200DP 系列霍尔电压传感器的参数

型号	VSM100DP	VSM200DP	VSM400DP	VSM800DP	VSM1000DP	VSM1200DP	
U_{PN} 原边额定输入电压	100	200	400	800	1000	1200	V
U_P 原边电压测量范围	0～±150	0～±300	0～±600	0～±1200	0～±1500	0～±1500	V
U_{OUT} 副边额定输出电压	4±1%						V
U_C 电源电压	±15（±5%）						V
I_C 电流消耗	30						mA
U_d 绝缘电压	在原边与副边电路之间 3kV 有效值（50Hz/1min）						
ε_L 线性度	<0.2						%
U_0 零点失调电压	TA=25℃			<±25			mV
U_{OT} 失调电压温漂	VP=0　TA=-25～+85℃			<±1			mV/℃
t_r 响应时间	<100						μs
T_a 工作环境温度	-25～85						℃
T_S 贮存环境温度	-40～100						℃
标准	Q/320115QHKJ01—2010						

（5）传感器信号线与功率强电线（如功率母排、电缆等），避免近距离平行方式走线，距离应大于 10cm 以上，相交处最好采取应垂直交叉方式。需要考虑输入与输出信号的流向、对其他弱信号元器件的影响等问题。

（6）对处于剧烈振动的工作环境中的霍尔电压传感器，安装时必须采取紧固措施，确保传感器可靠固定，以防损坏传感器。

四、电源问题

选用恰当的供电电源，是保证传感器正常工作的基本前提。在工作时，霍尔电压传感器的副边（即二次侧），一般采用直流电源供电，为霍尔器件、运放、末级功率管等提供电源，并且还有功耗问题。电源电压值过低，传感器内部电路不能正常工作，在将输出电流经过取样电阻转换为电压信号时，不能保证电压的幅度；电源电压过高，则会烧毁运放等器件。有关它们所需电源的容量、极性、电压值和容差范围，均在产品说明书中有明确规定，必须正确接电源线，严禁将电源极性接反，导致传感器永久性损坏。

工业现场经常采用开关电源（AC-DC）供电，在精确测量中，应该选用电源噪声较小的（如 DC-DC、三端稳压芯片等）高性能电源供电，这方面与霍尔电流传感器的要求相同，在此不再重复。

五、干扰问题

霍尔电压传感器的抗外接干扰磁场的能力是特别需要注意的，在布置单相或者三相强电流母线/母排的时候，在空间许可的前提下，相间距离最好超过 5～10cm 甚至更大，并在尽可能的情况下，采取屏蔽措施。

除此之外，还应注意传感器的引脚外的二次接线的防干扰措施。在接霍尔电压传感器二次侧线路时，必须注意传感器外壳上面是否有专门的屏蔽接线端子，如有的话，还要考虑传感器的屏蔽接地问题，如图 6-7 所示为霍尔电压传感器的屏蔽线的接法示意图。

接线端子裸露的导电部分，尽量防止 ESD 冲击，需要有专业施工经验的工程师才能对

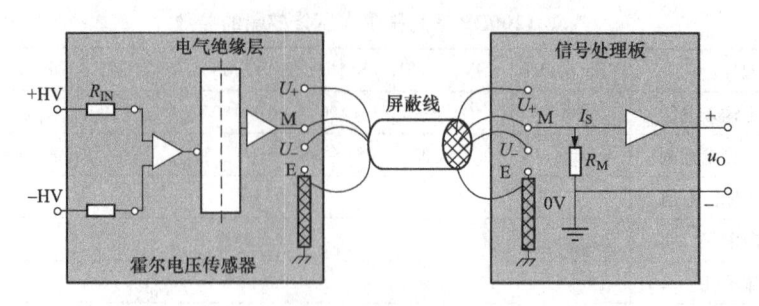

图 6-7 霍尔电压传感器的屏蔽线的接法示意图

该产品进行接线操作。电源的正负端子、测量端子的输入、输出脚,必须正确、依序连接,不可错位或反接,否则可能导致传感器损坏。

六、测量电阻

对于电流输出型霍尔电压传感器而言,它所需的测量电阻 R_M,通常需要采用精密电阻充当,其取值大小必须满足下面的表达式

$$R_M \leqslant \frac{传感器电源电压 U_+ - 4V}{I_{SN}} \qquad (6-19)$$

推荐选用低温漂的高精度的金属膜电阻,原因在于它的寄生电感较小;在高频采样场合,应避免采用精密线绕电阻,毕竟其寄生电感较大。测量电阻的功率必须足够,最好预留 2 倍以上的阈量。

金属膜电阻 IEC 标称值如附表 A-2 所示,电容器标称值电容值如附表 A-3 所示。

七、环境问题

原边电流母线温度不得超过传感器所规定的最高温度,这是 ABS 工程塑料的特性决定的,如有特殊要求,可选高温塑料做外壳。

除了关注霍尔电压传感器使用环境的电磁特性问题之外,还需要关注传感器使用环境的温度。另外,还要关注环境的湿度、盐雾等条件,必要时需要采取防护措施。

第五节 霍尔传感器的综合应用

一、在电源装置中的综合应用

霍尔电流传感器和霍尔电压传感器,大量应用于电源装置中,其综合应用包括如下几个方面:

(1) 通信用电源系统。
(2) UPS 电源系统。
(3) 铁路信号检测用电源系统。
(4) 电力输变电监测用电源系统。
(5) 激光电源系统。
(6) 工业控制用电源系统。
(7) 高频加热用电源系统。

在电源装置中,霍尔电流传感器和霍尔电压传感器用于测量交流输入侧电流和电压,测

量逆变器输出的电流和电压以及流入负载的电流和电压。如图 6-8 所示为在电源装置中霍尔电流传感器和霍尔电压传感器所处位置，图中的整流器既有可控式，也有不可控式，视具体使用场合而定。

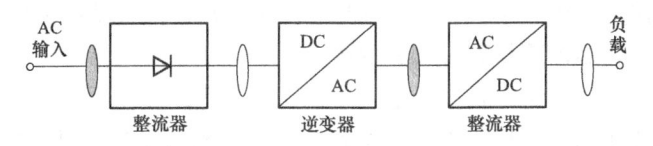

图 6-8 在电源装置中霍尔电流传感器和霍尔电压传感器所处位置

在不间断电源中的应用过程中，用霍尔电流传感器进行控制，保证逆变电源正常工作。用途有三种：

（1）使用霍尔电流传感器发出信号并进行反馈，以控制晶闸管的触发角。
（2）利用霍尔电流传感器发出的信号控制逆变器。
（3）利用霍尔电流传感器控制浮充电源。由于霍尔电流传感器响应速度快，因此，它特别适用于计算机中的不间断电源。

二、在电气传动装置中的综合应用

霍尔电流传感器和霍尔电压传感器，在电气传动装置中的应用非常普遍，如：

（1）AC/DC 电机伺服系统。
（2）变频器。
（3）数控机床。
（4）机器人。
（5）电车斩波器。

在电气传动装置中，霍尔电流传感器和霍尔电压传感器用于测量交流输入侧电流和电压，测量整流器输出的直流电流和电压，以及流入负载的交流电流和电压。如图 6-9 所示为在电气传动装置中霍尔电流传感器和霍尔电压传感器所处位置，以保证装置能安全工作。图中整流器可能是可控式，也有可能是不可控式。

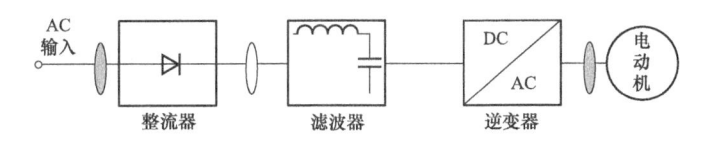

图 6-9 在电气传动装置中霍尔电流传感器和霍尔电压传感器所处位置

在电气传动装置中，用霍尔电流传感器和霍尔电压传感器可以直接代替电流、电压互感器，不仅动态响应好，还可实现对转子电流的最佳控制以及对晶闸管进行过载保护。特别是在以下两个方面的应用比较有代表性。

(1) 交流变频调速电动机中,用变频器来对交流电动机实施调速,在世界各发达国家已普遍使用,且有取代直流调速的趋势。用变频器控制电动机实现调速,可节省10%以上的电能。在变频器中,霍尔电流传感器的主要作用是保护昂贵的大功率晶体管。由于霍尔电流传感器的响应时间往往小于 $5\mu s$,因此,出现过载短路时,在大功率晶体管未达到极限温度之前即可切断电源,使晶体管得到可靠的保护。

(2) 在电车斩波器的控制中,由于电车中的调速是由调整电压实现的,而将霍尔电流传感器和其他元件配合使用,并将传感器的所有信号输入控制系统,可确保电车正常工作。

三、在电焊机装置中的综合应用

霍尔电流传感器和霍尔电压传感器,在电焊机装置中的应用如电焊机、等离子切割机。

在电焊机装置中,霍尔电流传感器和霍尔电压传感器用于测量流入负载的交流电流和电压。如图 6-10 所示为在电焊机装置中霍尔电流传感器和霍尔电压传感器所处位置,图中整流器可能是可控式,也有可能是不可控式。

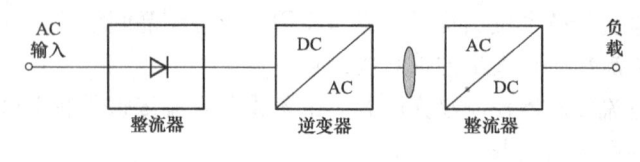

图 6-10 在电焊机装置中霍尔电流传感器和霍尔电压传感器所处位置

在电焊机中,霍尔传感器起测量和控制作用,它的快速响应能再现电流、电压波形,并将其反馈到可控整流器中,可更精确地控制电焊机的输出电流。

四、在电池电源装置中的综合应用

霍尔电流传感器和霍尔电压传感器,在电池电源装置中的应用如 DC 电机伺服系统、电动汽车、电池充电器。

在电池电源装置中,霍尔电流传感器和霍尔电压传感器用于测量整流器输出的直流电流和电压,测量流入负载的交流电流和电压。如图 6-11 所示为在电池电源装置中霍尔电流传感器和霍尔电压传感器所在位置,图中整流器可能是可控式,也有可能是不可控式。

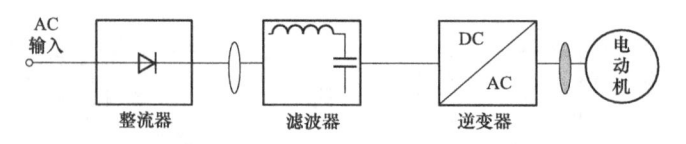

图 6-11 在电池电源装置中霍尔电流传感器和霍尔电压传感器所处位置

五、在整流装置中的综合应用

霍尔电流传感器和霍尔电压传感器在整流装置中的应用有:

(1) 电解铝行业的电源系统。

(2) 氯碱行业的电源系统。

(3) 电镀行业的电源系统。

(4) 钢、铜等金属冶炼行业的电源系统。

在整流装置中，霍尔电流传感器和霍尔电压传感器用于测量交流输入侧电流和电压，测量流入负载的直流电流和电压。如图 6-12 所示为在整流装置中霍尔电流传感器和霍尔电压传感器所处位置，图中整流器可能是可控式，也有可能是不可控式。

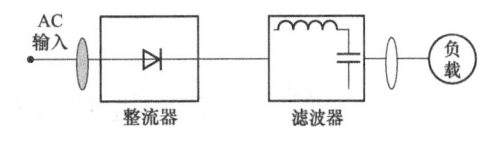

图 6-12 在整流装置中霍尔电流传感器和霍尔电压传感器所处位置

六、在发电及输变电装置中的综合应用

霍尔电流传感器和霍尔电压传感器在发电及输变电装置中的应用有：军民用车载发电系统、风力发电系统、太阳能发电系统。

在发电及输变电装置中，霍尔电流传感器和霍尔电压传感器用于测量交流输入侧电流和电压，测量整流器输出的直流电流和电压，以及流入负载的交流电流和电压。如图 6-13 所示为在发电及输变电装置中霍尔电流传感器和霍尔电压传感器所处位置，图中整流器可能是可控式，也有可能是不可控式。

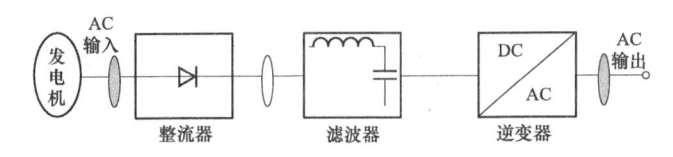

图 6-13 在发电及输变电装置中霍尔电流传感器和霍尔电压传感器所处位置

特别是下面几个方面具有典型应用：

(1) 在电网无功功率自动补偿中的应用。电力系统无功功率的自动补偿，是指补偿容量随负荷和电压波动而变化，及时准确地投入和切除电容器，避免补偿过程中出现过补偿和欠补偿的不合理和不经济情况，使电网的功率因数始终保持最佳。无功功率的自动采样若用霍尔电流传感器和霍尔电压传感器来进行，由于它们的响应速度快，且无相位差，在保证"及时、准确"上会具有显著的优点。

(2) 在接地故障检测中的应用。在配电和各种用电设备中，可靠的接地是保证配电和用电设备安全的重要措施。采用霍尔电流传感器来进行接地故障的自动监测，可保证用电安全。

(3) 用于电能管理方面的应用。霍尔电流传感器，可安装到配电线路上进行负载管理。霍尔电流传感器的输出和计算机连接起来，对用电情况进行监控，若发现过载，则及时使受控的线路断开，保证用电设备的安全。用这种装置，也可进行负载分配及电网的遥控、遥测和巡检等。

第七章 温度传感器及其典型应用技术

在电力电子装置中，除了测量电压、电流等参变量之外，相对其他参变量而言，温度应该是测试频率最高的对象，如 IGBT 模块的温度测量、滤波电抗器的温度测量、滤波电容器的温度测量、变压器绕组的温度测量、通电母排（电缆）的温度测量、冷却介质（如风、冷却水、冷却油等）的温度测量、蓄电池的温度测量等。在电力电子装置中，特别是 IGBT 模块和电容器的数目众多，相应地传感器数目也很多，如何选择合适的温度传感器、如何正确安装温度传感器、如何合理布置温度传感器的测试导线等方面的问题，对电力电子装置研制的成功与否，起着至关重要的影响。

第一节 电力电子装置监测温度的重要性

一、电力电子器件的物理基础

电力电子器件，又被称为功率半导体器件，它作为电力电子装置中的电能变换和控制电路方面的功率器件（通常指电流为数十安培～数千安培，电压为数百伏特以上），温度则是其重要的影响因素。

基于硅材料的半导体结在高温下本身是不工作的。具体地讲，一般情况下，随着温度的升高，由于热效应自然产生电子空穴对，硅材料基体的本征载流子浓度不断升高，作为半导体结工作的最为重要的掺杂载流子的浓度受到抑制，半导体结的性能则不断下降，一般在 70℃时开始表现得十分明显，到 150～200℃时几乎停止工作，因为此时硅材料基体处于完全导电的状态。这一效应常常被称为半导体器件的温度载流子效应。另外，半导体器件中最为重要的结构是 PN 结势垒，它是构成如 MOSFET、IGBT、晶闸管等功率器件的物理基础。

当温度升高到 150～200℃之间时，本征载流子浓度升高的程度已使该 PN 结势垒消失，从而导致半导体性能崩溃，这常常被称为半导体的结温效应。各种电力电子功率器件均具有导通和阻断两种工作特性，如果此时发生结温效应，那么功率器件就会直接导通，也就失去了控制作用。发生这种情况对电力电子装置而言，是非常可怕的，也就是说，电力电子装置处于完全失控状态。

基于硅基半导体材料的温度局限，行业中将功率半导体器件一般定标在最高 70℃，工业电子定标在最高 85℃，而军用电子定标在最高 125℃。然而，随着工业应用不断拓展的需要，国际上的半导体专家已经在不断地挑战这一极限。

二、电力电子器件的损耗

研究表明，电力电子器件的损耗可以分为以下 4 种类型：
(1) 通态损耗。由导通状态下流过的电流和器件上的电压降所产生的功率损耗。
(2) 阻断态损耗。由阻断状态下器件承受的电压和流过器件的漏电流产生的功率损耗。
(3) 开断损耗。由器件开通过程所产生的功率损耗与关断过程所产生的功率损耗之和。

(4) 控制极损耗。由控制极的电流、电压引起的功率损耗。

因此，在电力电子装置中，几乎所有的电力电子器件，包括主回路的大功率器件、控制回路电源电路、检测电路、驱动保护电路中的小功率器件，它们在工作时都会产生上述的 4 种损耗，只是根据工作模式（长时间稳态运行，还是间歇脉冲式运行）的不同，4 种损耗各有侧重。电力电子器件因为功率损耗而发热和温升，为便于理解，以变频器装置为例进行说明。

变频器是应用变频技术与微电子技术，通过改变电动机工作电压和频率的方式来控制交流电动机的电力控制装置，它主要由整流、滤波、逆变、制动单元、驱动单元、检测单元、控制单元等组成。根据电动机实际电源的电压和频率的需要，变频器靠控制单元按照既定策略，控制装置内部 IGBT 的开断来为电动机提供所需要的电源电压，从而达到节能、调速的目的，另外，变频器还有很多的保护功能，如过电流、过电压、过载保护等。随着工业自动化程度的不断提高，变频器也得到了非常广泛的应用。

研究表明，在变频器装置内部，逆变器（模块）是发热最多的部件，据专家测算，它所发的热量约占整个变频装置所有散热量的 50%；其次是整流器（模块），它所发的热量约占整个变频装置的 45%；而剩下的 5% 则是电解电容、充电电阻、均压电阻以及印制板上的发热元件等所产生的热量。

电力电子器件工作时都会发热，使其自身工作温度升高，而器件温度过高将缩短其使用寿命，甚至烧毁器件，大大降低了装置的可靠性，这也是限制电力电子器件的额定电流和额定电压的主要原因。面对这一难题，通常的解决办法是专设冷却系统，通过直接或者间接的方式，实时监测电力电子器件的温度，一旦发现它们温度过高，控制器则发送控制指令，确保冷却系统及时工作，加速装置冷却，确保电力电子器件在额定温度以下正常工作。但是，这样又会带来新的可靠性的问题，因为冷却系统的可靠性决定了电力电子器件的可靠性，而电力电子器件的可靠性将直接决定电力电子装置的可靠性。所以，针对电力电子器件的可靠性问题还有待于发现更好的解决办法。

电力电子器件工作时，产生的热量通过散热器或者冷板传送或者散发到冷却介质中。为了保证器件温升不超过其额定值，使用中必须实时监测散热器或者冷板的温度，这是保证电力电子装置避免因各种原因引起设备过热而造成损毁的重要技术手段。

第二节 电力电子装置监测温度手段

一、电力电子装置的冷却方式

目前，在电力电子装置中，常用的冷却方式有自冷方式、风冷方式、液体冷却式（包括油冷方式和水冷方式）和蒸发冷却方式等，现将它们分别介绍如下。

(1) 自冷方式。电力电子器件和散热器依靠周围空气的自然对流和热辐射来散热。这种方式的好处是散热器易于制造和安装，使用也很方便。不过它的散热效果较差，所以一般仅用于较小容量的电力电子装置中。

(2) 风冷方式。电力电子器件所产生的热量经由冷板或散热器依靠流动的冷空气来散热。冷空气由专门的风扇或鼓风机通过一定的风道供给。相比自冷方式而言，风冷方式散热效果要比自冷方式好得多，使用和维护也比较方便，适用于中等容量和较大容量的电力电子装置。其缺点是噪声较大，并且随着电力电子装置容量的增加，所需冷却用风扇或鼓风机的功率也会增加，散热器的体积和重量都会增加，当然，噪声也会加大。

（3）水冷方式。用水作冷却介质，散热效果好，散热器体积小。大容量电力电子器件如果有条件，以采用水冷方式为最好。但是，水冷方式需要循环供水系统，如果电力电子器件与冷板或散热器没有电气绝缘，那么冷板或散热器就会带电，因此，这种方式对水质要求也就很高。如去离子水作为冷却水，那就是常态，即一种趋势性、不可逆的、固有的设计模式。

（4）油冷方式。通常采用变压器油作为冷却介质，分为油浸冷却和油管冷却两种。冷却效果好，能防止外界尘埃，散热器几乎不用维修，但体积和重量较大。

（5）蒸发冷却方式。利用液体沸腾蒸发时吸收热量的原理，将器件产生的热量传递到散热面。冷却介质常采用氟利昂等低沸点低腐蚀性液体。这种方式散热效果好，散热器体积小、重量轻，是一种较好的冷却方式，但散热器结构复杂，工艺要求高。

温度传感器是指能感受温度并转换成可用输出信号的传感器。它在电力电子装置中，用途十分广阔，可用于温度测量与控制、温度补偿、温度测量等。在电力电子装置中，由于冷却方式和冷却对象的不同，那么检测电路所采取的测温传感器也就不同。

二、温度传感器概述

如图 7-1 所示为电力电子装置中不同器部件测温实物图，其中图 7-1（a）表示通电母排（或电缆）的温度监控实物图；图 7-1（b）表示散热器的温度监控实物图；图 7-1（c）表示电力电子器件的温度监控实物图；图 7-1（d）表示风机进出口的温度监控实物图。

在电力电子装置中，温度传感器是温度测量的核心部分，其品种非常多。按照传感器材料及电子元件特性，分为热电偶、热敏电阻、电阻温度检测器（RTD）、集成温度传感器 4 种类型。

按测量方式，温度传感器可分为接触式和非接触式两大类。

（1）接触式温度传感器。需要与被测介质保持热接触，使两者进行充分的热交换而达到同一温度，这类传感器主要有：热电偶、热敏电阻、电阻温度检测器（RTD）和半导体温度传感器（又称为集成温度传感器）等。

（2）非接触式温度传感器。这种传感器无需与被测介质接触，而是通过被测介质的热辐射或对流传到温度传感器，以达到测温的目的，这类传感器主要有红外测温传感器。这种测温方法的主要特点是，可以测量运行时电力电子装置内部各个功率器件的温度及热容量小的物体（如集成电路）的温度分布。

几种典型温度传感器的特性对比如表 7-1 所示。

表 7-1　　　　　　　　　　几种典型温度传感器特性对比

型号	热电偶	RTD（如 Pt100）	热敏电阻	半导体温度传感器
测量范围	－184～300℃	－200～850℃	0～100℃	－55～150℃
准确度	高	高	线性度差	准确度：1℃ 线性度：1℃
线性度	中等	高	低	较好
稳定性	差	高	中等	中

续表

型号	热电偶	RTD（如 Pt100）	热敏电阻	半导体温度传感器
是否需要电源	无源器件	有源器件（需要电源）		
是否补偿	需要冷端补偿	不需要冷端补偿		
灵敏度	输出电压幅值较低，灵敏度差	灵敏度适中，低成本	高灵敏度	输出为 10mV/K，20mV/K 或 1μA/K
价格	中等	较高	低	低
检测系统成本	较高	中等	中等	低
应用场合	高温测量，工业应用	测量范围广，要求准确场合	测量范围窄或单点测温	测量范围窄或多点测温

三、温度传感器的选型方法

首先，必须选择温度传感器的结构，使敏感元件在规定的测量时间之内达到所测流体或被测表面的温度。温度传感器的输出仅仅是敏感元件的温度。实际上，要确保传感器指示的温度（即为所测对象的温度），常常是很困难的。

在大多数情况下，对温度传感器的选用，需考虑以下几个方面的问题：
（1）被测对象的温度是否需记录、报警和自动控制，是否需要远距离测量和传送。
（2）测温范围的大小和精度要求。
（3）测温元件大小是否适当。
（4）在被测对象温度随时间变化的场合，测温元件的滞后能否适应测温要求。
（5）被测对象的环境条件对测温元件是否有损害。
（6）价格如何，使用是否方便。

温度传感器的选择主要是根据测量范围。当测量范围预计在总量程之内，可选用铂电阻传感器。较窄的量程通常要求传感器必须具有相当高的基本电阻，以便获得足够大的电阻变化。热敏电阻所提供的足够大的电阻变化使得这些敏感元件非常适用于较窄的测量范围。如果测量范围相当大时，热电偶更适用，最好将冰点也包括在此范围内，因为热电偶的分度表是以此温度为基准的。已知范围内的传感器线性也可作为选择传感器的附加条件。

响应时间通常用时间常数表示，它是选择温度传感器的另一个基本依据。当要监视风机进出口温度时，时间常数不那么重要，因为其温度不会骤升骤降。然而当使用过程中，必须测量温升的快速变化时，如测试 IGBT 底板中的温度、监测电力电子控制器的温度，其时间常数就成为选择温度传感器的决定性因素。珠型热敏电阻和铠装露头型热电偶的时间常数较小，集成温度传感器的时间常数也相当小，而浸入式探头，特别是带有保护套管的热电偶，时间常数比较大，在满足绝缘要求的前提下，尽可能选择时间常数较小的温度传感器。

当然，动态温度的测量比较复杂，只有通过反复测试，尽量接近地模拟出传感器使用中经常发生的条件，才能获得传感器动态性能的合理近似。

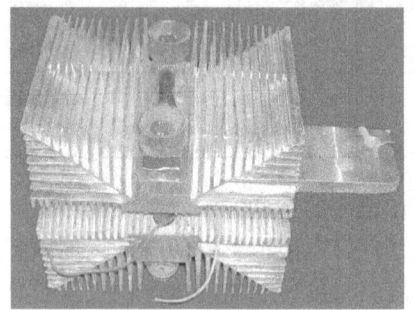

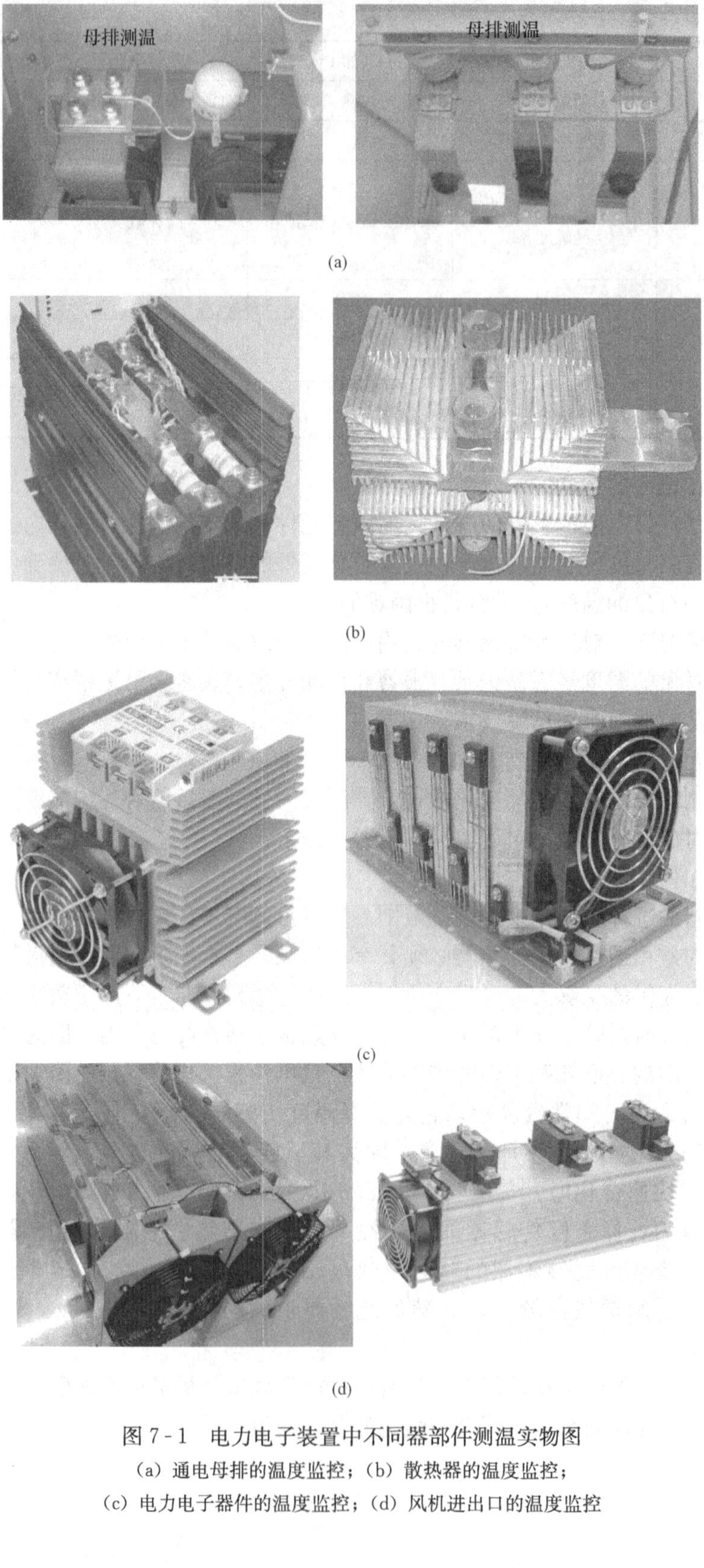

图 7-1 电力电子装置中不同器部件测温实物图

(a) 通电母排的温度监控；(b) 散热器的温度监控；
(c) 电力电子器件的温度监控；(d) 风机进出口的温度监控

第三节　热电偶及其典型应用技术

一、塞贝克效应

热电偶是由两个不同材料的金属线（金属 A 和金属 B），在末端焊接在一起而构成的。当热电偶一端受热时，热电偶电路中就会有电势差，测量该电势差，即可计算获得被测体的温度。

如图 7-2 所示为塞贝克效应以及热电偶的基本组成结构示意图。如图 7-2 (a) 所示，将两个不同金属 A 与 B 串接成一个闭合回路，当两个接点的温度不同时（设 $T_1>T_0$），回路中就会有电流流动，称之为热电流。如果整个回路开路就会产生热电动势，如图 7-2 (b) 中所示的 E_{AB}，这种现象被称为热电效应。因为此效应是 1821 年德国科学家赛贝克 (T. Seebeck) 发现的，所以又称为塞贝克效应。

需要注意的是：

（1）在热电偶回路中，热电势只与组成热电偶的材料及两端温度有关，与热电偶的长度、粗细无关。

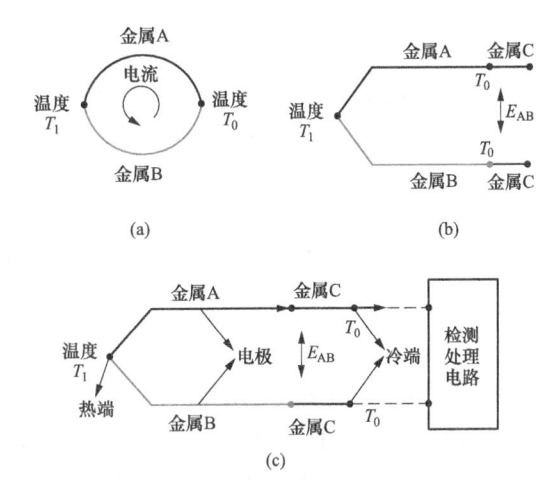

图 7-2　塞贝克效应以及热电偶的基本组成结构示意图
(a) 热电流；(b) 热电动势；(c) 热电偶的基本组成结构

（2）在热电偶回路中，只有用不同性质的导体（或半导体）才能组合成热电偶，相同材料不会产生热电势。

（3）在热电偶回路中，接入第三种材料的导体时，如图 7-2 (b) 所示的金属 C，它经常采用铜导线，只要这根导体的两端温度相同，则不会影响原来回路的总热电势，这一性质称为中间导体定律。

二、热电偶的基本组成

在热电偶的结构中，如图 7-2 (c) 所示的金属导体 A 和 B 称为热电偶的热电极。将其放置在被测对象中的所在端称为测量端，习惯上又叫作热端；通过引线与检测处理电路连接的所在端称为参考端（参比端），习惯上又叫冷端。

三、热电偶的测温原理

现将热电偶的测试原理简述如下：

如图 7-3 (a) 所示，假设金属导体 A 和 B 同时分别放在两个温度不同（即 $T_1 \neq T_2$）的被测对象所在环境中，当热电偶开路时，其端口将获得的热电动势为 E_{12}，它的表达式为

$$E_{12} = E_1 - E_2 \tag{7-1}$$

式中，E_1 表示温度为 T_1 时的热电势；E_2 表示温度为 T_2 时的热电势。

当热电偶导体材料确定后，热电势 E_{12} 的大小只与热电偶两端的温度 T_1、T_2 有关。

如图 7-3 (b) 所示，当热电偶所在回路闭合时。图 7-3 (b) 中示意的是温度 $T_1>T_2$，回路中流过的电流 I 为

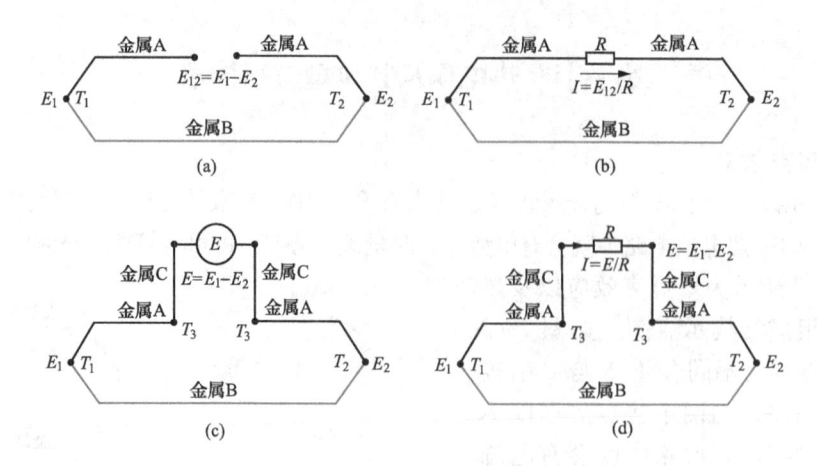

图 7-3 热电偶的测试原理示意图

(a) 热电偶所在回路开路；(b) 热电偶所在回路闭合；(c) 回路开路；(d) 回路闭合

$$I = \frac{E_{12}}{R} \quad (7-2)$$

式中，R 表示电偶所在回路的电阻。

假设金属导体 A 和 B 同时分别放在两个温度不同（即 $T_1 \neq T_2$）的被测对象所在环境中，且热电偶的金属导体 A 所在两个电极，按照如图 7-3（c）所示方法，同时接金属导体 C（如铜导线），当整个回路开路时，其端口获得的热电动势 E 为

$$E = E_1 - E_2 \quad (7-3)$$

如图 7-3（d）所示，当整个回路闭合时。图中示意的是温度 $T_1 > T_2$，回路中流过的电流 I 的表达式为

$$I = \frac{E}{R} = \frac{E_1 - E_2}{R} \quad (7-4)$$

把所获得的热电势 E，经由检测电路采集获得的实验数据，绘制成热电势 E 与温度 T 的关系曲线，或者列成表格（又称为分度表），就可以直接读出被测对象的温度 T，这就是热电偶的测温原理。

在热电偶测量温度时，要求其冷端（即通过引线与检测处理电路连接的所在端）的温度保持不变，其热电势的大小才与测量温度呈一定的比例关系。若测量时，冷端的（环境）温度变化，将严重影响测量的准确性。在冷端采取一定的措施，补偿冷端由于温度变化而造成的影响称为热电偶的冷端补偿。如图 7-4（a）所示，假设热电偶的一个冷端采用冰水混合物进行补偿，即 $T_2 = 0$℃，那么热电偶输出的热电势 E_{OUT} 的表达式为

$$E_{\text{OUT}} = E_1 - E_2 = E_{T_1} - E_{(0℃)} \quad (7-5)$$

式中，E_1 表示温度为 T_1 时的热电势，即 E_{T_1}；E_2 表示温度为 T_2（此处 $T_2 = 0$℃）时的热电势，即 $E_{(0℃)}$。

如果采用传感器补偿电路，如图 7-4（b）所示，则传感器补偿电路输出的热电势 $E_{\text{补偿}}$ 的表达式为

$$E_{\text{补偿}} = E_2 - E_0 = E_{T_2} - E_{(0℃)} \quad (7-6)$$

式中，E_2 表示温度为 T_2 时的热电势，即 E_{T_2}；E_0 表示温度为 0℃时的热电势，即 $E_{(0℃)}$。

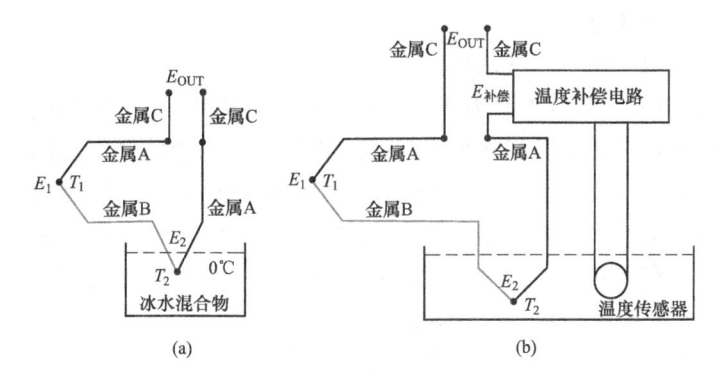

图 7-4 补偿热电偶一个冷端的示意图
(a) 冰水混合物补偿；(b) 传感器补偿电路

根据电路 KVL 得知，图 7-4 (b) 所示的热电偶输出的热电势 E_{OUT} 的表达式为

$$E_{OUT} = E_1 - E_2 + E_{补偿} \quad (7-7)$$

联立式（7-6）和式（7-7），可以得到热电偶输出的热电势 E_{OUT} 的通用表达式为

$$\begin{aligned} E_{OUT} &= E_1 - E_2 + E_{补偿} \\ &= E_{T_1} - E_{T_2} + [E_{T_2} - E_{(0℃)}] \\ &= E_{T_1} - E_{(0℃)} \end{aligned} \quad (7-8)$$

如图 7-5 所示为热电偶两个冷端同时补偿的示意图，图中冷端同时接相同金属导体 C（如铜导线），那么热电偶输出的热电势 E_{OUT} 的通用表达式为

$$E_{OUT} = E_{T_1} - E_{(0℃)} \quad (7-9)$$

分析式（7-9）得知，如果使热电势 $E_{(0℃)}$＝常数，则回路热电势 E_{OUT} 就只与温度 T_1 有关，而且是 T_1 的单值函数，这就是利用热电偶测温的原理。

当冷端温度变化（升高），热电偶产生的热电势也将变化（减小），而此时温度补偿电路中的传感器输出电压也将变化（升高）。如果参数选择得好且接线正确，传感器输出电压正好与热电势随温度变化而变化的大小相等，方向相反，起到了冷端温度自动补偿的作用，整个热电偶测量回路的总输出电压（电势）正好真实反映了所测量的温度值，这就是热电偶的冷端补偿原理。

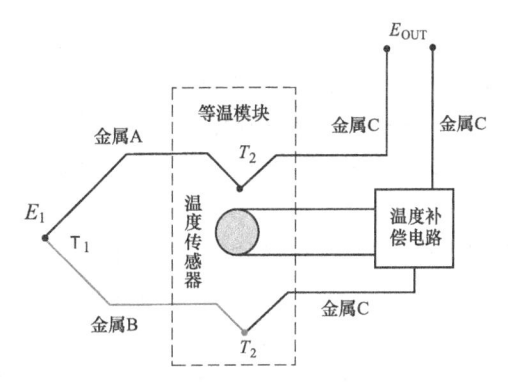

图 7-5 热电偶两个冷端同时补偿的示意图

热电偶在实际测量现场中，冷端的温度不可能恒定在 0℃，因此，在热电偶测量中，不仅需要保持冷端温度恒定，而且要对冷端温度进行相对于 0℃时的热电势进行补偿，目的是将测量的热电势折算到冷端温度为 0℃时的标准状态。为了保持冷端温度恒定，常常需要将冷端用导线延伸到温度相对稳定的场所。这种用来延伸热电偶冷端的导线称为补偿导线。补偿导线大致可分为两种，一种是使用与热电偶相同的材质制成的，叫作延伸型补偿导线；另外一种是使用与热电偶不同的较便宜的材质制成的，叫作补偿型补偿导线。

四、几种典型热电偶介绍

目前常用的热电偶主要有以下几种：

（1）铂铑/铂热电偶。其分度号为 S，正极是 90%的铂和 10%的铑的合金；负极为纯铂丝。这种热电偶的优点是能容易制备纯度极高的铂铑合金，因此便于复制，且测温精度高，可作为国际实用温标中 630.74～1064.43℃ 范围内的基准热电偶。其物理化学稳定性高，宜在氧化性和中性环境中使用，它的熔点较高，故测温上限也高。在工业测量中一般用它测量 1000℃ 以上的温度，在 1300℃ 以下可长期连续使用，短期测温可高达 1600℃。铂铑/铂热电偶的缺点是价格昂贵、热电势小，在还原性气体、金属氧化物、氧化硅和氧化硫等场合中使用时，会很快发生化学反应而变质，故在这些使用场合中须加保护套管。另外，这种热电偶的热电性能的非线性较大，在高温下其热电极会升华，使铑分子渗透到铂极中去，导致热电势不稳定。

（2）镍铬/镍硅热电偶。其分度号为 K，正极成分是 9%～10%的铬、0.4%的硅，其余为镍；负极成分为 2.5%～3%的硅、低于 0.6%的铬，其余为镍。这类热电偶的优点是具有较强的抗氧化性和抗腐蚀性，其化学稳定性好、热电势较大，热电势与温度之间的线性度关系好，其热电极材料的价格便宜，可在 1000℃ 以下环境中长期连续使用，短期测温可高达 1300℃。镍铬/镍硅热电偶的缺点是在 500℃ 以上的温度和在还原性介质中，以及在硫及化物场合中使用时很容易被腐蚀，所以，在这些场合中工作时，必须增加保护套管，另外，它的测温精度也低于铂铑/铂热电偶。

（3）镍铬/考铜热电偶。其分度号为 E，正极镍铬成分为 9%～10%铬、0.4%硅，其余为镍；负极考铜成分为 56%的铜和 44%的镍。镍铬/考铜热电偶的最大优点是热电势大、价格便宜。这种热电偶的缺点是不能用来测高温，其测温上限不超过 800℃，长期使用时，只限于 600℃ 以下，另外，由于考铜合金易于氧化而变质，使用时必须加装保护套管。

（4）铂铑 30/铂铑 6 热电偶（简称为双铂铑热电偶）。其分度号为 B，该热电偶的正负极都是铂铑合金，仅仅是合金含量比例不同而已，正极含铑 30%，负极含铑为 6%。其优点是抗玷污能力强，在测温 1800℃ 温度时仍有很好的稳定性，测温精度较高，适用于氧化性、中性介质，可以长期连续测量 1400～1600℃ 的高温，短期测量可高达 1800℃。该热电偶的灵敏度较低，使用时应配灵敏度较高的显示仪表。在室温时温度对热电势的影响极小，故使用时一般不需要进行温度补偿。

（5）铜/康铜热电偶。其分度号为 T，正极为铜，负极为 60%的铜、40%的镍的合金。其优点是测温灵敏度较高，热电极容易复制、价格便宜、低温性能好，可测量－200℃ 的低温，不过由于它的成分为铜，极易氧化，因此一般测温上限不超过 300℃。

如图 7-6 所示为不同封装形状的热电偶的实物图。由于热电偶必须有两种不同材质的导体，由不同材质制作的热电偶，使用于不同的温度范围，所以它们的灵敏度也各不相同。热电偶的灵敏度是指加热点温度变化 1℃ 时，其输出电位差的变化量。

热电偶传感器作为无源器件，无需供电，是温度测量中较为常用的传感器之一，其原因在于：

（1）热电偶的灵敏度与材料的粗细无关，用非常细的材料也能够做成温度传感器。

（2）由于制作热电偶的金属材料具有很好的延展性，这种细小的测温元件也会有极高的响应速度，可以测量快速变化的温度。

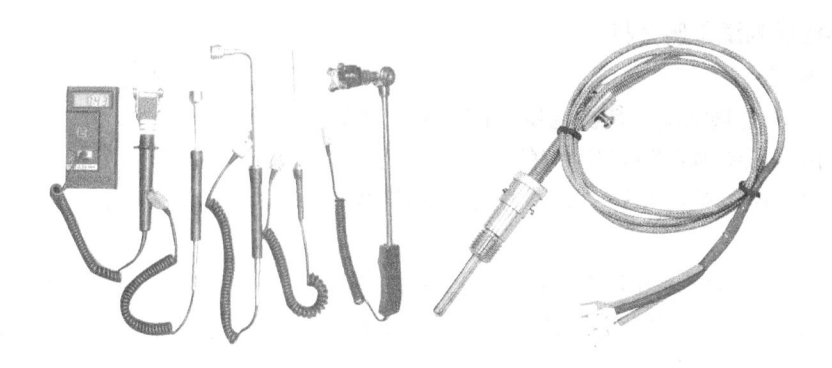

图 7-6 不同封装形状的热电偶的实物图

(3) 热电偶具有宽温度范围，测量精度高，便于远距离、多点、集中检测和自动控制等优点。

热电偶存在的不足之处有：

(1) 对于大多数金属材料支撑的热电偶而言，其灵敏度还是比较低的，大约在 5～40μV/℃之间，容易受到环境干扰信号的影响和前置放大器温度漂移电压的影响，因此不适合测量微小的温度变化，而且在低温段和常温段，其测量精度较低。

(2) 热电偶的冷端还需要温度补偿。

表 7-2 所示为 K、J、E、T 型热电偶相对冷端（0℃）的温差电势。

表 7-2　　K、J、E、T 型热电偶相对冷端（0℃）的温差电势

温度（℃）	K 型热电偶（mV）	J 型热电偶（mV）	E 型热电偶（mV）	T 型热电偶（mV）
−200	−5.891	−7.890	−8.824	−5.603
−100	3.553	−4.632	−5.237	−3.378
0	0	0	0	0
100	4.095	5.268	6.317	4.277
200	8.137	10.777	—	9.286
300	12.207	16.325	—	14.860
400	16.395	21.846	20.869	13.419
500	20.640	27.388	—	21.033
600	24.902	39.130	—	28.943
700	29.128	45.498	—	36.999
800	33.277	51.875	—	45.085
900	37.325	57.942	—	53.110
1000	41.269	63.777	—	61.022
1100	45.105	69.536	—	68.783
1200	48.828	—	—	—
1300	52.398	—	—	—

五、热电偶测温范例分析

1. 设计要求

(1) 采用 K 型热电偶，待测温度范围：0～250℃。

(2) 输出电压幅值：250℃对应的输出电压为 2.5V。

(3) 电源电压范围：3.3～12V，单极性电源供电。

2. 设计方案

K 型热电偶实物图如图 7-7（a）所示，拟采用图 7-7（b）所示的检测电路。为提高电源质量，在图 7-7（b）中专门设计去耦电路，由 C_2 和 C_3 构成，取值分别为 47μF（选择钽电容）和 0.1μF（瓷片电容）。

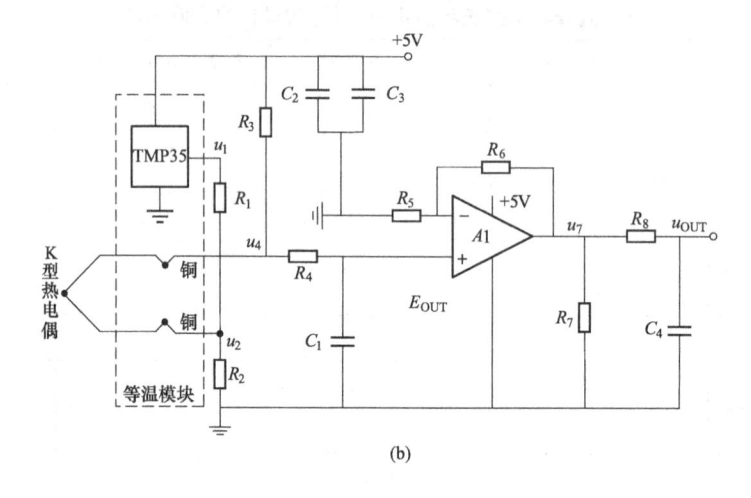

图 7-7 K 型热电偶
(a) K 型热电偶实物图；(b) K 型热电偶检测电路

图 7-7 示意了基于温度传感器 TMP35 的冷端补偿的 K 型热电偶，它的测温范围为 0～250℃，且要求温度为 250℃对应的输出电压为 2.5V，假设电源电压＋5V，且为单极性电源。

K 型热电偶的分度表如表 7-3 所示，表中仅仅给出 0～250℃范围的分度值。

表 7-3　　　　　　　　　　K 型热电偶的分度表（0～250℃）

温度(℃)	热电势(μV)	温度(℃)	热电势(μV)	温度(℃)	热电势(μV)	温度(℃)	热电势(μV)
0	0	65	2643	130	5327	195	7937
5	198	70	2850	135	5531	200	8137
10	397	75	3058	140	5733	205	8336
15	597	80	3266	145	5926	210	8537
20	798	85	3473	150	6137	215	8737
25	1000	90	3681	155	6338	220	8938
30	1203	95	3888	160	6539	225	9139
35	1407	100	4095	165	6739	230	9341
40	1611	105	4302	170	6939	235	9543
45	1817	110	4508	175	7139	240	9745
50	2022	115	4714	180	7338	245	9948
55	2229	120	4919	185	7538	250	10151
60	2436	125	5124	190	7737	—	—

本例采用温度传感器 TMP35，用于温度补偿，它的管脚定义及其实物图如图 7-8（a）所示。

该传感器的输出电压与温度之间的关系曲线如图 7-8（b）所示，其输出电压的系数为 10mV/℃。

3. 设计计算

K 型热电偶的塞贝克系数近似为 $-41\mu V/℃$，因此，在冷端处温度传感器 TMP35 经由电阻 R_1 和 R_2 将产生一个相反的冷端补偿温度系数为 $-41\mu V/℃$，为此，采用等温补偿方式。温度传感器 TMP35 的输出电压系数为 10mV/℃，因此，为了计算方便起见，可以假设 TMP35 的输出电压 u_1 为 10mV，那么，电阻 R_2 对地的电位 u_2 为 $41\mu V$，因此有

$$u_2 = \frac{u_1}{R_1+R_2}R_2 = \frac{10mV}{R_1+R_2}R_2 = 41(\mu V) \tag{7-10}$$

获得 R_1 和 R_2 的关系表达式为

$$R_1 = 242.9R_2 \tag{7-11}$$

如果采用 E192 电阻系列，假设 R_2 取值为 154Ω，那么电阻 R_1 取值为 37.4kΩ，应注意的是，需要将电阻 R_1 取较大值，其原因在于温度传感器 TMP35 的满量程输出电压的范围为 0.1～2.0V，要求它的额定输出电流不能

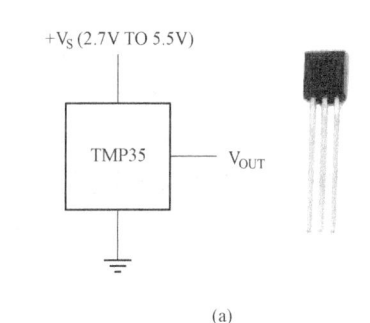

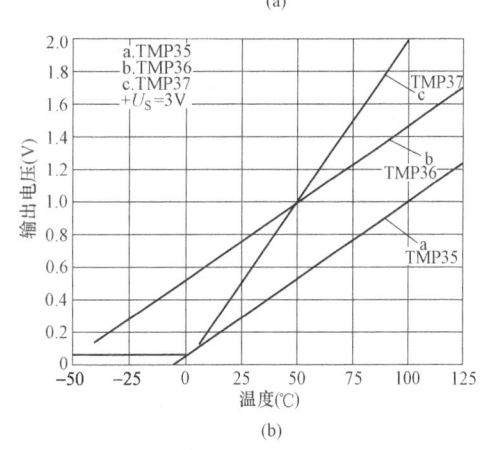

图 7-8　温度传感器 TMP35
(a) 管脚定义及其实物图；
(b) 输出电压与温度之间的关系曲线

够超过 $50\mu A$。

当温度为 250℃时，热电偶输出电压为

$$E_{250℃} = 41\mu V/℃ \times 250℃ = 10.25(mV) \quad (7-12)$$

采用同相放大器处理来自热电偶的热电势，经由电阻 R_5 和 R_6 获得放大器的放大倍数 K_V，且它可以表示为

$$K_V = 1 + \frac{R_6}{R_5} = \frac{2.5V}{10.25mV} = 243.9 \quad (7-13)$$

因此，将式（7-13）进行变换，可以获得 R_5 和 R_6 之间的关系表达式

$$R_6 = 242.9 R_5 \quad (7-14)$$

仍然采用 E192 电阻系列，假设 R_5 取值为 $6.34k\Omega$，那么 R_6 取值为 $1.54M\Omega$。

根据第二章第 1.7 小节内容得知，为了减小输入偏置电流的不良影响，其最可行的方法与判据就是保证运放电路的同相端与反相端的阻抗相等或者近似相等，即将 R_4 取得与 R_5 和 R_6 的并联值相等或者近似相等

$$R_4 = R_5 // R_6 = \frac{6.34 \times 1540}{6.34 + 1540} \approx 6.34(k\Omega) \quad (7-15)$$

由 R_5 和 C_1 构成低通滤波器，假设 C_1 取值为 $0.22\mu F$，该滤波器的截止频率为

$$f_1 = \frac{1}{2\pi R_4 C_1} = \frac{1000}{2\pi \times 6.34 \times 0.22} \approx 114(Hz) \quad (7-16)$$

分析传感器 TMP35 的电压—温度关系曲线得知，它在 0℃时的输出电压不是 0V，而是接近 0.1V（相当于 10℃），即存在 0.1V 的偏移电压。那么，要为放大器提供一个偏置输入电压，利用电阻 R_3 和 R_2 分压达到此目的，则电位 u_4 取值为

$$u_4 = \frac{0.1V}{K_V} = \frac{0.1V}{243.9} \approx 410(\mu V) \quad (7-17)$$

$$u_4 = \frac{5V}{R_3 + R_2} R_2 \quad (7-18)$$

联立式（7-17）和式（7-18），且 R_2 取值为 154Ω，获得电阻 R_3 的取值为

$$R_3 = \left(\frac{5V \times 243.9}{0.1V} - 1\right) \times R_2 = \left(\frac{5V \times 243.9}{0.1V} - 1\right) \times 154 = 1.87(M\Omega) \quad (7-19)$$

运放 A1 的输出电压为 $0.1\sim2.6V$，对应的温度为 $0\sim250℃$。在运放 A1 的输出端增加一个低通滤波器，由 R_8 和 C_4 构成，它们的取值为

$$\begin{cases} R_8 = 5.9k\Omega \\ C_4 = 0.47\mu F \end{cases} \quad (7-20)$$

该低通滤波器的截止频率为

$$f_2 = \frac{1}{2\pi R_8 C_4} = \frac{1000}{2\pi \times 5.9 \times 0.47} \approx 57(Hz) \quad (7-21)$$

热电偶的检测电路的设计过程到这里基本上结束了。需要提醒的是：

(1) 对于模拟式传感器而言，根据实际测试环境的不同，在后续处理电路的输出级，可以设计一级隔离运放，旨在进行隔离变换处理。不过它不是本例讨论的重点，故而略去不画，如有需要，请参见第二章二~三节的相关内容。

(2) 本例的运放 A1 可以选择低噪声精密运放，如 OP07、OP27、OP37、OPA4228、OP196/296/496（轨到轨输入和输出）、OP191/291/491（轨到轨输入和输出）、

OP184/284/484（轨到轨输入和输出）、OP181/281/481（轨到轨输出）、OP193/293/493OP113/213/413、AD509、AD820/822/824（JFET 型输入、轨到轨输出）、ICL7650、LT1007、MAX427、LT1037 和 MAX437 等。

（3）本例电路中的电阻 R_7 是充当运放 A1 的负载用的，其取值大小视运放 A1 的带载能力而定，至少为数十千欧以上。电阻 R_3 有一个重要作用，那就是用于热电偶传感器开路时的报警指示。当热电偶传感器开路时，其等效电路如图 7-9 所示，热电偶开路时的信号流向是：电源 → R_3 → 运放 A1 的同相端 → 输出端。

下面简单推导热电偶开路时运放 A1 的输出电压 u_{OUT} 的表达式。

电阻 R_2 的取值为 154Ω，计算得到电阻 R_3 的取值为 1.87MΩ，R_4 的取值为 6.34kΩ，那么运放 A1 的输出电压 u_{OUT} 的表达式为

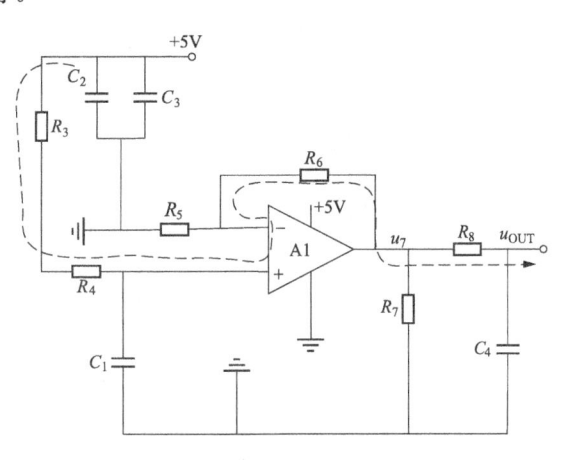

图 7-9　热电偶开路时的等效电路

$$u_{OUT} = 5V \times K_V = 5V \times 243.9 = 1219.5V \qquad (7-22)$$

分析式（7-22）得知，当热电偶开路时，运放输出端超过其电源电压，表明运放输出端已经饱和，那么该输出电压 u_{OUT} 近似为电源电压（一般低于电源电压至少 0.7V 左右），即

$$u_{OUT} \approx 5V \qquad (7-23)$$

因而，在运放 A1 的输出端接一个窗口比较器，即可对下列三种情况进行报警：
(1) 低温（0℃以下）。
(2) 高温（超过 250℃）。
(3) 传感器开路故障。

第四节　热敏电阻及其典型应用技术

一、热敏电阻的特点

热敏电阻器是敏感元件的一类，它们的典型特点是对温度敏感，按照温度系数的不同分为两大典型。

(1) 正温度系数热敏电阻器（PTC）。在温度越高时电阻值越大，属于半导体器件，其实物图如图 7-10 (a) 所示。

(2) 为负温度系数热敏电阻器（NTC）。在温度越高时电阻值越低，属于半导体器件，其实物图如图 7-10 (b) 所示。

热敏电阻的主要优点是：
(1) 灵敏度较高。其电阻温度系数要比金属大 10~100 倍。
(2) 工作温度范围宽。常温器件适用于 -55~315℃；高温器件适用温度高于 315℃（目前最高可达到 2000℃），低温器件适用于 -273~-55℃。

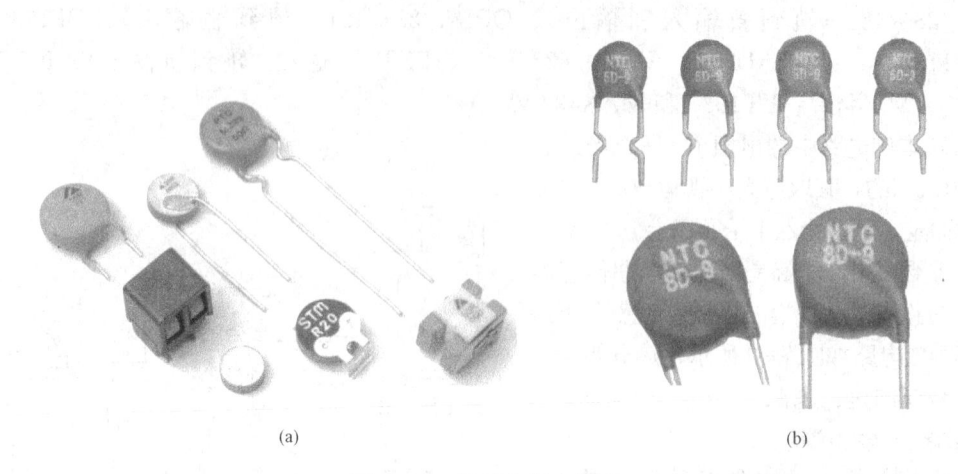

图 7-10　热敏电阻实物图
(a) 热敏电阻 PTC；(b) 热敏电阻 NTC

(3) 体积小。能够测量其他温度计无法测量的空隙、腔体及生物体内血管的温度。
(4) 使用方便。电阻值可在 0.1～100kΩ 间任意选择。
(5) 易加工成复杂的形状，可大批量生产。
(6) 过载能力强。

具有显著优点的同时，热敏电阻也有一些不足：
(1) 阻值与温度的关系非线性比较严重。
(2) 元件的一致性差，互换性不好。
(3) 元件易老化，稳定性较差。
(4) 除特殊高温热敏电阻外，绝大多数热敏电阻，仅适合 0～150℃ 范围，使用时必须注意。

二、热敏电阻的应用

热敏电阻器的用途十分广泛。主要的应用方面有：
(1) 利用电阻—温度特性来测量温度、控制温度和元件、器件、电路的温度补偿。
(2) 利用非线性特性完成稳压、限幅、开关、过电流保护作用。
(3) 利用不同媒质中热耗散特性的差异，测量流量、流速、液面、热导、真空度等。
(4) 利用热惯性作为时间延迟器。

三、电压源驱动型热敏电阻测温范例分析

1. 热敏电阻选型

本例选择 MF52 珠状测温型 NTC 热敏电阻，它用于测量某装置中冷却水的温度，测量范围为 −10～90℃。该传感器是采用新材料、新工艺生产的小体积环氧树脂包封型 NTC 热敏电阻，具有高精度和快速反应等优点。

所选择的型号为 MF52B103F3470，型号含义如表 7-4 所示。需要提醒的是，由于只测量 −10～90℃，因此，在热敏电阻 MF52B103F3470 的电阻—温度关系表中，仅仅给出了 −10～90℃ 范围的电阻—温度关系值。

表 7-4　　　　　　　　热敏电阻 MF52B103F3470 型号含义

产品型号	标称电阻值 R25（Ω）	B值 (25/50℃)	额定功率 （mW）	耗散系数 （mW/℃）	热时间常数 （S）	工作温度 （℃）	允许偏差
MF52□□□3470	10k	3470	≤50	≥2.0 静止空气中	≤15 静止空气中	－55～125℃	F（±1%）

热敏电阻 MF52B103F3470 的电阻—温度关系如表 7-5 所示。

表 7-5　　　　　　热敏电阻 MF52B103F3470 的电阻—温度关系（－10～90℃）

t（℃）	R（kΩ）	t（℃）	R（kΩ）	t（℃）	R（kΩ）	t（℃）	R（kΩ）
－10	44.1201	16	15.5350	42	5.3534	68	2.2803
－9	42.1180	17	14.7867	43	5.1725	69	2.2065
－8	40.2121	18	14.0551	44	4.9976	70	2.1350
－7	38.3988	19	13.3536	45	4.8286	71	2.0661
－6	36.6746	20	12.6900	46	4.6652	72	2.0004
－5	35.0362	21	12.0684	47	4.5073	73	1.9378
－4	33.4802	22	11.4900	48	4.3548	74	1.8785
－3	32.0035	23	10.9539	49	4.2075	75	1.8225
－2	30.6028	24	10.4582	50	4.0650	76	1.7696
－1	29.2750	25	10.0000	51	3.9271	77	1.7197
0	28.0170	26	9.5762	52	3.7936	78	1.6727
1	26.8255	27	9.1835	53	3.6639	79	1.6282
2	25.6972	28	8.8186	54	3.5377	80	1.5860
3	24.6290	29	8.4784	55	3.4146	81	1.5458
4	23.6176	30	8.1600	56	3.2939	82	1.5075
5	22.6597	31	7.8608	57	3.1752	83	1.4707
6	21.7522	32	7.5785	58	3.0579	84	1.4352
7	20.8916	33	7.3109	59	2.9414	85	1.4006
8	20.0749	34	7.0564	60	2.8250	86	1.3669
9	19.2988	35	6.8133	61	2.7762	87	1.3337
10	18.5600	36	6.5806	62	2.7179	88	1.3009
11	18.4818	37	6.3570	63	2.6523	89	1.2684
12	18.1489	38	6.1418	64	2.5817	90	1.2360
13	17.6316	39	5.9343	65	2.5076	—	—
14	16.9917	40	5.7340	66	2.4319	—	—
15	16.2797	41	5.5405	67	2.3557	—	—

从提供的电阻—温度关系表 7-5 中，可以看出 NTC 热敏电阻器 MF52B103F3470，在测温范围为 -10~90℃ 时，其电阻值的变化范围为 1.2360k~44.1201kΩ。因此，通过表 7-5，可以很直观地看到电阻的变化范围介于 1.2360k~44.1201kΩ 之间，即：

(1) 在 -10℃ 时，它表现出的电阻值是 44.1201kΩ。
(2) 在 90℃ 时，它表现出的电阻值是 1.2360kΩ。

由此可见，前者电阻接近于后者电阻的 36 倍。

2. 设计要求

(1) 电源电压 U_S 为 +5V。
(2) 测量获得的最大电压为 4.0V（对应温度 90℃）。
(3) 温度最小刻度为 0.1℃，需要确定 ADC 的位数。

3. 电路设计

MF52 珠状测温型 NTC 热敏电阻的实物图如图 7-11（a）所示，本例设计如图 7-11（b）所示的基于热敏电阻的测温电路。该电路由激励电路和测试电路组成，将测量电阻 R_M 与热敏电阻 R_V 组成一个简单的串联分压电路。

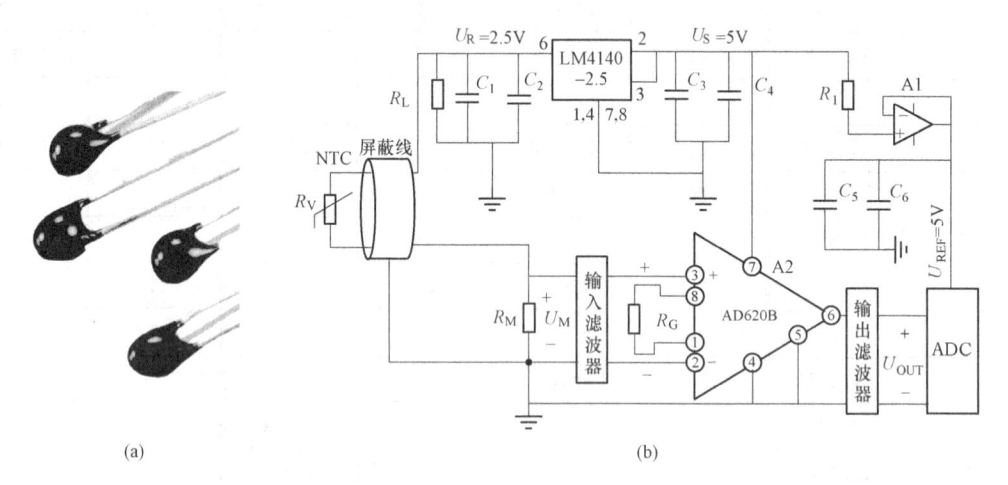

图 7-11 热敏电阻 MF52 型的实物图和测温电路
(a) 实物图；(b) 测温电路

(1) 激励电源所需芯片选型。本例选择 LM4140-2.5 作为热敏电阻的激励电源，它是一种高精度的微功耗低压降压参考电源，输出 2.5V，它有三种温漂级别：

1) A 级芯片的温漂不超过 $3×10^{-6}$/℃。
2) B 级芯片的温漂不超过 $6×10^{-6}$/℃。
3) C 级芯片的温漂不超过 $10×10^{-6}$/℃。

可以根据具体需求情况，灵活选取。本例选择 LM4140C-2.500，它输出电压精度可达 ±0.1%，输出电流为 1~8mA 可调。

(2) 电路中关键性器件参数。现将图 7-11（b）所示电路中的关键性器件及其参数选择方法，分别说明如下：

1) 电源的滤波电容 C_1~C_6 可以灵活选择，电解电容 C_1、C_3 和 C_5 可以取 10μF 的钽电容，瓷片电容 C_2、C_4 和 C_6 可以取 0.01μF。

2) 电阻 R_L 为芯片 LM4140C-2.500 的负载电阻，一般取值数 kΩ 即可。

3) 电阻 R_1 为限流用保护电阻，需要根据所选择的低噪声精密运放 A1 的输入端允许电流而灵活选取。因此，既要保证运放 A1 的限流保护，又要保证 ADC 芯片电源所需电流，一般不要取太大电流，否则电阻发热对测量结果影响较大。

4) 仪用运放是 AD620，其他类似仪用运放也可以选用。

为了凸显设计方法，图 7 - 11 （b）中省略了仪用运放 A2 的输入和输出滤波器电路部分，有关其设计方法可参见第三章相关内容。

本例还要注意热敏电阻传输线的屏蔽及其屏蔽接地的问题。

4. 设计计算

根据分压器原理，可得测量电阻 R_M 的端电压 U_M 的表达式为

$$U_M = \frac{U_R}{R_M + R_V} R_M \tag{7-24}$$

本例采用倒推设计方法：

（1）根据设计要求，测量获得的最大电压为 4.0V（对应温度 90℃），那么需要采用放大器电路。

（2）设计放大器电路，本例采用仪用运放 AD620，那么它的输出电压的最大值就需要满足设计要求，即 U_{OUT_MAX} 为 4.0V，对应温度为 90℃。考虑到信噪比的问题，检测电阻的端电压不能取得太小。运放 AD620 的放大倍数的表达式为

$$K_G = \frac{49.4 \times 10^3}{R_G} + 1 \tag{7-25}$$

（3）假设 R_G 为 49.3kΩ（采用 E192 电阻系列），那么实际的放大倍数为

$$K_G = \frac{49.4 \times 10^3}{R_G} + 1 = \frac{49.4 \times 10^3}{49.3} + 1 \approx 2.002 \tag{7-26}$$

（4）温度 90℃时，测量电阻获得的最大端电压 U_{M_MAX}（对应温度 90℃）为

$$U_{M\_MAX} = \frac{U_{OUT\_MAX}}{K_G} = \frac{4}{2.002} \approx 2.0(V) \tag{7-27}$$

（5）测量电阻获得的最大端电压 U_{M_MAX}，实际上就是温度最高（即最高温度 90℃）时，此时热敏电阻的电阻值为最小值 U_{V_MIN}，则

$$U_{M\_MAX} = \frac{U_R R_M}{R_{V\_MIN} + R_M} = \frac{2.5V \times R_M}{1.236 \times 10^3 + R_M} = 2.0(V) \tag{7-28}$$

因此，测量电阻 R_M 的计算结果为

$$R_M = \frac{U_{M\_MAX}}{U_R - U_{M\_MAX}} R_{V\_MIN} = \frac{2.0}{2.5 - 2.0} \times 1.236 \times 10^3 = 4.944(kΩ) \tag{7-29}$$

（6）采用 E192 电阻系列，因此，最后获得的测量电阻 R_M 的取值为 4.99kΩ。那么计算获得 90℃时测量电阻 R_M 的端电压 $U_{M\_90℃}$ 为

$$U_{M\_90℃} = \frac{U_R}{R_M + R_{V\_90℃}} R_M = \frac{2.5}{4.99 \times 10^3 + 1.236 \times 10^3} \times 4.99 \times 10^3 \approx 2.004(V) \quad (7-30)$$

(7) 同理，计算获得-20℃时测量电阻 R_M 的端电压 $U_{M\_-20℃}$ 为

$$U_{M\_-20℃} = \frac{U_R}{R_M + R_{V\_-20℃}} R_M = \frac{2.5}{4.99 \times 10^3 + 44.1201 \times 10^3} \times 4.99 \times 10^3 = 0.254(V) \quad (7-31)$$

那么，计算获得90℃时，放大器输出电压 $U_{OUT\_90℃}$ 为

$$U_{OUT\_90℃} = U_{M\_90℃} \times K_G \approx 4.01(V) \quad (7-32)$$

(8) 同理，计算获得-20℃，放大器输出电压 $U_{OUT\_-20℃}$ 为

$$U_{OUT\_-20℃} = U_{M\_-20℃} \times K_G \approx 0.51(V) \quad (7-33)$$

(9) 如果要求温度最小刻度为0.1℃，由于被测温度范围为-20～90℃，那么需要存储的温度个数 N_T 至少为

$$N_T \geqslant \frac{90+20+1}{0.1} = 1111 \quad (7-34)$$

因此，需要选择至少11bit的ADC进行接口。本例选择12bit，其参考电压 U_{REF} 为5V，那么各温度点对应的ADC转换后的数字量可以计算

$$\delta_{12bit} = \frac{U_{REF}}{2^{12}} = \frac{5.0}{65536} \approx 122.1\mu V \quad (7-35)$$

(10) 那么-20℃时对应的数字量 $D_{-20℃}$ 为

$$D_{-20℃} = \frac{U_{OUT\_-20℃}}{\delta_{12bit}} = \frac{0.51V}{122.1\mu V} \approx 418 \quad (7-36)$$

那么90℃时对应的数字量 $D_{90℃}$ 为

$$D_{90℃} = \frac{U_{OUT\_90℃}}{\delta_{12bit}} = \frac{4.1V}{122.1\mu V} \approx 3285 \quad (7-37)$$

根据这样的对应关系对数据进行预处理，即可采用插值的方法获得被测温度。需要提醒的是，可以根据实际测试需要，在后续处理电路的输出级，可以选择性地设计一级隔离运放，旨在进行隔离变换处理，再传送到ADC芯片。

四、电流源驱动型热敏电阻测温范例分析

1. 设计要求

(1) 电源电压 U_S 为+5V。

(2) 测量获得的最大电压为4.0V（对应温度90℃）。

(3) 温度最小刻度为0.1℃，需要确定ADC的位数。

2. 电路设计

基于电流源激励的热敏电阻测温电路，如图7-12所示，其由激励电路和测试电路组成。本电路选择LM4140-4.096作为热敏电阻的激励电源，由它构成恒流源电路。需要提醒的是，本例要注意热敏电阻传输线的屏蔽和屏蔽接地问题。

3. 设计计算

本例仍然采用倒推设计方法。

(1) 本例仍然采用仪用运放AD620，那么它的输出电压就需要满足设计要求，即

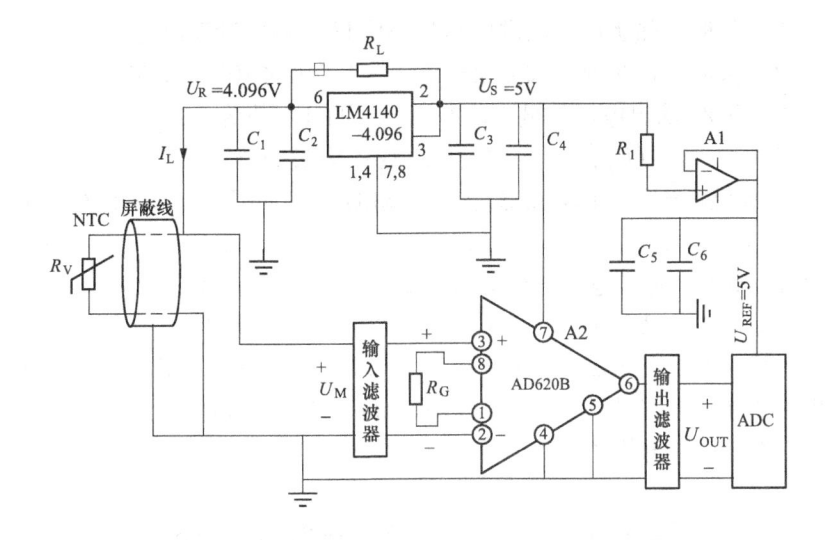

图 7-12 基于电流源激励的热敏电阻测温电路

4.0V，对应温度为 90℃。考虑到信噪比的问题，检测电阻仍然取 49.3kΩ（采用 E192 电阻系列），即放大倍数取 2 倍。

（2）与前面设计不同的是，当温度 90℃ 时，热敏电阻的电阻值最小，记为 R_{V_MIN} = 1.236kΩ，其端电压也为最小，记为 U_{M_MIN}。同理，当温度 −20℃ 时，热敏电阻的电阻值最大，记为 R_{V_MAX} = 44.1201kΩ，其端电压也为最大，记为 U_{M_MAX}。

（3）热敏电阻获得的最大端电压 U_{M_MAX}（对应温度 −20℃）的表达式为

$$U_{M\_MAX} = \frac{U_{OUT\_MAX}}{\frac{49.4 \times 10^3}{R_G} + 1} = \frac{4}{2.002} \approx 2.0(V) \tag{7-38}$$

（4）由于本例采用恒流源激励热敏电阻，那么它的端电压可以表示为

$$U_{M\_MAX} = I_L \times R_{V\_MAX} \tag{7-39}$$

（5）联立式（7-38）和式（7-39）可以推导获得恒流源的电流 I_L 的表达式为

$$I_L = \frac{U_{OUT\_MAX}}{K_G R_{V\_MAX}} = \frac{4}{2.002 \times 44.1201 \times 10^3} \approx 45.28(\mu A) \tag{7-40}$$

（6）根据芯片 LM4140-4.096 的参数手册得知，恒流源的电流 I_L 的计算方法为

$$I_L = \frac{U_S - U_R}{R_L} \tag{7-41}$$

式中，R_L 为恒流源的电流调节电阻。

由式（7-41），可以获得调节电阻 R_L 的表达式为

$$R_L = \frac{U_S - U_R}{I_L} = \frac{U_S - U_R}{\frac{U_{OUT\_MAX}}{K_G R_{V\_MAX}}} = \frac{5 - 4.096}{\frac{4.0}{2.002 \times 44.1201 \times 10^3}} \approx 19.96(k\Omega) \tag{7-42}$$

（7）采用 E192 电阻系列，因此，调节电阻 R_L 取值为 20kΩ。那么恒流源的实际电流 I_L 的计算值为

$$I_L = \frac{U_S - U_R}{R_L} = \frac{5 - 4.096}{20 \times 10^3} = 45.2(\mu A) \tag{7-43}$$

(8) 当温度 90℃时，热敏电阻的端电压最小值 U_{M_MIN} 的计算值为

$$U_{M\_MIN} = I_L \times R_{V\_MIN} = 45.2\mu A \times 1.236 \times 10^3 \approx 0.056(V) \tag{7-44}$$

(9) 放大器 AD620 输出电压的最小值 U_{OUT_MIN} 的计算值为

$$U_{OUT\_MIN} = K_G \times U_{M\_MIN} \approx 0.112(V) \tag{7-45}$$

(10) 同理，当温度 −20℃时，热敏电阻的端电压最大值 U_{M_MAX} 的计算值为

$$U_{M\_MAX} = I_L \times R_{V\_MAX} = 45.2\mu A \times 44.1201 \times 10^3 \approx 1.994(V) \tag{7-46}$$

(11) 放大器 AD620 输出电压的最大值 U_{OUT_MAX} 的计算值为

$$U_{OUT\_MAX} = K_G \times U_{M\_MAX} \approx 3.993(V) \tag{7-47}$$

由此可见，基本满足设计要求，即获得最大的测量电压为 4.0V，相差 7mV。需要提醒的是，本例将后续处理电路的输出级直接接到 ADC 芯片，如有需要，可以增加隔离运放，便于进行隔离变换处理，再传送到 ADC 芯片。

第五节 Pt100 电阻及其典型应用技术

一、基本特点

电阻式温度检测器属于温度传感器的一种，它主要是利用金属电阻会随着温度高低不同而出现相应变化这一物理特性来测量温度的。大部分电阻式温度检测器都以金属制作而成，其中尤以铂金（Pt）制作的电阻式温度检测器最为稳定，它耐酸碱、不会变质、线性度好，因而其应用范围非常广泛。

目前常见的以 Pt 制作的电阻式温度检测器有 Pt100、Pt500 和 Pt1000 三种。绝大多数均将它们制作成图 7-13 所示的封装形式。

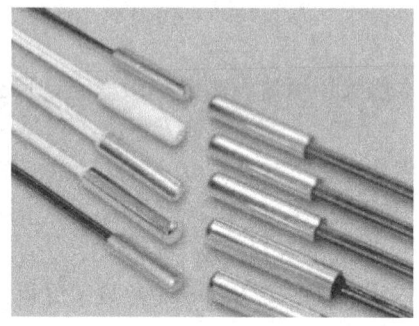

图 7-13 Pt100、Pt500 和 Pt1000 的封装形式

本节主要以 Pt100 为例进行分析。Pt100 中的"100"表示在 0℃时铂热电阻的阻值为 100Ω；在 100℃时它的阻值约为 138.5Ω。Pt100 铂热电阻是中低温区最常用的一种温度检测器，其主要特点是：

(1) 测量精度高，性能稳定。
(2) 机械强度高，耐高温耐压性能好。
(3) 抗振性能好。

铂热电阻不仅广泛应用于工业测温，还被制成标准的测温基准仪。

二、测温原理

当 Pt100 在 0℃时，其阻值为 100Ω，它的阻值会随着温度上升而成近似匀速的增长。但它们之间的关系并不是简单的正比关系，而更应该趋近于一条抛物线，它的阻值随温度变化而变化的计算公式为

$$\begin{cases} R_t = R_0[1 + At + Bt^2 + C(t-100)t^3] & (-200℃ < t < 0℃) \\ R_t = R_0(1 + At + Bt^2) & (0℃ < t < 850℃) \end{cases} \quad (7-48)$$

式中，R_t 表示温度为 t 时铂热电阻的电阻值；R_0 表示温度为 0℃时铂热电阻的电阻值；系数 A、B、C 为实验测定的，这里给出国际标准的 DIN EN60751 （IEC751-1983）系数：①A=3.9083×10^{-3}；②B=-5.775E×10^{-7}；③C=-4.183×10^{-12}。

三、激励方法

1. 概述

Pt100 作为铂热电阻温度传感器，它的阻值会随着温度的变化而改变。如何测量其电阻值进而获得被测体的温度？最简单的办法就是利用外部激励电源（可以是电压源，也可以是电流源）激励它。借助分压器，Pt100 测温电路的原理示意图如图 7-14 所示。图中 R_M 表示测量电阻，R_t 表示 Pt100 电阻，R_1 表示限流电阻，U_M 表示测量电压，U_S 表示激励电压，I_S 表示激励电流。采集测量电压 U_M，通过换算即可获得被测体温度。

2. 电压源激励

分析图 7-14（a）得知，在电压源激励时，测量电阻 R_M 的端电压 U_M 的表达式为

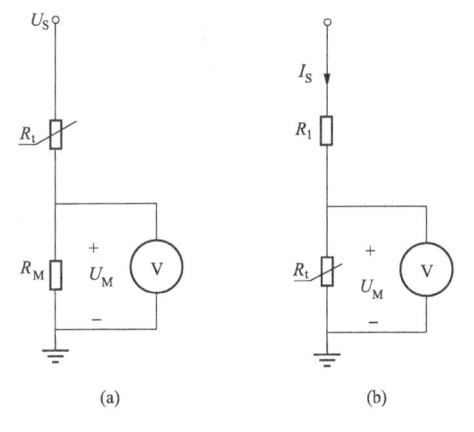

$$U_M = \frac{U_S}{R_M + R_t} R_M \quad (7-49)$$

图 7-14 Pt100 测温电路的原理示意图
(a) 电压源激励；(b) 电流源激励

为了分析简单起见，将 Pt100 的电阻随温度变化的表达式简化为一次项，即

$$R_t = R_0(1 + At) \quad (-200℃ < t < 850℃) \quad (7-50)$$

联立式（7-49）和式（7-50），可以推导获得被测体温度的表达式为

$$t = -\frac{R_M + R_0}{AR_0} + \frac{U_S P_M}{AR_0} \frac{1}{U_M} \quad (-200℃ < t < 850℃) \quad (7-51)$$

将式（7-51）改写成常规数学形式，即

$$\begin{cases} t = \frac{K_{MU}}{U_M} + B_{MU} & (-200℃ < t < 850℃) \\ K_{MU} = \frac{U_S R_M}{AR_0} \\ B_{MU} = -\frac{R_M + R_0}{AR_0} \end{cases} \quad (7-52)$$

式中，比例系数 K_{MU} 和截距 B_{MU} 是取决于如图 7-14（a）所示电路的电气参数以及 Pt100 的特性参数的常数。

分析式（7-52）得知：

(1) 测量端电压 U_M，即可换算获得被测体的温度 t。

(2) 在设计电路时，需要考虑被测体温度 t 的表达式中的偏置量，即截距 B_{MU}，它取决于测量电阻 R_M、Pt100 铂电阻在 0℃时的电阻值 R_0 和系数 A。

(3) 比例系数 K_{MU} 取决于如图 7-14（a）所示电路的参数、测量电阻 R_M、Pt100 铂电阻在 0℃时的电阻值 R_0 和系数 A。

(4) 温度 t 与端电压 U_M 成反比关系。

3. 电流源激励

分析图 7-14（b）得知，在电流源激励时，Pt100 电阻 R_t 的端电压，即为测量电压 U_M，它的表达式为

$$U_M = I_S R_t \tag{7-53}$$

联立式（7-50）和式（7-53），可以推导获得被测体温度的表达式为

$$t = \frac{1}{I_S A R_0} U_M + \frac{-1}{A} \quad (-200℃ < t < 850℃) \tag{7-54}$$

将式（7-54）改写成常规数学形式，即

$$\begin{cases} t = K_{MI} \times U_M + B_{MI} \quad (-200℃ < t < 850℃) \\ K_{MI} = \dfrac{1}{I_S A R_0} \\ B_{MI} = \dfrac{-1}{A} \end{cases} \tag{7-55}$$

式中，比例系数 K_{MI} 和截距 B_{MI} 是取决于如图 7-14（b）所示电路的参数和 Pt100 特性参数的常值。

分析式（7-55）得知：

(1) 测量端电压 U_M，即可换算获得被测体温度。

(2) 在设计电路时，需要考虑偏置量，即截距 B_{MI}，它取决于 Pt100 的系数 A。

(3) 比例系数 K_{MU} 取决于如图 7-14（b）所示电路的参数、Pt100 铂电阻在 0℃时的电阻值 R_0 和系数 A。

(4) 温度 t 与端电压 U_M 成正比关系。

4. 激励方式对比

为了便于对比，现将电压源与电流源激励时被测体温度的表达式总结如下

$$\begin{cases} t = \dfrac{K_{MU}}{U_M} + B_{MU} \quad \text{（电压源激励）} \\ t = K_{MI} \times U_M + B_{MI} \quad \text{（电流源激励）} \end{cases} \tag{7-56}$$

对比分析电压源和电流源激励下，由被测体温度的式（7-56）得知，采用恒流源激励时，被测体温度 t 与端电压 U_M 成正比关系，更有利于保证线性度。另外，从现场抗干扰能力强弱角度来看，电流源激励要比电压源激励的抗干扰效果好得多。

不过还得注意一个问题，在使用 Pt100（其他电阻式温度检测器、热敏电阻或热电偶）时，必须要重视其自热现象及其对测量结果的不良影响的问题。因此，输入 Pt100 之类的电阻温度检测器的电流必须高低适中，电流幅值一方面要足够强，足以提高温度传感器的灵敏度，另一方面又不能太高，以免电阻温度检测器因内部过度受热而出现较大误差。如果所选择的电压源过高、流过 Pt100 的电流过大，导致它发热过大，将会引起测量误差。

第七章 温度传感器及其典型应用技术

因此，一般情况下，1~2mA 的激励电流是比较合理的，既不会令 Pt100 之类的电阻温度检测器的内部过度受热，又能兼顾测试系统的信噪比，可将因温度上升而产生的误差减至最小。

四、接线方法

1. 分度表

现将 Pt100 的电阻与温度的分度情况小结于附录 A 中的附表 A-4 中。分析附录 A 中的附表 A-4 得知：

(1) 在温度为 -200℃ 时，其电阻值为 18.49。
(2) 在温度高达 850℃ 时，其电阻值为 389.26Ω。
(3) 温度有高达 1000℃ 的变化时，其电阻值却仅有 371Ω 的变化量，变化幅度不大。

2. 接线方法

如果引线电阻约为 100mΩ，而 RTD 为 100Ω，则引线电阻大约会产生 0.1% 的测量误差，因而，必须重视接线对温度测量准确度的影响。

常规的接线方法就是 2 线法，如图 7-15（a）所示。其优点是仅需要使用两根导线，如图 7-15（a）中虚线所示，因而容易连接与实现；缺点是引线电阻会参与温度测量，从而引入一些误差。2 线法适于引线不长、精度要求较低的测温场合。

2 线法的一种改进方法是 3 线法，如图 7-15（b）所示。虽然它也是采用让电流通过电阻并测量其端电压的方法，但使用第 3 根引线，则可对引线电阻进行补偿，3 根导线如图 7-15（b）中虚线所示。这需要有第 3 根线来补偿测量单元，或需要测出第 3 根线上的温度值，并将其从总的温度测量值上减去，3 线法用于工业测量，属于一般精度的测量法。

3 线法如果不对引线（电阻）进行补偿的话，还会引起更大的误差，为此，可以采用 4 线法，如图 7-15（c）所示。它有助于消除这种误差，与其他两种接线方法一样，4 线法中也同样是采用让电流通过电阻并测量其端电压的方法，但是从引线的一端引入电流，而在另一端测量电压，4 根导线如图 7-15（b）中虚线所示。所测电压是在 Pt100 电阻元件上，而不是与源电流在同一点上测量获得的，这就意味着将引线电阻完全排除在温度测量路径之外，换句话说，引线电阻不是测量的一部分，因此不会产生误差，4 线法多为实验室用，属于高精度测量法。

五、浮置式恒流源激励测温范例分析

1. 设计要求

现将本例的设计要求小结如下：

(1) 电源电压 U_S：+5V。
(2) 最大测量电压：4.0V（对应温度 850℃）。
(3) 采用 Pt100 作为温度传感器。

2. 电路设计

图 7-16（a）表示温度传感器 Pt100 的实物图。根据前面的分析得知，采用电流源激励 Pt100 要比电压源激励它时的抗干扰效果好得多，为此，需要设计电流源电路，但流入 Pt100 的电流源幅值又不能太大，以免影响测量的准确度，所以出现了一种小电流恒流源电路，如图 7-16（b）所示。图中 R_S 表示反馈电阻，U_S 表示反馈电阻 R_S 的端电压，U_{IN} 表示输入电压。图 7-16（b）所示电路的最大特点，就是将 Pt100 放置在远离接地端，所以称为

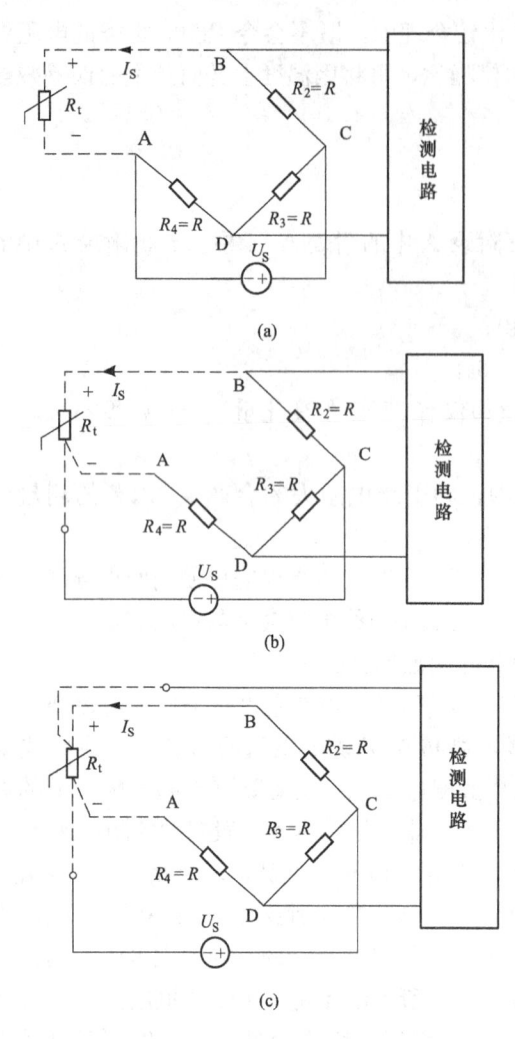

图 7-15　Pt100 电阻的三种接线方法
(a) 2 线法；(b) 3 线法；(c) 4 线法

浮置式放置。它可以采用上述三种接线方式，但最适宜于采用 4 线法，因此，以 4 线法为例进行分析。

根据运放虚短得知

$$U_S = U_- = U_+ = U_{IN} \tag{7-57}$$

根据运放虚断得知

$$I_- = I_+ = 0 \tag{7-58}$$

因此，流过 Pt100 的电流 I_t 与流过反馈电阻 R_S 的电流 I_S 相等，即

$$I_S = I_t \tag{7-59}$$

反馈电阻 R_S 的电流 I_S 可以表示为

$$I_S = \frac{U_S}{R_S} = \frac{U_{IN}}{R_S} \tag{7-60}$$

联立式（7-59）和式（7-60），可以得到流过 Pt100 的电流 I_t 的表达式，即

$$I_t = I_S = \frac{U_{IN}}{R_S} \tag{7-61}$$

分析式（7-61）得知，流过 Pt100 的电流 I_t，取决于输入电压 U_{IN} 和反馈电阻 R_S 的比值，与 Pt100（它作为本电路的负载）阻抗大小无关，即 Pt100 电阻值的变化不会影响到电流 I_t 大小的变化。也就是说被测体的温度变化，不会影响到电流 I_t 大小的变化，这就是式（7-61）所描述的恒流源的基本原理。

3. 设计计算

根据前面的复习内容可知，要测量 Pt100 的端电压，只需要在图 7-16 (b) 所示电路中的 Pt100 两端，接一级放大器即可。如图 7-17 所示，为仍然以 4 线法为例的测量 Pt100 端电压的测温电路。该放大器一般采用仪用运放如 AD620，旨在提高测量电路抗共模的能力。图 7-17 中略去输入、输出滤波器电路，有关它们的设计方法，请参照前面相关内容。

Pt100 的端电压 U_M 的表达式为

$$U_M = I_t R_t = \frac{U_{IN}}{R_S} R_t \tag{7-62}$$

由于运放 AD620 的放大倍数可以由增益电阻计算获得，因此，可以得到仪用运放 AD620 的输出电压的表达式为

$$U_{OUT} = U_M K_G = \frac{R_t}{R_S}\left(\frac{49.4 \times 10^3}{R_G} + 1\right)U_{IN} \tag{7-63}$$

假设流过反馈电阻 R_S 的电流 I_S 为 1mA，那么流过 Pt100 的电流 I_t 也为 1mA，即

$$I_S = I_t = 1\text{mA} \tag{7-64}$$

由于稳压芯片型号为 LM1410-2.5，那么它的输出电压 U_R 为 2.5V，于是得到输入电压

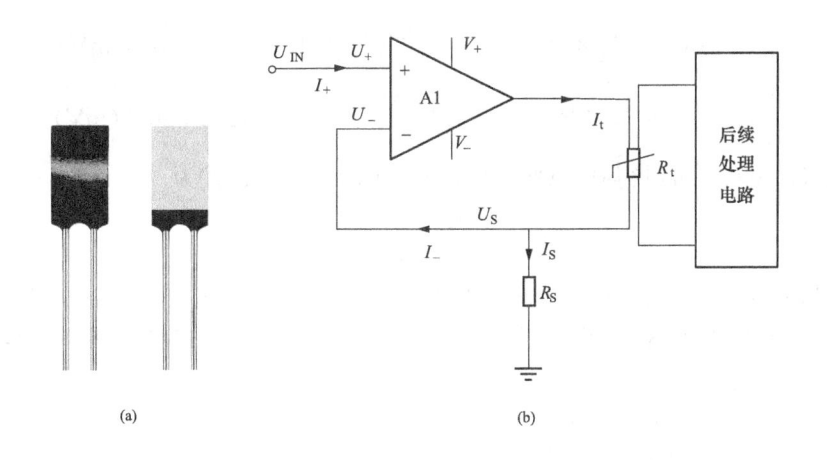

图 7-16 Pt100 实物图和基于小电流恒流源的 Pt100 测量电路（采用 4 线法）
(a) Pt100 实物图；(b) 小电流恒流源电路

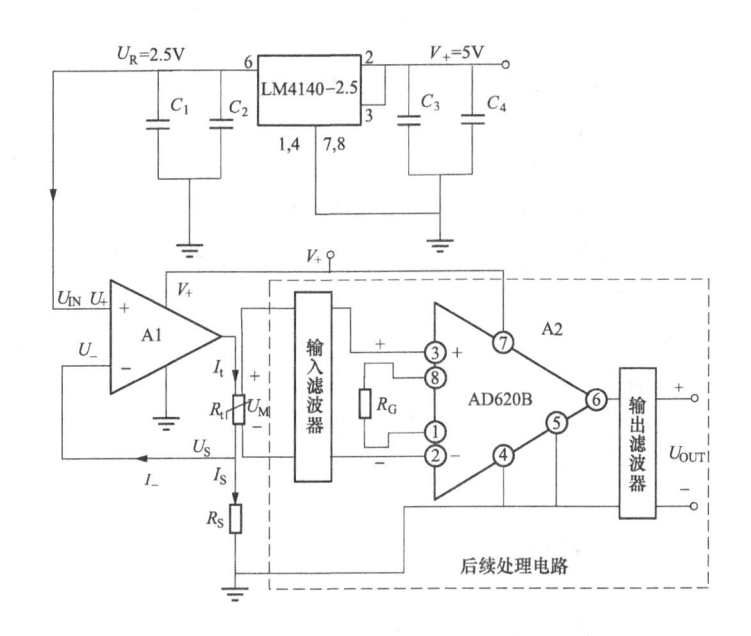

图 7-17 测量 Pt100 的端电压的测温电路（采用 4 线法）

U_{IN} 也为 2.5V，即

$$U_R = U_{IN} = 2.5V \tag{7-65}$$

因此，反馈电阻 R_S 的取值为

$$R_S = \frac{U_{IN}}{I_S} = \frac{U_R}{I_S} = \frac{2.5V}{1mA} = 2.5(k\Omega) \tag{7-66}$$

采用 E192 电阻系列，本例将反馈电阻 R_S 取值为 2.52kΩ。由于 Pt100 在温度为 −200℃时，其电阻值 18.49，在温度高达 850℃时，其电阻值 389.26Ω，本例采用的 5V 电源，那么，分别计算得到最低温和最高温时各自对应的电压，即

$$\begin{cases} U_{M\_-200℃} = I_S \times R_{t\_-200℃} = \dfrac{2.5V}{2.52kΩ} \times 18.49Ω \approx 18.3(mV) \\ U_{M\_850℃} = I_S \times R_{t\_850℃} = \dfrac{2.5V}{2.52kΩ} \times 389.26Ω \approx 386.2(mV) \end{cases} \quad (7-67)$$

根据式 (7-63),可以得到 AD620 的增益电阻 R_G 的表达式为

$$R_G = \dfrac{R_t U_R \times 49.4 \times 10^3}{U_{OUT} R_S - R_t U_R} \quad (7-68)$$

由于最高温度 850℃时,Pt100 输出电压最大值为 386.2mV,$U_{M\_850℃}$ 为 386.2mV,此时 AD620 输出电压最高为 4.0V,即 $U_{OUT\_850℃}$ 为 4.0V,代入式 (7-68) 中,计算获得 AD620 的增益电阻为

$$\begin{aligned} R_G &= \dfrac{R_{t\_850℃} U_P \times 49.4 \times 10^3}{U_{OUT\_850℃} R_S - R_{t\_850℃} U_R} \\ &= \dfrac{0.389\,26 \times 10^3 \times 2.5V \times 49.4 \times 10^3}{4.0V \times 2.49 \times 10^3 - 0.389\,26 \times 10^3 \times 2.5V} \approx 5.28(kΩ) \end{aligned} \quad (7-69)$$

采用 E192 电阻系列,本例将反馈电阻 R_S 取值为 5.36kΩ。那么,根据式 (7-63),可以计算得到最高温度 850℃时仅用运放 AD620 的输出电压的计算值为

$$\begin{aligned} U_{OUT\_850℃} &= \dfrac{R_{t\_850℃}}{R_S}\left(\dfrac{49.4 \times 10^3}{R_G} + 1\right)U_R \\ &= \dfrac{0.389\,26 \times 10^3}{2.49 \times 10^3}\left(\dfrac{49.4 \times 10^3}{5.36 \times 10^3} + 1\right) \times 2.5V \approx 3.993(V) \end{aligned} \quad (7-70)$$

到此基本完成电路的设计过程。不过,需要注意的是:

(1) 该变换器可以放大输出电流 I_S。因为,改变反馈电阻 R_S 的大小,就可以调节流过 Pt100 的电流 I_t 的大小,而且还可以减小信号源在调节电流增益时对负载电流的影响。

(2) 由于信号源仅仅提供了输出电流的一部分,而大部分输出电流则由运放提供,因此,在选择运放时,特别需要注意运放的带载能力。

(3) 本例在后续处理电路中并没有画出隔离运放,如有需要,请自行增加。

六、接地式恒流源激励测温范例分析

1. 设计要求

现将本例的设计要求小结如下:

(1) 电源电压 U_S:+5V。

(2) 最大测量电压:4.0V(对应温度 850℃)。

(3) 采用 Pt100 铂电阻作为温度传感器。

2. 电路设计

图 7-16 (b) 所示电路为最简单的同相输入方式的浮动负载方式的电压—电流变换电路,电路中流过反馈网络的电流就是被变换的电流。下面将图 7-16 (b) 所示电路进行改进,将 Pt100 放置在接地端,如图 7-18 (a) 所示,就变成了接地式恒流源电路。现将其工作原理简述如下:

(1) 恒流源电路 1 的工作原理分析。在图 7-18 (a) 所示电路中,运放 A2~A4 把反馈电阻 R_S 上的压降与输入基准电压(它实际上就是基准电压)U_{IN} 进行比较,其微小差别就能被放大,并控制运放 A1 的输出端,从而控制了流过 Pt100 的电流 I_t。在理想运放条件下,

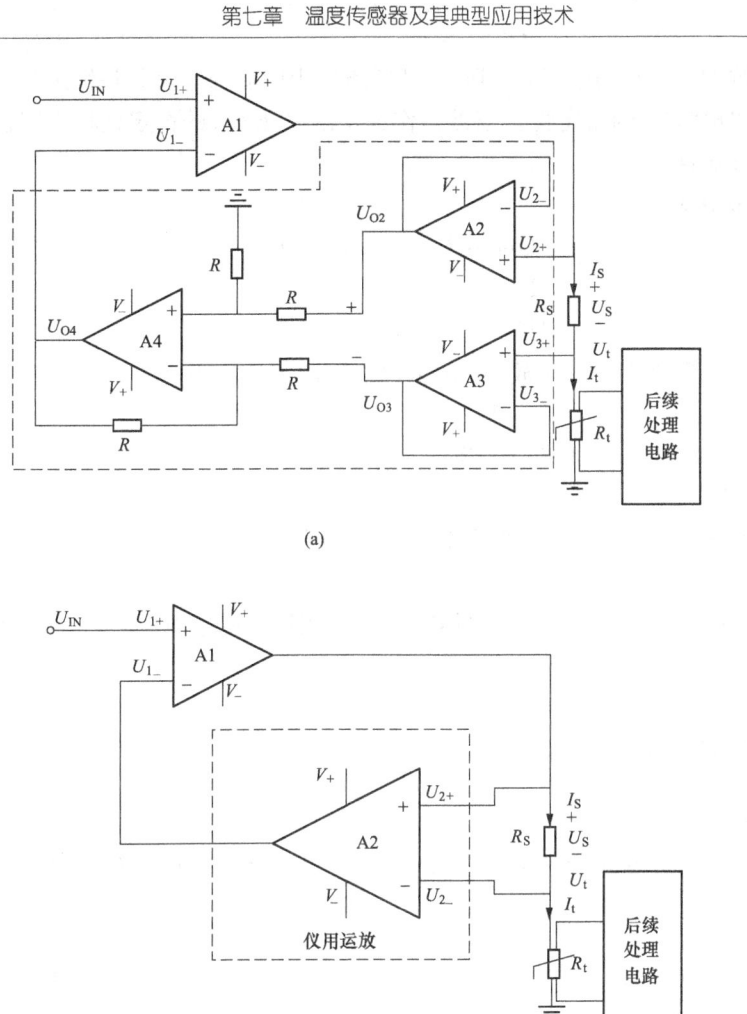

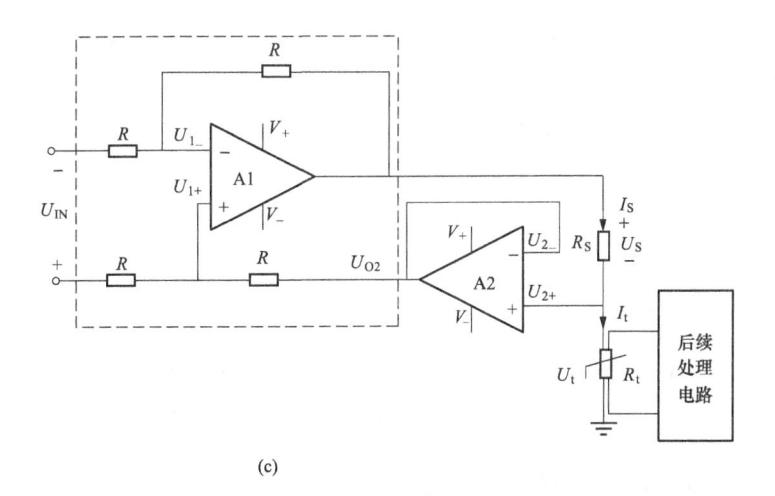

图 7-18　Pt100 处于接地端的恒流源电路（采用 4 线法）
(a) 恒流源电路 1；(b) 恒流源电路 1 的简化电路；(c) 恒流源电路 2

无论 Pt100 的阻抗 R_t 怎样变化,流过 Pt100 和反馈电阻 R_S 的电流总是恒定的。电源电压的变化不会影响输出电流 I_t 的稳定性。当然,作为基准电压 U_{IN} 的稳定性将决定恒流源电路的精度和输出电流稳定性。

根据运放虚短得知

$$\begin{cases} U_{O4} = U_{1-} = U_{1+} = U_{IN} \\ U_{2+} = U_{2-} = U_{O2} \\ U_{3+} = U_{3-} = U_{O3} \end{cases} \quad (7-71)$$

根据差分放大器原理得知,运放 A4 的输出电压的表达式为

$$U_{O4} = U_{O2} - U_{O3} \quad (7-72)$$

反馈电阻 R_S 的端电压 u_S 的表达式为

$$U_S = U_{2+} - U_{3+} \quad (7-73)$$

运放 A4 的输出端即为运放 A1 的反相输入端,则有

$$U_{O4} = U_{1-} \quad (7-74)$$

联立式(7-71)~式(7-73),推导获得反馈电阻 R_S 的端电压 U_S 与输入电压 U_{IN} 之间的关系式为

$$U_{IN} = U_{O2} - U_{O3} = U_{2+} - U_{3+} = U_S \quad (7-75)$$

流过反馈电阻 R_S 的电流 I_S 的表达式为

$$I_S = \frac{U_{2+} - U_{3+}}{R_S} = \frac{U_{IN}}{R_S} \quad (7-76)$$

根据运放虚断得知,流过反馈电阻 R_S 的电流 I_S 即为流过 Pt100 的电流 I_t,则有

$$I_t = I_S = \frac{U_{IN}}{R_S} \quad (7-77)$$

分析式(7-77)得知,流过 Pt100 的电流 I_t 取决于输入电压 U_{IN} 和反馈电阻 R_S,与 Pt100(它作为本电路的负载)阻抗大小无关,即 Pt100 的电阻的变化不会影响到电流 I_t 大小的变化。也就是说被测体的温度变化不会影响到电流 I_t 大小的变化,这就是式(7-77)所描述的恒流源的基本原理。

根据前面的复习内容可知,如果将图 7-18(a)中的虚线框中的三个运放用仪用运放如 AD620 取代,就会使电路变得更加简洁,如图 7-18(b)中运放 A2 所示。

(2)恒流源电路 2 的工作原理分析。图 7-18(c)所示的恒流源电路 2 中,根据运放虚断,可以得到

$$\frac{U_{IN} - U_{1+}}{R} = \frac{U_{1+} - U_{O2}}{R} \quad (7-78)$$

运放 A2 的输出电压 U_{O2} 的表达式为

$$U_{O2} = I_t \times R_t \quad (7-79)$$

联立式(7-78)和式(7-79),可以得到 U_{1+} 的表达式为

$$U_{1+} = \frac{U_{IN} + U_{O2}}{2} = \frac{U_{IN} + I_t \times R_t}{2} \quad (7-80)$$

运放 A1 的输出电压 U_S 的表达式为

$$U_S = 2 \times U_{1+} \quad (7-81)$$

联立式(7-80)和式(7-81),可以得到 U_S 的表达式为

$$U_S = U_{IN} + I_t \times R_t \tag{7-82}$$

根据分压器原理，可以得到 U_S 的表达式为

$$U_S = I_t \times (R_t + R_S) \tag{7-83}$$

联立式（7-82）和式（7-83），可以得到 I_t 的表达式为

$$I_t = \frac{U_{IN}}{R_S} \tag{7-84}$$

式（7-84）即为恒流源电路 2 的基本原理。

(3) 测量电路的工作原理分析。要测量 Pt100 的端电压，只需要在图 7-18（a）～图 7-18（c）所示电路中的 Pt100 两端，再接一级放大器即可，如图 7-19 所示为测 Pt100 端电压的测温电路。该放大器一般采用仪用运放（如 AD620，即图 7-19 中 A3），旨在提高测量电路抗共模干扰的能力。

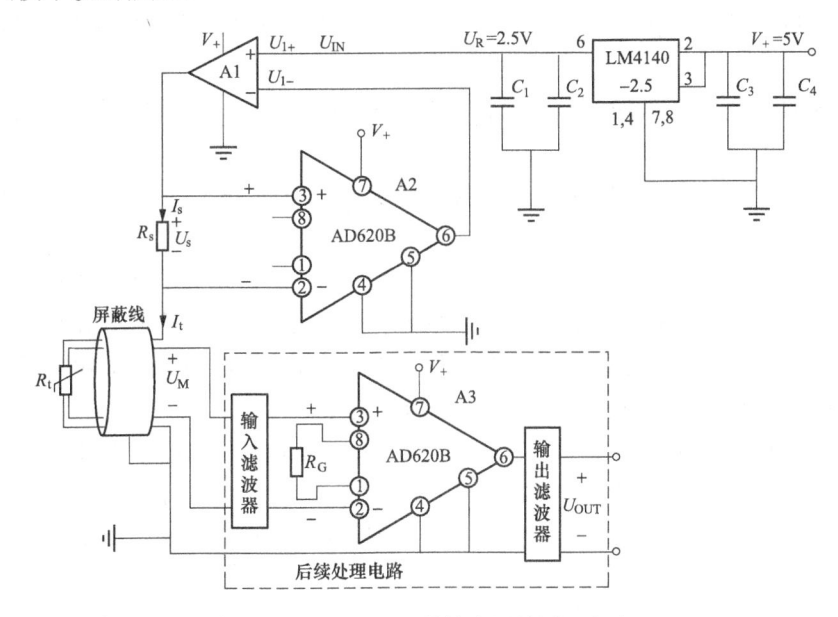

图 7-19 测 Pt100 的端电压的测温电路

本例选择 AD620，当然，也可以选择 AD522。因为 AD522 是一款精密的仪用运放，它主要可用于恶劣环境下要求进行高精度数据采集的场合。其可针对要求，在最差工作条件下，提供高精度的数据采集应用而设计，具有以下典型特征：

1) 低漂移：$2.0\mu V/℃$（如 AD522B 型）。
2) 低非线性度：0.005%（G=100）。
3) 高共模抑制比（CMRR）：>110dB（G=1000）。
4) 低噪声：$1.5\mu V_{峰峰值}$（0.1～100Hz）。
5) 低初始漂移电压 U_{OS}：$100\mu V$（如 AD522B 型）。
6) 单电阻增益可编程：$1 \leq G \leq 1000$。
7) 设计有输出基准电压引脚与检测引脚。
8) 具有数据防护功能，可改善交流共模抑制。
9) 内部补偿。

10) 除增益电阻外，无需其他外部器件。

11) 失调、增益和共模抑制经过有源调整。

如需了解更多，可查阅其参数手册。

3. 设计计算

因此，Pt100 的端电压 U_M 的表达式为

$$U_M = I_t R_t = \frac{U_{IN}}{R_S} R_t \tag{7-85}$$

那么，可以得到仪用运放 AD620 的输出电压的表达式为

$$U_{OUT} = U_M K_G = \frac{R_t}{R_S}\left(\frac{49.4 \times 10^3}{R_G} + 1\right) U_{IN} \tag{7-86}$$

对比式 (7-63) 和式 (7-86) 得知：

(1) 尽管负载的设置方法不同，但是恒流源电路所获得的输出电压的表达式却完全相同。

(2) 负载的两种设置方法的抗共模能力却大不一样，将 Pt100 接在靠近地端，更有利、更实用。

如图 7-19 所示，画出了屏蔽线及其接地的方法，其他分析过程同前，此处不做重复叙述。

到此为止，实际上电路的设计过程还没有真正结束，还需要搭电路测试才能确认各个元器件参数是否合适，才能最终确定各个元器件型号和参数。本例电路的恒流性能主要取决于运放特性、输入电压（又称为参考电压或者标准电压）和反馈电阻。在实际电路中应当选取功率大、温度稳定性能好的电阻或者电位器作取样电阻。

合理选择仪用运放的特性参数和电源电压 V_+，当 Pt100 电阻值在 18.49～389.26Ω 范围内变化时，对应的温度应在 -200～850℃ 范围内变化。本电路可以获得数 mA 以上的稳定电流，且具有恒流性能优良、稳定性能好、结构简单、易于实现等优点。另外，还要注意：

1) Pt100 现场的屏蔽防护问题，如有需要，还可以增加一级隔离运放。

2) 上述运放可以选择精密、CMOS 型输入或轨到轨输入/输出 (RRIO)、宽电源范围的运放（如 LMP7701/7702/7704）构成恒流源电路。

3) 图 7-18 (c) 所示电路中的运放 A1 可以选择差分运放，如 INA115，也可以选择仪用运放。

第六节　集成温度传感器及其典型应用技术

一、特点

集成温度传感器是利用半导体 PN 结的电流电压与温度有关的特性制作的测温元件。通常将温度敏感元件（常为 PN 结）和放大、运算、补偿等电路采用微电子技术和集成工艺，集成在同一芯片上，从而集测量、放大、电源供电回路于一体。

PN 结不能耐高温，它通常测量 150℃ 以下的温度。由于传感驱动电路、信号处理电路等都与温度传感部分集成在一起，则封装后的组件体积更小，并具有输出线性好、测量精度

高、反应灵敏、使用方便、价格便宜等显著优点，故集成温度传感器在测温领域中得到越来越广泛的应用。

二、类型

1. 概述

按照输出信号特点，集成温度传感器可分为模拟型集成温度传感器和数字型集成温度传感器两大类。

(1) 模拟型集成温度传感器。模拟型集成温度传感器的输出信号可为两种：

1) 电压型。灵敏度多为 10mV/℃（以摄氏温度 0℃作为电压的零点），输出电压与温度呈线性关系，工作温度最高可达 150℃。

2) 电流型。灵敏度多为 1μA/K（以绝对温度 0K 作为电流的零点），无需引线或线性电路。它采用耐用、耐高温封装，特别适合远程检测，具有较强的抗电磁干扰能力、出色的接口抑制特性。

(2) 数字型集成温度传感器。数字型集成温度传感器分为 3 种型式：

1) 开关输出型（又称逻辑型或跳变型）。简单的温度报警开关或者灵活设置温度报警的跳变值。

2) 并行/串行单总线数输出型。

3) 频率输出型。

需要提醒的是，对于集成型温度传感器而言，它使用最多的接口主要有：

1) 数字单线式：占空比。

2) 双线式：SMBus/I²C。

3) 三/四线式：SPI。

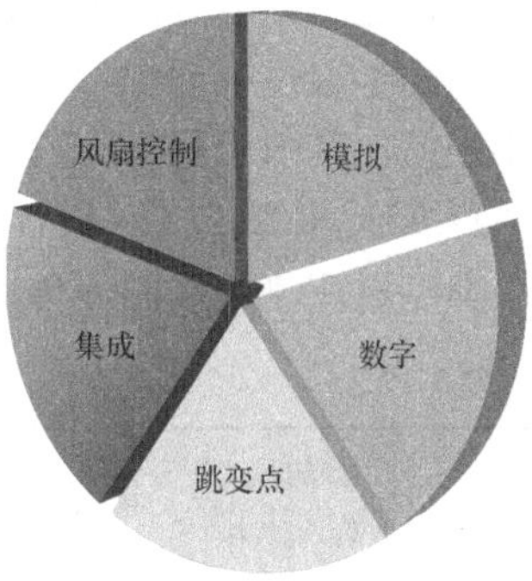

温度传感器的分类情况如图 7-20 所示，图中风扇控制类温度传感器具有以下特点：

图 7-20 温度传感器的分类情况

(1) 根据温度读数监测和控制风扇速度。

(2) 利用类似 TMP05 传感器闭环控制，以菊花链形式连接多个测温点。

2. 电压型

电压型集成温度传感器是将温度传感器基准电压、缓冲放大器集成在同一芯片上，制成的 4 端器件。因该类型器件内有放大器，故输出电压幅值高，且线性输出为 10mV/℃。另外，因该类型传感器输出电压为恒压特性，其输出阻抗低，故不适合长线传输。这种类型的传感器有 LM3911、LM135、LM235、LM335、LM35、LM45、TMP35、TMP36、TMP37、AD22100、AD22103 等。

典型电压型集成温度传感器如表 7-6 所示。

表 7-6 典型电压型集成温度传感器

型号	分辨率 (mV/℃)	最大误差	测温范围 (℃)	电源电压 (V)	最大电流 (μA)	封装
AD22100	22.5	±2℃（在-50℃时） ±2℃（在150℃时）	-50～+150	4～6.5	650	TO-92, 8脚 SOIC

续表

型号	分辨率 (mV/℃)	最大误差	测温范围 (℃)	电源电压 (V)	最大电流 (μA)	封装
AD22103	28	±2.5℃ (在 0~100℃范围内)	0~100	2.7~3.6	600	TO-92, 8 脚 SOIC
TMP35 TMP36	10	±2.0℃ (在 25℃时)	−40~125	2.7~5.5	50	TO-92, 5 脚 SOT-23, 8 脚 SOIC
TMP37	20	±2.0℃ (在 25℃时)	5~100	2.7~5.5	50	TO-92, 5 脚 SOT-23, 8 脚 SOIC

3. 电流型

电流型集成温度传感器是把线性集成电路和与之相容的薄膜工艺元件集成在一块芯片上,再通过激光修版微加工技术,制造出性能优良的测温传感器。这种传感器的输出电流正比于热力学温度,即 1μA/K;其次,因该类型传感器输出电流为恒流特性,所以它具有高输出阻抗,其值可达 10MΩ,这为远距离测温传输提供了一种新型器件。这种类型的传感器有 AD590、AD592、LM134、LM234、LM334、TMP17 等。

典型电流型集成温度传感器如表 7-7 所示。

表 7-7　　　　　　　　典型电流型集成温度传感器

型号	分辨率 (μA/K)	最大误差	测温范围 (℃)	电源电压 (V)	最大电流 (μA)	封装
AD590	1	±5℃ (在−55~150℃范围内)	−55~150	4~30	298.2	TO-92 和 SOIC 封装
AD592	1	±5℃ (在−25~105℃范围内)	−25~105	4~30	298.2	TO-92 封装

三、温度传感器选型方法

关于温度传感器选型的问题,需要注意以下几个方面的问题:
(1) 被测对象的温度是否需要记录、报警和自动控制。
(2) 被测对象的温度是否需要远距离传送和转换处理。
(3) 测温范围的大小和精度要求。
(4) 测温元件大小是否满足安装空间的要求,是否需要绝缘防电处理。
(5) 被测对象的温度随时间变化时,测温元件的滞后能否适应测温要求。
(6) 被测对象的环境条件对测温元件是否有损害,如湿度、盐雾或者酸碱度以及电磁干扰等。
(7) 使用方便性(如可拆换与否)、价格以及供货渠道及其通畅性等方面。

四、传感器 AD22103 测温范例分析

1. 传感器选型分析

AD22103 作为一种典型的电压输出型集成温度传感器与信号调理芯片,在系统的温度补偿、PCB 板级温度检测、电子温控器等方面具有重要的作用。其关键性参数如下:

(1) 测温范围：0~100℃。
(2) 全部量程范围内准确度：±2.5%。
(3) 线性度：±0.5%。
(4) 输出电压的比例系数为：28mV/℃。
(5) 单电源供电：+3.3V。
(6) 具有反向电压保护功能，可靠性高。
(7) 输出电压幅值高、输出阻抗小。

2. 工作原理

电压输出型集成温度传感器 AD22103 的实物与管脚图如图 7-21（b）所示，其等效电路如图 7-21（a）所示，它内置一个热敏电阻，利用恒流源激励温度传感器，获取传感器的端电压，再经由同相放大器输出，它的输出电压的表达式为

$$U_{\text{OUT}} = \frac{U_+}{3.3\text{V}} \times (0.25\text{V} + 28\text{mV}/℃ \times t_A) \tag{7-87}$$

式中，U_+ 表示电源电压，V；t_A 表示被测体的温度，℃。

根据式（7-87），可得集成温度传感器 AD22103 的输出特性如表 7-8 所示。

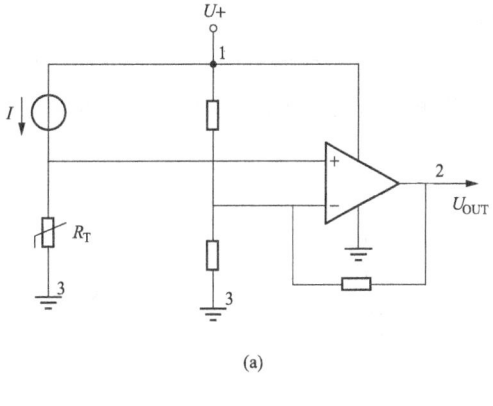

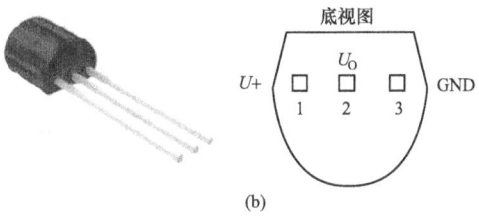

图 7-21 电压输出型集温度传感器 AD22103 的等效电路与实物管脚图
（a）等效电路图；（b）实物图与管脚图

表 7-8 集成温度传感器 AD22103 的输出特性

电源电压（V）	被测体温度（℃）	输出电压（V）
3.3	0	0.25
	25	0.95
	100	3.05

它的温度系数的表达式为

$$K_t = \frac{U_+}{3.3\text{V}} \times 28\text{mV}/℃ \tag{7-88}$$

五、传感器 AD590 测温范例分析

1. 传感器选型分析

AD590 是美国 ANALOG DEVICES 公司的单片集成两端感温电流源，其输出电流与绝对温度成比例，该器件可充当一个高阻抗、恒流调节器，片内薄膜电阻经过激光调整，可用于校准器件，调节系数为 1μA/K，在 298.2K（25℃）时输出 298.2μA 电流。

AD590 的电源电压范围为 4~30V，可以承受 44V 正向电压和 20V 反向电压，如果电源电压不超过 20V 时，器件即使反接也不会被损坏。传感器 AD590 的测温范围为 -55~150℃，它的输出电阻为 710mΩ，转换精度±0.5℃，非线性误差仅为±0.3℃。

传感器 AD590 的关键性参数如表 7-9 所示。

表 7-9　　传感器 AD590 的关键性参数

型号	输出信号	测量范围	电源范围	温度系数	转换精度	非线性误差	正向承压	反向承压	封装
AD590	电流	-55~150℃	4~30V	1μA/K	±0.5℃	±0.3℃	44V	20V	Flatpack TO-52 SOIC-8

传感器 AD590 的封装形式和实物图如图 7-22 所示。

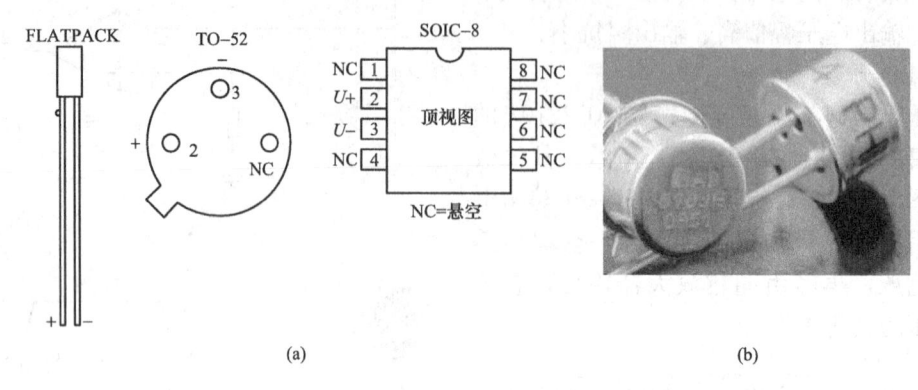

图 7-22　传感器 AD590 的封装形式和实物图
(a) 封装形式；(b) 实物图

2. 工作原理

传感器 AD590 的基本应用电路如图 7-23 所示，它由电源、传感器、检测电阻和后续处理电路几个部分组成。

其检测电阻 R_M 的端电压 U_M 的表达式为

$$U_M = R_M \times I_t \tag{7-89}$$

式中，I_t 表示与温度有关的来自传感器 AD590 的输出电流。

输出电流 I_t 的表达式为

$$I_t = K_t \times T \tag{7-90}$$

式中，K_t 表示温度系数，即 $K_t = 1\mu A/K$，T 表示国际实用温标温度（又称绝对温度），它与摄氏温标温度之间满足关系式 $T(K) = 273.2 + t(℃)$。

因此，联立式 (7-89) 和式 (7-90)，可以得到检测电阻 R_M 的端电压 U_M 的表达式为

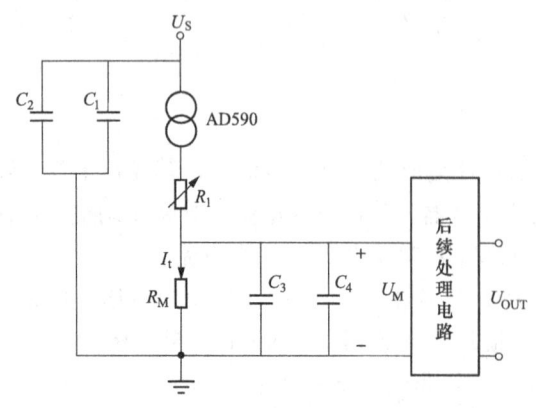

$$U_M = R_M \times (273.2 + t) \times 1\mu A \tag{7-91}$$

为了确保检测压 U_M 不被干扰，接由电容 C_3 和电容 C_4 组成的滤波器，它们的取值分别为：电容 C_3 为 $4.7\mu F$，电容 C_4 为 $0.1\mu F$。电源部分也要接由电容 C_1 和 C_2 组成的滤波器，它们的取值分别为：电容 C_1 为 $10\mu F$，电容 C_2 为 $0.1\mu F$。

3. 电路设计

基于 AD590 的实用测温电路如图 7-24 所示，它由电源、传感器、检测电路、直流

图 7-23　传感器 AD590 的基本应用电路

偏置电路、差分放大器电路几个部分组成。

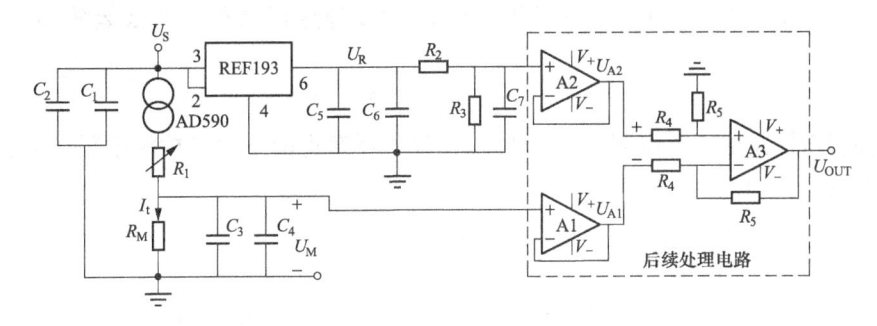

图 7-24 基于 AD590 的实用测温电路

后续处理电路可以采用仪用运放，它的输出电压 U_{OUT} 的表达式为

$$U_{OUT} = R_M \times K_G \times (273.2 + t) \times 1\mu A \tag{7-92}$$

式中，K_G 表示后续处理电路的放大器增益。

举例说明，如果采用仪用运放 AD620，K_G 可以表示为

$$K_G = \frac{49.4 \times 10^3}{R_G} + 1 \tag{7-93}$$

将式（7-92）改写成数学中的一般表达式，即点斜表达式

$$\begin{cases} U_{OUT} = K_M \times t + K_B \\ K_M = R_M \times K_G \times 1\mu A \\ K_B = R_M \times K_G \times 273.2 \times 1\mu A \end{cases} \tag{7-94}$$

式中，K_M 表示测量电路的比例系数，它与放大器增益 K_G、检测电阻 R_M 和传感器 AD590 的温度系数 K_t 有关，一旦参数 K_G、R_M 和 K_t 确定下来，那么 K_M 就为常值，因此，它被称为本测量电路的比例尺（又称斜率）；K_B 表示测量电路的直流偏置（又称截距），它与绝对温度、放大器增益 K_G、检测电阻 R_M 以及传感器 AD590 的温度系数 K_t 有关的系数，一旦参数 K_G、R_M 和 K_t 确定下来，那么 K_B 就为常值，所以，它被称为本测量电路的直流偏置（又称截距）。

为了测量方便起见，一般需要将这个直流偏置 K_B 补偿掉，使后续处理电路的输出电压的表达式修正为数学中不含截距的表达式，即

$$U_{OUT} = K_M \times t \tag{7-95}$$

要得到式（7-95）所描述的与被测体温度呈线性关系的输出电压，可以采取图 7-24 所示的电路方式，该电路包括传感器、检测电路、直流偏置电路、差分放大器电路几个部分。

4. 设计计算

现以一个工程实例继续进行后续电路设计计算。

（1）设计要求：

1）检测电力电子装置中的冷板温度，冷板不带电。

2）测温范围：-20～100℃。

3）满量程为 10V（对应最高温度 100℃）。

4）电源不受限制，可以根据设计需要灵活选择。

（2）首先假设检测电阻 R_M 取值 10kΩ（E192 电阻系列）。

(3) 其次，选择参考电压芯片 REF193，它输出的额定电压为 3.0V，即 $U_R=3.0V$，要产生偏置电压 2.732V，它由两个电阻 R_2 和 R_3 构成分压器获得，那么运放 A2 的输出电压为

$$U_{A2} = 2.732V \tag{7-96}$$

由于偏置电压是由两个电阻 R_2 和 R_3 构成分压器获得的。假设检测电阻 R_M 取值 10kΩ（E192 电阻系列），电阻 R_3 取值为

$$R_3 = \frac{R_2}{U_R - 2.732V} \times U_{A2}$$
$$= \frac{10 \times 10^3}{3.0V - 2.732V} \times 2.732V \approx 101.94(k\Omega) \tag{7-97}$$

那么，按照 E192 电阻系列，电阻 R_3 取值 102kΩ，那么偏置电压的实际计算值为

$$U_{A2} = \frac{U_R}{R_2 + R_3} \times R_3 = \frac{3.0}{10 \times 10^3 + 102 \times 10^3} \times 102 \times 10^3 \approx 2.732(V) \tag{7-98}$$

(4) 运放 A1 的输出电压即为检测电阻 R_M 的端电压 U_M，则有

$$\begin{aligned}U_{A1} &= U_M = R_M \times (273.2 + t) \times 1\mu A \\ &= 10k\Omega \times (273.2 + t) \times 1\mu A \\ &= 10k\Omega \times 1\mu A \times t + 10k\Omega \times 273.2 \times 1\mu A \\ &= 10mV \times t + 2.732V\end{aligned} \tag{7-99}$$

(5) 差分放大器 A3 的输出电压 U_{OUT} 的表达式为

$$U_{OUT} = \frac{R_5}{R_4} \times (U_{A1} - U_{A2}) \tag{7-100}$$

联立式（7-96）～式（7-100），化简得到差分放大器 A3 的输出电压 U_{OUT} 的表达式为

$$U_{OUT} = \frac{R_5}{R_4} \times (10mV \times t + 2.732V - 2.732V) = \frac{R_5}{R_4} \times 10mV \times t \tag{7-101}$$

(6) 由于最高温度 $t\_{MAX}=100℃$，它所对应的电压为 10V，那么差分放大器 A3 的输出电压最大值 U_{OUT_MAX} 为 10V，代入式（7-101）中，得到差分放大器 A3 的增益为

$$\frac{R_5}{R_4} = \frac{U_{OUT\_MAX}}{10mV \times t} = \frac{10V}{10mV \times 100} = 10 \tag{7-102}$$

按照 E192 电阻系列，如果电阻 R_4 取值 10kΩ，那么电阻 R_5 取值就为 100kΩ。本例既可以选择差分运放，也可以选择仪用运放。

本例电路中所选电源为两种：①$U_S=5V$，专门为 REF193 和 AD590 供电；②$U_+=12V$，为后续处理电路供电。其中，电容 C_5 为 10μF，电容 C_6 为 0.1μF，电容 C_7 为 0.1μF。

需要说明的是，对于模拟式集成温度传感器而言，后续处理电路的输出级，如有需要，也可采用隔离运放进行隔离变换处理。不过，本例的后续处理电路的输出级没有画出隔离运放相关电路，它为可选电路部分。

第七节 温度传感器使用注意事项

在电力电子装置中，由于电阻式温度传感器的使用频率特别高，因此以电阻式温度传感器为例，总结其使用注意事项。

(1) 重视电阻发热的问题。电阻式温度传感器的测阻值必须通过电流,但电流又会使电阻发热,使阻值增大。为了避免这一因素引起的误差过大,应该尽量用小电流通过电阻。当然,电流太小以致电阻上的电压降过分微小,又会给测量带来困难。一般认为通过电阻的电流不宜超过 6mA,因为这对于 Pt100 热电阻在 850℃时的阻值 390Ω 而言,其发热功率只有 14mW,不会引起显著误差。

(2) 共模电压的抑制问题。在用电桥法测电阻时,电桥的输出对角线有共模电压。如果以电桥的电源负端为地线,电桥的两根输出导线对地都有电压,而两导线之间的差模电压才反映不平衡程度。这对于电子线路的设计或者对接地点有一定要求。

在用电位差计测电阻时,如果多个热电阻共用恒流源也有共模电压。多个热电阻都用 4 线制接法,其电流线可以串联,由同一恒流源供电,接电位差计的两根电压线被分别切换到各个热电阻上,就可以多点巡回检测。但它的两根电压线上存在共模电压,而且共模电压的数值不等,如果接往计算机接口必须注意这个特点。

(3) 安装的问题。正确的安装温度传感器,可以有效地保障它们的工作性能,使其在工作中发挥更好的作用。因此,在安装温度传感器时,首先要注意机械强度的问题,特别是要注意高温中保护管的变形。另外,为了避免保护管的热损失会对元件的温度产生影响,还需要考虑到流向和保护管的插入长度、外形、隔热、保温等问题。

就响应速度来说,铠装热电偶比安装了保护管的热电偶的响应速度应该是快一些的,但是,相比来说,使用安装了保护管的热电偶,可以增加强度,并且具有耐腐蚀、可防热以及易于维护的优点。在热导率大的水中和热导率相对小的空气中,其响应速度是不一样的。

除此之外,还应该注意,温度传感器在安装时,应该选择尽量具有代表性的安装地点,需避免死角安装,避开强磁场或者是热源,减小外部因素对结果的影响。而且,温度传感器最好能够垂直安装,可以有效防止管道因高温产生变形,因此将管道弯曲处选作安装地点为宜。另外还要注意对温度传感器的卫生保护和后期维护,才能保证传感器可以正常工作。

(4) 与工作环境匹配的问题。为正确反映被测空间的温度,应避免将传感器安放在电力电子装置柜体角落处,或者离柜壁太近或空气不流通的死角处。如果被测装置的空间太大,就应放置多个温度传感器。有的温度传感器对供电电源要求比较高,因此,使用时应按照技术要求,采用合适的、符合精度的供电电源,否则将会影响测量精度。

(5) 绝缘和防护处理的问题。对于工作在强盐雾、强酸碱度环境的温度传感器,必须采取必要的防腐蚀措施。对于工作在具有强电磁干扰场合的温度传感器,也必须采取必要的电磁防护措施,且可靠接地。另外,也要注意,不要因为采取了上述措施而影响传感器正常工作。

第八章 湿度传感器及其典型应用技术

随着时代的发展，科研、农业、暖通、纺织、机房、航空航天、电力等工业领域对产品质量的要求越来越高，也越来越需要采用湿度传感器，对环境温、湿度的控制以及对工业材料水分值的监测与分析，都已成为比较普遍的技术条件之一。在电力电子装置中，湿度传感器及湿度测量，已经成为不可缺少的监测设备和监测项目。如何选择合适的湿度传感器、如何判断湿度传感器的性能、如何使用好湿度传感器，这对大多数设计者来讲，仍是较为复杂的技术问题。

第一节 电力电子装置监测湿度的重要性

一、湿度的含义

湿度是表征空气中水蒸气含量多少的物理量，常用绝对湿度、相对湿度、露点等表示。

绝对湿度是指一定体积的空气中含有水蒸气的质量，一般其单位为 g/m^3。绝对湿度的最大限度是饱和状态下的最高湿度。绝对湿度只有与温度一起才有意义，因为空气中含有的湿度的量随温度的变化而变化；在不同的温度中绝对湿度也不同，因为随着高度的变化，空气的体积也会发生变化。但绝对湿度越靠近最高湿度，它随高度的变化就越小。

相对湿度是绝对湿度与最高湿度之间的比，用 RH 来表示。相对湿度值显示水蒸气的饱和度有多高。相对湿度为 100% 的空气是饱和的空气；相对湿度是 50% 的空气含有达到同温度的空气饱和点一半的水蒸气。当温度和压力变化时，因饱和水蒸气变化，气体中的水蒸气压即使相同，其相对湿度也会发生变化。日常生活中所说的空气湿度，实际上就是相对于湿度而言的。温度升高，相对湿度减小；温度降低，相对湿度增大。

二、湿度与健康

世界卫生组织规定健康住宅标准：室内湿度要全年保持在 40%～70% 之间，这时人体感觉最为舒适，也不容易引起疾病。室内湿度过大，人体就会有恶心、便秘、食欲不振、烦躁、疲倦、头晕等病症。

长时间在湿度较大的地方生活容易患风湿性关节炎等湿痹症。而当室内空气湿度低于 40% 的时候，灰尘、细菌等容易附着在黏膜上，刺激喉部引发咳嗽，同时容易患支气管炎、哮喘等呼吸道类疾病。

2003 年我国实施了 GB/T 18883—2002《室内空气质量标准》，夏季制冷时，相对湿度以 40%～80% 为宜；冬季采暖时，应控制湿度在 30%～60%。老人和小孩适合的室内湿度为 45%～50%；哮喘等呼吸道系统疾病的患者适宜的室内湿度在 40%～50% 之间。

三、湿度与电力电子装置安全

研究与实践均表明，湿度大也能造成电力电子装置工作不可靠，且故障频发，严重时造成重大灾难性事故。因为电气设备受潮时，主要表现在以下几个方面：

(1) 电气元件金属部分的锈蚀，影响装置整体结构强度。

（2）设备的绝缘性能下降、绝缘老化加速。根据目前的介质理论，环境湿度增加使得电介质的电导率、相对介电系数、介质损失角正切值相应增大，击穿场强降低。研究表明，绝缘的破坏过程往往是在热的作用下变脆，受振动后开裂，潮气进入裂缝后，很低的电压也会引起放电，造成绝缘材料击穿。

（3）裸露的金属导体随着湿度的增加，其氧化腐蚀速度会加快（特别是在其黏附粉尘的情况下），使导体联接处接触电阻增大，造成局部过热。

（4）空气越干燥越易产生静电，相对湿度对表面累积电荷的性能产生直接影响。相对湿度越高，物体储存电荷的时间就越短，表面电荷减小，当相对湿度增加，空气的电导率也随之增加。在空气逐渐干燥时，产生静电的能力变化是确定且明显的。在相对湿度为10%（很干燥的空气）时，在电力电子装置柜门的开关或者控制器板卡的拆装时，极易产生数千伏的静电荷。

由此可见，对于电力电子装置而言，由于存在对腐蚀和湿度较为敏感的器件，建议将其工作环境的相对湿度控制在25%～50%之间。如图8-1（a）所示，它是某整流柜实物图，它里面布置了晶闸管器件、水冷板（采取水冷方式）；图8-1（b）表示某逆变柜实物图，它采用风冷方式。为了确保它们能够可靠、健康地运行，必须时刻监测装置内部的湿度状况。

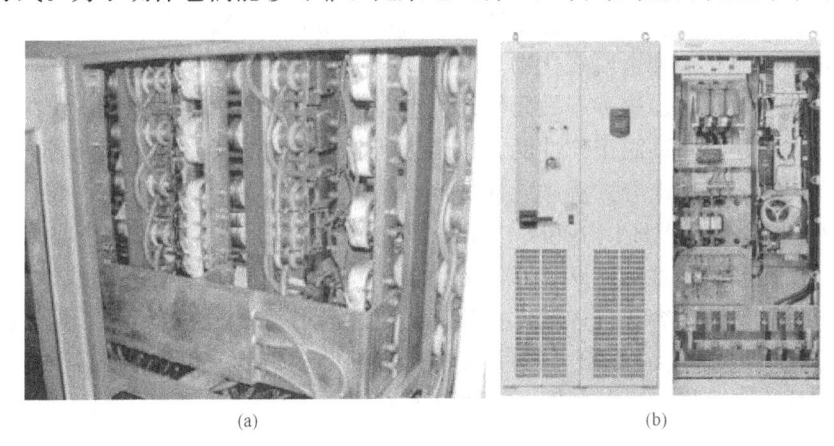

图 8-1　整流柜和逆变柜实物图
(a) 整流柜实物图；(b) 逆变柜实物图

实践表明，长期处在潮湿环境中的电力电子装置，其使用寿命将会大幅度降低，并引发严重的电气事故，所以，必须重视这类装置的防潮工作。电力电子装置的防潮最有效的途径就是，实时监测并随时报告装置内部的湿度状况，并由控制器设定必要的安全门限，一旦低于安全门限值，控制器立刻进行除潮操作，如开动抽湿机、启动通风设施或者启动加热除潮装置等。

第二节　湿度传感器的选型与使用

一、湿度传感器类型分析

目前，湿度传感器可以分为电阻式和电容式两种，产品的基本形式都是在基片涂覆感湿材料形成感湿膜，一旦空气中的水蒸气吸附于感湿材料后，相关元件的阻抗、介质常数就相应地发生很大的变化，正是基于这种特性而制成了湿敏元件。湿度传感器实物图如图 8-2 所示，其中图 8-2（a）表示封装前的湿度传感器实物图，图 8-2（b）表示封装后的湿度传感器外形图。

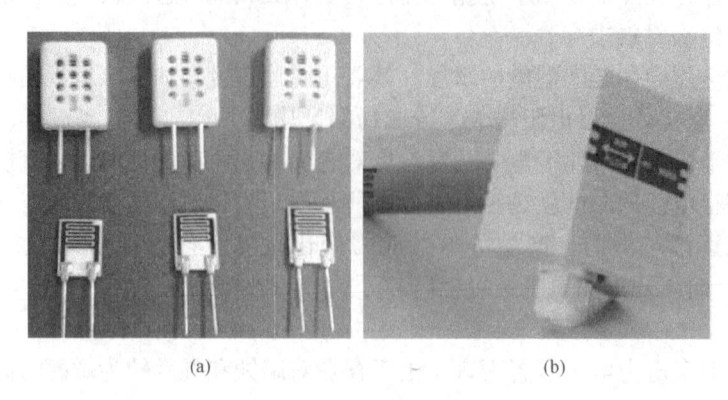

图 8-2 湿度传感器实物图
(a) 封装前；(b) 封装后

国内市场上出现了不少湿度传感器产品，电容式湿敏元件较为多见，感湿材料种类主要为高分子聚合物、氯化锂和金属氧化物。

（1）电容式湿敏元件。这种湿敏元件的优点在于响应速度快、体积小、线性度好、较稳定，国外有些产品还具备高温工作性能。但是达到上述性能的产品多为国外名牌，价格都较昂贵，市场上出售的一些电容式湿敏元件低价产品，往往达不到上述水平，线性度、一致性和重复性都不理想，30%RH 以下和 80%RH 以上感湿段变形严重。有些产品采用单片机补偿修正，使湿度出现阶跃性的跳跃，降低传感器的精度，产生一致性差、线性度差等缺点。无论高档次或低档次的电容式湿敏元件，长期稳定性都不理想，多数产品长期使用后漂移严重，湿敏电容的容值变化为 pF 级，1%RH 的变化不足 0.5pF，容值的漂移改变，往往会引起高达几十 RH% 的误差值，大多数电容式湿敏元件，不具备 40℃ 以上温度下工作的性能，往往失效和损坏。

电容式湿敏元件抗腐蚀能力也较欠缺，对环境的洁净度要求较高，有的产品还存在光照失效、静电失效等现象。

（2）陶瓷湿敏电阻。金属氧化物为陶瓷的湿敏电阻，具有湿敏电容相同的优点，但尘埃环境下，陶瓷细孔如被封堵，元件就会失效。通常采用通电除尘的方法来处理，但效果不够理想，且在易燃易爆环境下不能使用，氧化铝感湿材料无法克服其表面结构"天然老化"的弱点，阻抗不稳定，陶瓷湿敏电阻也同样存在长期稳定性差的弱点。

（3）氯化锂湿敏电阻。氯化锂湿敏电阻最突出的优点是长期稳定性极强，因此通过严格的工艺制作，制成的仪表和传感器产品可以达到较高的精度，稳定性强是产品具备良好的线性度、精密度、一致性及可长期使用的可靠保证。由于氯化锂湿敏元件具有长期稳定性，是目前其他感湿材料所无法取代的。

二、湿度传感器选型方法

国内外各厂家的湿度传感器产品水平不一，质量、价格相差较大，如何选择性价比最优的湿度传感器，确实有一定的难度。实践表明，重点解决好以下几个方面的问题，对选择合适的湿度传感器产品，至关重要。

（1）精度及其长期稳定性的问题。湿度传感器的精度应达到±2％～±5％RH，达不到这个水平，就很难作为计量器具使用。不过，湿度传感器的精度要达到±1％～±2％RH，还是比较困难的。在常规湿度传感器产品的资料中，给出的特性是在常温（20℃±10℃）和洁净的气体中测量的。但是，在实际长期使用现场中，由于灰尘、油污及有害气体的影响，湿度传感器会产生老化的问题，进而降低其检测精度，所以，湿度传感器的精度水平要结合其长期稳定性来判断。一般而言，长期稳定性和使用寿命是影响湿度传感器质量的头等问题，年漂移量控制在±1％RH水平的产品很少，一般都是在±2％左右。

（2）温度系数的问题。湿敏元件除对环境湿度敏感外，对温度也十分敏感，其温度系数一般在0.2％～0.8％RH/℃范围内，而且有的湿敏元件在不同的相对湿度下，其温度系数又有差别，况且传感器的温漂为非线性，这需要在电路上加以温度补偿。校正湿度要比校正温度困难得多，温度标定往往用一根标准温度计作标准即可，而湿度的标定标准较难实现，干湿球温度计和一些常见的指针式湿度计是不能用作标定装置的，因为它们的精度无法保证，而且它们对环境条件的要求也非常严格。一般情况下，最好在湿度环境适合的条件下，在缺乏完善的检定设备时，用简单的饱和盐溶液检定法，并测量其温度，其原因在于，湿度传感器工作的温度范围也是其重要的参数。

（3）供电电源的问题。对金属氧化物陶瓷、高分子聚合物和氯化锂等湿敏材料施加直流电压时，会导致它们的性能发生变化，甚至失效，所以这类湿度传感器不能使用直流电压或有直流成分的交流电压供电，必须是交流电供电。因此，在选择湿度传感器产品时，必须正确理解它对供电电源的要求。

（4）互换性的问题。大量使用经验告诉我们，湿度传感器普遍存在着互换性差的现象，同一型号的传感器大多情况下也是不能互换的，这既给维修、调试增加了困难，也严重影响了其使用效果。尽管有些知名厂家，在这方面做出了种种尝试和不懈努力，也取得了较好的效果，但互换性问题仍需引起重视，无论进口或国产的湿度传感器，都需要逐个调试、标定。对于绝大多数使用者而言，在更换湿敏元件后，仍然需要重新调试和标定，对于测量精度比较高的湿度传感器尤其要如此。

（5）输出信号的处理及其传输的问题。如果湿度传感器，需要进行远距离信号传输时，要注意信号的衰减问题。当传输距离超过200m以上时，建议使用能够产生频率输出信号之类的湿度传感器。否则，就可以选用电压输出型湿度传感器，毕竟这类传感器使用技术门槛低，后续处理电路简单、可靠。

（6）其他问题。价格和使用的方便性以及供货通渠道的通畅性问题；被测对象的湿度是否需记录、是否需要报警或参与自动控制的问题；测湿元件大小是否满足安装空间要求的问题；是否需要绝缘和防电的保护处理的问题；在被测对象的温度随时间变化的场合；测湿元件的滞后能否适应测量湿度的技术要求的问题；被测对象的环境条件对测湿元件是否有损害，如盐雾、酸碱度、电磁干扰等方面的问题。

三、使用湿度传感器的注意事项

鉴于湿度传感器的广泛应用，正确使用它，确保它可靠、安全、健康工作，就显得非常关键。

（1）仔细阅读所选传感器的参数手册。在使用的时候应该首先阅读使用说明书并和厂家咨询相关的问题，才能更好地、正确地使用该传感器产品。

（2）使用互换性好、性能稳定的湿度传感器。鉴于湿度传感器的互换性不高，建议在采购湿度传感器时，同一厂家的同一类型的湿度传感器产品，最好一次购买两支以上，越多越能够说明问题，放在一起通电比较它们的输出值，在相对稳定的条件下，观察传感器的一致性。若进一步检测，可在 24h 内间隔一段时间记录，一天内一般都有高、中、低三种湿度和温度情况，可以较全面地观察产品的一致性和稳定性，包括其温度补偿特性。

对产品在高温状态和低温状态（根据说明书标准）进行必要的测试，并恢复到正常状态下，与检测和实验前的记录作比较，考查产品的温度适应性，并观察产品的一致性情况。

（3）使用与工作环境匹配的湿度传感器。为正确反映被测空间的湿度，应避免将传感器安放在电力电子装置柜体角落处，或者离柜壁太近或空气不流通的死角处。如果被测装置的空间太大，就应放置多个湿度传感器。有的湿度传感器对供电电源要求比较高，使用时应按照技术要求，采用合适的、符合精度的供电电源，否则将会影响测量精度，或者相同传感器之间会相互干扰，甚至无法工作。

（4）采取必要的绝缘和防护处理。由于湿度传感器是非密封性的，为保护测量的准确性和稳定性，应尽量避免在酸性、碱性及含有机溶剂的场合中使用，也避免在粉尘较大的环境中使用。对于工作于强盐雾、强酸碱度环境的湿度传感器，必须采取必要的防腐蚀措施。对于工作在具有强电磁干扰场合的湿度传感器，也必须采取必要的电磁防护措施，且可靠接地。另外，也要注意，不要因为采取了上述措施而影响传感器正常工作。

（5）正确安装。在电力电子装置中，经常需要监测风道的湿度情况，以免降低装置的绝缘强度，如安装在回风风道上，测量装置回风湿度；安装在送风风道上，测量装置送风湿度。因此，尤其需要注意它们的安装方法。

可以将测试风道湿度的传感器直接安装在风道上，安装位置选择在湿度能够被准确检测的区域，如测试送风湿度的传感器，安装在送风风道上，安装位置距离送风机 2~3m 处；测试回风湿度的传感器，安装在回风风道上，安装位置可以在回风风道任意处，一般在接近风机的回风风道上。

第三节　传感器 HM1500LF 及其典型应用技术

一、工作原理

传感器 HM1500LF 作为一种典型的电容式湿度传感器，它是基于传感器 HS1101LF 的坚固结构，专为 OEM 应用中开发出来的一种具有可靠性、精确性、线性、电压输出的模块，该传感器可以经过简单的信号处理之后，即可实现与微控制器直接对接。

如图 8-3（a）所示为湿度传感器 HM1500LF 的管脚定义图，其有三个管脚，即电源地线脚［图 8-3（a）中为 W_1，它一般为白色线］、电源输入脚［图 8-3（a）中为 W_2，它一般为蓝色线］和测试电压输出脚［图 8-3（a）中为 W_3，它一般为黄色线］，该传感器的实物图片如图 8-3（b）所示。

湿度传感器 HM1500LF 的等效电路框图如图 8-3（c）所示，它由传感器本体的振荡器电路、参考电压的振荡器电路、输出电压的低通滤波器电路和末级放大器电路组成。

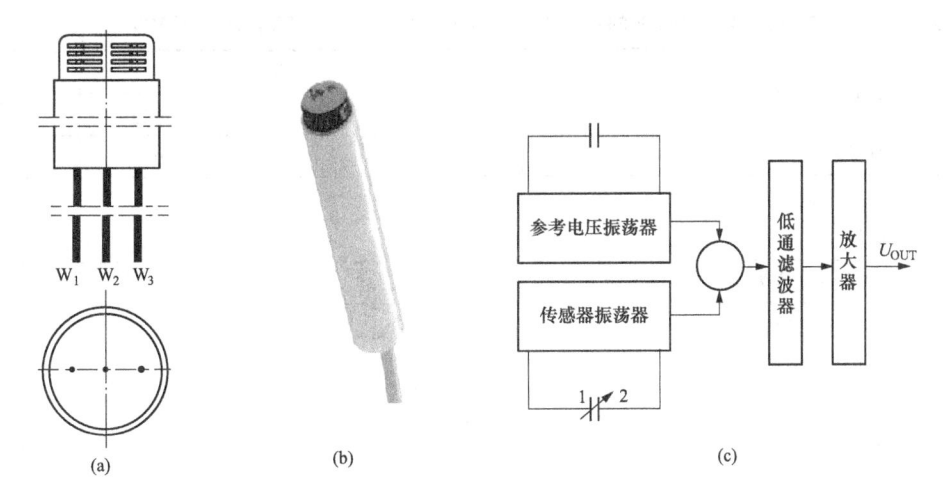

图 8-3 湿度传感器 HM1500LF
(a) 管脚定义；(b) 实物图；(c) 等效电路框图

二、特点

湿度传感器 HM1500LF，是基于独特工艺设计的电容元件，具有以下典型特点。

(1) 尺寸小。

(2) 浸水无影响，可靠性高、漂移小，极低的温度依赖性。

(3) 在标准条件下完全互换且不需要校准。

(4) 标定±2％～55％RH。

(5) 适合 3～7V 直流供电，在 5V 直流供电时，在相对湿度 0％～100％范围内，其输出端电压为 1～4V 的直流信号。

(6) 瞬时稀释后长时间在饱和阶段。

(7) 专利的固态聚合物结构。

(8) 快速响应特性。

三、关键性参数

传感器 HM1500LF 的极限参数如表 8-1 所示。

表 8-1　　传感器 HM1500LF 的极限参数（$T_a=25℃$）

参数名称	符号	参数取值	单位
工作温度	T_a	−30～60	℃
储存温度	T_{stg}	−0～70	℃
电源电压	V_S	7	V_{DC}
测量范围	RH	0～100	％RH
焊接温度（控制在 260℃时）	t	10	s

湿度传感器 HM1500LF 的关键性参数如表 8-2 所示，其测量频率为 10kHz、测量时的环境温度为 $T_a=25℃$。

表 8-2　　传感器 HM1500LF 的关键性参数（$T_a=25℃$，$U_S=5V$，$R_L>1MΩ$）

参数名称	符号	参数取值 最小值	参数取值 典型值	参数取值 最大值	单位
测量范围	RH	0	—	100	%RH
电源电压	U_S	—	5	—	V_{DC}
消耗电流	I_S	—	2.8	4.0	mA
额定输出电压（在相对湿度为55%时）	U_{OUT}	2.42	2.48	2.54	V
相对湿度正确性（在10%～95%的相对湿度范围内）	—	—	±3.0	±5.0	%RH
相对湿度平均敏感度	ΔmV/%RH	—	26	—	mV/%RH
温度系数（10～50℃）	T_{CC}	—	−0.05	−0.1	%RH/℃
电容漏电流（$R_L=33kΩ$）	I_x	—	—	300	μA
150h的冷凝后恢复时间	t_r	—	10	—	s
湿度滞环	—	—	±1.5	—	%RH
漂移	—	—	0.5	—	%RH/年
响应时间（在33%～75%的相对湿度范围内）	τ	—	—	10	s
预热时间	t_W	—	150	—	ms
输出阻抗	Z_{OUT}	—	70	—	Ω
相对湿度分辨率	—	—	0.4	—	%RH

四、测湿范例分析

1. 测试系统设计要求

（1）适应现场电力电子装置的特殊工作环境，强电磁干扰。

（2）本地测湿。

（3）相对湿度范围 10%～95%。

2. 传感器输出特性分析

在相对湿度介于 10%～95%RH 范围内，传感器 HM1500LF 的准确度可以保证。传感器 HM1500LF 的输出电压的一次项（线性）表达式为

$$U_{OUT} = 25.68 \times RH + 1079 \tag{8-1}$$

式中，U_{OUT} 表示输出电压，mV；RH 表示相对湿度。

传感器 HM1500LF 的输出电压的拟合多项式为

$$U_{OUT} = 9 \times 10^{-4} \times RH^3 - 1.3 \times 10^{-1} \times RH^2 + 30.815 \times RH + 1030 \tag{8-2}$$

传感器 HM1500LF 的输出电压的测试曲线如图 8-4（a）所示，测试电路如图 8-4（b）所示。

由于传感器 HM1500LF 对温度有一定程度的敏感性，为了提高测试的准确度，可以对测量获得的相对湿度值，按照下面的温度补偿修正表达式进行修正

$$RH_{修正后}\% = RH_{测量值}\% \times [1-(T_a-23℃) \times 2.4 \times 10^{-3}] \tag{8-3}$$

式中，$RH_{修正后}\%$ 表示经过温度补偿修正获得的相对湿度值；$RH_{测量值}\%$ 表示尚未经过温度补

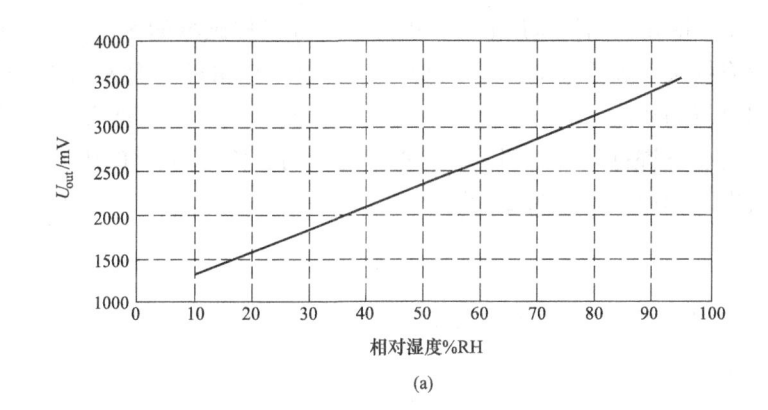

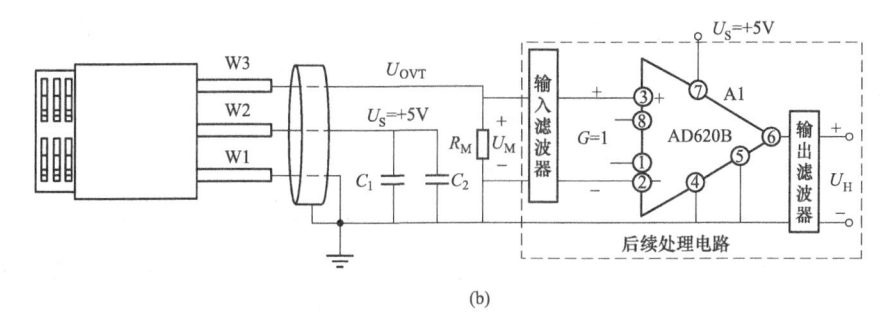

图 8-4 传感器 HM1500LF 的输出电压的测试曲线和测试电路
(a) 输出电压的测试曲线；(b) 测试电路

偿修正的相对湿度值，就修正前的相对湿度值；T_a 表示环境温度，单位为℃。

分析图 8-4（a）得知，它并非理想的线性关系，即它具有非线性特性。如果既要考虑温度对传感器 HM1500LF 的影响，又要考虑它的非线性特性，为了提高测试的准确度，可以对测量获得的相对湿度值，按照下面的非线性和温度补偿修正表达式进行修正

$$RH_{修正后}\% = \frac{-1.919 \times 10^{-9} \times U_{out}^3 + 1.335 \times 10^{-5} \times U_{out}^2 + 9.607 \times 10^{-3} \times U_{out} - 21.75}{1 + (T_a - 23℃) \times 2.4 \times 10^{-3}}$$

(8-4)

式中，$RH_{修正后}\%$ 表示经过温度补偿修正获得的相对湿度值；U_{out} 表示由式（8-2）获得的反应相对湿度值的电压，mV。

由图 8-4（b）所示的测试电路可知，它包括传感器、后续处理电路两个部分。

3. 测试系统设计计算

经由传感器输出电压 U_{OUT} 获得的测量电压 U_M 的表达式为

$$U_M = \frac{U_{OUT}}{R_M + Z_O} R_M$$

式中，Z_O 表示传感器的输出阻抗；U_{OUT} 表示传感器的输出电压。

根据传感器 HM1500LF 的参数手册得知，传感器的输出阻抗 Z_O 为 70Ω，由于本例中检测电阻 R_M 取值超过 1MΩ，那么测量电压 U_M 可以近似地表示为

$$U_M = \frac{U_{OUT}}{R_M + Z_O} = \frac{U_{OUT}}{1M\Omega + 70\Omega} 1M\Omega \approx U_{OUT}$$

(8-5)

根据式（8-5）得知，测量电压 U_M 可以近似地等于传感器的输出信号，也就说明传感器的输出电压没有损失，就直接进入后续处理电路中。在相对湿度为 10%～95%RH 范围内，传感器输出电压的实测值，如表 8-3 所示，它介于 1.325～3.555V。由于本例采用 5V 供电，因此，不需要再进行放大处理，若所选择的仪用运放 AD620 的放大增益 K_G 为 1，即本例的后续处理电路的放大增益为 1，即

$$\frac{U_H}{U_M} = K_G = 1 \tag{8-6}$$

式中，U_H 表示仪用运放 AD620 的输出电压。

联立式（8-5）和式（8-6），可以得到下面的重要表达式

$$U_H = U_M \approx U_{OUT}$$

表 8-3　　　　　　传感器 HM1500LF 输出电压实测值

湿度（%RH）	10	15	20	25	30	35	40	45	50
U_{OUT}（V）	1.325	1.465	1.600	1.735	1.860	1.990	2.110	2.235	2.360
湿度（%RH）	55	60	65	70	75	80	85	90	95
U_{OUT}（V）	2.480	2.605	2.730	2.860	2.990	3.125	3.260	3.405	3.555

由此可见，经由后续处理电路之后，传感器输出电压 U_{OUT} 并没有损失，或者说输出跟随输入电压。需要提醒的是，虽然以 AD620 为例，但是并不局限于它，类似芯片还有很多，如 AD8221、AD8222、AD8226、AD8220、AD8228、AD8295、AD8429 等。对于模拟式传感器而言，后续处理电路的输出级大多采用隔离运放，进行隔离变换处理，但是，为了凸显电压输出型湿度传感器的设计问题，本例的后续处理电路的输出级，并没有画出隔离运放及其相关电路，其原因在于，究竟是否需要采用隔离运放，还得取决于测试现场的电磁环境情况。

第四节　传感器信号滤波电路设计

一、应用背景

信号噪声无处不在，包括周期噪声（固定频率的干扰）和随机噪声（不确定的干扰）。在电力电子装置中，不论是观测和控制都需要真实的信号，指定频率、突变的干扰尽量排除或限制。

根据前面典型传感器的检测电路的讲解得知，通过传感器获得的信号中，经常混淆有许多其他频率的干扰信号。由于干扰信号的存在，有时会得到不正确的测量值，有时有用的信号被淹没在干扰信号之中，这对电力电子装置的正常运行往往会产生灾难性事故，所以必须高度重视关键性信号或者参变量的滤波问题。

在工程软硬件中都给出了一些滤波器模块，其中，信号处理、数据传递和抑制干扰是设计的重点和难点。为了突出有用信号、抑制干扰信号，则要对传感器获得的信号进行滤波处理，因此，需要了解滤波器的原理，熟悉参数选择与计算的方法，掌握正确使用滤波器的注意事项。

二、滤波电路的基本类型

1. 滤波器的功能

作为完成滤波功能的装置，滤波器的实质就是具有频率选择作用的电路或运算处理系统，具有滤除噪声和分离各种不同信号的功能。当有用信号（当然夹杂有其他不需要的信号）通过滤波器时，信号中某些频率成分得以通过，其他频率成分的信号受到衰减或抑制，即：

（1）将有用的信号与噪声分离，提高信号的抗干扰性及信噪比。

（2）滤掉不感兴趣的频率成分，提高分析精度。

（3）从复杂频率成分中分离出单一的频率分量。

2. 滤波器的类型

按处理信号形式分为模拟滤波器和数字滤波器。按电路组成分为 LC 无源、RC 无源、由特殊元件构成的无源滤波器、RC 有源滤波器。按传递函数的微分方程阶数分为一阶、二阶、高阶。按功能来分，滤波器包括以下 4 种基本类型：

（1）低通滤波器：低频通过，高频衰减，如图 8-5（a）所示。

（2）高通滤波器：低频衰减，高频通过，如图 8-5（b）所示。

（3）带通滤波器：通带内通过，通带外衰减，如图 8-5（c）所示。

（4）带阻滤波器：通带内衰减，通带外通过，如图 8-5（d）所示。

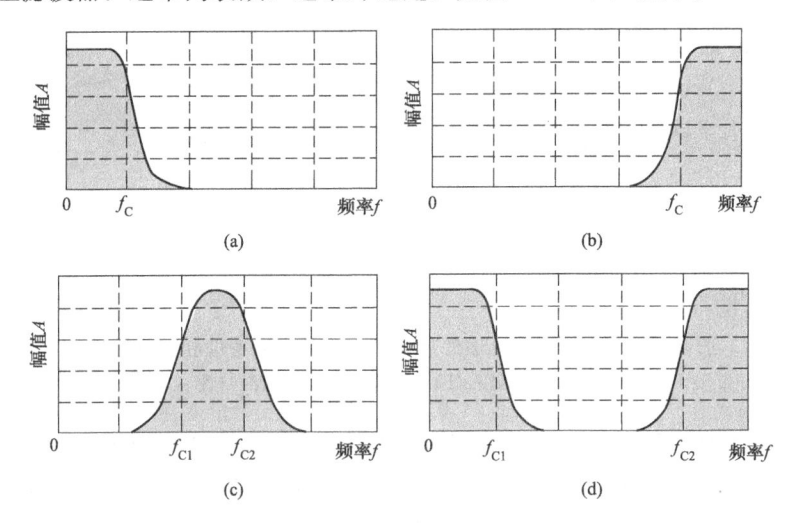

图 8-5 滤波器的 4 种基本类型

(a) 低通滤波器；(b) 高通滤波器；(c) 带通滤波器；(d) 带阻滤波器

在图 8-5（a）中，f_C 表示低通滤波器的截止频率，在从 $0 \sim f_C$ 频率之间，幅频特性平直，它可以使信号中低于 f_C 的频率成分几乎不受衰减地通过，而高于 f_C 的频率成分受到极大地衰减。

在图 8-5（b）中，f_C 表示高通滤波器的截止频率，与低通滤波器相反，从频率 $f_C \sim \infty$，其幅频特性平直，它使信号中高于 f_C 的频率成分几乎不受衰减地通过，而低于 f_C 的频率成分将受到极大地衰减。

在图 8-5（c）中，f_{C1} 表示通频带的低频截止频率，f_{C2} 表示通频带的高频截止频率。

该滤波器的通频带在 $f_{C1} \sim f_{C2}$ 之间，它使信号中高于 f_{C1} 而低于 f_{C2} 的频率成分可以不受衰减地通过，而其他成分受到衰减。

在图 8-5（d）中，与带通滤波相反，该滤波器的阻带在频率 $f_{C1} \sim f_{C2}$ 之间，它使信号中高于 f_{C1} 而低于 f_{C2} 的频率成分受到衰减，其余频率成分的信号几乎不受衰减地通过。

为了阅读方便起见，需要复习的基本概念有：
（1）截止频率：通带与阻带的交界点。
（2）频率通带：能通过滤波器的频率范围。
（3）频率阻带：被滤波器抑制或极大地衰减的信号频率范围。

三、无源 RC 滤波电路

在传感器测试系统中，常用 RC 滤波器，因为在这一领域中，信号频率相对来说不高，而 RC 滤波器电路简单，抗干扰性强，有较好的低频性能，并且选用标准的阻容元件即可构建，非常方便。所以，在构建传感器测试系统的工程实践中，经常用到的滤波器就是 RC 无源滤波器。RC 滤波器电路也存在一些不可忽视的缺点，如带负载能力差、无放大作用、特性不理想和边沿不陡等。

如图 8-6 所示为无源的 RC 低通滤波器的电路及其幅频特性和相频特性。当频率 f 很小时，$A_{(f)}=1$，信号不受衰减地通过；当频率 f 很大时，$A_{(f)}=0$，信号被完全阻挡，不能通过。

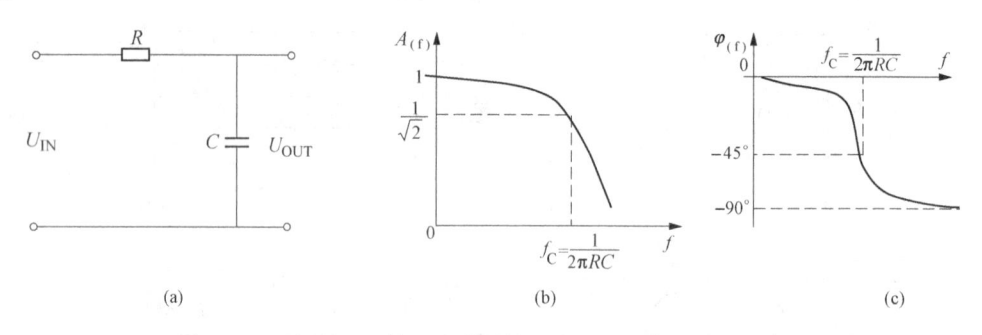

图 8-6 无源的 RC 低通滤波器的电路及幅频特性和相频特性
(a) 电路形式；(b) 幅频特性；(c) 相频特性

如图 8-7 所示为无源的 RC 高通滤波器的电路及其幅频特性和相频特性。当频率 f 很小时，$A_{(f)}=0$，信号被完全阻挡，不能通过；当频率 f 很大时，$A_{(f)}=1$，信号不受衰减地通过。不过，此电路的也存在一些不可忽视的缺点，如带负载能力差、无放大作用、特性不理想和边沿不陡等。

可以将无源的 RC 带通滤波器看作是无源 RC 高通滤波器和无源 RC 低通滤波器串联而成，其电路及其幅频特性和相频特性，如图 8-8 所示。极低和极高的频率成分都完全被阻挡，不能通过；只有位于频率通带内的信号频率成分才能通过。

四、有源 RC 滤波电路

当高、低通两级 RC 无源滤波器串联时，应消除两级滤波器耦合时的相互影响，根据分压原理，后一级滤波器成为前一级滤波器的负载，而前一级滤波器又是后一级滤波器的信号源内阻。实际上，两级滤波器间常用射极输出器或者用运算放大器进行隔离。所以实际的带通滤波器常常是有源的。

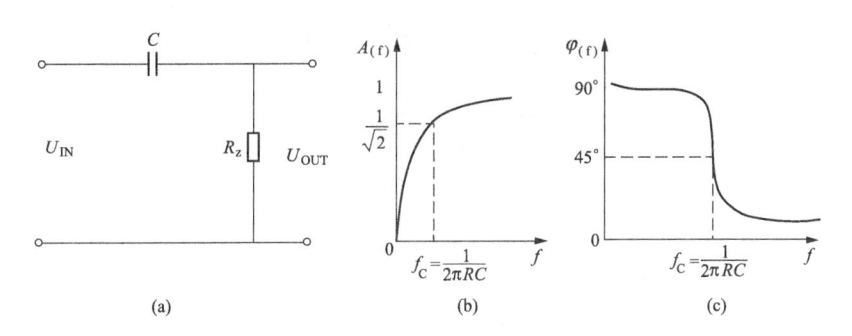

图 8-7 无源的 RC 高通滤波器的电路及幅频特性和相频特性
(a) 电路形式；(b) 幅频特性；(c) 相频特性

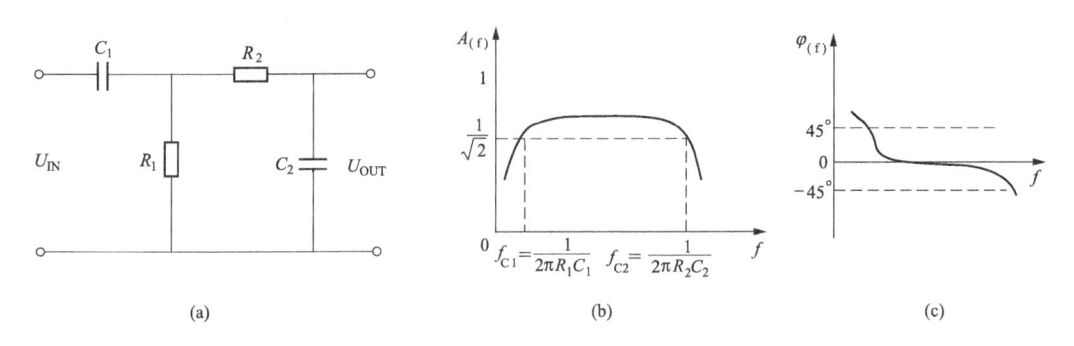

图 8-8 无源的 RC 带通滤波器的电路及幅频特性和相频特性
(a) 电路形式；(b) 幅频特性；(c) 相频特性

有源滤波器是指由运放、电阻、电容组成的滤波电路，具有信号放大、输入和输出阻抗容易匹配等优点。其缺点如：
(1) 使用电源。
(2) 功耗大。
(3) 通流能力较弱。
(4) 集成运放的带宽有限。
(5) 工作频率难以做得很高。
(6) 一般不能用于高频和大电流场合。

一般有源滤波器的设计是根据所要求的幅频响应特性和相频响应特性，寻找可实现的有理函数进行逼近设计，以达最佳的近似理想特性。常用的逼近函数有：
(1) 巴特沃思型。
(2) 切比雪夫型。
(3) 贝赛尔函数型。

1. 有源 RC 低通滤波电路

如果在 RC 低通滤波器之后，接一个由运放构成的同相放大器，便可以构成有源 RC 低通滤波器，如图 8-9 (a) 所示。

根据运放虚断的理论，得知运放反相端的电位 U_N 的表达式分别为

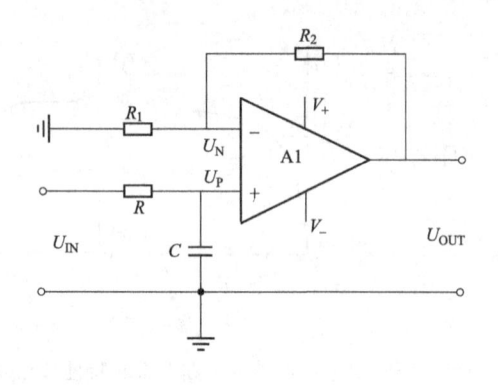

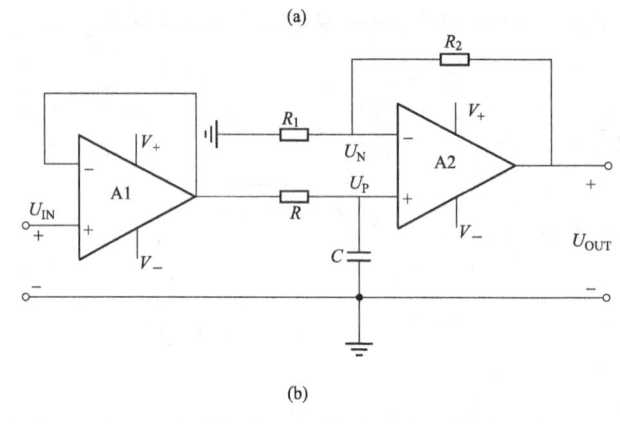

图 8-9 有源的 RC 低通滤波器电路
(a) 有源 RC 低通滤波器；(b) 信号源内阻较大时，有源 RC 低通滤波器

$$U_N = \frac{U_{OUT}}{R_1+R_2}R_1 \tag{8-7}$$

根据分压定理，可以得到运放的同相端电位 U_P 的表达式为

$$U_P = \frac{U_{IN}}{R+\frac{1}{sC}}\frac{1}{sC} = \frac{U_{IN}}{sRC+1} \tag{8-8}$$

式中，s 表示拉氏算子。

根据运放虚短的理论，联立式（8-7）和式（8-8），可以得到下面的表达式

$$\frac{U_{OUT}}{R_1+R_2}R_1 = U_N = U_P = \frac{U_{IN}}{R+\frac{1}{sC}}\frac{1}{sC} = \frac{U_{IN}}{sRC+1} \tag{8-9}$$

将式（8-9）化简，即可得到有源的 RC 低通滤波器的输出电压 U_{OUT} 的表达式

$$\begin{cases} U_{OUT} = \frac{R_1+R_2}{R_1}\frac{U_{IN}}{sRC+1} = K_V \frac{U_{IN}}{s\tau_C+1} \\ K_V = \frac{R_1+R_2}{R_1} \\ \tau_C = RC \end{cases} \tag{8-10}$$

式中，K_V 表示有源 RC 低通滤波器的通带增益；τ_C 表示有源 RC 低通滤波器的时间常数。有源 RC 低通滤波器的截止频率 f_C 的表达式为

$$f_C = \frac{1}{2\pi\tau_C} = \frac{1}{2\pi RC} \qquad (8-11)$$

由此可见，有源 RC 低通滤波器中的同相放大器的通带增益 K_V 与时间常数 τ 无关。

令

$$s = j\omega \qquad (8-12)$$

式中，ω 表示角频率。

则有

$$\begin{cases} U_{OUT} = K_V \dfrac{U_{IN}}{\omega j\tau_C + 1} = K_V \dfrac{U_{IN}}{j\dfrac{\omega}{\omega_C} + 1} \\ \omega_C = 2\pi f_C \end{cases} \qquad (8-13)$$

式中，ω_C 表示有源 RC 低通滤波器的截止角频率。

如果信号源的内阻较大，可以采用如图 8-9（b）所示的有源的 RC 低通滤波器，它利用跟随器无衰减地获取被测信号的特性，再接一级 RC 低通滤波器即可。

需要提醒的是，当电流反馈型运放被用作低通滤波器电路时，不能在负反馈回路中并接电容元件，而是要在同相输入端采用低通 RC 网络，但是电压反馈型运放，则没有这个约束条件。

2. 有源 RC 高通滤波电路

根据前面的分析得知，只需将图 8-9（a）所示电路中的电阻和电容位置对调，即可获得高通滤波器，如图 8-10 所示。它的截止频率 f_C 和 ω_C 的表达式分别为

$$\begin{cases} f_C = \dfrac{1}{2\pi RC} = \dfrac{1}{2\pi\tau_C} \\ \omega_C = 2\pi f_C \end{cases} \qquad (8-14)$$

如果信号源的内阻较大，可以将图 8-9（b）所示电路中的电阻和电容位置对调，即可获得高通滤波器，如图 8-11 所示。

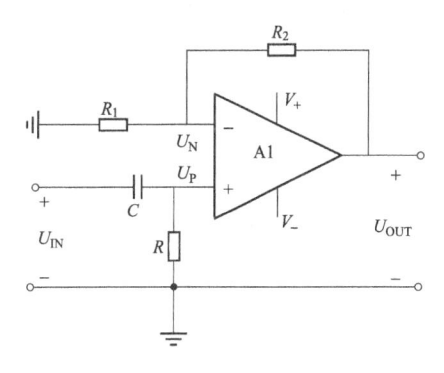

图 8-10 有源的 RC 高通滤波器

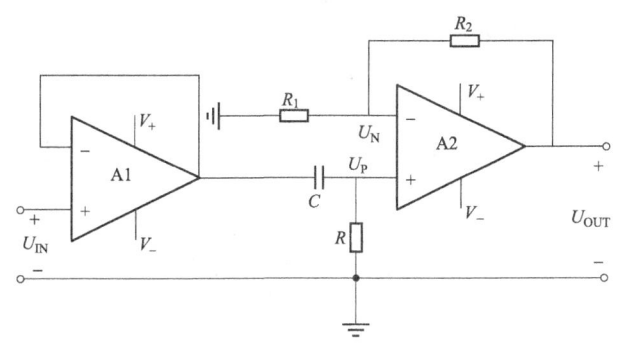

图 8-11 信号源内阻较大时，有源的 RC 高通滤波器

五、有源 RC 低通滤波电路设计范例分析

1. 设计背景

在使用应变片测量应变时，必须采取适当的方法检测其阻值的微小变化，如：

(1) 把应变片接入仪用运放检测电路，让它的电阻变化对测量电路进行线性化控制，使电路输出一个能模拟这个电阻变化的电信号。

(2) 对电信号必须进行信号变换处理，如滤波和放大等。

(3) 视情况而定，还会涉及隔离变换处理，尤其是对于高阻抗的压力传感器。

2. 电路设计

常常在传感器的输出端接一级放大器，其中最惯常的做法，就是采用仪用运放，如图 8-12 所示为传感器输出端常用的滤波电路。其由仪用运放 A1 构建而成，在放大器的输入端，常常需要接一级低通滤波器，

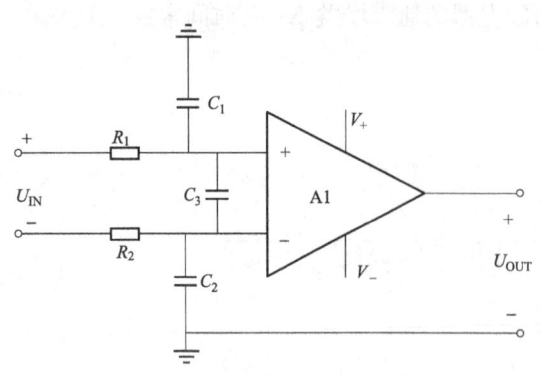

图 8-12 传感器输出端常用的滤波电路

既要有共模滤波器，还要有差模滤波器。

3. 工作原理

根据第三章第二节的介绍，在图 8-12 所示的滤波电路中，它的差模滤波器的截止频率 f_{C_D} 和时间常数 τ_{C_D} 的表达式分别为

$$\begin{cases} f_{C\_D} = \dfrac{1}{2\pi(R_1+R_2)\left(\dfrac{C_1C_2}{C_1+C_2}+C_3\right)} = \dfrac{1}{2\pi\tau_{C\_D}} \\ \tau_{C\_D} = (R_1+R_2)\left(\dfrac{C_1C_2}{C_1+C_2}+C_3\right) \end{cases} \quad (8-15)$$

在图 8-12 所示的滤波电路中，它的共模滤波器的截止频率 f_{C_C} 和时间常数 τ_{C_C} 的表达式分别为

$$\begin{cases} f_{C\_C} = \dfrac{1}{2\pi R_1 C_1} = \dfrac{1}{2\pi R_2 C_2} = \dfrac{1}{2\pi\tau_{C\_C}} \\ \tau_{C\_C} = R_1 C_1 = R_2 C_2 \end{cases} \quad (8-16)$$

根据前面分析得知，对于图 8-12 所示的滤波电路而言，要确保该电路具有较强的抗共模干扰的能力，最重要的设计要求就是，必须满足电路的对称性，即要求满足表达式

$$\begin{cases} R_1 = R_2 \\ C_1 = C_2 \end{cases} \quad (8-17)$$

与此同时，还要求该电路的差模滤波器电容 C_3 远远大于共模滤波器电容 C_1，即满足表达式

$$C_3 \gg C_1 = C_2 \quad (8-18)$$

差模滤波器的时间常数 τ_{C_D} 与共模滤波器的时间常数 τ_{C_C}，满足表达式

$$\tau_{C\_D} = (R_1+R_2)\left(\dfrac{C_1C_2}{C_1+C_2}+C_3\right) \gg \tau_{C\_C} = R_1C_1 = R_2C_2 \quad (8-19)$$

差模滤波器的截止频率 f_{C_D} 和时间常数 τ_{C_D} 的表达式分别化简为

$$\begin{cases} f_{C\_D} = \dfrac{1}{2\pi R_1(C_1+2C_3)} = \dfrac{1}{2\pi\tau_{C\_D}} \\ \tau_{C\_D} = R_1(C_1+2C_3) \end{cases} \quad (8-20)$$

4. 设计要求

若要设计一个压力传感器输出信号滤波电路，如图 8-13 所示，设计要求如下：
(1) 低通滤波器的截止频率：$f_C=110\text{Hz}$。
(2) 放大器增益：$K_G=100$。

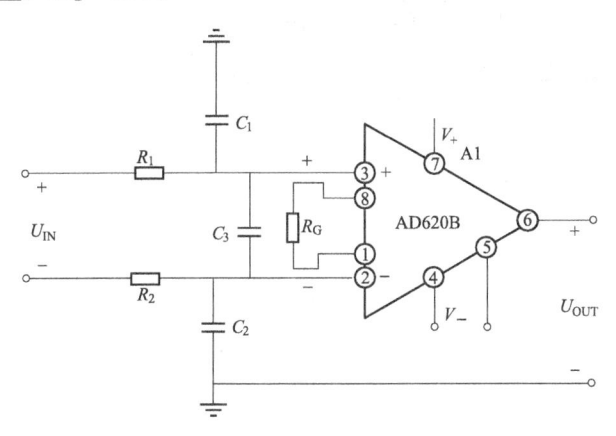

图 8-13　压力传感器输出信号滤波电路

5. 设计计算

设计步骤如下：
(1) 考虑到保护仪用运放的输入端，假设电阻 $R_1=R_2=3.3\text{k}\Omega$。
(2) 共模电容 $C_1=C_2=1000\text{pF}$。
(3) 由差模低通滤波器的截止频率 f_{C_D} 的表达式(8-15)，计算获得电容 C_3，近似为

$$C_3 = \frac{1}{4\pi R_1 f_{C\_D}} = \frac{1}{4\pi \times 3300 \times 110} = 0.24(\mu F) \quad (8-21)$$

取标称值 $C_3=0.24\mu F$。

差模低通滤波器的截止频率 f_{C_D} 的设计计算值为

$$f_{C\_D} = \frac{1}{2\pi R_1(C_1+2C_3)} = \frac{1}{2\pi \times 3300 \times (480+1)\text{nF}} \approx 100(\text{Hz}) \quad (8-22)$$

基本满足设计要求 $f_C=100\text{Hz}$。

(4) 由式 (8-16) 计算获得共模低通滤波器的截止频率 f_{C_C} 为

$$f_{C\_C} = \frac{1}{2\pi R_1 C_1} = \frac{1}{2\pi R_2 C_2} = \frac{1}{2\pi \times 3300 \times 1000\text{pF}} \approx 48.3(\text{kHz}) \quad (8-23)$$

(5) 根据 AD620 的参数手册，得知其增益 K_G 的表达式为

$$K_G = 1 + \frac{49.4\text{k}\Omega}{R_G} = 100 \quad (8-24)$$

那么增益电阻 R_G 的计算值为

$$R_G = \frac{49.4\text{k}\Omega}{99} \approx 499(\Omega) \quad (8-25)$$

采用 E192 电阻系列，因此，增益电阻 R_G 的取值为 499Ω。

六、二阶压控低通滤波器的分析方法

1. 二阶有源低通滤波器基本原理

为了使输出信号在高频段以更快的速率下降，以改善滤波效果，可以在图 8-9（a）所

示的滤波器电路中,再加一级 RC 低通滤波环节,称为二阶有源滤波电路,如图 8-14(a)所示,它比一阶低通滤波器的滤波效果更好,现将它的输出表达式的推导过程简述如下:

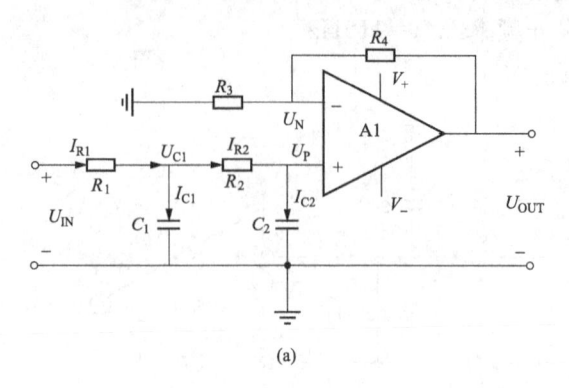

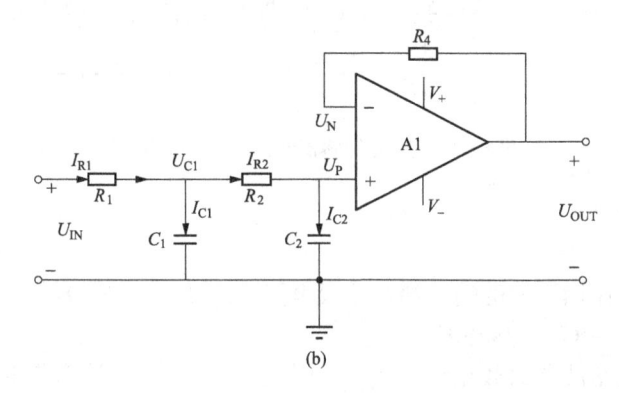

图 8-14 二阶有源 RC 低通滤波器
(a) 同相放大器型式;(b) 跟随器型式

在图 8-14(a)所示滤波器电路中,根据 KCL 得

$$I_{R1} = I_{C1} + I_{R2} = I_{C1} + I_{C2} \tag{8-26}$$

因此,可以得到电容器 C_1 的端电压 U_{C1} 的表达式为

$$U_{C1} = \frac{\frac{1}{sC_1} \;//\; \left(R_2 + \frac{1}{sC_2}\right)}{R_1 + \left[\frac{1}{sC_1} \;//\; \left(R_2 + \frac{1}{sC_2}\right)\right]} U_{IN} \tag{8-27}$$

$$= \frac{sR_2C_2 + 1}{s^2R_1R_2C_1C_2 + s(R_1C_1 + R_2C_2 + R_1C_2) + 1} U_{IN}$$

图 8-14(a)所示滤波器中的运放 A1 的同相端的电位 U_P 的表达式为

$$U_P = \frac{U_{C1}}{R_2 + \frac{1}{sC_2}} \frac{1}{sC_2} = \frac{U_{C1}}{1 + sR_2C_2} \tag{8-28}$$

由于运放 A1 的输出电压 U_{OUT} 的表达式为

$$U_{OUT} = \frac{R_3 + R_4}{R_3} U_P = K_V \times U_P \tag{8-29}$$

式中,K_V 表示低通滤波器的通带增益,即 $K_V = (R_3 + R_4)/R_3$,它与电容 C_1 和 C_2 无关,仅仅取决于电阻 R_3 和 R_4。

联立式（8-26）～式（8-29），化简得到运放输出电压 U_{OUT} 的表达式为

$$\begin{aligned}U_{\text{OUT}} &= K_{\text{V}} U_{\text{P}} = K_{\text{V}} \frac{U_{\text{C1}}}{1+sR_2C_2} \\ &= K_{\text{V}} \frac{1}{1+sR_2C_2} \frac{sR_2C_2+1}{s^2R_1R_2C_1C_2+s(R_1C_1+R_2C_2+R_1C_2)+1} U_{\text{IN}} \\ &= \frac{K_{\text{V}} \times U_{\text{IN}}}{s^2R_1R_2C_1C_2+s(R_1C_1+R_2C_2+R_1C_2)+1} \\ &= \frac{K_{\text{V}} \times U_{\text{IN}}}{s^2\tau_1\tau_2+s(\tau_1+\tau_2+\tau_{12})+1}\end{aligned} \qquad (8-30)$$

式中，τ_1 和 τ_2 表示时间常数。τ_1、τ_2 和 τ_{12} 的表达式分别为：

$$\begin{cases}\tau_1 = R_1C_1 \\ \tau_2 = R_2C_2 \\ \tau_{12} = R_1C_2\end{cases} \qquad (8-31)$$

为了简化分析，假设满足表达式

$$\begin{cases}R_1 = R_2 = R \\ C_1 = C_2 = C\end{cases} \qquad (8-32)$$

此时的滤波器称为等阻容型式的压控型滤波器，那么它的时间常数 τ_1、τ_2 和 τ_{12} 相等，且等于 τ，即

$$\begin{cases}\tau_1 = R_1C_1 = \tau = RC \\ \tau_2 = R_2C_2 = \tau = RC \\ \tau_{12} = R_1C_2 = \tau = RC\end{cases} \qquad (8-33)$$

化简得到运放 A1 的输出电压 U_{OUT} 的表达式为

$$U_{\text{OUT}} = \frac{K_{\text{V}} \times U_{\text{IN}}}{s^2\tau^2+3s\tau+1} \qquad (8-34)$$

可以得到滤波器的增益函数（也称为传递函数）$K(s)$ 的表达式为

$$K(s) = \frac{U_{\text{OUT}}}{U_{\text{IN}}} = \frac{K_{\text{V}}}{s^2\tau^2+3s\tau+1} \qquad (8-35)$$

将式（8-12）代入式（8-35）中，得到增益函数 $K(j\omega)$ 的表达式为

$$K(j\omega) = \frac{U_{\text{OUT}}}{U_{\text{IN}}} = \frac{K_{\text{V}}}{(j\omega)^2\tau^2+j3\omega\tau+1} = \frac{K_{\text{V}}}{\left(j\dfrac{\omega}{\omega_{\text{C}}}\right)^2+j3\dfrac{\omega}{\omega_{\text{C}}}+1} \qquad (8-36)$$

式中，ω_{C} 表示截止角频率，它与阻容相关。

ω_{C} 的表达式为

$$\omega_{\text{C}} = \frac{1}{\tau} = \frac{1}{RC} = 2\pi f_{\text{C}} \qquad (8-37)$$

式（8-36）换一个形式为

$$\begin{aligned}K(j\omega) &= \frac{K_{\text{V}}}{(j\omega)^2\tau^2+j3\omega\tau+1} = \frac{K_{\text{V}}}{\left(j\dfrac{f}{f_{\text{C}}}\right)^2+j3\dfrac{f}{\omega_{\text{C}}}+1} \\ &= \frac{K_{\text{V}}}{1-\left(\dfrac{f}{f_{\text{C}}}\right)^2+j3\dfrac{f}{f_{\text{C}}}}\end{aligned} \qquad (8-38)$$

式中，f 表示频率，且 $f=\omega/2\pi$。

假设 $f=f_B$ 时，式（8-38）的分母的模，如果满足表达式

$$\left|1-\left(\frac{f_B}{f_C}\right)^2+j3\frac{f_B}{f_C}\right|=\sqrt{2} \tag{8-39}$$

求解得到 f_B 为

$$f_B=\sqrt{\frac{\sqrt{53}-7}{2}}f_C=0.37f_C=\frac{0.37}{2\pi RC} \tag{8-40}$$

f_B 称为通带的截止频率，它比截止频率 f_C 小。与理想的二阶波特图相比，在超过截止频率 f_C 以后，幅频特性以 -40dB/dec 的速率下降，比一阶下降得快。但在介于通带截止频率 f_B 与截止频率 f_C 之间时，幅频特性下降得还不够快。

将 ω/ω_C 用 Ω 代替，即 Ω 是输入角频率与截止角频率的比值，即相对角频率，也称为相对频率，即

$$\Omega=\frac{\omega}{\omega_C} \tag{8-41}$$

整理式（8-36）为

$$K(j\omega)=\frac{K_V}{(j\Omega)^2+3j\Omega+1} \tag{8-42}$$

分析式（8-42）得知，增益函数式（8-38）就演变成随 Ω 的变化关系式。对于等阻容型式的压控型滤波器而言，可实现品质因数 $Q=0.5\sim\infty$，易于选择阻容元件，降低了它们的计算复杂度，但是，由于增益 K_V 随 Ω 变化，存在两者不容易兼顾的不足。

如果 $K_V=1$，这时 $R_3=\infty$，即 R_3 所在支路相当于开路。为了使运放中直流偏置最小，要求 $R_4=R_1+R_2$。所以，在大多数的实际应用场合，而非高精密的应用场合，将 R_4 取为零，即将 R_4 所在支路短路。但是，如果运放采用电流反馈型运放时，最好要求 $R_4=R_1+R_2$。此时，压控电压源电路就变成了一个电压跟随器，如图 8-14（b）所示，其输出电压等于输入电压，或者说输出跟随输入电压。

2. 二阶压控低通滤波器基本原理

将图 8-14（a）中的电容器 C_1 由原来接地改为接到运放 A1 的输出端，则是典型的二阶压控低通滤波器电路，如图 8-15 所示，但是，它并不影响滤波器的通带增益 K_V，因为通带增益的表达式为 $K_V=(R_3+R_4)/R_3$，它取决于 R_3 和 R_4，且这种滤波器具有如下特点：

（1）由于运放采用同相输入的接法方式，因此此种滤波器的输入阻抗很高、输出阻抗很低，相当于一个电压源，故称之为压控低通滤波器。

（2）电路性能稳定，增益容易调节。

现将其输出表达式的推导过程简述如下：

在图 8-15 所示滤波器中，根据 KCL 得到

$$I_{R1}=I_{C1}+I_{R2}=I_{C1}+I_{C2} \tag{8-43}$$

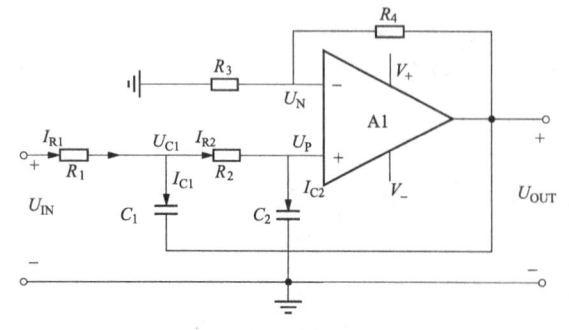

图 8-15 二阶压控低通有源滤波器

电流 I_{R1} 的表达式为

$$I_{R1} = \frac{U_{IN} - U_{C1}}{R_1} \tag{8-44}$$

电流 I_{C1} 的表达式为

$$I_{C1} = \frac{U_{C1} - U_{OUT}}{\frac{1}{sC_1}} = (U_{C1} - U_{OUT})sC_1 \tag{8-45}$$

电流 I_{C2} 的表达式为

$$I_{C2} = \frac{U_P}{\frac{1}{sC_2}} = U_P sC_2 \tag{8-46}$$

根据同相放大器的原理得知，运放 A1 的同相端的电位的表达式为

$$\begin{cases} U_P = \dfrac{U_{OUT}}{K_V} \\ U_P = \dfrac{U_{C1}}{R_2 + \dfrac{1}{sC_2}} \dfrac{1}{sC_2} = \dfrac{U_{C1}}{sC_2 R_2 + 1} \end{cases} \tag{8-47}$$

式中，K_V 的表示同相放大器的增益，即 $K_V = (R_3 + R_4)/R_3$。

联立式（8-43）~式（8-47）化简，得到运放 A1 的输出电压 U_{OUT} 的表达式为

$$U_{OUT} = \frac{K_V \times U_{IN}}{s^2 R_1 R_2 C_1 C_2 + s(R_1 C_1 + R_2 C_2 + R_1 C_2 - K_V R_1 C_1) + 1} \tag{8-48}$$

那么增益函数 $K(s)$ 的表达式为

$$K(s) = \frac{U_{OUT}}{U_{IN}} = \frac{K_V}{s^2 R_1 R_2 C_1 C_2 + s(R_1 C_1 + R_2 C_2 + R_1 C_2 - K_V R_1 C_1) + 1} \tag{8-49}$$

为了简化分析，假设满足表达式

$$\begin{cases} R_1 = R_2 = R \\ C_1 = C_2 = C \end{cases} \tag{8-50}$$

那么式（8-49）可以简化为

$$K(s) = \frac{K_V}{s^2 (RC)^2 + sRC(3 - K_V) + 1} \tag{8-51}$$

分析式（8-51）表明，该滤波器的通带增益 $K_V = (R_3 + R_4)/R_3$ 应小于 3，才能保障电路稳定工作，即

$$K_V = \frac{R_3 + R_4}{R_3} < 3 \tag{8-52}$$

推导获得一个重要约束表达式

$$R_3 > \frac{R_4}{2} \tag{8-53}$$

由增益函数式（8-51），可以写出其频率响应的表达式

$$K(j\omega) = \frac{K_V}{1 - \left(\dfrac{f}{f_C}\right)^2 + j(3 - K_V)\dfrac{f}{f_C}} \tag{8-54}$$

式中，f 表示频率；f_C 表示截止频率；ω 表示截止角频率，它与阻容相关。

当 $f=f_C$ 时，式（8-54）可以化简为

$$K(j\omega)_{f=f_c} = \frac{K_V}{j(3-K_V)} \quad (8-55)$$

引入一个变量 Q，称其为有源滤波器的品质因数 Q，它的定义为：在 $f=f_c$ 时，增益函数 $K(j\omega)$ 的模与通带增益 K_V 之比，即

$$Q = \frac{|K(j\omega)_{f=f_c}|}{K_V} \quad (8-56)$$

联立式（8-55）和式（8-56），得到品质因数 Q 的值为

$$Q = \frac{1}{3-K_V} \quad (8-57)$$

对于图 8-15 所示的二阶压控低通有源滤波器而言，有两个重要表达式，即

$$\begin{cases} Q = \dfrac{1}{3-K_V} \\ |K(j\omega)_{f=f_C}| = QK_V \end{cases} \quad (8-58)$$

分析式（8-58）得知：

(1) 当通带增益 K_V 介于 2 和 3 之间时，品质因数 $Q>1$，幅频特性在 $f=f_C$ 处将升高。

(2) $K_V>3$ 时，品质因数 Q 趋于无穷，滤波器将会自激振荡。由于将电容器 C_1 接到运放 A1 的输出端，等于在高频端给低通滤波器加了一点正反馈，所以在高频端（$f>f_C$ 时）的放大倍数有所抬高，甚至可能引起自激。

(3) 如果 $K_V=1$，这时 $R_3=\infty$，即 R_3 所在支路相当于开路，如图 8-16 所示。为了使运放中直流偏差最小，要求 $R_4=R_1+R_2$。所以，在大多数的实际应用场合，而非高精密的应用场合，将 R_4 取为零，即 R_4 所在支路短路就可以了。但是，如果运放采用电流反馈型运放时，最好要求 $R_4=R_1+R_2$。此时，压控电压源电路就变成了一个电压跟随器，其输出电压等于输入电压，或者说输出跟随输入电压。

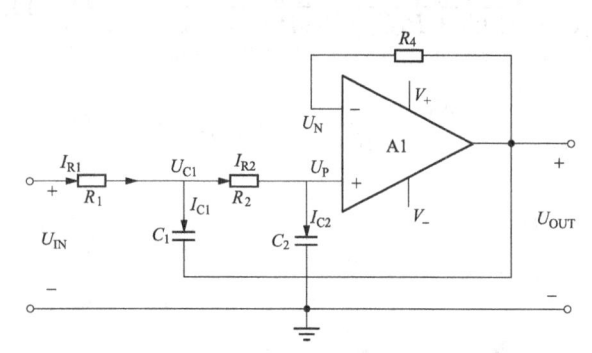

图 8-16 跟随器型二阶压控低通有源滤波器

如果图 8-16 中运放为电流反馈型运放，那么由于电流反馈型运放对于用作缓冲器时，不能直接将输出和反相输入相连，而是要通过电阻连接，该电阻用以限制输出端的正、负过冲脉冲的幅度，因此，图 8-16 所示电路中的电阻 R_4 不能略去不接，对于电压反馈型运放，则没有这个约束。

图 8-16 所示的跟随器型二阶压控低通有源滤波器电路，又称为 Sallen-Key 结构，它的特点是：

1) 有 4 个独立的电阻和电容器件。
2) 低频段增益为 1。
3) 可以实现任意 Q 值。
4) 对电容的选择没有必要性的要求，降低了选择的难度。

需要补充说明的是，对于不同的滤波器型式，其品质因数是不同的。
1) 巴特沃斯型：$Q=0.707$。
2) 切比雪夫型：$Q>0.707$。
3) 贝塞尔型：$Q<0.707$。

巴特沃斯型二阶压控低通滤波器的典型截止频率如表 8-4 所示（可以选用低噪声精密运放，如 OPA171，OPA2171 和 OPA4171 等）。

表 8-4　　　　　　　　巴特沃斯型二阶压控低通滤波器的典型截止频率

截止频率（kHz）	R_1（kΩ）	R_2（kΩ）	C_1	C_2
100	11	11.3	200pF	100pF
10	11	11.3	2nF	1nF
1	11	11.3	20nF	10nF
0.1	11	11.3	0.2μF	0.1μF

七、二阶压控低通滤波器设计范例

1. 设计要求

现将设计要求小结如下：

(1) 设计一个二阶压控低通滤波器。

(2) 截止频率 $f_C=350\text{Hz}$。

(3) 品质因数 $Q=0.7$。

(4) 在满足要求的前提下，适当取较大增益。

2. 设计计算

要确定图 8-15 所示的二阶压控低通有源滤波器电路中的电阻、电容值，需要进行下面的分析步骤。

(1) 确定电容 C_1 和 C_2 值。采用的设计思路是两个电容器相等，即 $C_1=C_2=C$。这里给出一个设计技巧，在工程实践中，电容 C_1 和 C_2 值的一般取值方法遵循以下 3 个原则：

1) 取接近于 $(10/f_C)$ μF 的数值。

2) 要求电容 C_1 和 C_2 的容量不宜超过 $1\mu F$。

3) 选定电容器 C_1 和 C_2 值为标称值。

电容 C_1 和 C_2 值的选择依据为

$$C_1 = C_2 = C = \frac{10}{f_C}\mu\text{F} \tag{8-59}$$

将截止频率 $f_C=350\text{Hz}$ 代入式（8-59）中，计算得到电容器 C_1 和 C_2 值为

$$C_1 = C_2 = C = \frac{10}{f_C} = \frac{10}{350} \approx 0.0288(\mu\text{F}) \tag{8-60}$$

选定电容器 C_1 和 C_2 为标称值 $0.03\mu\text{F}$。

(2) 确定电阻 R_1 和 R_2 的值。采用的设计思路是两个电阻相等，即 $R_1=R_2=R$。这里给出一个设计技巧，在工程实践中，电阻 R_1 和 R_2 值的一般取值方法遵循的原则是：不宜超过 MΩ 级，但是也不能太小，毕竟运放输入端有一个不能超过其最大输入电流的约束，即

$$R_{\text{MIN}} < R_1 = R_2 = R < R_{\text{MAX}} < 1\text{M}\Omega \tag{8-61}$$

式中，R_{MIN}表示满足运放输入端不能超过其最大输入电流的约束条件时对应的最小电阻值。

根据低通滤波器的截止频率的表达式

$$f_C = \frac{1}{2\pi RC} \tag{8-62}$$

推导获得电阻R_1和R_2值的一般取值依据为

$$R_1 = R_2 = \frac{1}{2\pi f_C} = \frac{1}{2\pi \times 350 \times 0.03 \times 10^{-6}} \approx 15.17(\text{k}\Omega) \tag{8-63}$$

取 E192 电阻系列，因此电阻R_1和R_2取值为 15.2kΩ。

反过来计算截止频率为

$$f_{C\_\text{设计值}} = \frac{1}{2\pi RC} = \frac{1}{2\pi \times 15.2 \times 10^3 \times 0.03 \times 10^{-6}} \approx 349.2(\text{Hz}) \tag{8-64}$$

此值非常接近截止频率$f_C=350\text{Hz}$的设计要求，因此合乎要求。

(3) 确定通带增益电阻R_3和R_4的值。根据品质因数Q值求电阻R_3和R_4的值，因为$f=f_C=350\text{Hz}$时，Q的取值为

$$Q = \frac{1}{3-K_V} = 0.7 \tag{8-65}$$

因此，通带增益的计算表达式为

$$K_V = 3 - \frac{1}{Q} = 3 - \frac{1}{0.7} \approx 1.5714 \tag{8-66}$$

由于通带增益的表达式为

$$K_V = \frac{R_3 + R_4}{R_3} \tag{8-67}$$

联立式（8-66）和式（8-67），化简得

$$R_4 \approx 0.5714 \times R_3 \tag{8-68}$$

这里补充一个判据：在选取电阻R_3和R_4时，还需考虑一点，即尽可能地使得运放 A1 的直流偏差最小，在理想运放情况下，运放两输入端（即同相端和反相端）之间的偏置电压应为零。因此得到一个重要的取值依据，即

$$R_1 + R_2 \approx R_3 \mathbin{/\mkern-6mu/} R_4 \tag{8-69}$$

由于本例中电阻R_1和R_2取值相等且均为 15.2kΩ，因此，必须满足

$$R_3 \mathbin{/\mkern-6mu/} R_4 \approx R_1 + R_2 = 30.4(\text{k}\Omega) \tag{8-70}$$

联立式（8-68）～式（8-70），化简得到电阻R_4的取值为

$$R_4 \approx \frac{30.4 \times 1.5714}{0.5714} \approx 83.6(\text{k}\Omega) \tag{8-71}$$

根据式（8-68），可以得到电阻R_3的取值为

$$R_3 \approx \frac{R_4}{0.5714} = \frac{83.6}{0.5714} \approx 146.3(\text{k}\Omega) \tag{8-72}$$

取 E192 电阻系列，因此电阻R_3和R_4取值分别为 147kΩ 和 83.5kΩ。反过来计算品质因数Q的值为

$$Q = \frac{1}{3-K_V} = \frac{1}{3-\dfrac{R_3+R_4}{R_3}} = \frac{R_3}{2R_3-R_4} = \frac{147}{2\times147-83.5} \approx 0.698 \tag{8-73}$$

此值非常接近品质因数 $Q=0.7$ 的设计要求，因此符合要求。

八、二阶压控高通滤波器的分析方法

1. 基本电路

将图 8-15 中的阻容交换即可实现高通滤波器，如图 8-17 所示。

2. 基本原理

现将推导过程简述如下：

在图 8-17 所示滤波器中，根据 KCL 得到

$$I_{C1} = I_{R1} + I_{C2} = I_{R1} + I_{R2} \tag{8-74}$$

电流 I_{C1} 的表达式为

$$I_{C1} = \frac{U_{IN} - U_{R1}}{\frac{1}{sC_1}} = sC_1(U_{IN} - U_{R1}) \tag{8-75}$$

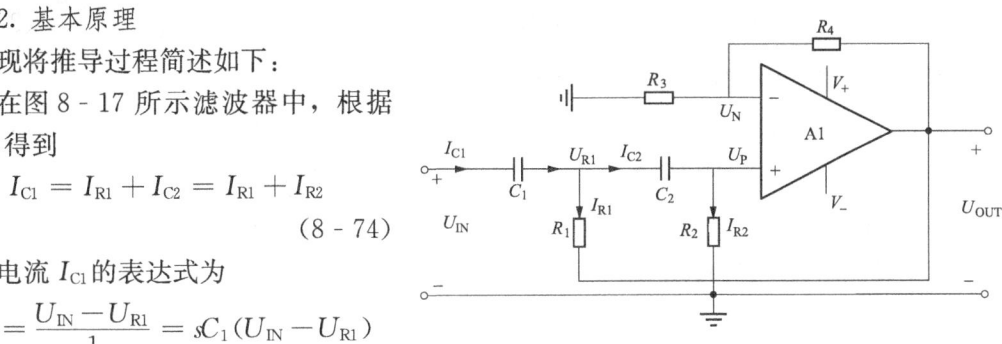

图 8-17 二阶压控高通有源滤波器

电流 I_{R1} 的表达式为

$$I_{R1} = \frac{U_{R1} - U_{OUT}}{R_1} \tag{8-76}$$

电流 I_{R2} 的表达式为

$$I_{R2} = \frac{U_P}{R_2} \tag{8-77}$$

根据同相放大器的原理，可以得到运放 A1 的同相端的电位的表达式为

$$\begin{cases} U_P = \dfrac{U_{OUT}}{K_V} \\ U_P = \dfrac{U_{R1}}{R_2 + \dfrac{1}{sC_2}} R_2 = \dfrac{U_{R1}}{sC_2R_2+1}sC_2R_2 \end{cases} \tag{8-78}$$

式中，K_V 表示同相放大器的通带增益，即 $K_V=(R_3+R_4)/R_3$。

联立式（8-74）～式（8-78）化简得到运放 A1 的输出电压 U_{OUT} 的表达式为

$$U_{OUT} = \frac{K_V \times U_{IN} \times s^2 \times R_1R_2C_1C_2}{s^2R_1R_2C_1C_2 + s(R_1C_1+R_2C_2+R_1C_2-K_VR_2C_2)+1} \tag{8-79}$$

那么增益函数 $K(s)$ 的表达式为

$$K(s) = \frac{U_{OUT}}{U_{IN}} = \frac{K_V \times s^2 \times R_1R_2C_1C_2}{s^2R_1R_2C_1C_2 + s(R_1C_1+R_2C_2+R_1C_2-K_VR_2C_2)+1} \tag{8-80}$$

为了简化分析，假设满足表达式

$$\begin{cases} R_1 = R_2 = R \\ C_1 = C_2 = C \end{cases} \tag{8-81}$$

则式（8-80）可以简化为

$$K(s) = \frac{K_V s^2(RC)^2}{s^2(RC)^2 + sRC(3-K_V)+1} \tag{8-82}$$

分析式（8-82）表明，该滤波器的通带增益 $K_V=(R_3+R_4)/R_3$ 应小于 3，才能保障电

路稳定工作，即

$$K_V = \frac{R_3 + R_4}{R_3} < 3 \tag{8-83}$$

推导获得一个重要约束表达式

$$R_3 > \frac{R_4}{2} \tag{8-84}$$

由增益函数式（8-82），可以写出其频率响应的表达式

$$K(j\omega) = \frac{K_V}{1 - \left(\frac{f_C}{f}\right)^2 + j(3-K_V)\frac{f_C}{f}} = \frac{K_V}{1 - \left(\frac{f_C}{f}\right)^2 + j\frac{1}{Q}\frac{f_C}{f}} \tag{8-85}$$

式中，f 表示频率；f_C 表示截止频率；ω 表示截止角频率，它与阻容相关。

Q 表示品质因数，它的表达式为

$$Q = \frac{1}{3 - K_V} \tag{8-86}$$

对于图 8-17 所示的二阶压控高通有源滤波器而言，有两个重要表达式为

$$\begin{cases} Q = \dfrac{1}{3 - K_V} \\ |K(j\omega)_{f=f_C}| = QK_V \end{cases} \tag{8-87}$$

分析式（8-87）表明：

(1) 当 $f < f_C$ 时，幅频特性曲线的斜率为 +40dB/dec。

(2) $K_V > 3$ 时，滤波器将会自激振荡。由于将电容器 R_1 接到运放 A1 的输出端，等于在高频端给高通滤波器加了一点正反馈，所以在高频端（$f > f_C$ 时）的放大倍数有所升高，甚至可能引起自激。

如果 $K_V = 1$，这时 $R_3 = \infty$，即 R_3 所在支路相当于开路。为了使运放中直流偏置最小，要求 $R_4 = R_1 + R_2$。所以，在大多数常规应用而非高精密场合，将 R_4 取为零，即 R_4 所在支路短路。但是，如果运放采用电流反馈型运放时，最好要求 $R_4 = R_1 + R_2$。此时，压控电压源电路变成了一个电压跟随器，如图 8-18 所示，其输出电压等于输入电压，或者说输出跟随输入电压。

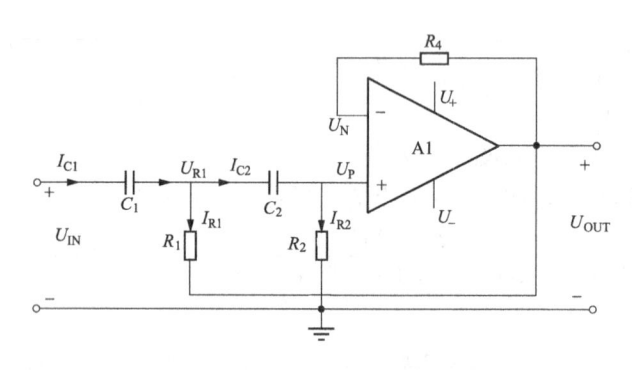

图 8-18 跟随器型二阶压控高通有源滤波器

九、二阶压控高通滤波器设计范例

1. 设计要求

设计要求为：

(1) 设计一个二阶压控高通滤波器。

(2) 截止频率 $f_C = 1000$Hz。

(3) 切比雪夫型：$Q = 1.3$。

(4) 在满足要求的前提下，适当取较大增益。

2. 设计计算

要确定图 8-17 所示的二阶压控高通有源滤波器电路中的电阻、电容值，需要进行下面的分析步骤：

(1) 确定电容 C_1 和 C_2 值。采用的设计思路是两个电容器相等，即 $C_1=C_2=C$。这里给出一个设计技巧，在工程实践中，电容 C_1 和 C_2 值的一般取值方法遵循以下 3 个原则：

1) 取接近于 $(10/f_C)$ μF 的数值。
2) 要求电容 C_1 和 C_2 的容量不宜超过 $1\mu F$。
3) 选定电容器 C_1 和 C_2 值为标称值。

电容 C_1 和 C_2 值的选择依据为：

$$C_1 = C_2 = C = \frac{10}{f_C}\mu F \tag{8-88}$$

将截止频率 $f_C=1000Hz$ 代入式 (8-88) 中，计算得到电容器 C_1 和 C_2 值为

$$C_1 = C_2 = C = \frac{10}{f_C} = \frac{10}{1000} = 10(nF) \tag{8-89}$$

选定电容器 C_1 和 C_2 为标称值 10nF。

(2) 确定电阻 R_1 和 R_2 的值。采用的设计思路是两个电阻相等，即 $R_1=R_2=R$。这里给出一个设计技巧，在工程实践中，电阻 R_1 和 R_2 值的一般取值方法遵循的原则是：不宜超过 MΩ 级，但是也不能太小，毕竟运放输入端有一个不能超过其最大输入电流的约束，即

$$R_{MIN} < R_1 = R_2 = R < R_{MAX} < 1M\Omega \tag{8-90}$$

式中，R_{MIN} 表示满足运放输入端不能超过其最大输入电流的约束条件时对应的最小电阻值。根据高通滤波器的截止频率的表达式

$$f_C = \frac{1}{2\pi RC} \tag{8-91}$$

推导获得电阻 R_1 和 R_2 的值为

$$R_1 = R_2 = \frac{1}{2\pi f_C} = \frac{1}{2\pi \times 10^3 \times 10 \times 10^{-9}} \approx 15.923(k\Omega) \tag{8-92}$$

取 E192 电阻系列，因此电阻 R_1 和 R_2 取值为 16.0kΩ。

反过来计算截止频率

$$f_{C\_设计值} = \frac{1}{2\pi RC} = \frac{1}{2\pi \times 16 \times 10^3 \times 10 \times 10^{-9}} \approx 995.2(Hz) \tag{8-93}$$

此值非常接近截止频率 $f_C=1000Hz$ 的设计要求，因此符合要求。

(3) 确定通带增益电阻 R_3 和 R_4 的值。根据品质因数 Q 值求电阻 R_3 和 R_4 的值，因为 $f=f_C=1000Hz$ 时，Q 的取值为

$$Q = \frac{1}{3-K_V} = 1.3 \tag{8-94}$$

因此，通带增益的计算表达式为

$$K_V = 3 - \frac{1}{Q} = 3 - \frac{1}{1.3} \approx 2.231 \tag{8-95}$$

由于通带增益的表达式为

$$K_V = \frac{R_3 + R_4}{R_3} \quad (8-96)$$

联立式（8-95）和式（8-96），化简得

$$R_4 \approx 1.231 \times R_3 \quad (8-97)$$

这里补充一个判据：在选取电阻 R_3 和 R_4 时，还需考虑一点，即尽可能地使得运放 A1 的直流偏置最小，在理想运放情况下，运放两输入端（即同相端和反相端）之间的偏置电压应为零。因此得到一个重要的取值依据，即

$$R_1 + R_2 \approx R_3 /\!/ R_4 \quad (8-98)$$

由于本例中电阻 R_1 和 R_2 取值相等且均为 $16.0\mathrm{k\Omega}$，因此，必须满足

$$R_3 /\!/ R_4 \approx R_1 + R_2 = 32\mathrm{k\Omega} \quad (8-99)$$

联立式（8-97）~式（8-99），化简得到电阻 R_4 的取值为

$$R_4 \approx \frac{32 \times 2.231}{1.231} \approx 58(\mathrm{k\Omega}) \quad (8-100)$$

联立式（8-99）和式（8-100），可以得到电阻 R_3 的取值为

$$R_3 \approx \frac{R_4}{1.231} = \frac{58}{1.231} \approx 47.125(\mathrm{k\Omega}) \quad (8-101)$$

取 E192 电阻系列，因此电阻 R_3 和 R_4 取值分别为 $58.3\mathrm{k\Omega}$ 和 $47.5\mathrm{k\Omega}$。反过来计算品质因数 Q 值为

$$Q = \frac{1}{3-K_V} = \frac{1}{3-\frac{R_3+R_4}{R_3}} = \frac{R_3}{2R_3 - R_4} = \frac{47.5}{2 \times 47.5 - 58.3} \approx 1.29 \quad (8-102)$$

此值非常接近品质因数 $Q=1.3$ 的设计要求，因此满足要求。

十、二阶压控带通滤波器的分析方法

1. 基本电路

二阶压控带通滤波器是一个只有在特定频段内传递信号，衰减这一频段以外的所有信号的滤波器，如图 8-19 所示。

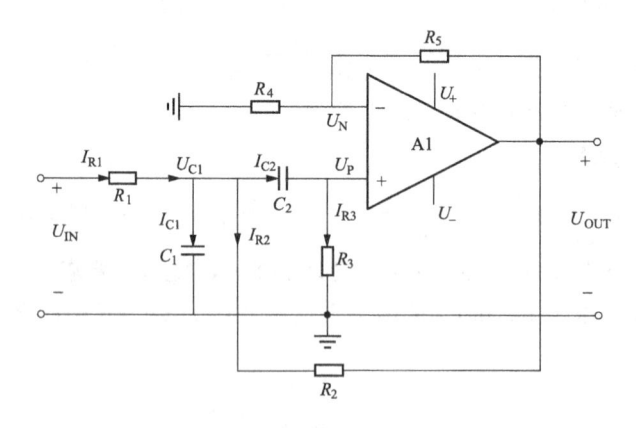

图 8-19 二阶压控带通有源滤波器

2. 基本原理

现将推导过程简述如下。

为了简化分析，假设满足下面的表达式

$$\begin{cases} R_1 = R_2 = R \\ R_3 = 2R \\ C_1 = C_2 = C \end{cases} \tag{8-103}$$

在图 8-19 所示滤波器中，根据 KCL 得到

$$I_{R1} = I_{R2} + I_{C1} + I_{C2} = I_{R2} + I_{C1} + I_{R3} \tag{8-104}$$

电流 I_{R1} 的表达式为

$$I_{R1} = \frac{U_{IN} - U_{C1}}{R_1 + \dfrac{1}{sC_1}} = \frac{(U_{IN} - U_{C1})}{sRC + 1} \tag{8-105}$$

电流 I_{C2} 和 I_{R3} 相等，且表达式为

$$I_{C2} = I_{R3} = \frac{U_P}{R_3} = \frac{U_P}{2R} \tag{8-106}$$

电流 I_{C1} 和 I_{R2} 的表达式分别为

$$\begin{cases} I_{C1} = \dfrac{U_{C1}}{\dfrac{1}{sC_1}} = sC_1 U_{C1} = sCU_{C1} \\ I_{R2} = \dfrac{U_{C1} - U_{OUT}}{R_2} = \dfrac{U_{C1} - U_{OUT}}{R} \end{cases} \tag{8-107}$$

根据同相放大器的原理得知运放 A1 同相端的电位表达式为

$$\begin{cases} U_P = \dfrac{U_{OUT}}{K_V} \\ U_P = \dfrac{U_C}{R_3 + \dfrac{1}{sC_2}} R_3 = \dfrac{U_{C1}}{sC_2 R_3 + 1} sC_2 R_3 = \dfrac{U_{C1}}{s2CR + 1} s2CR \end{cases} \tag{8-108}$$

式中，K_V 的表示同相放大器的增益，即 $K_V = (R_4 + R_5)/R_4$。

由式（8-108）可以得到 U_P 和 U_{C1} 的表达式分别为

$$\begin{cases} U_P = \dfrac{U_{OUT}}{K_V} \\ U_{C1} = \dfrac{U_P(sC_2 R_3 + 1)}{sC_2 R_3} = \dfrac{U_{OUT} \times (s2CR + 1)}{sC \times 2R \times K_V} \end{cases} \tag{8-109}$$

联立式（8-106）~式（8-109）化简得到运放 A1 的输出电压 U_{OUT} 的表达式为

$$U_{OUT} = \frac{sU_{IN}K_V RC}{s^2 R^2 C^2 + s(3 - K_V)RC + 1} \tag{8-110}$$

因此，增益函数的表达式为

$$K(s) = \frac{U_{OUT}}{U_{IN}} = \frac{sK_V RC}{s^2 R^2 C^2 + s(3 - K_V)RC + 1} = \frac{sK_V \dfrac{1}{RC}}{s^2 + s(3 - K_V) + \dfrac{1}{R^2 C^2}} \tag{8-111}$$

假设

$$\begin{cases} K_O = \dfrac{K_V}{3-K_V} \\ K_V = 1 + \dfrac{R_5}{R_4} \\ \omega_C = \dfrac{1}{RC} \\ Q = \dfrac{1}{3-K_V} \end{cases} \qquad (8\text{-}112)$$

式中，ω_C 表示截止角频率，它与阻容相关；Q 表示品质因数。

那么式（8-111）可以写为

$$K(s) = \dfrac{U_{\text{OUT}}}{U_{\text{IN}}} = \dfrac{sK_V\dfrac{1}{RC}}{s^2 + s(3-K_V) + \dfrac{1}{R^2C^2}} = \dfrac{K_O\dfrac{\omega_C}{Q}s}{s^2 + \dfrac{\omega_C}{Q}s + \omega_C^2} \qquad (8\text{-}113)$$

分析式（8-113）得知，该滤波器的通带增益 $K_V=(R_4+R_5)/R_4$ 应小于 3，才能保障电路稳定工作，即电阻 R_4 和 R_5 必须满足

$$R_5 < 2R_4 \qquad (8\text{-}114)$$

十一、二阶压控带通滤波器设计范例

1. 设计要求

设计要求为：

(1) 设计一个二阶压控带通滤波器。

(2) 截止频率 $f_C=1000\text{Hz}$。

(3) 带宽 $B_W=100\text{Hz}$。

(4) 在满足要求的前提下，适当取较大增益。

2. 设计计算

要确定图 8-19 所示的二阶压控带通有源滤波器电路中的电阻、电容值，需要进行下面的分析步骤。

(1) 确定电容 C_1 和 C_2 值。采用的设计思路是两个电容器相等，即 $C_1=C_2=C$。这里给出一个设计技巧，在工程实践中，电容 C_1 和 C_2 值的一般取值方法遵循以下 3 个原则：

1) 取接近于 $(10/f_C)\ \mu\text{F}$ 的数值。

2) 要求电容 C_1 和 C_2 的容量不宜超过 $1\mu\text{F}$。

3) 选定电容器 C_1 和 C_2 值为标称值。

电容 C_1 和 C_2 值的选择依据为

$$C_1 = C_2 = C = \dfrac{10}{f_C}\mu\text{F} \qquad (8\text{-}115)$$

将截止频率 $f_C=1000\text{Hz}$ 代入式（8-115）中，计算得到电容器 C_1 和 C_2 值为

$$C_1 = C_2 = C = \dfrac{10}{f_C} = \dfrac{10}{1000} = 10(\text{nF}) \qquad (8\text{-}116)$$

选定电容器 C_1 和 C_2 为标称值 10nF。

(2) 确定电阻 R_1 和 R_2 值。采用的设计思路是两个电阻相等，即 $R_1=R_2=R$，$R_3=2R$，根据截止频率的表达式

$$f_C = \frac{1}{2\pi RC} = 1000\,\text{Hz} \qquad (8\text{-}117)$$

因此，$R_1 = R_2$ 的取值为

$$R = \frac{1}{2\pi f_C C} = \frac{1}{2\pi \times 1000 \times 10 \times 10^{-9}} \approx 15.923(\text{k}\Omega) \qquad (8\text{-}118)$$

取 E192 电阻系列，因此，电阻 R_1 和 R_2 取值为 16.0kΩ。反过来计算截止频率的设计值为

$$f_{C\_\text{设计值}} = \frac{1}{2\pi RC} = \frac{1}{2\pi \times 16 \times 10^3 \times 10 \times 10^{-9}} \approx 995.2(\text{Hz}) \qquad (8\text{-}119)$$

此值非常接近截止频率 $f_C = 1000\,\text{Hz}$ 的设计要求，因此符合要求。

(3) 确定电阻 R_4、R_5 和 R_3 的值。

1) 已知带宽 $B_W = 100\,\text{Hz}$，由于带宽 B_W 与截止频率 f_C、品质因数 Q 满足表达式

$$B_W = 100 = \frac{f_C}{Q} \qquad (8\text{-}120)$$

因此，品质因数 Q 为

$$Q = \frac{f_C}{B_W} = \frac{1000}{100} = 10 \qquad (8\text{-}121)$$

2) 由于品质因数 Q 与通带增益 K_V 满足表达式

$$Q = \frac{1}{3 - K_V} \qquad (8\text{-}122)$$

因此，通带增益 K_V 为

$$K_V = 3 - \frac{1}{Q} = 3 - \frac{1}{10} = 2.9 \qquad (8\text{-}123)$$

通带增益 K_V 的计算表达式为

$$K_V = 1 + \frac{R_5}{R_4} \qquad (8\text{-}124)$$

因此，满足电阻 R_4 和 R_5 表达式

$$R_5 = 1.9 R_4 \qquad (8\text{-}125)$$

工程上，为了最大限度降低运放直流偏置，因此补充一个判据：在选取电阻 R_4 和 R_5 时，还需考虑一点，即尽可能地使得运放 A1 的直流偏置最小，在理想运放情况下，运放两输入端（即同相端和反相端）之间的偏置电压应为零。因此得到一个重要的取值依据，即

$$R_3 \approx R_5 // R_4 \approx 1.9 R_4 // R_4 \approx 0.6552 R_4 \qquad (8\text{-}126)$$

假设 R_1、R_2 和 R_3 满足关系式

$$R_3 = 2R_1 = 2R_2 \qquad (8\text{-}127)$$

联立式 (8-125)～式 (8-127)，可以得到电阻 R_4 和 R_5 取值依据为

$$\begin{cases} R_4 \approx \dfrac{2R_1}{0.6552} = \dfrac{2R_2}{0.6552} = \dfrac{2 \times 16}{0.6552} \approx 48.84(\text{k}\Omega) \\ R_5 = 1.9 R_4 \approx 1.9 \times \dfrac{2 \times 16}{0.6552} = 92.8(\text{k}\Omega) \end{cases} \qquad (8\text{-}128)$$

取 E192 电阻系列，电阻 R_4 取值为 48.7kΩ，那么 R_5 取值为 92kΩ。计算通带增益 K_V 的设计值为

$$K_{V\_设计} = 1 + \frac{R_5}{R_4} = 1 + \frac{92}{48.7} \approx 2.889 \quad (8-129)$$

此值非常接近通带增益 $K_V = 2.9$ 的设计要求，因此符合要求。

计算品质因数 Q 值为

$$Q = \frac{1}{3-K_V} = \frac{1}{3-\frac{R_4+R_5}{R_4}} = \frac{R_4}{2R_4-R_5} = \frac{48.7}{2\times 48.7 - 92} \approx 9.02 \quad (8-130)$$

此值非常接近品质因数 $Q = 10$ 的设计要求，因此满足要求。

十二、二阶压控带阻滤波器的分析方法

1. 基本电路

二阶压控带阻滤波器电路的性能和带通滤波器相反，即在规定的频带内，信号不能通过（或受到很大衰减或抑制），而在其余频率范围，信号则能顺利通过。

一般在双 T 型网络后加一级同相比例放大器电路（或者跟随器）就构成了基本的二阶压控带阻有源滤波器，如图 8-20 所示。

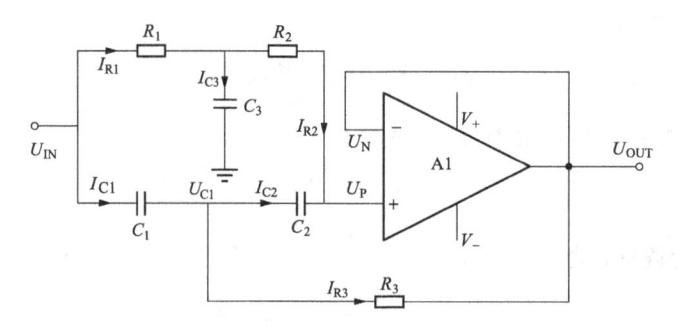

图 8-20 二阶压控带阻有源滤波器（跟随器方式）

2. 基本原理

假设

$$\begin{cases} C_1 = C_2 = \dfrac{C_3}{2} = C \\ \dfrac{1}{R_3} = \dfrac{1}{R_1} + \dfrac{1}{R_2} \end{cases} \quad (8-131)$$

二阶压控带阻有源滤波器的增益函数的表达式为

$$K(s) = \frac{U_{OUT}}{U_{IN}} = \frac{K_O\left(s^2 + \dfrac{1}{C^2 R_1 R_2}\right)}{s^2 + \dfrac{2}{R_2 C}s + \dfrac{1}{R_1 R_2 C^2}} \quad (8-132)$$

式中，K_O 为通带增益。由于图 8-20 所示的二阶压控带阻有源滤波器电路，采用了跟随器电路，因此，$K_O = 1$。

令带阻中心处的角频率 ω_C 和品质因数 Q 的表达式分别为

$$\begin{cases} \omega_C = \sqrt{\dfrac{1}{R_1 R_2 C^2}} = 2\pi f_C \\ Q = \dfrac{1}{2}\sqrt{\dfrac{R_2}{R_1}} \end{cases} \quad (8-133)$$

增益函数的表达式改为

$$K(s) = \frac{U_{\text{OUT}}}{U_{\text{IN}}} = \frac{K_O\left(s^2 + \dfrac{1}{C^2 R_1 R_2}\right)}{s^2 + \dfrac{2}{R_2 C}s + \dfrac{1}{R_1 R_2 C^2}} = \frac{K_O(\omega_O^2 + s^2)}{s^2 + \dfrac{\omega_O}{Q}s + \omega_O^2} \quad (8-134)$$

带阻有源滤波器带宽的表达式为

$$B_W = \frac{\omega_C}{Q} = \frac{2}{R_2 C} \quad (8-135)$$

图 8-21 表示基于同相放大器方式的二阶压控带阻有源滤波器，它的电路性能参数如下。

假设

$$\begin{cases} C_3 = 2C_1 = 2C_2 = 2C \\ R_3 = \dfrac{R_1}{2} = \dfrac{R_2}{2} = \dfrac{R}{2} \end{cases} \quad (8-136)$$

通带增益 K_V 的表达式为

$$K_V = \frac{R_4 + R_5}{R_4} \quad (8-137)$$

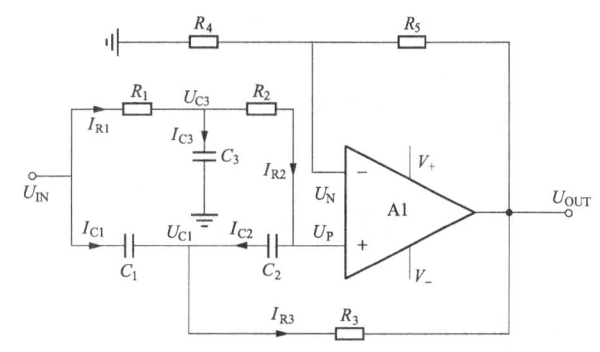

图 8-21 二阶压控带阻有源滤波器（同相放大器方式）

截止频率 f_C 的表达式为

$$f_C = \frac{1}{2\pi RC} \quad (8-138)$$

品质因数 Q 的表达式为

$$Q = \frac{1}{2(2-K_V)} \quad (8-139)$$

带宽 B_W 的表达式为

$$B_W = \frac{f_C}{Q} = 2(2-K_V)f_C \quad (8-140)$$

十三、二阶压控带阻滤波器设计范例

1. 设计要求

设计要求为：
(1) 设计一个二阶压控带阻滤波器。
(2) 截止频率 $f_C = 1000\text{Hz}$。
(3) 带宽 $\Delta f = 100\text{Hz}$。
(4) 通带增益 $K_V = 1$。

2. 设计计算

要确定图 8-20 所示的二阶压控带阻有源滤波器电路中的电阻、电容值，需要进行下面的分析步骤。

(1) 确定电容 C_1 和 C_2 值。采用的设计思路是两个电容器相等，即 $C_1 = C_2 = C$。这里给出一个设计技巧，在工程实践中，电容 C_1 和 C_2 值的一般取值方法遵循以下 3 个原则：

1) 取接近于 $(10/f_C)$ μF 的数值。

2) 要求电容 C_1 和 C_2 的容量不宜超过 $1\mu F$。
3) 选定电容器 C_1 和 C_2 值为标称值。
电容 C_1 和 C_2 值的选择依据为

$$C_1 = C_2 = C = \frac{10}{f_C}\mu F \tag{8-141}$$

将截止频率 $f_C=1000Hz$ 代入式 (8-141) 中，计算得到电容器 C_1 和 C_2 值为

$$C_1 = C_2 = C = \frac{10}{f_C} = \frac{10}{1000} = 10nF \tag{8-142}$$

选定电容器 C_1 和 C_2 为标称值 $10nF$。

(2) 确定电阻 R_1 和 R_2 值。
品质因数 Q 的取值方法为

$$Q = \frac{f_C}{\Delta f} = \frac{1000}{100} = 10 \tag{8-143}$$

带阻有源滤波器带宽的表达式为

$$B_W = \frac{\omega_C}{Q} = \frac{2\pi f_C}{Q} = \frac{2}{R_2 C} \tag{8-144}$$

那么电阻 R_2 的取值依据为

$$R_2 = \frac{Q}{\pi \times f_C \times C} = \frac{10}{\pi \times 1000 \times 10nF} = 318.47(k\Omega) \tag{8-145}$$

由于品质因数 Q、电阻 R_1 和电阻 R_2 满足关系式

$$Q = \frac{1}{2}\sqrt{\frac{R_2}{R_1}} \tag{8-146}$$

那么电阻 R_1 的取值依据为

$$R_1 = \frac{R_2}{4Q^2} = \frac{318.47k\Omega}{4 \times 100} \approx 796.2(\Omega) \tag{8-147}$$

(3) 确定电阻 R_3 的取值。采用的设计思路是 $R_3=R_1//R_2$，那么电阻 R_3 的取值依据为

$$R_3 = R_1//R_2 = \frac{R_1 \times R_2}{R_1 + R_2} = \frac{0.796 \times 318.47}{0.796 + 318.47} \approx 794.2(\Omega) \tag{8-148}$$

采用 E192 电阻系列，电阻 R_2 取值为 $316k\Omega$，电阻 R_1 取值为 796Ω，电阻 R_3 取值为 796Ω。

重新计算阻带中心处的频率为

$$f_C = \frac{\sqrt{\frac{1}{R_1 R_2 C^2}}}{2\pi} = \sqrt{\frac{10^{18}}{0.796k \times 316 \times 10^3 \times 100}} \approx 1005(Hz) \tag{8-149}$$

此值非常接近截止频率 $f_C=1000Hz$ 的设计要求，因此符合要求。
重新计算品质因数 Q 为

$$Q = \frac{1}{2}\sqrt{\frac{R_2}{R_1}} = \frac{1}{2}\sqrt{\frac{316}{0.796}} \approx 9.96 \tag{8-150}$$

此值非常接近品质因数 $Q=10$ 的设计要求，因此满足要求。
需要提醒的是，如果将电阻 R_2 取值为 $320k\Omega$，电阻 R_1 取值为 796Ω，电阻 R_3 取值为 796Ω，那么重新计算阻带中心处的频率为

$$f_C = \frac{\sqrt{\frac{1}{R_1 R_2 C^2}}}{2\pi} = \sqrt{\frac{10^{18}}{0.796 \times 10^3 \times 320 \times 10^3 \times 100}} \approx 997.7(\text{Hz}) \quad (8-151)$$

此值非常接近截止频率 $f_C=1000\text{Hz}$ 的设计要求，因此符合要求。

重新计算品质因数 Q 为

$$Q = \frac{1}{2}\sqrt{\frac{R_2}{R_1}} = \frac{1}{2}\sqrt{\frac{316}{0.796}} \approx 10.03 \quad (8-152)$$

此值非常接近品质因数 $Q=10$ 的设计要求，因此满足要求。分析计算结果发现，两组参数都可以，遇到这种情况，建议通过搭建电路实际测试后，择优选取。

第五节 根据传感器信号的不同选择滤波器电路

高通滤波器适用于干扰频率比信号频率低的场合，如在一些靠近电源线的敏感信号线上滤除电源谐波造成的干扰。带通滤波器用于信号频率仅占较窄带宽的场合，如通信接收机的天线端口上要安装带通滤波器，仅允许通信信号通过。带阻滤波器用于干扰频率带宽较窄，而信号频率带宽较宽的场合，如距离大功率电台很近的电缆端口处要安装带阻频率等于电台发射频率的带阻滤波器。

不同结构的滤波电路其显著区别在于：

(1) 电路中的滤波器件越多，则滤波器阻带的衰减越大，滤波器通带与阻带之间的过渡带越短。

(2) 不同结构的滤波电路适合于不同的源阻抗和负载阻抗，它们的关系应遵循阻抗失配原则。但要注意的是，实际电路的阻抗很难估算，特别是在高频时（电磁干扰问题往往发生在高频），由于电路寄生参数的影响，电路的阻抗变化很大，而且电路的阻抗往往还与电路的工作状态有关，再加上电路阻抗在不同的频率上也不一样。因此，在实际中，哪一种滤波器有效，主要根据试验结果来确定。

由于干扰信号有差模信号和共模信号两种，因此滤波器对这两种干扰信号都要具有衰减作用。其基本原理有三种：

(1) 利用电容通高频、隔低频的特性，将相线、零线高频干扰电流导入地线（共模），或将相线高频干扰电流导入零线（差模）。注意：

1) 差模滤波电容的引线要尽量短。电容与需要滤波的导线（相线和零线）之间的连线尽量短。如果滤波器安装在线路板上，线路板上的走线也会等效成电容的引线。这时，要注意确保电容引线最短。

2) 共模电容的引线要尽量短。对这个要求的理解和注意事项与差模滤波电容的要求相同。但是，滤波器的共模高频滤波特性主要靠共模电容保证，并且共模干扰的频率一般较高，因此共模滤波电容的高频特性更加重要。

3) 使用三端电容可以明显改善高频滤波效果。但是要注意三端电容的正确使用方法，要使接地线尽量短，而其他两根线的长短对效果几乎没有影响。必要时可以采用穿芯电容，这时滤波器本身的性能可以维持到1GHz以上。

(2) 利用电感线圈的阻抗特性，将高频干扰电流反射回干扰源。按照前面所介绍的方法控制电感的寄生电容，必要时，使用多个电感串联的方式。

（3）利用干扰抑制铁氧体，可将一定频段的干扰信号吸收转化为热量的特性，针对某干扰信号的频段，选择合适的干扰抑制铁氧体的磁环、磁珠，直接套在需要滤波的电缆上即可。

根据干扰源的特性、频率范围、电压和阻抗等参数及负载特性的要求，适当选择滤波器，一般需要考虑以下几个方面的问题：

1）要求电磁干扰滤波器在相应工作频段范围内，能满足负载要求的衰减特性，若一种滤波器衰减量不能满足要求时，则可采用多级串联，可以获得比单级更高的衰减，不同的滤波器级联，可以获得宽频带内的良好衰减特性。

2）要满足负载电路工作频率和需抑制频率的要求，如果要抑制的频率和有用信号频率非常接近时，则需要频率特性非常陡峭的滤波器，才能满足把抑制的干扰频率滤掉，只允许通过有用频率信号的要求。

3）在所要求的频率上，滤波器的阻抗必须与它连接干扰源阻抗和负载阻抗相失配，如果负载是高阻抗，则滤波器的输出阻抗应为低阻；如果电源或干扰源阻抗是低阻抗，则滤波器的输入阻抗应为高阻；如果电源阻抗或干扰源阻抗是未知的或者是在一个很大的范围内变化，很难得到稳定的滤波特性，为了获得滤波器具有良好的比较稳定的滤波特性，可以在滤波器输入和输出端，同时并接一个固定电阻。

4）滤波器必须具有一定耐压能力，要根据电源和干扰源的额定电压来选择滤波器，使它具有足够高的额定电压，以保证在所有预期工作的条件下都能可靠地工作，能够经受输入瞬时高压的冲击。

5）滤波器允许通过应与电路中连续运行的额定电流一致。额定电流高了，会加大滤波器的体积和重量；额定电流低了，又会降低滤波器的可靠性。

6）滤波器应具有足够的机械强度，结构简单、重量轻、体积小、安装方便、安全可靠。

为了提高信号或者电源的品质、电路的线性、减少各种杂波和非线性失真干扰和谐波干扰等均使用滤波器。使用滤波器的场所有：

1）除总配电系统和分配电系统上设置电源滤波器外，进入设备的电源均要安装滤波器，最好使用线至线滤波器，而不使用线至地滤波器。

2）进入设备的关键性信号，均要安装滤波器，最好使用一对一滤波器，而不要衰减有用信号。

3）对脉冲干扰和瞬变干扰敏感的设备，使用隔离变压器供电时，应在负端加装滤波器。

4）关键性敏感设备的进出信号，最好采用隔离电路，将原边副边地线隔开，提高抗共模干扰的能力。

5）各分系统或设备之间的接口处，应有滤波器抑制干扰，确保兼容。

6）设备和分系统的控制信号，其输入和输出端均应加滤波器或旁路电容器。

第九章 压力传感器及其典型应用技术

为了提高电力电子装置运行的可靠性，应采取一切可行的散热措施，如采用水冷系统、风冷系统或者油冷系统。这些系统都会应用到压力传感器，对冷却系统进出口的介质压力实时监测与分析，其分析数据已成为评价冷却系统是否有效的最重要的判据之一。如何选择合适的压力传感器、如何判断压力传感器的性能、如何安装和调试压力传感器，这对大多数设计者来讲，是非常重要的。

第一节 压力与压强

一、压力的基础知识

垂直作用在单位面积上的力称压强。在国际单位制（SI）和我国法定计量单位中，压强的单位是帕斯卡（简称帕），符号为Pa，它的表达式为

$$P = \frac{F}{S} \tag{9-1}$$

式中，P表示压强，单位为Pa；F表示压力，单位为N；S表示受力面积，单位为m^2。

因此1Pa就是1N的力垂直均匀作用在$1m^2$的面积上所形成的压力值。

二、压强的量纲单位

压强的单位除了是帕斯卡之外，还有其他压强单位，如工程大气压力（kgf/cm^2）、毫米汞柱（mmHg）、毫米水柱（mmH_2O）、标准大气压（atm）、巴（bar）、PSI（磅力每平方英寸）。

1个标准大气压（atm）等于760mm高的水银柱所产生的压强，即1atm=760mmHg=$1.013×10^5$Pa。

1kgf压强的含义是：在地表质量为1kg的物体，受到的重力的大小，所以$1kgf/cm^2$=9.806 65N/0.0001m^2=9.806 65×10^4Pa=0.980 665×10^5Pa=0.968 08MPa。

$1mmH_2O$（1毫米水柱）的含义是：在温度4℃时的纯水的密度是$10^3 kg/m^3$，即$\rho_{水}$=$1×10^3 kg/m^3$=$1g/cm^3$，$1mmH_2O$（1毫米水柱）=$\rho_{水}×g×h$=$\rho_{水}×g×1mm$=$1×10^3 kg/m^3×$9.806 65N$×10^{-3}$m=9.806 65Pa。

1mmHg（1毫米汞柱）=$13.6×\rho_{水}×$1毫米水柱=133.370 44Pa。

1bar=100（kPa）=$10N/cm^2$=1MPa。

1mbar（毫巴）=0.001bar=100Pa。

psi（pounds per square inch）就是磅/平方英寸，1psi=6.894 76×10^3Pa=6.894 76kPa，1Pa=1.450 377×10^{-4}psi，1MPa=145psi。

现将压力单位换算方法如表9-1中。

表 9-1　　　　　　　　　　压力单位换算表

压力单位	Pa	bar	atm	kgf（cm²）	mmHg	mmH$_2$O	psi
1Pa（帕）	1	1×10^{-5}	0.986 923 ×10^{-5}	0.101 972 ×10^{-4}	7.500 62 ×10^{-2}	0.101 971 2	0.000 14
1bar（巴）	1×10^5	1	0.986 923	1.019 72	750.062	10 197.2	14.504
1atm（标准大气压）	101 325	1.013 25	1	1.03 323	760	10 332.3	14.7
1kgf/cm²（at）	98 066.5	0.980 665	0.967 841	1	735.559	1×10^4	14.22
1mmHg（毫米汞柱）	133.3224	133.3224 ×10^{-5}	1.315 79 ×10^{-3}	1.359 51 ×10^{-3}	1	13.5951	0.019 34
1mm H$_2$O（毫米水柱）	9.806 65	9.806 65 ×10^{-5}	9.078 41 ×10^{-5}	1×10^{-4}	735.559 ×10^{-4}	1	0.001 42
1psi（磅/平方英寸）	6894.76	0.068 95	0.068 05	0.070 31	51.7149	703.07	1

注　毫米水柱是指 4℃状态下的水柱高度，毫米汞柱是指 0℃状态的下水柱高度。

第二节　压力传感器及其分类

一、基本含义

将压力信号转换成电阻变化的传感器，称为压力传感器，它是工业实践中较为常用的传感器之一，目前大量应用于水利水电、铁路交通、智能建筑、航空航天、军工、石化、油井、电力、船舶、机床、管道等行业中。

尤其在电力电子装置中，需要实时监测冷却系统进出口处冷却液（如冷却水）的压力，一旦低于某个设定值，就需要及时通知控制器，控制器再结合实时获取的冷却系统进出口的温度，就可以做出相应的判断和决策。

二、基本分类

1. 典型分类

压力传感器的种类繁多，如压阻式压力传感器、电阻应变片压力传感器、半导体应变片压力传感器、电感式压力传感器、电容式压力传感器、谐振式压力传感器及电容式加速度传感器等。但应用最为广泛的是电阻应变片压力传感器和压阻式压力传感器，它们具有极低的价格和较高的精度以及较好的线性度。

2. 关键参数

在本节重点回顾一下应变式传感器。根据材料的不同，一般将应变片分为两种，即金属应变片（应变式压力传感器）和半导体应变片（压阻式压力传感器），它们都属于电阻式传感器。现将金属应变片和半导体应变片关键性参数的对比情况如表 9-2 中。

金属应变片有金属丝式、箔片式和薄膜式 3 种，如图 9-1 所示。半导体应变片具有灵敏度高（通常是丝式、箔式的几十倍）、横向效应小等优点。相比而言，半导体应变片的灵敏度系数是金属丝应变片的 50~100 倍。

表 9-2　　　　　　　　　　金属应变片和半导体应变片关键性参数对比

参数名称	金属应变片	半导体应变片
测量范围	0.1~40 000$\mu\varepsilon$	0.001~3000
应变灵敏度系数	2.0~4.5	50~200
电阻/Ω	120、350、600、…5000	1000~5000
电阻误差	0.1‰~0.2‰	1‰~2‰
尺寸/mm	0.4~150（标准：3~6）	1~5

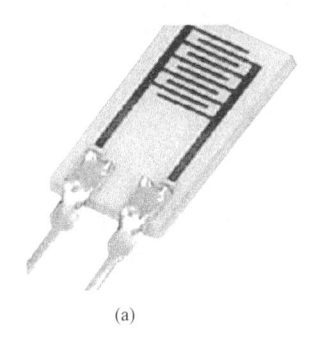

图 9-1　金属应变片结构实物图
(a) 金属丝式；(b) 箔片式；(c) 薄膜式

总之，应变片具有体积小、价格便宜、精度高、频率响应好等优点，被广泛应用于工程测控及科学实验中。

第三节　应变式压力传感器及其典型应用技术

一、基本原理

金属导体受到机械变形时，其电阻值发生变化，称为电阻的应变效应。电阻应变式压力传感器通过黏接在弹性元件上的应变片的阻值变化来测量压力值，用于力、扭矩、张力、位移、转角、速度、加速度和振幅等物理量的测量。

应变式压力传感器用的是电阻应变片和敏感弹性金属结构。如图 9-2 所示的是电阻应变片的结构示意图，它由基体材料（简称基片）、电阻丝式敏感栅（又称金属应变丝或应变箔）、绝缘保护片（又称覆盖层）和引线等部分组成。

根据电阻的含义，电阻应变片的电阻表达式为

$$R = \rho \frac{l}{S} = \rho \frac{l}{\pi r^2} \quad (9-2)$$

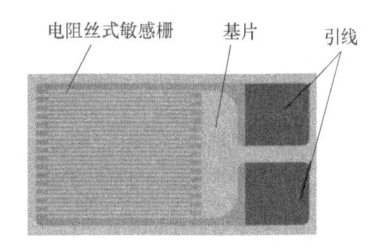

图 9-2　电阻应变片的结构示意图

式中，l 表示电阻应变片的长度；ρ 表示电阻应变片的电阻率；S 表示电阻应变片的横截面积；r 表示电阻应变片截面的半径。

任何材料的电阻变化率的决定表达式为

$$\frac{\Delta R}{R} = \frac{\Delta \rho}{\rho} + \frac{\Delta l}{l} - \frac{\Delta S}{S} \qquad (9-3)$$

如图9-3所示为电阻应受片拉压伸缩变化示意图，当沿电阻应变片的长度方向，均匀施加作用力（如拉力或压力）时，式（9-2）中的应变片横截面积 S、应变片的长度 l 都将发生变化，从而导致电阻应变片的电阻值 R 发生变化。

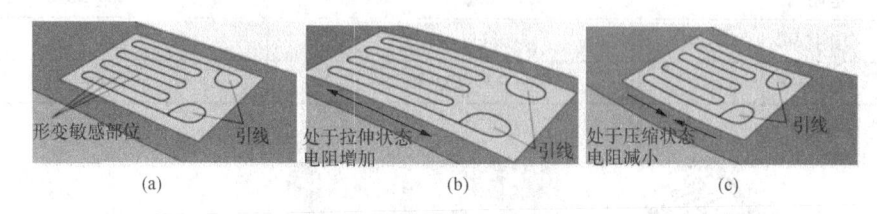

图9-3 电阻应变片拉压伸缩变化示意图
(a) 敏感部位；(b) 拉伸变化；(c) 压缩变化

根据不同的用途，电阻应变片的阻值可以设计，但必须注意电阻的取值范围。如果所取电阻值太小，则所需的驱动电流太大，同时应变片的发热致使本身的温度过高，在不同的环境中使用，应变片的阻值变化太大，输出零点漂移明显，调零电路过于复杂。反之，如果阻抗太高，信噪比小，抗外界的电磁干扰能力较差。

因此，一般应变式压力传感器所选电阻的阻值均介于几十欧至几十千欧。由金属细丝绕成栅形，电阻应变片的电阻值分为60、120、200Ω等规格，以120Ω的规格最为常用。

实验证明，电阻应变片的电阻相对变化量，即电阻相对变化量 $\Delta R/R$ 与材料力学中的轴向应变 ε_X 之间在很大范围内是线性关系，即

$$\frac{\Delta R}{R} = K_B \varepsilon_X \qquad (9-4)$$

式中，K_B 表示电阻应变片的灵敏度，对于不同的金属材料，K_B 略微不同，铜铬合金的 K_B 值约为2。而对半导体材料而言，由于其感受到应变时，电阻率 ρ 会产生很大的变化，所以它的灵敏度比金属材料的灵敏度要大几十倍。

用电阻应变测试应变时，将应变片粘贴在试件表面，如图9-4（a）所示，它的实物如图9-4（b）所示，该传感器测试系统包含敏感—转换—测量3个环节。

(1) 悬臂梁作为敏感元件，直接感受到了外界作用力（被测量）并转换成自身的形变（非电量）。

(2) 电阻应变片随着悬臂梁上表面的延展而被拉长，电阻值变大，将非电量转换成了电参数，是转换元件。

(3) 匹配适当的测量电路来提高灵敏度，并补偿环境温度等外界影响，如后面即将讨论的电

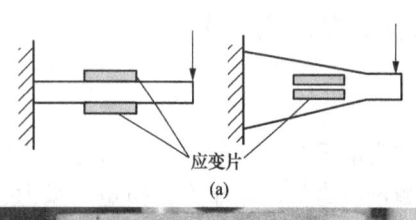

图9-4 试件表面的电阻应变片
(a) 应变片放置位置示意图；(b) 实物图

桥电路。

所以，从原理上讲，当试件受力变形后，引起应变材料的几何形状（长度或宽度）被拉长或压短，进而导致应变片上的电阻丝也随之被拉长或压短，从而使应变片电阻值发生变化，通过测量转换电路，将电阻的变化最终转换成电参量的变化，如电压或电流的变化，即通过检测电压或电流的变化→间接检测应变片电阻值的变化量→间接测出了"应变"的大小→然后根据既定的比例系数，就可以非常方便地得出被测力的大小。

由此可见，金属应变的测量就通过应变片转换为对电阻变化的测量。但是由于金属应变是相当微小的变化，所以产生的电阻变化也是极其微小的，要精确地测量这微小的电阻变化是非常困难的。如果直接用欧姆表测量其电阻值的变化，不但难度大，而且误差也很大。为了对这种微小电阻变化进行测量，通常使用桥式电路，如图 9-5 所示为单臂电桥转换电路，电阻相对变化量 $\Delta R/R$ 转化为输出电压 U_{OUT} 的变化，即

$$U_{\text{OUT}} = K_{\text{U}} \times \frac{\Delta R}{R} \tag{9-5}$$

式中，K_{U} 表示整个测试系统的灵敏度，它既与传感器本体有关，还与后续检测电路密切相关。

二、电压源激励的桥式电路分析方法

电压源激励下的桥式测量转换电路，其工作方式主要有单臂电桥、双臂电桥、四臂全桥 3 种。

现分别进行介绍，包括它们的电路组成、输入与输出表达式的推演，以及它们的分析技巧等重要内容。

1. 单臂电桥的分析方法

电桥中只有一个臂接入被测应变片，其他三个臂采用固定电阻，如图 9-5 所示，图中电阻 R_1 为应变片，其他三个电阻 $R_2 \sim R_4$ 为固定电阻值。

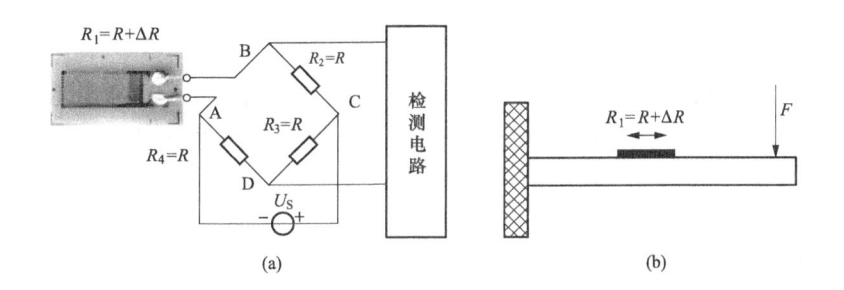

图 9-5 单臂电桥转换电路
(a) 电路形式；(b) 应变片布置方式

在图 9-5 所示单臂电桥电路中，B 点和 D 点的电位分别为

$$\begin{cases} U_{\text{B}} = \dfrac{U_{\text{S}}}{R_1 + R_2} R_1 \\ U_{\text{D}} = \dfrac{U_{\text{S}}}{R_3 + R_4} R_4 \end{cases} \tag{9-6}$$

那么，B 点和 D 点的电位差为

$$U_B - U_D = \frac{U_S}{R_1+R_2}R_1 - \frac{U_S}{R_3+R_4}R_4 = U_S\frac{R_3R_1-R_2R_4}{(R_1+R_2)(R_3+R_4)} \quad (9-7)$$

假设满足表达式

$$R_3R_1 - R_2R_4 = 0 \quad (9-8)$$

联立式（9-7）和式（9-8），可以得到 B 点和 D 点的电位差为 0，即

$$U_B - U_D = 0 \quad (9-9)$$

假设满足表达式

$$R_1 = R_2 = R_3 = R_4 = R \quad (9-10)$$

那么化简式（9-7），也可以得到 B 点和 D 点的电位差为 0，也就是检测电压 $U_{BD}=0$。因此，在实际设计电桥电路时，为了便于选取电阻，一般按照表达式（9-11）所示条件进行电路设计，即

$$\begin{cases} R_1 = R + \Delta R \\ R_2 = R_3 = R_4 = R \end{cases} \quad (9-11)$$

将式（9-11）代入式（9-7），并化简得到 B 点和 D 点的电位差也就是检测电压 U_{BD} 的表达式

$$U_{BD} = U_B - U_D = \frac{U_S}{4}\frac{\frac{\Delta R}{R}}{1+\frac{1}{2}\frac{\Delta R}{R}} \quad (9-12)$$

分析式（9-12）得知，应变片的电阻变化率 $\Delta R/R$ 与检测电压 U_{BD} 不是线性关系。在实际测试过程中，由于应变片的电阻变化率非常小，即 $\Delta R/R$ 非常小，它们满足以下条件

$$\frac{\Delta R}{R} \ll 1 \quad (9-13)$$

因此，检测电压 U_{BD} 的公式（9-12），可以近似化简得到

$$U_{BD} \approx \frac{U_S}{4}\frac{\Delta R}{R} \quad (9-14)$$

分析式（9-14）得知，在满足条件式（9-13）时，即若电桥用于微电阻变化测量，有 ΔR 远小于电阻 R，那么应变片的变化率 $\Delta R/R$ 与检测电压 U_{BD} 呈线性关系，这就是电压源激励单臂电桥的测试原理，它还取决于电源的幅值和精度。

2. 双臂电桥的分析方法

如果电桥两个臂接入被测应变片，另两个为固定电阻就称为双臂工作电桥，又称为半桥形式。其中的两种情况为：

(1) 如图 9-6 (a) 所示，图中电阻 R_1 和 R_3 为应变片，它的布置方式如图 9-6 (b) 所示，其他两个电阻 R_2 和 R_4 为固定电阻值。

(2) 如图 9-6 (c) 所示，图中电阻 R_1 和 R_2 为应变片，它的布置方式如图 9-6 (d) 所示，其他两个电阻 R_3 和 R_4 为固定电阻值。

(1) 分析第一种情况的工作原理。在图 9-6 (a) 所示电桥电路中，假设按照表达式（9-15）所示条件进行电路设计

$$\begin{cases} R_1 = R_3 = R + \Delta R \\ R_2 = R_4 = R \end{cases} \quad (9-15)$$

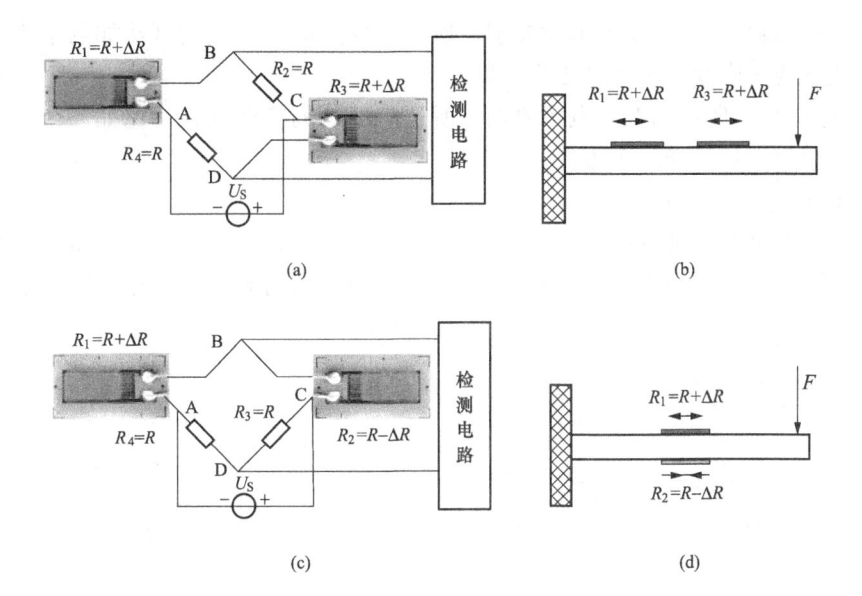

图 9-6 双臂电桥转换电路

(a) 电阻 R_1 和 R_3 为应变片的电路形式；(b) 应变片 R_1 和 R_3 布置方式；
(c) 电阻 R_1 和 R_2 为应变片的电路形式；(d) 应变片 R_1 和 R_2 布置方式

将式 (9-15) 代入式 (9-7) 化简得到检测电压 U_{BD} 的表达式为

$$U_{BD} = \frac{U_S}{2} \frac{\frac{\Delta R}{R}}{1+\frac{1}{2}\frac{\Delta R}{R}} \tag{9-16}$$

如果满足式 (9-13)，那么式 (9-16) 可以近似化简为

$$U_{BD} \approx \frac{U_S}{2} \frac{\Delta R}{R} \tag{9-17}$$

对比式 (9-14) 和式 (9-17) 得知，双臂电桥的灵敏度是单臂电桥的 2 倍。

(2) 分析第二种情况的工作原理。如图 9-6 (c) 所示，图中电阻 R_1 和 R_2 为应变片，其他两个电阻 R_3 和 R_4 为固定电阻值。且假设按照表达式 (9-18) 的所示条件进行电路设计，即

$$\begin{cases} R_1 = R + \Delta R \\ R_2 = R - \Delta R \\ R_3 = R_4 = R \end{cases} \tag{9-18}$$

将式 (9-18) 代入式 (9-7)，化简得到检测电压 U_{BD} 的表达式为

$$U_{BD} = \frac{U_S}{2} \frac{\Delta R}{R} \tag{9-19}$$

式 (9-19) 即为电压源激励时，双臂电桥的原理表达式，它表明应变片的变化率 $\Delta R/R$ 与检测电压 U_{BD} 呈线性关系，它还取决于电源的幅值和精度。

对比式 (9-17) 和式 (9-19) 得知：

(1) 图 9-6 (a) 所示的双臂电桥的检测电压的表达式与图 9-6 (c) 所示的双臂电桥的检测电压的表达式相同，均为单臂电桥的 2 倍。

(2) 图 9-6（a）所示的双臂电桥要求，所选应变片的特性相同（比如两个应变片都承受拉应力，或者两个应变片都承受压应力）。

(3) 图 9-6（c）所示的双臂电桥要求，所选应变片的特性互补（比如一个应变片承受拉应力，另一个应变片承受压应力）。

3. 四臂电桥的分析方法

如果四个桥臂都接入被测应变片，则称为全桥形式，如图 9-7（a）所示，各个应变片的布置方式如图 9-7（b）所示。全桥形式灵敏度最高，结构最复杂，要综合考虑选择。

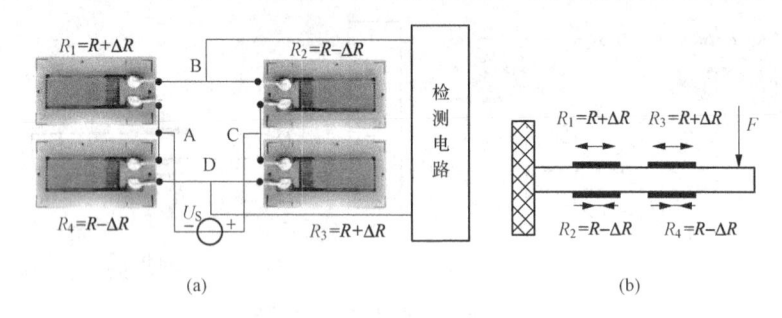

图 9-7 四臂全桥
（a）电路形式；（b）应变片布置方式

在图 9-7（a）所示电桥电路中，假设按照表达式（9-20）所示条件进行电路设计，即

$$\begin{cases} R_1 = R_3 = R + \Delta R \\ R_2 = R_4 = R - \Delta R \end{cases} \qquad (9-20)$$

将式（9-20）代入式（9-7）化简得到检测电压 U_{BD} 的表达式为

$$U_{BD} = U_S \frac{\Delta R}{R} \qquad (9-21)$$

式（9-21）即为电压源激励时四臂全桥的原理表达式，它表明应变片的变化率 $\Delta R/R$ 与检测电压 U_{BD} 呈线性关系，它还取决于电源的幅值和精度。

对比式（9-17）、式（9-19）和式（9-21）得知：

(1) 图 9-6（a）和图 9-6（c）所示的双臂电桥的检测电压的表达式，是图 9-7（a）所示的四臂电桥的检测电压的一半。

(2) 图 9-6（a）所示的双臂电桥要求，所选应变片的特性相同（比如两个应变片都承受拉应力，或者两个应变片都承受压应力）。

(3) 图 9-6（c）所示的双臂电桥要求，所选应变片的特性互补（比如一个应变片承受拉应力，另一个应变片承受压应力）。

(4) 图 9-7（a）所示的四臂电桥要求，所选应变片的既有特性相同（比如两个应变片都承受拉应力，或者两个应变片都承受压应力），又有特性互补（比如一个应变片承受拉应力，另一个应变片承受压应力）。

(5) 图 9-7（a）所示的四臂电桥的敏感度最高，当然，应变片接线也最复杂。

三、电流源激励的桥式电路分析方法

与电压源激励下的桥式测量转换电路相类似，电流源激励下的桥式测量转换电路，它的工作方式也有单臂电桥、双臂电桥、四臂全桥 3 种。

现分别进行介绍,包括它们的电路组成、输入与输出表达式的推演,以及各自典型分析技巧等重要内容。

1. 单臂电桥的分析方法

电桥中只有一个桥臂接入被测应变片,其他三个臂采用固定电阻,如图9-8所示为单臂电桥转换电路,图中电阻R_1为应变片,其他三个电阻$R_2 \sim R_4$均为固定电阻值。

按照表(9-22)所示条件进行电路设计,即

$$\begin{cases} R_1 = R + \Delta R \\ R_2 = R_3 = R_4 = R \end{cases} \quad (9-22)$$

在图9-8所示电桥电路中,B点和D点的电位及其电位差分别为

$$\begin{cases} U_B = I_2(R + \Delta R) \\ U_D = I_3 R \\ U_{BD} = U_B - U_D \end{cases} \quad (9-23)$$

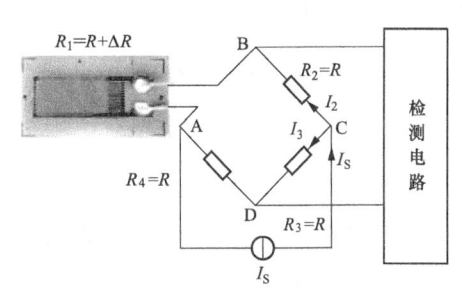

图9-8 单臂电桥转换电路

根据KCL得知

$$I_S = I_2 + I_3 \quad (9-24)$$

根据KVL得知

$$I_2(2R + \Delta R) = I_3(2R) \quad (9-25)$$

联立式(9-24)和式(9-25),化简得到电流I_2和I_3的表达式分别为

$$\begin{cases} I_2 = \dfrac{2R}{4R + \Delta R} I_S \\ I_3 = \dfrac{2R + \Delta R}{4R + \Delta R} I_S \end{cases} \quad (9-26)$$

联立式(9-23)和式(9-26),化简得到B点和D点的电位差为

$$U_{BD} = \frac{I_S \times R}{4R + \Delta R} \Delta R = \frac{I_S \times R}{4} \frac{\Delta R}{R + \frac{\Delta R}{4}} \quad (9-27)$$

分析式(9-27)得知,应变片的电阻变化率$\Delta R/R$与检测电压U_{BD}不是线性关系。但是,在实际测试过程中,由于应变片的电阻变化量ΔR非常小,且满足条件

$$\Delta R \ll R \quad (9-28)$$

因此,检测电压U_{BD}的公式(9-27),可以近似化简为

$$U_{BD} = \frac{I_S \times R}{4} \frac{\Delta R}{R + \frac{\Delta R}{4}} \approx \frac{I_S \times \Delta R}{4} \quad (9-29)$$

式(9-29)即为电流源激励时单臂电桥的原理表达式,它表明应变片的变化量ΔR与检测电压U_{BD}呈线性关系,它还取决于电源的幅值和精度。

分析式(9-29)得知,在满足条件式(9-28)时,即若电桥用于测量微电阻变化时,满足ΔR远小于电阻R的实际工况,那么应变片的变化量ΔR与检测电压U_{BD}呈线性关系,这就是电流源激励时单臂电桥测试原理,它不受温度的影响,这是电流源激励的优点。

2. 双臂电桥的分析方法

如果电桥两个桥臂接入被测应变片,另两个为固定电阻就称为双臂工作电桥,又称为半

桥形式。其中两种情况为：

(1) 如图 9-9 (a) 所示，图中电阻 R_1 和 R_3 为应变片，其他两个电阻 R_2 和 R_4 为固定电阻值。

(2) 如图 9-9 (b) 所示，图中电阻 R_1 和 R_2 为应变片，其他两个电阻 R_3 和 R_4 为固定电阻值。

分析第一种情况的工作原理。在图 9-9 (a) 所示电桥电路中，假设按照表达式 (9-30) 所示条件进行电路设计，即

$$\begin{cases} R_1 = R_3 = R + \Delta R \\ R_2 = R_4 = R \end{cases} \quad (9-30)$$

在图 9-9 (a) 所示电桥电路中，B 点和 D 点的电位及其电位差分别为

$$\begin{cases} U_B = I_2(R + \Delta R) \\ U_D = I_3 R \\ U_{BD} = U_B - U_D \end{cases} \quad (9-31)$$

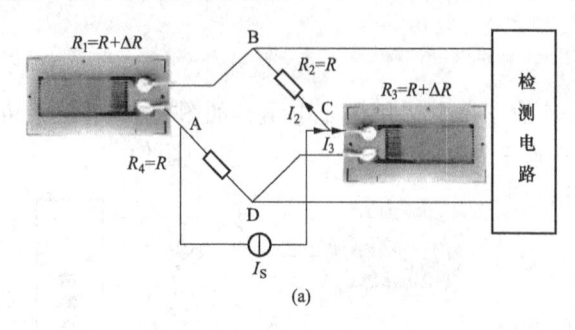

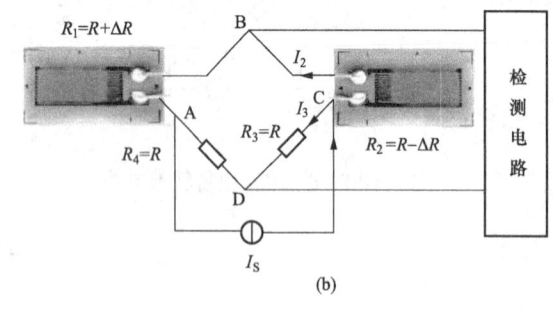

图 9-9 双臂电桥转换电路
(a) 电阻 R_1 和 R_3 为应变片；(b) 电阻 R_1 和 R_2 为应变片

根据 KCL 得知

$$I_S = I_2 + I_3 \quad (9-32)$$

根据 KVL 得知

$$I_2(2R + \Delta R) = I_3(2R + \Delta R) \quad (9-33)$$

根据式 (9-33) 得知，电流 I_2 和 I_3 相等，即

$$I_2 = I_3 \quad (9-34)$$

联立式 (9-34) 和式 (9-32)，化简得到电流 I_2 和 I_3 的表达式为

$$I_2 = I_3 = \frac{I_S}{2} \quad (9-35)$$

联立式 (9-31) 和式 (9-35)，化简得到 B 点和 D 点的电位差为

$$U_{BD} = \frac{I_S \times \Delta R}{2} \quad (9-36)$$

式 (9-36) 即为电流源激励时双臂电桥的原理表达式，它表明应变片的变化量 ΔR 与检测电压 U_{BD} 呈线性关系，它还取决于电源的幅值和精度。

对比式 (9-36) 和式 (9-29) 得知，双臂电桥的灵敏度是单臂电桥的 2 倍。

分析第二种情况的工作原理。如图 9-9 (b) 所示，图中电阻 R_1 和 R_2 为应变片，其他两个电阻 R_3 和 R_4 为固定电阻值。且假设按照表达式 (9-37) 所示条件进行电路设计，即

$$\begin{cases} R_1 = R + \Delta R \\ R_2 = R - \Delta R \\ R_3 = R_4 = R \end{cases} \quad (9-37)$$

在图 9-9（b）所示电桥电路中，B 点和 D 点的电位及其电位差分别为

$$\begin{cases} U_B = I_2(R+\Delta R) \\ U_D = I_3 R \\ U_{BD} = U_B - U_D \end{cases} \quad (9-38)$$

根据 KCL 得知

$$I_S = I_2 + I_3 \quad (9-39)$$

根据 KVL 得知

$$I_2(2R) = I_3(2R) \quad (9-40)$$

根据式（9-40）得知，电流 I_2 和 I_3 相等，即

$$I_2 = I_3 \quad (9-41)$$

联立式（9-41）和式（9-39），化简得到电流 I_2 和 I_3 的表达式为

$$I_2 = I_3 = \frac{I_S}{2} \quad (9-42)$$

联立式（9-42）和式（9-38），化简得到 B 点和 D 点的电位差为

$$U_{BD} = \frac{I_S \times \Delta R}{2} \quad (9-43)$$

分析式（9-43）得知，采用图 9-9（b）所示电桥测量微电阻变化时，应变片的变化量 ΔR 与检测电压 U_{BD} 呈线性关系，这就是电流源激励时双臂电桥的测试原理。

对比式（9-36）和式（9-43）得知：

（1）两种双臂电桥的灵敏度是一样的，且为单臂电桥的 2 倍。

（2）图 9-9（a）所示电桥，要求两个应变片特性相同（比如两个应变片都承受拉应力，或者两个应变片都承受压应力）。

（3）图 9-9（b）所示电桥，要求两个应变片特性互补（比如一个应变片承受拉应力，另一个应变片承受压应力）。

3. 四臂电桥的分析方法

如果四个桥臂都接入被测应变片，则称为全桥形式，如图 9-10 所示为四臂全桥转换电路。全桥形式灵敏度最高，结构最复杂，要综合考虑选择。

在图 9-10 所示电桥电路中，假设按照表达式（9-44）所示条件进行电路设计，即

$$\begin{cases} R_1 = R_3 = R + \Delta R \\ R_2 = R_4 = R - \Delta R \end{cases} \quad (9-44)$$

在图 9-10 所示电桥电路中，B 点和 D 点的电位及其电位差分别为

$$\begin{cases} U_B = I_2(R+\Delta R) \\ U_D = I_3(R-\Delta R) \\ U_{BD} = U_B - U_D \end{cases} \quad (9-45)$$

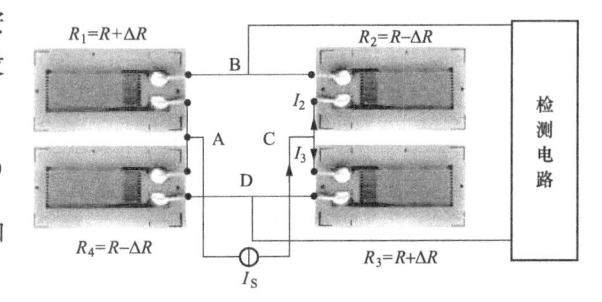

图 9-10　四臂全桥转换电路

根据 KCL 得知

$$I_S = I_2 + I_3 \quad (9-46)$$

根据 KVL 得知

$$I_2(2R) = I_3(2R) \tag{9-47}$$

根据式 (9-47) 得知，电流 I_2 和 I_3 相等，即

$$I_2 = I_3 \tag{9-48}$$

联立式 (9-48) 和式 (9-46)，化简得到电流 I_2 和 I_3 的表达式

$$I_2 = I_3 = \frac{I_S}{2} \tag{9-49}$$

联立式 (9-49) 和式 (9-45)，化简得到 B 点和 D 点的电位差为

$$U_{BD} = I_S \times \Delta R \tag{9-50}$$

分析式 (9-50) 得知，采用图 9-10 所示电桥测量微电阻变化时，应变片的变化量 ΔR 与检测电压 U_{BD} 呈线性关系，这就是电流源激励时四臂电桥的测试原理。

对比式 (9-50)、式 (9-36) 和式 (9-43) 得知，四臂电桥的灵敏度是两种双臂电桥的灵敏度的 2 倍，当然，它为单臂电桥的 4 倍。

对于一个应变传感器而言，仅仅依靠几个应变片组成桥式测量电路还是不够的，对于一个电力电子装置来讲，其框架结构的不均匀性、热处理工艺的差异性、应变片本身性能及其黏接工艺的差异性以及环境温度变化等原因，都会使传感器产生误差，为了确保测量系统的稳定性、准确度，需要考虑补偿的问题。

四、桥式电路灵敏度对比

现将电压源和电流源激励下，不同桥式电路的灵敏度统计于表 9-3 中。

表 9-3　　　　电压源和电流源激励下不同电桥的灵敏度

激励电源种类	单臂电桥	双臂电桥 1	双臂电桥 2	四臂电桥
电压源激励电桥电路				
输出表达式 U_{BD}	$\dfrac{U_S}{4}\dfrac{\dfrac{\Delta R}{R}}{1+\dfrac{1}{2}\dfrac{\Delta R}{R}}$	$\dfrac{U_S}{2}\dfrac{\dfrac{\Delta R}{R}}{1+\dfrac{1}{2}\dfrac{\Delta R}{R}}$	$\dfrac{U_S}{2}\dfrac{\Delta R}{R}$	$U_S\dfrac{\Delta R}{R}$
线性度误差	0.5%	0.5%	0	0
激励电源种类	单臂电桥	双臂电桥 1	双臂电桥 2	四臂电桥
电流源激励电桥电路				

续表

激励电源种类	单臂电桥	双臂电桥1	双臂电桥2	四臂电桥
输出表达式	$\dfrac{I_S \times R}{4} \dfrac{\Delta R}{R + \dfrac{\Delta R}{4}}$	$\dfrac{I_S}{2} \times \Delta R$	$\dfrac{I_S}{2} \times \Delta R$	$I_S \times \Delta R$
线性度误差	0.25%	0	0	0

分析表9-3得知：

(1) 对于单臂电桥而言，不论采用电压源激励还是电流源激励，应变片的电阻变化率 $\Delta R/R$ 与检测电压 U_{BD} 不是线性关系；但是，采用电流源激励时，测量的线性度误差是电压源激励时的线性度误差的 1/2，因此，采用电流源激励比采用电压源激励的测量效果要好。

(2) 对于第一种双臂电桥而言，采用电流源激励比采用电压源激励效果要好，其原因在于，前者获得的应变片的电阻变化率 $\Delta R/R$ 与检测电压 U_{BD}（即表9-3中的 U_o）是线性关系，然而后者却不是线性关系，且后者的线性度误差为 0.5%，前者的线性度误差为 0。

(3) 对于第二种双臂电桥而言，不论采用电压源激励还是电流源激励，应变片的电阻变化率 $\Delta R/R$ 与检测电压 U_{BD}（即表9-3中的 U_o）均是线性关系，线性度误差均为 0。

(4) 对于四臂电桥而言，不论采用电压源激励还是电流源激励，应变片的电阻变化率 $\Delta R/R$ 与检测电压 U_{BD}（即表9-3中的 U_o）均是线性关系，线性度误差均为 0。

总之，对于利用电桥测量微小电阻的应用场合而言，利用电流源激励要比利用电压源激励，更加准确，线性度更好。

五、桥式测量转换电路的设计范例

1. 典型电阻型传感器对比

现将电力电子装置中经常用到的几种典型的电阻型传感器对比于表9-4中。

表9-4　　　　　几种典型电阻型传感器对比

传感器名称	电阻范围
应变计	120、350、3500Ω
称重传感器	350～3500Ω
压力传感器	350～3500Ω
湿度传感器	100～10MΩ
RTD	100Ω（如PT100），1000Ω（如PT1000）
热敏电阻	100～10MΩ

对比分析几种典型电阻型传感器的电阻情况得知：

(1) 湿度传感器和热敏电阻的电阻最大，它的后续处理电路必须具有极高的输入阻抗，目的在于降低传感器电阻的影响。

(2) 应变计、称重传感器和压力传感器的电阻最小，它的后续处理电路用较高的输入阻抗即可。

2. 电阻较小的电阻型传感器测量电路范例分析

分析表9-4得知，对于电阻较小的电阻型传感器，如PT100、120Ω的应变计、100Ω

的热敏电阻等,可以采用差分放大器拾取来自传感器的输出信号。以电流源激励的单臂电桥电路为例,将图 9-8 中的检测电路用差分放大器替换,可以得到基于差分放大器的低阻值单臂电桥检测电路,如图 9-11 所示,图中电容 C_1 表示差模滤波电容,C_2 表示共模滤波电容,其他如输出端的滤波器、电源的滤波器均没有示意出来。

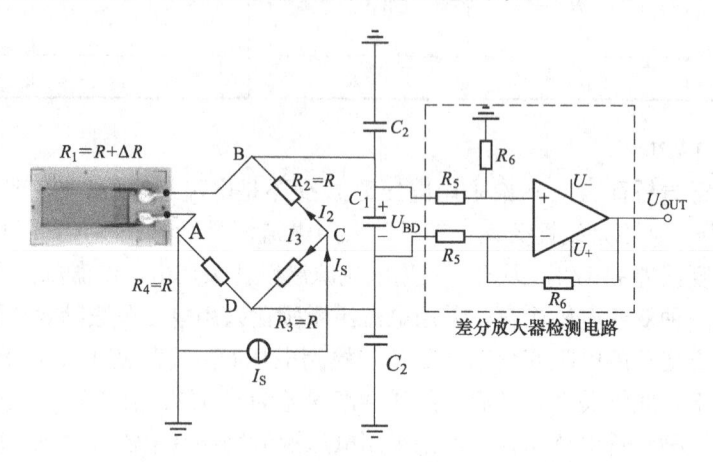

图 9-11 基于差分放大器的低阻值传感器检测电路(单臂电桥)

差分放大器的输出电压 U_{OUT} 的表达式为

$$U_{OUT} = U_{BD} \frac{R_6}{R_5} \tag{9-51}$$

联立式(9-52)和式(9-28),最终得到差分放大器的输出电压 U_{OUT} 的表达式为

$$U_{OUT} = \frac{I_S \times R}{4} \frac{\Delta R}{R + \frac{\Delta R}{4}} \frac{R_6}{R_5} \tag{9-52}$$

分析式(9-52)得知,输出电压 U_{OUT} 不是线性关系。如果在实际测试过程中,电阻变化量 ΔR 非常小且满足条件

$$\Delta R \ll R \tag{9-53}$$

那么,输出电压 U_{OUT} 的表达式(9-52),可以近似化简得到

$$U_{OUT} = \frac{I_S \times \Delta R}{4} \frac{R_6}{R_5} \tag{9-54}$$

由此可见,对于单臂电桥检测电路而言,要得到输出电压 U_{OUT} 的线性表达式,必须合理选择传感器的电阻,且确保电阻的变化量不至于影响测试结果。

3. 电阻较大的电阻型传感器测量电路范例分析

对于电阻较大的电阻型传感器,如 350Ω 以上的应变计、湿度传感器、压力传感器、超过 100Ω 的热敏电阻等,可以采用仪用运放拾取来自传感器的输出信号。以电流源激励的单臂电桥电路为例,将图 9-8 中的检测电路用仪用运放替换,可以得到基于仪用运放的高阻值单臂电桥检测电路,如图 9-12 所示,图中电容 C_1 表示差模滤波电容,C_2 表示共模滤波电容,并略去了输出端的滤波器、电源的滤波器。

图 9-12 所示检测电路的输出电压 U_{OUT} 的表达式为

$$U_{OUT} = U_{BD} K_G \tag{9-55}$$

式中,K_G 的表示仪用运放的增益。

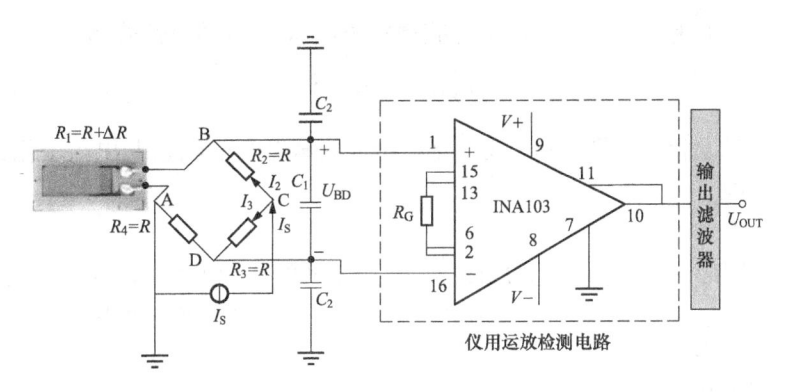

图 9-12　基于仪用运放的高阻值传感器检测电路（单臂电桥）

仪用运放的增益 K_G 表达式为

$$K_G = 1 + \frac{6\text{k}\Omega}{R_G} \tag{9-56}$$

式中，R_G 的表示仪用运放的增益电阻，单位为 kΩ。

联立式（9-55）和式（9-56），最终得到仪用运放的输出电压 U_{OUT} 的表达式为

$$U_{OUT} = \frac{I_S \times R}{4} \frac{\Delta R}{R + \frac{\Delta R}{4}} \left(1 + \frac{6\text{k}\Omega}{R_G}\right) \tag{9-57}$$

与前面分析方法相同，由于输出电压 U_{OUT} 的表达式不是线性关系。如果在实际测试过程中，电阻变化量 ΔR 非常小且满足条件

$$\Delta R \ll R \tag{9-58}$$

那么，输出电压 U_{OUT} 的表达式（9-57），可以近似化简得

$$U_{OUT} = \frac{I_S \times \Delta R}{4} \left(1 + \frac{6\text{k}\Omega}{R_G}\right) \tag{9-59}$$

由此可见，对于单臂电桥检测电路而言，要得到输出电压 U_{OUT} 的线性表达式，必须合理选择传感器的电阻，降低由于应变片电阻的变化量对测试结果的不良影响。

六、线性化电路设计范例

1. 单应变片电路设计范例 1

对比分析表达式（9-52）和表达式（9-57）表明，单臂电桥检测电路的输出电压 U_{OUT} 与传感器的电阻变化量 ΔR 不是线性关系，可以采取图 9-13 所示的线性化电路 1，分析其工作原理如下。

根据运放虚短原理，得到表达式

$$U_N = U_P = \frac{U_S}{2} \tag{9-60}$$

根据运放虚断原理，得到表达式

$$\begin{cases} I_1 = I_2 \\ I_1 = \dfrac{U_S - U_N}{R} \\ I_2 = \dfrac{U_N - U_{OUT}}{R + \Delta R} \end{cases} \tag{9-61}$$

图 9-13　线性化电路 1（单应变片）

联立式（9-61）和式（9-60），推导获得输出电压 U_OUT 的表达式为

$$U_\text{OUT} = \frac{U_\text{S}}{2} \frac{\Delta R}{R} \qquad (9-62)$$

分析式（9-62）得知，图 9-13 线性化电路 1 的输出电压 U_OUT 与电阻变化量 ΔR 是线性关系，且方向相同。

2. 单应变片电路设计范例 2

除图 9-13 中所示电路也可以采取图 9-14 所示的线性化电路 2，分析其工作原理如下。

图 9-14 中的运放 A1 的输出电压 U_OUT1 的表达式为

$$U_\text{OUT1} = -U_\text{S} \frac{R - \Delta R}{R} \qquad (9-63)$$

运放 A2 的同相端的电位 U_P2 的表达式为

$$U_\text{P2} = \frac{U_\text{S} + U_\text{OUT1}}{2} \qquad (9-64)$$

运放 A2 的反相端的电位 U_N2 的表达式为

$$U_\text{N2} = \frac{U_\text{OUT}}{R_2 + R_1} R_1 \qquad (9-65)$$

根据运放虚短得知，运放 A2 的同相端的电位 U_P2 与反相端的电位 U_N2 相等，即

$$U_\text{N2} = \frac{U_\text{OUT}}{R_2 + R_1} R_1 = U_\text{P2} = \frac{U_\text{S} + U_\text{OUT1}}{2} \qquad (9-66)$$

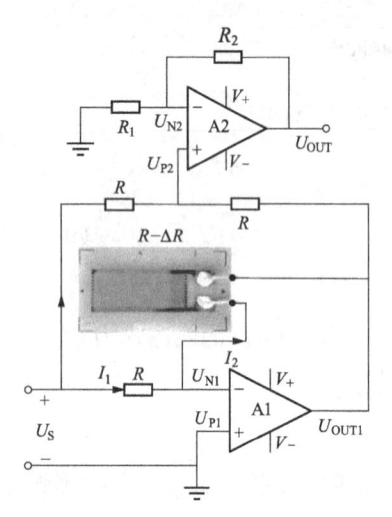

图 9-14 线性化电路 2（单应变片）

联立式（9-63）～式（9-66），化简得到运放 A2 的输出电压 U_OUT 的表达式为

$$U_\text{OUT} = \frac{R_2 + R_1}{R_1} \frac{U_\text{S}}{2} \frac{\Delta R}{R} \qquad (9-67)$$

分析式（9-67）得知，图 9-14 线性化电路的输出电压 U_OUT 与电阻变化量 ΔR 是线性关系，且方向相同。

3. 双应变片电路设计范例 1

双应变片线性化检测电路如图 9-15 所示。

运放 A1 的同相端的电位 U_P 的表达式为

$$U_\text{P} = \frac{U_\text{S}}{2R - \Delta R} R \qquad (9-68)$$

运放 A1 的反相端的电位 U_N 的表达式为

$$U_\text{N} = \frac{U_\text{S}(R - \Delta R) + U_\text{OUT} R}{2R - \Delta R} \qquad (9-69)$$

根据运放虚短得知，运放 A1 的同相端的电位 U_P 与反相端的电位 U_N 相等，即

$$U_\text{S} - \frac{U_\text{S} - U_\text{OUT}}{2R - \Delta R} R = U_\text{N} = U_\text{P} = \frac{U_\text{S}}{2R - \Delta R} R \qquad (9-70)$$

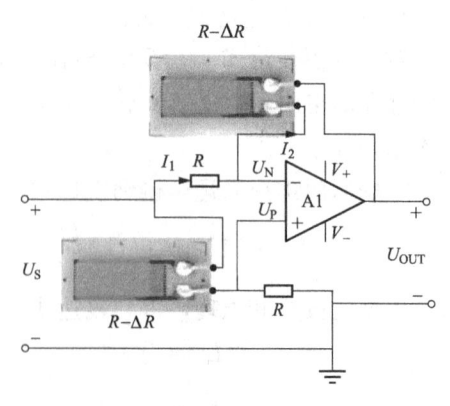

图 9-15 双应变片线性化电路

进一步化简得

$$U_{\text{OUT}} = U_{\text{S}} \frac{\Delta R}{R} \qquad (9-71)$$

分析式（9-71）得知，图 9-15 所示的线性化电路的输出电压 U_{OUT} 与电阻变化量 ΔR 是线性关系，且方向相同。

4. 双应变片电路设计范例 2

图 9-15 所示的线性化电路是在电压源激励下得到的检测电压，可以将电压源替换为电流源，如图 9-16 所示，图中电容 C_2 表示差模滤波电容，C_3 表示共模滤波电容，其他如输出端的滤波器、电源的滤波器均没有示意出来。

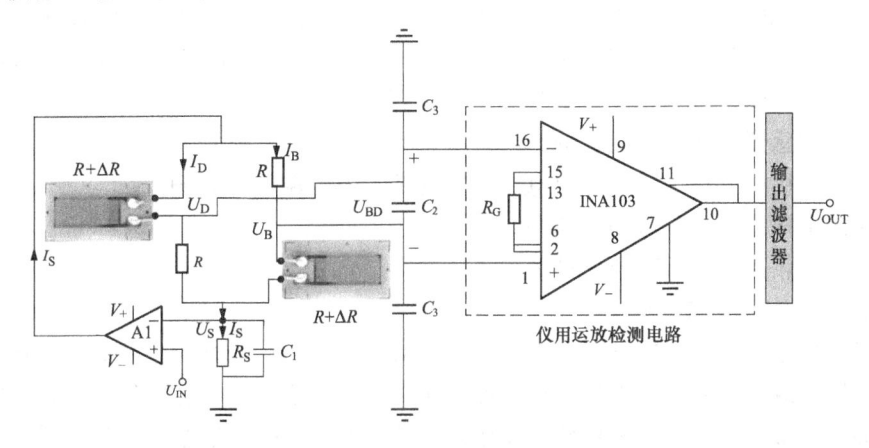

图 9-16 线性化电路 4（双臂电桥）

根据 KCL 可得

$$I_{\text{S}} = I_{\text{B}} + I_{\text{D}} \qquad (9-72)$$

根据 KVL 可得

$$I_{\text{B}}(2R + \Delta R) = I_{\text{D}}(2R + \Delta R) \qquad (9-73)$$

联立式（9-72）和式（9-73）可得

$$I_{\text{B}} = I_{\text{D}} = \frac{I_{\text{S}}}{2} \qquad (9-74)$$

B 和 D 点电位的表达式分别为

$$\begin{cases} U_{\text{B}} = I_{\text{B}}(R + \Delta R) + U_{\text{S}} = \dfrac{I_{\text{S}}}{2}(R + \Delta R) + U_{\text{S}} \\ U_{\text{D}} = I_{\text{D}}R + U_{\text{S}} = \dfrac{I_{\text{S}}}{2}R + U_{\text{S}} \end{cases} \qquad (9-75)$$

根据式（9-75），可以得到 B 和 D 点的电位差 U_{BD} 的表达式为

$$U_{\text{BD}} = U_{\text{B}} - U_{\text{D}} = \frac{I_{\text{S}}}{2}\Delta R \qquad (9-76)$$

激励电流 I_{S} 的表达式为

$$I_{\text{S}} = \frac{U_{\text{S}}}{R_{\text{S}}} \qquad (9-77)$$

根据运放虚短原理，可得

$$U_{\text{S}} = U_{\text{IN}} \qquad (9-78)$$

联立式（9-76）～式（9-78），可得电位差U_{BD}的表达式为

$$U_{BD} = \frac{U_{IN}}{2R_S}\Delta R \quad (9-79)$$

最终得到仪用运放的输出电压U_{OUT}的表达式为

$$U_{OUT} = U_{BD}K_G = \frac{U_{IN}}{2R_S}\Delta R\left(1 + \frac{6k\Omega}{R_G}\right) \quad (9-80)$$

式（9-80）就是双臂电桥采用电流源激励时，由仪用运放获得的输出电压的通式。需要提醒的是，必须严格控制反馈电阻R_S的大小，既要关注传感器的发热问题，又要注意运放 A1 的带载能力的问题，尽量选择精密电阻，并且选择它的功率时，要留有阈量。

相比而言，如果采用两个应变片的话，图 9-16 所示的基于电流源和仪用运放的线性化电路，在电阻型传感器测量方面，最为实用，也更具优势。其优点有：
(1) 不受传感器本体输出阻抗的制约。
(2) 由于采用电流源激励，输出电压线性度好，不受温度的影响。
(3) 输出电压的幅值非常易于掌握。
(4) 电路比较简单、所需器件种类少。

5. 单应变片实用电路设计范例

如果只采用单个应变片的话，如图 9-17 所示为单臂电桥线性化电路，是在图 9-12 所示的基于仪用运放的高阻值传感器检测电路（单臂电桥）进一步细化获得的，在电阻型传感器测量方面，也最为实用，更具优势。图中电容C_2表示差模滤波电容，C_3表示共模滤波电容，其他如输出端的滤波器、电源的滤波器均没有示意出来。

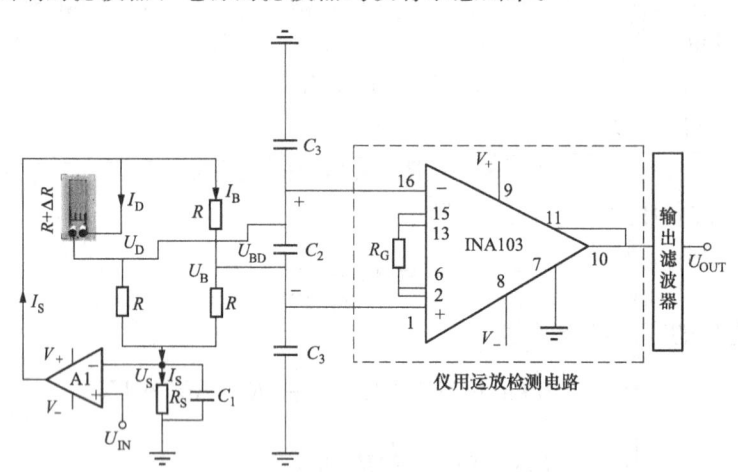

图 9-17 单臂电桥线性化电路

根据前面单臂电桥在电流源激励时，得知电位差U_{BD}的近似表达式为

$$U_{BD} = \frac{I_S \times R}{4}\frac{\Delta R}{R + \frac{\Delta R}{4}} \approx \frac{I_S \times \Delta R}{4} \quad (9-81)$$

联立式（9-77）、式（9-78）和式（9-81），得到传感器的输出电压U_{BD}的表达式为

$$U_{BD} \approx \frac{I_S \times \Delta R}{4} = \frac{U_{IN} \times \Delta R}{4R_S} \quad (9-82)$$

最终得到仪用运放的输出电压 U_{OUT} 的表达式为

$$U_{\text{OUT}} = U_{\text{BD}}K_{\text{G}} = \frac{U_{\text{IN}}}{4R_{\text{S}}}\Delta R\left(1 + \frac{6\text{k}\Omega}{R_{\text{G}}}\right) \qquad (9\text{-}83)$$

式（9-83）即为单臂电桥采用电流源激励时，由仪用运放获得的输出电压的通式。虽然以 INA103 为例，但是并不局限于它，类似芯片还有很多，如 AD8221、AD8222、AD8226、AD8220、AD8228、AD8295、AD8429 等。

第四节 压阻式压力传感器及其典型应用技术

一、基本原理

某些半导体，如硅、锗、石英片、压电陶瓷等，这些固体材料受到外力作用后，其电阻率就要发生变化，这种效应被称为半导体材料的压阻效应。半导体材料的压阻效应特别强，大多制作为半导体应变片，充当压阻式压力传感器，它的灵敏度系数大、分辨率高、频率响应高、体积小，主要用于测量压力、加速度和载荷等参数。

决定任何材料的电阻变化率表达式为

$$\frac{\Delta R}{R} = \frac{\Delta \rho}{\rho} + \frac{\Delta l}{l} - \frac{\Delta S}{S} \qquad (9\text{-}84)$$

式中，l、ρ、S 分别为应变片电阻丝的长度、电阻率和横截面积。

如果引入

$$\frac{\Delta \rho}{\rho} = \pi\sigma = \pi E\varepsilon \qquad (9\text{-}85)$$

式中，σ 为应力；π 为压阻系数；E 表示弹性模量；ε 表示应变量。

ε 可以表示为

$$\varepsilon = \frac{\Delta l}{l} \qquad (9\text{-}86)$$

则电阻的相对变化率的表达式为

$$\frac{\Delta R}{R} = \pi\sigma + \frac{\Delta l}{l} + 2\mu\frac{\Delta l}{l} = \pi E\varepsilon + (1+2\mu)\varepsilon = (\pi E + 1 + 2\mu)\varepsilon = K_{\text{Y}}\varepsilon \qquad (9\text{-}87)$$

式中，μ 表示应变材料的泊松比；K_{Y} 为灵敏系数。

K_{Y} 可以表示为

$$K_{\text{Y}} = (\pi E + 1 + 2\mu) \qquad (9\text{-}88)$$

式（9-87）表明，压阻式压力传感器的工作原理是基于压阻效应的。其优点是灵敏系数高、机械滞后小、横向效应小以及本身体积小。其不足是温度特性差、灵敏系数的非线性度较大。

对于金属应变片来讲，压阻系数与弹性模量的乘积可以忽略，即

$$\pi E \approx 0 \qquad (9\text{-}89)$$

对于金属应变片来讲，它的应变材料的泊松比为

$$\mu \approx 0.25 \sim 0.5 \qquad (9\text{-}90)$$

所以可以近似认为金属应变片的灵敏系数 $K_{\text{Y}\_\text{金属应变片}}$ 为

$$K_{\text{Y}\_\text{金属应变片}} \approx 1 + 2\mu = 1.5 \sim 2.0 \qquad (9\text{-}91)$$

对于半导体应变片来讲，$1+2\mu$ 可以忽略，它的压阻系数 π 为

$$\pi = (40 \sim 80) \times 10^{-11} \text{Pa} \tag{9-92}$$

半导体应变片的弹性模量 E 为

$$E = 1.67 \times 10^{11} \text{Pa} \tag{9-93}$$

因此，半导体应变片的灵敏系数 $K_{Y\_半导体应变片}$ 为

$$K_{Y\_半导体应变片} = (\pi E + 1 + 2\mu) \approx \pi E = (50 \sim 100) K_{Y\_金属应变片} \tag{9-94}$$

这就是选择半导体应变片来制作压阻式压力传感器的原因所在。

二、测量电路范例分析

1. 背景说明

目前，在电力电子装置中大多利用水中电解质导电和浮子来做水位传感器，此方式简单、成本低，不过存在水位挡位不多、水中杂质和水垢对导电性能存在影响等问题。本书以 154N 型低压传感器为例，分析用它测量冷却水的高度。水的压强 P 和水的高度 H 之间存在的关系为

$$H = \frac{P}{\rho_水 g} \tag{9-95}$$

式中，$\rho_水$ 表示水的比重；g 表示重力加速度。

分析式（9-95）得知，将采集获得的水压换算成水的高度即可。

采用本方式具有良好的绝缘性能、信号连续、可靠，可以有效兑服常规监测方案的不足。

2. 传感器选型

154N 型低压传感器如图 9-18 所示，其中图 9-18（a）表示它的实物图片，可见它是小体积（外径 19mm）压力传感器，其外壳采用 316 不锈钢封装结构，属于硅压阻式传感器，外界压力通过 316 不锈钢膜片及内部灌充硅油传递到传感器件敏感元件上。图 9-18（b）表示它的等效电路及其管脚定义。

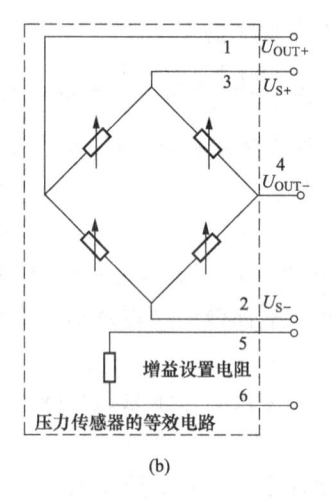

图 9-18 154N 型压力传感器
(a) 实物图；(b) 等效电路及管脚定义

154N 型低压传感器的基本特点为：

(1) 通过对陶瓷基座上的厚膜电阻进行激光修阻,可以实现对传感器的温度补偿及零点偏差调整。

(2) 陶瓷基底上还提供了一个经激光修正的增益调节电阻使传感器在经过外部差分电路放大后达到统一的输出值,并可控制在±1‰互换性范围内。

(3) 本传感器可应用于高性能、低压场合。

本例选择量程为1psi的154N型低压传感器,其关键性技术参数如表9-5所示。1psi= 6.89476×10^3 Pa=6.89476 kPa,g=98 066.5N/kg,换算成水柱高度 H 为:

$$H_{\max} = \frac{1 \text{psi}}{\rho_{水} g} = \frac{6.89476 \times 10^3}{10^3 \times 98066.5} \approx 70.30698557 \approx 70.3 \text{mm} \tag{9-96}$$

表9-5　　　　　　　　154N压力传感器型的关键性技术参数

参 数 名 称	典 型 值	单 位
量程	1	psi
零点输出电压	≤±2.0(满量程)	mV
满量程输出电压	100	mV
非线性误差	≤±0.3%(满量程)	
迟滞误差	≤±0.1%(满量程)	
重复性	≤±0.02%(满量程)	
输入阻抗	2500≤R_{in}≤6500(典型值5000)	Ω
输出阻抗	4000≤R_o≤7000	Ω
量程温度误差	≤±1.0%(满量程)	
零点温度误差	≤±1.0%(满量程)	
量程长期稳定性	≤±0.1%(满量程)	
零点长期稳定性	≤±0.25%(满量程)	
供电电流	0.5≤I_S≤2.0(典型值1.5)	mA
过载能力	15	psi
工作温度	−20~70	℃
储存温度	−50~125	℃

图9-18(b)表示154N型压力传感器的等效电路及其管脚定义,它的测试电路如图9-19所示。

由于传感器输出电压的表达式为

$$U_{\text{OUT}} = U_{\text{OUT}+} - U_{\text{OUT}-} \tag{9-97}$$

根据传感器的参数手册,要求电流源为1.5mA,那么输入电压 U_{IN} 取值1.5V(前面已经讲到几种高精度稳压芯片,此处不再赘述),反馈电阻 R_S 取值1.0kΩ。由前面的推导,可得本例的仪用运放的输出电压的表达式为

$$U_O = U_{\text{OUT}} K_G = U_{\text{OUT}} \left(1 + \frac{6 \text{k}\Omega}{R_G}\right) \tag{9-98}$$

由于满量程时,传感器的输出电压的最大值为

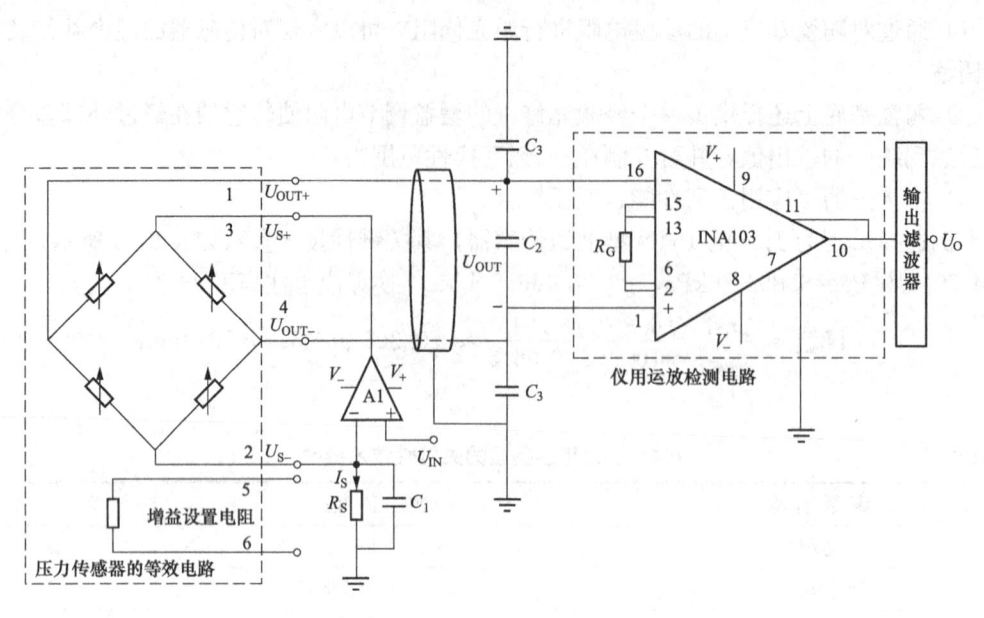

图 9-19 基于 154N 型压力传感器的测量电路

$$U_{\text{OUT\_MAX}} = 100\text{mV} \tag{9-99}$$

假设要求仪用运放满量程时的输出电压为 5V，即

$$U_{\text{O\_MAX}} = 5.0\text{V} \tag{9-100}$$

那么仪用运放的增益电阻 R_G 的表达式为

$$R_G = \frac{6\text{k}\Omega}{\dfrac{U_{\text{O\_MAX}}}{U_{\text{OUT\_MAX}}} - 1} = \frac{6\text{k}\Omega}{\dfrac{5\text{V}}{0.1\text{V}} - 1} \approx 122.45\Omega \tag{9-101}$$

采用 E192 电阻系列，R_G 取值 $121\Omega + 1.45\Omega$，那么仪用运放的增益的设计值 $K_G K_{G\_S\_S}$ 为

$$K_{G\_S} = 1 + \frac{6\text{k}\Omega}{R_G} = 1 + \frac{6\text{k}\Omega}{0.122\ 45\text{k}\Omega} \approx 50 \tag{9-102}$$

那么，仪用运放的输出电压的最大设计值 $U_{\text{O\_MAX\_S}}$ 为

$$\begin{aligned}U_{\text{O\_MAX\_S}} &= U_{\text{OUT}} K_G = U_{\text{OUT}} \times \left(1 + \frac{6\text{k}\Omega}{R_G}\right) \\ &= 0.1\text{V} \times \left(1 + \frac{6\text{k}\Omega}{0.122\ 45\text{k}\Omega}\right) \approx 5.0\text{V}\end{aligned} \tag{9-103}$$

由于满量程时对应的水位最高高度 H_{MAX} 为 70.3mm，即

$$H_{\text{MAX}} = 70.3\text{mm} \tag{9-104}$$

那么仪用运放的输出电压的最大值对应的就是最高水位 H_{MAX}，因此，测试系统的比例尺 K_C 的表达式为

$$K_C = \frac{H_{\text{MAX}}}{U_{\text{O\_MAX}}} = \frac{70.3\text{mm}}{5.0\text{V}} = 14.06\text{mm/V} \tag{9-105}$$

因此，整个测试系统的输出信号 H（mm）的表达式为

$$H(\text{mm}) = K_C \times U_O = 14.06(\text{mm/V}) \times U_O(\text{V}) \tag{9-106}$$

第五节 压力传感器的选型方法

大功率电力电子器件在工作过程中都会产生大量的热量,因此其冷却问题是关系到装置性能和可靠性的一个至关重要的问题。目前,在电力电子装置中,需要冷却的器部件除了如晶闸管模块和 IGBT 模块等大功率电力电子器件之外,还包括电抗器、整流柜、逆变柜等,它们绝大多数都采用水冷或者风冷或者两者混合的冷却方式,油冷系统应用不多。如图 9-20 (a) 表示电抗器采用水冷或者风冷方式;图 9-20 (b) 表示逆变柜采用水冷或者风冷方式;图 9-20 (c) 表示整流柜采用水冷或者风冷方式;图 9-20 (d) 表示晶闸管模块采用水冷或者风冷方式的阀体结构;图 9-20 (e) 表示 IGBT 模块采用水冷或者风冷方式的阀体结构。

在上述冷却系统中,如何选择合适的压力传感器,对于它们能否健康、安全运行,至关重要。根据前面的内容知道压力传感器的种类繁多,其性能也有较大的差异,如何根据具体的测量目的、测量对象以及测量环境,合理地选用压力传感器,是在进行压力(或者其派生物理量如液位)测量时,首先要解决的问题。当压力传感器确定之后,与之相配套的测量方法和测量设备也就可以确定了。因此,测量结果的成败,在很大程度上取决于压力传感器的选用是否合理。如何选择较为合适的压力传感器,需要关注以下几个方面的问题:

(1) 额定压力范围。额定压力范围是满足标准规定值的压力范围,也就是在最高和最低温度之间,压力传感器输出符合规定工作特性的压力范围。在实际应用时,压力传感器所测压力必须在其量程范围之内。

(2) 最大压力范围。最大压力范围是指压力传感器能长时间承受的最大压力,且不引起输出特性永久性改变,尤其是半导体压力传感器。为提高其线性度和它的温度特性,一般都大幅度减小额定压力范围,因此,即使在额定压力以上连续使用也不会被损坏。一般而言,需要选择一个具有比最大值还要大 1~2 倍左右的测量量程的传感器,尤其是在水压测量中,有峰值和持续不规则的上下波动,这种瞬间的峰值情况极易损坏压力传感器,因为持续的高压力值或稍微超出压力传感器的标定最大值,虽然会缩短传感器的寿命,但是不至于损坏传感器。因此,在选择压力传感器时,要充分考虑压力范围。如果冷却系统波动性较大,可以

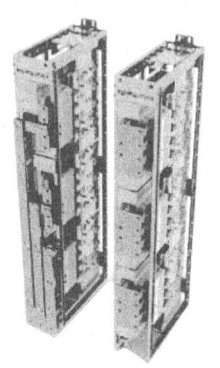

(a)   (b)

图 9-20 不同器件采用的水冷和风冷结构实物图(一)
(a) 水冷和风冷电抗器;(b) 水冷和风冷逆变器

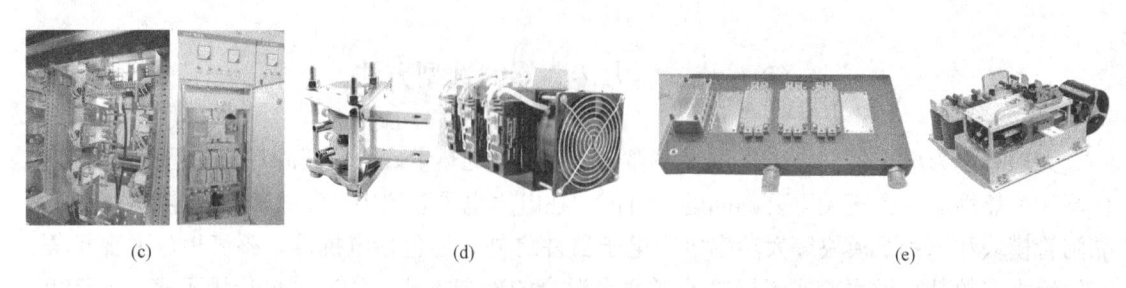

图 9-20　不同器件采用的水冷和风冷结构实物图（二）
(c) 水冷和风冷整流柜；(d) 晶闸管模块的水冷和风冷阀体；
(e) IGBT 模块的水冷和风冷阀体

适当将量程提高到额定压力最高值的 2～3 倍。

（3）准确度。准确度是压力传感器的一个重要性能指标，它是关系到整个测试系统测量准确度的一个重要环节。压力传感器的准确度越高，其价格越昂贵，因此，压力传感器的准确度只要满足整个测量系统的准确度要求就可以，不必选得过高。这样就可以在满足同一测量目的诸多传感器中选择比较便宜和简单的传感器。如果测量目的是定性分析的，选用重复精度高的传感器即可，不宜选用绝对量值精度高的；如果是为了定量分析，必须获得精确的测量值，就需选用精度等级能满足要求的传感器。

（4）线性度。线性度是指在工作压力范围内，压力传感器输出与压力之间直线关系的最大偏离。

（5）输入阻抗。在测量过程中，压力传感器成为被测对象的负载时，将产生载荷效应。如测力传感器测量运动机械的动态力时，由于传感器存在质量 M 和刚性 K，必然要吸收运动机械的部分能量转换成动能和弹性势能。因而，使得被测对象偏离了其本来的工作状态，会给测量结果带来误差。载荷效应产生的原因主要是传感器的输入阻抗。在测量静态变量（如力、压力等），就像电学中测量电压和电势一样，希望传感器的输入阻抗越大越好，这样在单位时间内吸收被测对象的能量就少；相反，测量动态变量（如速度、加速度、流量等），就像电学里测电流，希望传感器的输入阻抗越小越好。

（6）输出信号。压力传感器有 mV、V、mA 及频率输出以及数字输出等多种类型，选择具有怎样信号特征的输出类型传感器，主要取决于应用需求，如压力传感器与控制器或显示装置之间的距离、工作环境中是否存在电磁噪声、酸碱腐蚀性物资、高温物资或其他干扰信号等。对于许多压力传感器和控制器间距较短的 OEM（Original Equipment Manufacturer，原始设备制造商，指一家厂家根据另一家厂商的要求，为其生产产品和产品配件，也称为定牌生产或授权贴牌生产，既可代表外委加工，也可代表转包合同加工）设备，采用 mA 方式输出的压力传感器是最为经济而有效的一种解决方法。如果需要将输出信号放大，最好采用具有内置放大的传感器类型；对于远距离传输或存在较强的电磁干扰信号，最好采用 mA 输出方式或频率输出方式，更为合理有效。

（7）输出阻抗。因为压力传感器的输出端都要与后续处理电路、传输电路或仪表等相连，因此，存在着压力传感器的输出阻抗与后续装置输入阻抗相互匹配的问题，所以，在选择压力传感器时，要了解它的输出电量的形式和输出阻抗值。

（8）灵敏度。通常，在压力传感器的线性范围内，希望它的灵敏度越高越好，这是因为只有灵敏度高时，与压力变化对应的输出信号的值才比较大，这有利于提高信噪比。但要注意的是，压力传感器的灵敏度越高，与压力无关的外界噪声也越容易混入，因此，也越会被放大系统放大，影响整个测试的检测准确度。所以，要求压力传感器本身应具有较高的信噪比，尽量减少从外界引入干扰信号。

（9）稳定性。压力传感器使用一段时间后，其性能保持不变的能力称为稳定性。影响压力传感器长期稳定性的因素除传感器本身结构外，主要是压力传感器的使用环境。因此，要使压力传感器具有良好的稳定性，则要求压力传感器本身必须要有较强的环境适应能力。在选择压力传感器之前，应对其使用环境进行调查，并根据具体的使用环境选择合适的压力传感器，或采取适当的补救措施，减小环境对压力传感器的影响。压力传感器的稳定性有定量指标，在超过使用期限之后，在使用前应重新进行标定，以确定压力传感器的性能没有发生变化。在某些要求压力传感器能长期使用而又不能轻易更换或标定的场合，对所选用的压力传感器稳定性要求更严格，要能够经受住长时间的考验。

（10）温度范围。通常情况下，一个压力传感器会标定两个温度范围，即正常工作温度范围和补偿温度范围。正常工作温度范围是指压力传感器在工作状态下，不被破坏的温度范围。补偿温度范围是由于施加了温度补偿，精度进入额定范围内的温度范围。在超出温度补偿范围时，可能会达不到其应用的性能指标。温度补偿范围是一个比操作温度范围小的典型范围。

（11）损坏压力。损坏压力是指能够施加在压力传感器上，且不使压力传感器元件或压力传感器外壳损坏的最大压力。

（12）压力迟滞。压力迟滞是指在室温下及工作压力范围内，从最小工作压力和最大工作压力趋近某一压力时，压力传感器输出之差。

除此之外，好需要关注压力传感器的连接方式，如螺纹连接、法兰连接、卡箍连接以及软管连接等不同方式，选择适合测试对象的最佳、最简单、最可靠的连接方式。选用的压力传感器应易于安装、维护和更换。

第六节 压力传感器的常见故障

根据现场统计表明，压力传感器容易出现的故障主要有：

（1）冷却系统回路中压力升高，但是检测系统没有信号输出。出现此种情况，应先检查压力接口是否漏气或者被堵住，如果确认不是，就需要检查接线和检查电源，如果仍不是，则需要进行简单加压看输出是否随着变化，或者察看传感器零位是否有输出，若无变化则说明传感器已损坏，可能是仪表损坏或者整个测试系统的其他环节出现问题。

（2）施加压力，测试系统的输出信号不发生变化，再施加压力，测试系统的输出信号突然发生变化，泄压后测试系统输出零位回不去，很有可能是压力传感器密封圈的问题。常见的是由于密封圈规格原因，传感器拧紧之后密封圈被压缩到传感器引压口里面堵塞传感器，加压时压力介质进不去，但在压力大时突然冲开密封圈，压力传感器受到压力而变化，所以测试系统的输出信号突然发生变化。排除这种故障的最佳方法是将传感器拆下来，直接查看零位是否正常，若零位正常，可直接更换密封圈，再重复上述试验步骤，直至故障彻底排除。

(3) 测试系统的输出信号不稳定的问题。这种故障最大可能性就是压力源的问题。压力源本身是一个不稳定的压力，很有可能是测试系统或压力传感器的抗干扰能力不强、压力传感器本身振动很严重或者压力传感器本身出现故障。

第七节 设计水冷系统的注意事项

在大型电力电子装置中，水冷系统只是一个辅助系统，且运行中间基本是无人值守的。但水冷系统的任何故障，都有可能威胁到整个装置的安全，因此水冷系统的可靠性就显得非常重要。提高可靠性除了正确合理的设计、选取可靠的配套部件和优质原材料之外，现场运行实践表明，还应必须注意以下几个问题：

(1) 冷却水路的可靠性保证。首先是保证不漏水，哪怕是渗漏也不行。考虑到电力系统的高电压工作环境和密闭式循环水路的特点，这个要求很必要。引起漏水的主要部位是管路部分的连接密封，尤其是小直径的水接头，数量很大，其漏水事故的发生率占总事故率的比例最大。因此，对于较大型还在监控系统中增加了渗漏检测和报警系统的设备，最简单的方法就是加装湿度测试传感器，这将会进一步提高冷却系统的可靠性。

影响水路运行寿命的另一个关键部位是水泵，它是冷却系统中唯一的连续运动机械部件，水泵的密封件和轴承的磨损，是决定其寿命的重要因素。解决的方法是选用质量好的品牌的产品；采用双泵，一备一用，并定时切换；对可靠性要求更高的设备，可酌情采用屏蔽泵（其寿命比一般离心泵高几倍，且从原理上保证不会漏水，但价格较高）。

(2) 冗余设计和电磁兼容。冷却系统的冗余设计其中之一就是上面提到的水泵的一备一用。除此以外在系统的控制方面还会考虑控制系统本身，如检测仪表的冗余，包括控制器 PLC 的冗余，水冷系统的检测仪表是用来对一些重要的系统参量（例如温度、流量、压力、液位、电导率等）进行检测、发出报警或跳闸信号用的。冗余即是采用两个或以上的仪表同时检测一个量，当某个仪表出现故障时，控制软件可以采用正确信息，排除故障仪表发出的错误信息。在重要场合，尤其是特大型系统，往往会采取这些措施，来保证系统的可靠性。

符合电磁兼容标准要求是保证系统可靠运行的另一方面。尤其当水冷系统本身处于强电磁干扰环境中时，更显重要，因此应按照相关技术标准进行电磁兼容试验。试验的核心问题是要保证水冷系统的控制部分，在强干扰环境下不出现烧毁，发出错误信号、误动作，并能和上位机保持正常通信。这些干扰主要包括产生于机箱外部的静电干扰、沿着电源线和电缆线传递的串模干扰和共模干扰。防止措施主要是采用电源滤波器、屏蔽电缆、隔离干扰的变压器、通信用光缆等。采取这些措施以后，大大增强了水冷却系统对电磁环境的适应能力。

(3) 正确安装压力检测仪表。对于水冷系统而言，要做到准确测量水压，除对仪表进行正确选择和检定（校准）外，还必须注意整个系统的正确安装。如果只是仪表本身准确，其示值并不能代表被测压力的实际参数，因为测量系统的误差并不等于仪表的误差。系统的正确安装，包括取压口的开口位置、连接导管的合理铺设和仪表安装位置的正确等。避免处于管路弯曲、分叉及流束形成涡流的区域，应选在被测物料流束稳定的地方。当管路中有突出物体（如测温元件）时，取压口应取在其前面；插入生产设备的取压管的内端面，要与工艺设备的接触处内壁应保持平齐，不许有凸出物或毛刺，以免影响静压力的正确取得。当必须在调节阀门附近取压时，若取压口在其前，则与阀门距离应不小于管径的 2 倍；若取压口在其后，则与阀门距离应不小于管径的 3 倍；泵出口压力表与泵出口法兰的距离不小于管径的 2 倍。导压管粗细要合适，一般内径为 6~10mm，长度应尽可能的短，最长不超过 50m，否则引起测量滞后。当检测温度高于 60℃ 的水压时，就地安装的压力表的取源部件应带有环形或 U 形冷凝弯。

保证密封性，不应有泄漏现象出现。为保证检修方便，压力表的取压口到压力表之间应装切断阀，切断阀安装在靠近取压口的地方，如需在现场调校，被测介质又有脏污的情况，切断阀改用三通阀。为了保证仪表不受振动的影响，压力仪表应加装减振装置及固定装置。对于新购置的压力检测仪表，在安装使用之前，一定要进行计量检定，以防压力仪表运输途中振动、损坏或其他因素破坏准确度。

（4）尽量选择电子式压力和温度变送器。选择电子式压力变送器检测管道冷却水压力或流量，保持管道冷却水压力为恒定的设计值。四线制电子式压力变送器的输出信号为 4~20mA，经电路处理后接带 AD 微处理器进行处理并用 LCD 显示管道当前冷却水压力值和工作状态。

需要提醒的是，采用压力继电器获取管道出口压力时，当设置其管道出口压力小于某设定值时，会产生报警。判断是否进行提高电机泵的转速或停机检查处理；是否是泄漏或堵塞等问题。压力继电器输出的开关量给微处理器进行处理，并同时传给 LCD 显示管道出口压力状态和工作状态。采用四线制连接方式（两根电源线，两根信号线），报警时输出一组继电器闭合信号，可方便地与任意厂家的火灾报警系统连接。压力继电器是用于电气—液压系统中，把液压信号转换为电气信号的一种发送装置。它是弹簧载荷式，当压力达到预先设定值时，继电器的活塞产生机械位移以接通微动开关的触点。它具有两个压力点的精确控制，特别是可以为用户的特殊要求，进行精心设计制造。

利用四线制电子式温度变送器 PT100，来检测管道出口冷却水的温度，一旦冷却水的温度小于某设定值温度或大于某设定值温度时，就输出信号来控制执行器的驱动使三通阀处于旁路或通过换热器。

第十章 数字传感器及其典型应用技术

在电力电子装置的设计中，它所包含的传感器种类和数量也越来越多。研究表明，在设计装置系统时，选择正确的传感器组合和处理算法，可以显著地降低原材料及能耗的费用，并极大地提高电力电子装置的总体性能。目前，不断提高操作的简化程度和延长能源的使用寿命，变得越来越重要，尤其是如今越来越多的传感器网络配置 1000 或更多的传感器节点。数字传感器除了传感器本身之外，它还包括信号获取、处理、通信及能耗管理等一整套电路系统，它不仅能够感知所测量的物理参数，如电压、电流、温度、湿度、位置和压力等，还能处理接收到的信号并将其发送到控制网络中去。因此，如何选择合适的数字传感器、如何判断数字传感器的性能、如何使用好数字传感器，这是设计时的重点内容。

第一节 数字传感器概述

一、什么是数字传感器

通常采用模拟式传感器获取模拟信号，利用 A/D 转换器将模拟信号转换成数字信号，再用计算机和其他数字设备进行处理，这种方法虽然简便、易行，但是存在以下几个方面的问题：

（1）由于微弱的传感器信号，要通过电缆传输，在此过程中极易受到各种电磁干扰信号的影响。

（2）各种传感器输出信号形式众多，而使检测仪器与传感器的接口电路无法统一化和标准化，实施起来颇为不便，既增加了系统构成的复杂度，又不利于系统集成化。

随着计算机、控制技术以及网络技术，尤其是微处理器、嵌入式技术、大规模集成电路技术、机电一体化技术、微机械和新材料技术的迅猛发展和广泛应用，大大促进了现代传感器技术的飞速发展，传感器技术也因此而取得了巨大的成就，对新型传感器的大量需求也与日俱增，其中对集成化、组合式、数字化、智能化新型传感器的需求尤为明显。特别是当贴片封装技术、体积大为缩小的通用和专用集成电路越来越普遍地应用在传感器技术之后，传感器的信号检测、控制和处理等技术已进入到数字化时代，因此而大量涌现出可以将敏感元件与信号调理电路集成化和一体化，且具有微处理器或嵌入式系统的新型组合式传感器，它们非常方便地能把被测模拟量直接转换成数字信号，且接口形式多样，易于与计算机接口，这就是数字式传感器。如美国 DALLAS 公司，推出的数字温度传感器 DS18B20，可测温度范围为 $-55 \sim 150℃$、误差为 $0.5℃$，封装和形状与普通小功率三极管十分相似，采用独特的一线制数字信号输出。此外，还有一些知名厂商，将热敏元件和湿敏元件及其信号调理电路集成，可非常方便地同时完成温度和湿度的测量。

灵敏传感器或数字传感器都是高级传感器，它们包括调节和处理信号的电路及一个网络通信的界面，通常以模块形式制成，包含一个传感器、DSP（数字信号处理器）、一个 DSC（数字信号控制器）或一个 ASIC（特定用途集成电路）；另外也有以系统封装或系统芯片的方式制成的。在微处理器和传感器变得越来越普遍且廉价的今天，全自动或半自动（通过人工指令进行高层次操作，自动处理低层次操作）系统，可以包含更多智能性功能，能从其环境中获得并处理更多不同的参数。尤其是 MEMS（微型机电系统）技术，它使数字传感器的体积非常微小并且能耗与成本也很低。以纳米碳管或其他纳米材料制成的纳米传感器同样具有巨大的潜力。

数字传感器就是指将传统的模拟式传感器经过加工改装或改造 A/D 转换模块，使之输出信号为数字量（或数字编码或者频率信号）的传感器。其主要包括放大器、A/D 转换器、微处理器（CPU）、存储器、通信接口、信号调理电路和接口电路等。目前，常用的数字式传感器有 4 大类：

(1) 栅式（光栅、磁栅）传感器。
(2) 编码器（接触式、光电式、电磁式）传感器。
(3) 频率/数字输出式传感器。
(4) 感应同步器式传感器。

二、数字传感器的特点

数字传感器代表传感器新的发展方向，它具有以下重要的特点：

(1) 数字传感器是将传感器芯片、传感器转换电路、调理电路、A/D、EPROM、接口电路和电源电路等封装在一块 PCB 或者金属块或陶瓷板上，通过各种温度、压力点的校准，计算出传感器芯片的线性输出关系式，再利用 A/D 去补偿的方法加工而成的传感器。其稳定性好和集成度高。数字传感器的原理框图如图 10-1 所示。

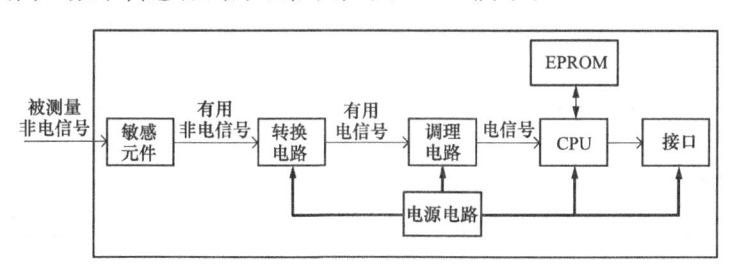

图 10-1 数字传感器的原理框图

(2) 数字传感器采用先进的 A/D 转换技术和智能滤波算法，在满量程的情况下仍可保证输出码的稳定性，具有高测量精度、高分辨率和高可靠性，且测量范围大。

(3) 数字传感器采用标准的数字通信接口，可直接连入计算机，也可与标准工业控制总线直接相连，便于信号处理、自动化动态及多路测量，读数直观，体现出其方便、灵活、简单的特质。

(4) 可行的数据存储技术，促使数字传感器能自动采集数据并可预处理、存储和记忆，保证模块参数不会丢失，具有唯一标记，便于故障诊断和故障定位。

(5) 采用数字化误差补偿技术和高度集成化电子元件，以及用软件实现传感器的线性、零点、温漂、蠕变等性能参数的综合补偿，消除了人为因素对补偿的影响，大大提高了传感器的测试精度。

(6) 数字传感输出的一致性非常高，误差不超过 0.02%，传感器的特性参数可以完全相同，因而具有良好的互换性，安装方便、维护简单。

(7) 采用 A/D 转换电路、高低电平的数字化信号传输，以及数字滤波技术，使传感器对外部干扰（噪声）的抑制能力强、稳定性好、抗干扰能力强、电磁兼容性好，有利于信号的远距离传输。

由于数字传感器的突出优势，人们越来越重视数字式传感器技术的发展与应用。

三、模拟传感器与数字传感器的区别

模拟传感器一般输出的是幅度连续变化的电压信号，不利于远距离传输，必须借助于后续电路变换技术，转变为数字电信号或者 4~20mA 电流信号或者光信号。

数字传感器输出的是开关信号（又称为逻辑信号）、高低电平信号，或者是频率变化的方波信号、占空比变化的矩形波信号，这些信号易于数字化处理和远距离传输。

模拟传感器与数字传感器的主要区别如表 10-1 所示。

表 10-1　　　　模拟传感器与数字传感器的主要区别

内　　容	模拟传感器	数字传感器
输出信号特征	模拟信号	数字信号
抗干扰能力	弱	强
传输距离	很近（大多为电路板级传输）	较远（适于远距离传输）
报警提示功能	无（设置报警功能除外）	有（便于故障定位）
一致性	差	好
标定	需要设计者标定	不用标定
综合补偿能力强	无	强
精度	低	高
可靠性	低	高
维护成本	高	低
通行速度	低	高
接口方便性	不方便	方便

数字传感器优于模拟传感器的几个重要方面：

(1) 数字信号输出。模拟传感器输出微弱的模拟信号（大多为电压信号），数字传感器输出的是开关信号、高低电平信号、频率信号，且其幅值大、信号强。

(2) 抗干扰能力强。模拟传感器容易受到强电干扰（如电焊）和浪涌影响（如雷击），而数字传感器有各种保护电路和防雷击设计，大大保证了传感器的正常使用寿命。

(3) 有故障报警提示。数字传感器可以通过仪表来时刻监视数字传感器的工作状况，发现某个传感器出现故障时，可以自动报警。避免了在传感器有故障状态时进行错误的测试与显示。

(4) 一致性好，免标定。绝大多数模拟传感器与后续检测电路一起重新标定。虽然数字传感器比模拟传感器看起来要复杂些，但是在使用过程中无需标定，调试时间也会大为减少，大大提高了工作效率，可靠性更高，还具有自诊断功能。

(5) 综合补偿能力强。数字传感器采用数字化误差补偿技术和高度集成化电子元件，用软件实现传感器的线性、零点、温漂、蠕变等性能参数的综合补偿，消除了人为因素对补偿的影响，大大提高了传感器的测试精度。

(6) 传输距离远、通信速度快、可靠性高。数字传感器的数字信号的电平高出模拟传感器数百倍,且不易受干扰,按照工业级的现场总线通信协议传输,通信信号强,高速且纠错能力强。相比而言,模拟传感器输出的毫伏级信号太弱,容易受射频干扰和电磁干扰,而且在信号传输过程当中由于电缆电阻的影响会造成信号衰减,传输距离较短(一般为电路板级内)。

(7) 维护方便、使用的整体成本低。数字传感器跟线缆连接采用标准插头,既保证了防护等级,而且更换传感器或者电缆非常方便,同时由于它输出的是数字量,不受电缆长度的影响。而模拟量传感器的温度补偿是同电缆线一起的,电缆损坏后随意连接会造成误差,所以很多传感器都是带线缆连接一起,更换时还需要重新穿线,使用起来非常不方便。对于一些生产不能停工的单位,它不能保证不间断工作,增加了生产成本,所以总的来说,数字传感器使用的整体成本比模拟传感器要低。

第二节 数字传感器在电力电子装置的综合应用

一、检测系统的基本构成

为了讨论方便起见,以某个三相电动机控制器为例进行说明。图10-2表示为某三相电动机控制器的检测电路系统框图,其中含有数字传感器和模拟传感器,既要获取被控对象(即电动机)的相电压和相电流,又要获取逆变器运行过程中的参变量,如温度、湿度、液位、门控、烟雾报警等,确保逆变器健康、安全、可靠地运行。

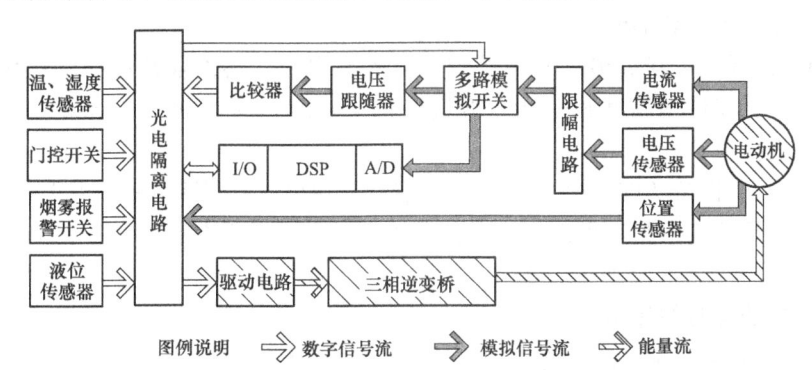

图10-2 某三相电动机控制器的检测电路系统框图

现将电动机控制器的检测电路的组成部件分别介绍如下。

(1) 将电动机的三相绕组端电压U_a、U_b和U_c经由霍尔电压传感器拾取,经过限幅后,传送到模拟多路开关。

(2) 将电动机的三相绕组电流I_a、I_b和I_c经由霍尔电流传感器拾取,经过限幅后,传送到模拟多路开关。

(3) 由DSP通过其数字I/O端口,输出多路模拟开关的通道选择控制信号。

(4) 将电压传感器获取的三相绕组端电压U_a、U_b和U_c,经由电压跟随器,分为两路:

1) 传送到电压比较器,通过光电隔离电路输出传送到DSP。

2) 传送到DSP的A/D模块,转换为数字量传送到DSP。

(5) 将电流传感器获取的相电流信号 I_a、I_b 和 I_c，经由电压跟随器，分为两路：

1) 传送到电压比较器，通过光电隔离电路输出传送到 DSP。

2) 传送到 DSP 的 A/D 模块，转换为数字量传送到 DSP。

(6) DSP 获取得到绕组的端电压（U_a、U_b 和 U_c）和绕组电流（I_a、I_b 和 I_c），也就顺利得到三相过零信号。

(7) 温、湿度传感器电路部分。温、湿度传感器电路部分可以有两种选择：

1) 选择模拟式温度传感器和湿度传感器，设计它的处理电路，经由比较器，传送到光电隔离电路，由隔离电路输出传送到 DSP。

2) 选择温度开关和湿度开关，其输出信号传送到光电隔离电路，再由隔离电路输出传送到 DSP。由 DSP 对温度和湿度信号进行实时采集及处理，确保运行环境的温度（含电力电子开关器件的温度）和湿度，满足电力电子装置正常运行的要求。

(8) 门控开关部分。选择数字传感器，即门控开关，其输出信号传送到光电隔离电路，由隔离电路输出传送到 DSP，确保电力电子装置运行时，柜门处于关闭状态，保证运行的安全性。

(9) 烟雾报警开关部分。选择数字传感器，即烟雾报警开关，其输出信号传送到光电隔离电路，再由隔离电路输出传送到 DSP，结合电力电子开关器件的温度状态，由 DSP 判断电力电子装置运行是否正常，保证运行的可靠性。

(10) 液位传感器电路部分。液位传感器电路部分可以有两种选择：

1) 选择模拟式液位传感器，设计它的处理电路，经由比较器，传送到光电隔离电路，再由隔离电路输出传送到 DSP。

2) 选择液位开关，其输出信号传送到光电隔离电路，再由隔离电路输出传送到 DSP，结合电力电子开关器件的温度状态和烟雾报警状态，由 DSP 判断冷却系统是否正常工作，以便做出关机的指令等。

(11) DSP 根据既定策略，经由通用 I/O 端口，输出 6 路 PWM 驱动信号指令，经由光电隔离电路输出给驱动电路，再由驱动电路传送到三相逆变桥中的电力电子开关器件，控制其开通或者关断。

二、传感器的种类与作用

本例以 DSP 为控制核心，运用多种类（有数字传感器、模拟传感器）、多通道传感器，实时检测控制柜体内的环境温度和湿度、电力电子开关器件的温度、门控状态、烟雾报警状态、液位状态、电动机的电压和电流等物理量，按照既定控制策略，实现逆变器的动态调控。

需要说明的是，为了凸显传感器检测电路部分，在图 10-2 中，略去了很多环节，如控制器的电源电路、键盘输入输出设备和显示模块等辅助电路。

现将本例所采用的传感器汇总于表 10-2 中。

表 10-2　　　　　　　　　　　　本例所采用的传感器

传感器名称	类　　别	作　　用	备　　注
霍尔电压传感器	模拟传感器	获取电动机相电压	可以采用 2 个或者 3 个
霍尔电流传感器	模拟传感器	获取电动机相电流	建议采用 3 个

续表

传感器名称	类　　别	作　　用	备　　注
温度传感器	温度传感器和温度开关	获取环境温度和电力电子开关器件温度	可以采用温度开关监测运行环境，采用温度传感器检测冷板温度
湿度传感器	湿度传感器和湿度开关	获取环境湿度	视情况都可以选择，比较灵活
液位传感器	液位传感器和液位开关	获取冷却系统健康状态	视情况都可以选择，比较灵活
门控开关	数字传感器	获取运行健康状态	保证操作人员生命安全
烟雾报警开关	数字传感器	获取运行健康状态	配合液位、电力电子开关器件温度，综合判断运行状态

第三节　比较电路分析与设计方法

电压比较器的功能是对两个输入电压的大小进行比较，并根据比较结果输出高、低两个电平。由于高电平相当于逻辑 1，低电平相当逻辑 0，所以比较器可作为模拟电路与数字电路之间的接口电路，它在传感器输出信号的变换、整形和幅值检测以及波形产生等方面有着广泛地应用。除此之外，它还可用于报警电路、自动控制电路、测量技术，也可用于 V/F 变换电路、A/D 变换电路、A/D 转换电路、高速采样电路、电源电压监测电路、振荡器及压控振荡器电路、过零检测电路等方面。

一、基本概念

1. 端口说明

简单地说，电压比较器是通过对两个模拟电压（也有两个数字电压比较的，这里不做介绍）进行大小比较，并判断出其中哪一个电压高。如图 10-3 所示为单电源供电的比较器基本电路及其传输特性。其中，图 10-3（a）表示比较器的基本符号，它包括差动输入级、高增益放大级和逻辑电平输出级三部分。差动输入级即两个输入端，包括同相输入端 U_P（"+"端）和反相输入端 U_N（"-"端）。逻辑电平输出级即输出端 U_{OUT}（输出电平信号）。另外它有电源端 U_+ 和接地端是一个单电源比较器。

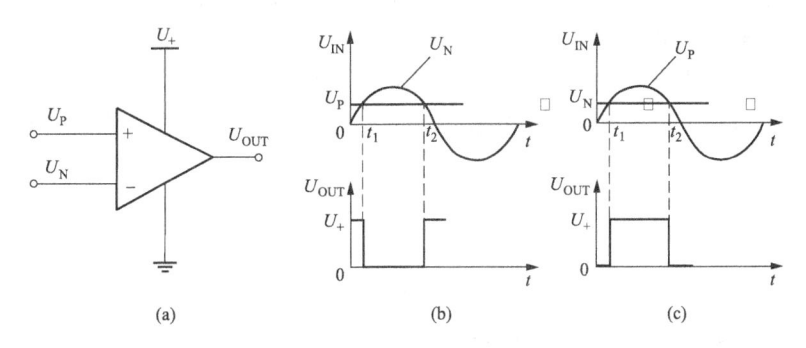

图 10-3　单电源供电的比较器基本电路及其传输特性
(a) 比较器基本符号；(b) U_P 为参考电压；(c) U_N 为参考电压

2. 单电源比较器

单电源比较器的输出情况如下：

(1) 如图 10-3 (b) 所示，当 U_P 为参考电压时。

1) 在时间 $0\sim t_1$ 时，$U_P>U_N$，比较器输出端 U_{OUT} 为高电平（接近电源 U_+ 的幅值），即

$$U_{OUT} = U_+ \quad (0 \sim t_1) \tag{10-1}$$

2) 在时间 $t_1\sim t_2$ 时，$U_P<U_N$，比较器输出端 U_{OUT} 为低电平（接近 0V），即

$$U_{OUT} = 0 \quad (t_1 \sim t_2) \tag{10-2}$$

3) 在时间 $t_2\sim t$ 时，$U_P>U_N$，比较器输出端 U_{OUT} 为高电平（接近电源 U_+ 的幅值），即

$$U_{OUT} = U_+ \quad (t_2 \sim t) \tag{10-3}$$

为此，将图 10-3 (b) 所示电压 U_P 称为本电路的阈值电压（又称门槛电平），它是使比较器输出电压发生跳变时的输入参考电压值，简称阈值。将图 10-3 (b) 所示的输出电压 U_{OUT} 与时间 t 之间的关系曲线，称为比较器的传输特性，它是指比较器的输出电压与输入电压在平面直角坐标系上的关系曲线。

(2) 如图 10-3 (c) 所示，当 U_N 为参考电压时。

1) 在时间 $0\sim t_1$ 时，$U_N>U_P$，比较器输出端 U_{OUT} 为低电平（接近 0V），即

$$U_{OUT} = 0 \quad (0 \sim t_1) \tag{10-4}$$

2) 在时间 $t_1\sim t_2$ 时，$U_N<U_P$，比较器输出端 U_{OUT} 为高电平（接近电源 U_+ 的幅值），即

$$U_{OUT} = U_+ \quad (t_1 \sim t_2) \tag{10-5}$$

3) 在时间 $t_2\sim t$ 时，$U_N>U_P$，比较器输出端 U_{OUT} 为低电平（接近 0V），即

$$U_{OUT} = 0 \quad (t_2 \sim t) \tag{10-6}$$

因此，将图 10-3 (c) 所示电压 U_N 称为本电路的阈值电压。

对于图 10-3 所示比较器电路而言，因为它是单电源供电的比较器，可以非常方便地根据其输出电平的高低，即可比较两个输入端（同相端和反相端）的电压高低。

3. 双电源比较器

双电源供电的比较器基本电路及其传输特性如图 10-4 所示，图 10-4 (a) 表示双电源比较器的基本符号，它包括差动输入级、高增益放大级和逻辑电平输出级三部分。差动输入级即两个输入端，包括同相输入端 U_P（"+"端）和反相输入端 U_N（"−"端）。逻辑电平输出级即输出端 U_{OUT}（输出电平信号），另外它有正负电源端 U_+ 和 U_-。

双电源比较器的输出情况如下：

(1) 如图 10-4 (b) 所示，当 U_P 为参考电压时。

1) 在时间 $0\sim t_1$ 时，$U_P>U_N$，比较器输出端 U_{OUT} 为高电平（接近电源 U_+ 的幅值），即

$$U_{OUT} = U_+ \quad (0 \sim t_1) \tag{10-7}$$

2) 在时间 $t_1\sim t_2$ 时，$U_P<U_N$，比较器输出端 U_{OUT} 为低电平（接近电源 U_- 的幅值），即

$$U_{OUT} = U_- \quad (t_1 \sim t_2) \tag{10-8}$$

3) 在时间 $t_2\sim t$ 时，$U_P>U_N$，比较器输出端 U_{OUT} 为高电平（为接近电源 U_+ 的幅值），即

$$U_{OUT} = U_+ \quad (t_2 \sim t) \tag{10-9}$$

将图 10-4 (b) 所示电压 U_P 称为阈值电压。

(2) 如图 10-4 (c) 所示，当 U_N 为参考电压时。

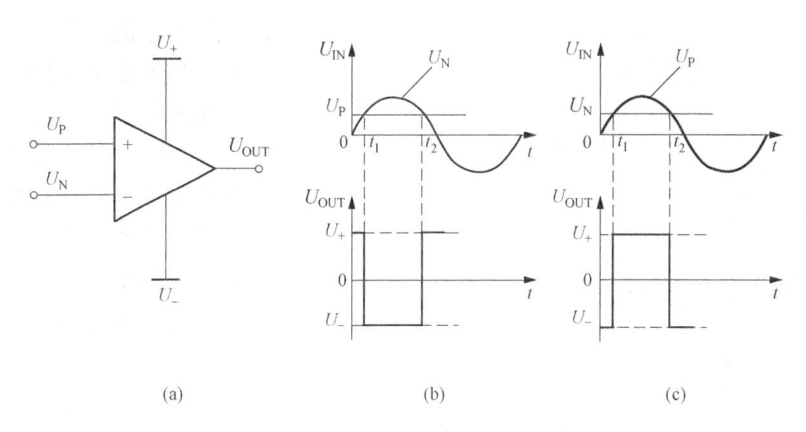

图 10-4 双电源供电的比较器基本电路及其传输特性
(a) 比较器基本符号；(b) U_P 为参考电压；(c) U_N 为参考电压

1) 在时间 $0 \sim t_1$ 时，$U_N > U_P$，比较器输出端 U_{OUT} 为低电平（接近电源 U_- 的幅值），即

$$V_{OUT} = V_- \quad (0 \sim t_1) \tag{10-10}$$

2) 在时间 $t_1 \sim t_2$ 时，$U_N < U_P$，比较器输出端 U_{OUT} 为高电平（接近电源 U_+ 的幅值），即

$$V_{OUT} = U_+ \quad (t_1 \sim t_2) \tag{10-11}$$

3) 在时间 $t_2 \sim t$ 时，$U_N > U_P$，比较器输出端 U_{OUT} 为低电平（接近电源 U_- 的幅值），即

$$U_{OUT} = U_- \quad (t_2 \sim t) \tag{10-12}$$

将图 10-4（c）所示电压 U_N 称为本电路的阈值电压。

由此可见，对于图 10-4 所示比较器电路而言，可以根据其输出电平的高低，比较两个输入端（同相端和反相端）的电压高低。

4. 基本特点

比较器是由运放发展而来的，比较器电路可以看作是运放的一种应用电路。

(1) 比较器的差动输入级。保证比较器具有与运放可比拟的输入参数，即低的漂移电压 U_{OS}、漂移电流 I_{OS} 和宽的共模输入电压范围等。

(2) 高增益放大级。保证比较器有高的分辨率和转换速率。

(3) 逻辑电平输出级。保证比较器可直接与各类数字逻辑电路相接口。

普通运放有时也能作比较器，只要它的输出电平被钳位在要求的逻辑电平即可。但运放电路在设计时，重点考虑的是输出与输入之间的线性放大特性以及稳定性（包括频率补偿）等重要指标。但性能较好的比较器比通用运放的开环增益更高、输入失调电压更小、共模输入电压范围更大和电压摆率更高（使比较器响应速度更快），而运放的响应时间一般较长，为解决响应时间和电平匹配问题，电压比较器被设计成专用的电路，并出现了各种集成电压比较器，如 LM211、LM311、LM293、LM339、TL712、TL714、ADCMP552 和 AD790 等。

LM339 比较器的输出级常用集电极开路结构如图 10-5 所示，它外部需要接一个上拉电阻或者直接驱动不同电源电压的负载，应用上更加灵活；但也有一些比较器为互补输出，无需上拉电阻。因此，建议最好不要用运放构建比较器而是选用专门的比较器集成芯片为宜。

比较器的技术指标主要有：

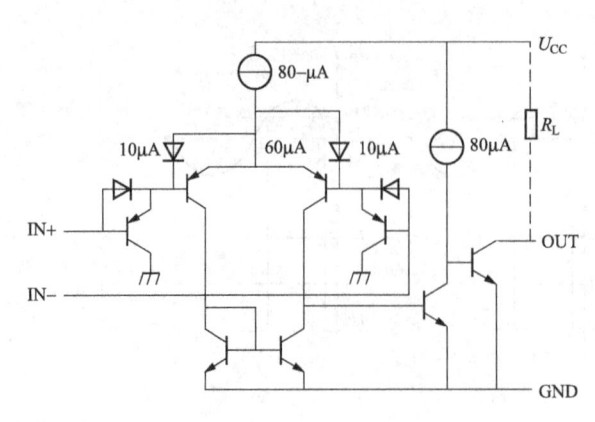

图 10-5 LM339 比较器的输出级常用集电极开路结构

(1) 分辨率的高低。
(2) 比较速度的快慢。
(3) 输入电压范围的宽窄。
(4) 逻辑电平兼容性及其强弱。

一个性能优良的比较器应具有高分辨率、比较速度快、输入电压范围宽和逻辑兼容性强的特性。

二、任意电平比较器

1. 过零比较器

如图 10-6 所示为过零比较器的电路原理图及其传输特性,其中:

(1) 图 10-6 (a) 表示负端接参考电压 U_R 的电路原理图及其传输特性,当 $U_{IN}>0$ 时,比较器输出端 U_{OUT} 为高电平(接近电源 U_+ 的幅值);$U_{IN}<0$ 时,比较器输出端 U_{OUT} 为低电平(接近电源 U_- 的幅值)。

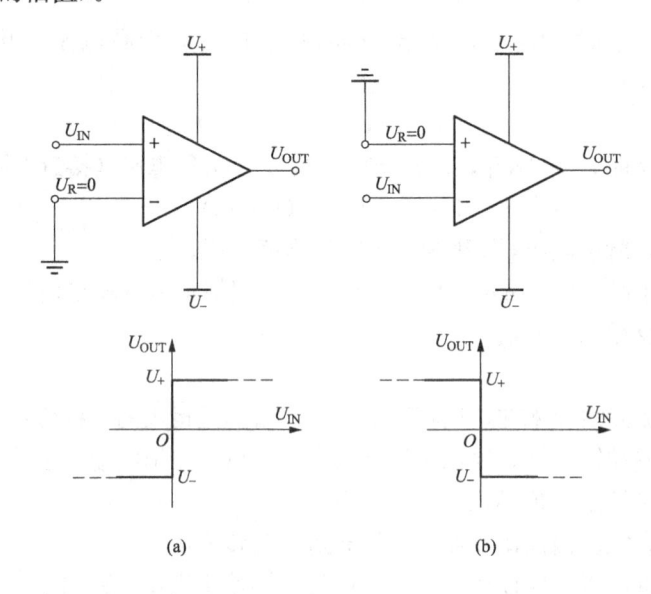

图 10-6 过零比较器的电路原理图及其传输特性
(a) 负端接参考电压;(b) 正端接参考电压

(2) 图 10-6 (b) 表示正端接参考电压 U_R 的电路原理图及其传输特性,当 $U_{IN}>0$ 时,比较器输出端 U_{OUT} 为低电平(接近电源 U_- 的幅值);$U_{IN}<0$ 时,比较器输出端 U_{OUT} 为高电平(接近电源 U_+ 的幅值)。

2. 非过零比较器

如图 10-7 所示为非过零比较器的电路原理图及其传输特性,其中:

(1) 图 10-7 (a) 表示负端接参考电压 U_R 的电路原理图及其传输特性,当 $U_{IN}>U_R$ 时,比较器输出端 U_{OUT} 为高电平(接近电源 U_+ 的幅值);$U_{IN}<U_R$ 时,比较器输出端 U_{OUT} 为低电平(接近电源 U_- 的幅值)。

(2) 图 10-7 (b) 表示正端接参考电压 U_R 的电路原理图及其传输特性,当 $U_{IN}>U_R$

时，比较器输出端U_{OUT}为低电平（接近电源U_-的幅值）；$U_{IN}<U_R$时，比较器输出端U_{OUT}为高电平（接近电源U_+的幅值）。

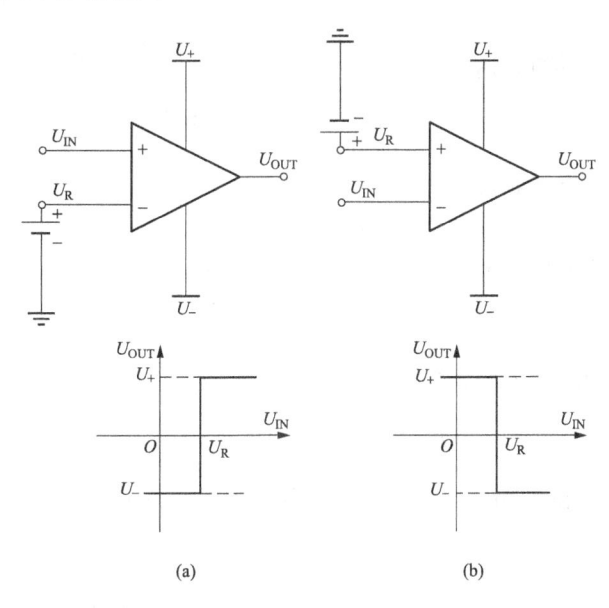

图 10-7 非过零比较器的电路原理图及其传输特性
(a) 负端接参考电压；(b) 正端接参考电压

3. 求和型非过零比较器

如图 10-8 所示为求和型非过零比较器的电路原理图及其传输特性，其中：

（1）图 10-8（a）表示正端接参考电压U_R的电路原理图及其传输特性，当$U_{IN}>U_T$（为门槛值）时，比较器输出端U_{OUT}为高电平（接近电源U_+的幅值）；$U_{IN}<U_T$（为门槛值）时，比较器输出端U_{OUT}为低电平（接近电源U_-的幅值）。

（2）图 10-8（b）表示负端接参考电压U_R的电路原理图及其传输特性，当$U_{IN}>U_T$（为门槛值）时，比较器输出端U_{OUT}为低电平（接近电源U_-的幅值）；$U_{IN}<U_T$（为门槛

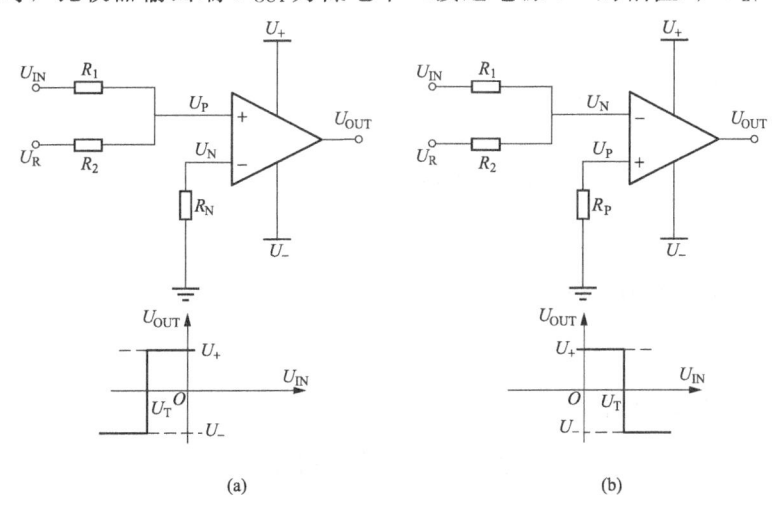

图 10-8 求和型非过零比较器的电路原理图及其传输特性
(a) 正端接参考电压；(b) 负端接参考电压

值）时，比较器输出端 U_{OUT} 为高电平（接近电源 U_+ 的幅值）。下面讲解 U_T 的求解方法：

(1) 图 10-8 (a) 所示为正端接参考电压 U_R 的求和型非过零比较器的阈值电压及其输出特性：

根据运放虚断原理得到表达式

$$\frac{U_{IN}-U_P}{R_1}=\frac{U_P-U_R}{R_2} \tag{10-13}$$

根据运放虚短原理得到表达式

$$U_P=U_N=0 \tag{10-14}$$

联立式（10-13）和式（10-14），可得 U_P 的表达式为

$$U_P=\frac{U_{IN}R_2+U_RR_1}{R_1+R_2} \tag{10-15}$$

根据过零比较器的原理得知，当 $U_P=U_N=0$ 时，即

$$U_P=\frac{U_{IN}R_2+U_RR_1}{R_1+R_2}=0 \tag{10-16}$$

化简式（10-16），得到输入电压与参考电压之间的关系式为

$$U_{IN}=-U_R\frac{R_1}{R_2}=U_T \tag{10-17}$$

当 $U_{IN}>U_T$ 时，$U_P>U_N=0$，则图 10-8 (a) 所示的求和型非过零比较器的输出电压为高电平，即

$$U_{OUT}=U_+ \quad (V_{IN}>V_T) \tag{10-18}$$

反之，$U_{IN}<U_T$ 时，$U_P<U_N=0$，则图 10-8 (a) 所示的求和型非过零比较器的输出电压为低电平，即

$$U_{OUT}=U_- \quad (U_{IN}<U_T) \tag{10-19}$$

(2) 图 10-8 (b) 所示为负端接参考电压 U_R 的求和型非过零比较器的阈值电压及其输出特性：

根据运放虚断原理得到表达式

$$\frac{U_{IN}-U_N}{R_1}=\frac{U_N-U_R}{R_2} \tag{10-20}$$

根据运放虚短原理得到表达式

$$U_N=U_P=0 \tag{10-21}$$

联立式（10-20）和式（10-21），可得 U_N 的表达式为

$$U_N=\frac{U_{IN}R_2+U_RR_1}{R_1+R_2} \tag{10-22}$$

根据过零比较器的原理得知，当 $U_N=U_P=0$ 时，即

$$U_N=\frac{U_{IN}R_2+U_RR_1}{R_1+R_2}=0 \tag{10-23}$$

化简式（10-23），得到输入电压与参考电压之间的关系式为

$$U_{IN}=-U_R\frac{R_1}{R_2}=U_T \tag{10-24}$$

当 $U_{IN}>U_T$ 时，$U_N>U_P=0$，则图 10-8 (b) 所示的求和型非过零比较器的输出电压为低电平，即

$$U_{\text{OUT}} = U_- \quad (U_{\text{IN}} > U_{\text{T}}) \tag{10-25}$$

反之，$U_{\text{IN}} < U_{\text{T}}$ 时，$U_{\text{N}} < U_{\text{P}} = 0$，则图 10-8（b）所示的求和型非过零比较器的输出电压为高电平，即

$$U_{\text{OUT}} = U_+ \quad (U_{\text{IN}} < U_{\text{T}}) \tag{10-26}$$

需要提醒的是，与运放相同，为了最大限度降低比较器的偏置电压，需要确保的两个输入端的阻抗相等或者接近相等，因此，要求电阻 R_1、R_2 和 R_N 或者 R_P 满足下式

$$\begin{cases} R_N = R_1 \parallel R_2 & \text{（同相输入）} \\ R_P = R_1 \parallel R_2 & \text{（反相输入）} \end{cases} \tag{10-27}$$

三、滞回特性比较器

1. 原理说明

对于任意电平比较器而言，当输入信号达到比较电平（门槛值）时，立即翻转，用它检测信号电压时，灵敏度高，但若被测信号叠加一定的干扰信号时，可能使比较器产生振荡，造成误翻转，这就是电平比较器的"振铃"现象，如图 10-9 所示，其中：

（1）图 10-9（a）表示不具有滞回特性的比较器的原理图。

（2）图 10-9（b）表示不具有滞回特性的比较器的传输特性。

分析比较器的传输特性图 10-9（b）得知，当比较器的输入端信号叠加有高频干扰成分之后，出现输入波形在参考电平附近"蠕动"，导致比较器的输出电平不停地翻转，即出现电平比较器的"振铃"现象。

要克服比较器的"振铃"现象，假设将参考电压 U_R 由一个固定电平，修改为一个参考电压的阈值带，则比较器的传输特性就会发生明显变化，即不会出现误翻转的情况，如图 10-10 所示为两种比较器的传输特性对比，这种具有参考电压的阈值带的比较器，叫作滞回特性电平比较器，其中：

（1）图 10-10（a）表示不具有滞回特性的比较器的传输特性。

（2）图 10-10（b）表示具有滞回特性的比较器的传输特性。

对比两个传输特性得知，在具有阈值带的比较器的输出特性中，没有出现"振铃"现象。它有利于抗干扰，用途十分广泛，在传感器处理电路中具有重要的应用价值。

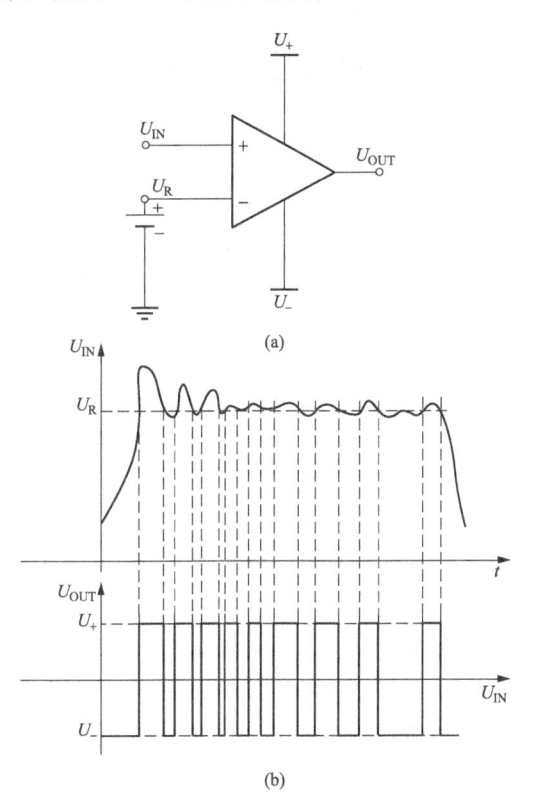

图 10-9 比较器的"振铃"现象
(a) 原理图；(b) 传输特性

2. 反相输入时

获取具有滞回特性的电平比较器方法：

在比较器的同相端加入少量的正反馈，即可构成具有滞回特性的电平比较器。如

图 10-11 所示为反相输入的滞回特性比较器的原理图及其传输特性,其中:

(1) 图 10-11 (a) 表示它的原理图,图中电阻 R_1 和 R_2 为输入端限流电阻,R_4 为输出端限流电阻,R_3 为引入正反馈的电阻,双向稳压二极管的稳压值为 $\pm U_Z$。

(2) 图 10-11 (b) 表示它的传输特性。

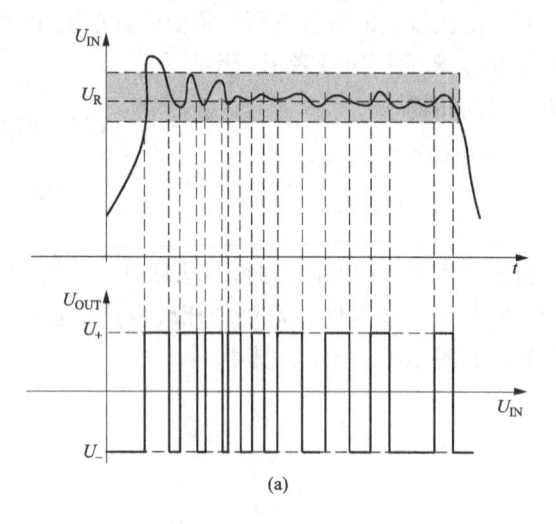

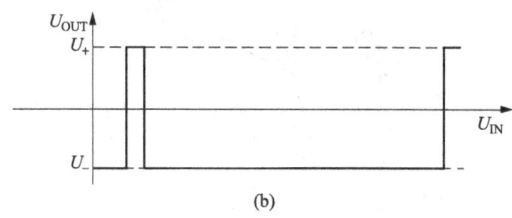

图 10-10 两种比较器的传输特性对比
(a) 没有滞回特性的比较器的传输特性;
(b) 有滞回特性的比较器的传输特性

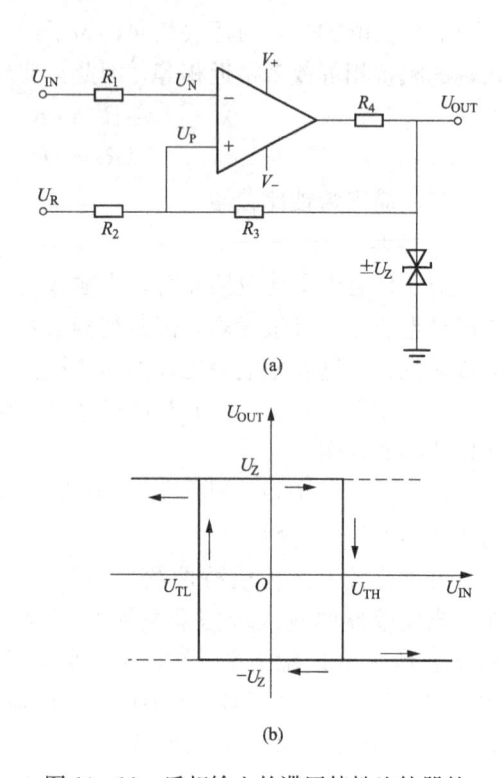

图 10-11 反相输入的滞回特性比较器的原理图及其传输特性
(a) 原理图;(b) 传输特性

其基本工作原理分析如下:

(1) 比较器的输出端为高电平的情况。当输入电压 U_{IN} 非常小,且满足 $U_N < U_P$ 时,比较器的输出端 U_{OUT} 为高电平,即

$$U_{OUT\_H} = U_Z \tag{10-28}$$

根据运放的虚断原理,得到表达式

$$\frac{U_R - U_{P\_H}}{R_2} = \frac{U_{P\_H} - U_{OUT\_H}}{R_3} \tag{10-29}$$

式中,U_{P_H} 表示比较器的输出端 U_{OUT} 为高电平 U_{OUT_H} 时,同相端的电位。

联立式 (10-28) 和式 (10-29),得到比较器输出高电平 U_{OUT_H} 时,其同相端电位 U_{P_H} 的表达式为

$$U_{P\_H} = \frac{U_R R_3}{R_2 + R_3} + \frac{U_Z R_2}{R_2 + R_3} \tag{10-30}$$

令 U_{TH} 为高门槛值,且为 U_{P_H},即

$$U_{TH} = U_{P\_H} = \frac{U_R R_3}{R_2 + R_3} + \frac{U_Z R_2}{R_2 + R_3} \tag{10-31}$$

当输入电压 U_{IN} 逐渐升高时,一旦满足同相端电位低于反相端电位,即 $U_P < U_N$ 时,则有

$$U_{IN} \geqslant U_{TH} = \frac{U_R R_3}{R_2 + R_3} + \frac{U_Z R_2}{R_2 + R_3} \tag{10-32}$$

比较器的输出端由高电平立即变化为低电平,即

$$U_{OUT\_L} = -U_Z \tag{10-33}$$

(2) 比较器的输出端为低电平的情况。当满足 $U_P < U_N$ 时,比较器输出端为低电平。根据运放的虚断原理,得到表达式

$$\frac{U_R - U_{P\_L}}{R_2} = \frac{U_{P\_L} - (U_{OUT\_L})}{R_3} = \frac{U_{P\_L} - (-U_Z)}{R_3} \tag{10-34}$$

式中,U_{P_L} 表示比较器的输出端 U_{OUT} 为低电平 U_{OUT_L} 时,同相端的电位。

当比较器的输出端为低电平 U_{OUT_L} 时,比较器的同相端电位 U_{P_L} 的表达式为

$$U_{P\_L} = \frac{U_R R_3}{R_2 + R_3} - \frac{U_Z R_2}{R_2 + R_3} \tag{10-35}$$

令 U_{TL} 为低门槛值,且为 U_{P_L},即

$$U_{TL} = U_{P\_L} = \frac{U_R R_3}{R_2 + R_3} - \frac{U_Z R_2}{R_2 + R_3} \tag{10-36}$$

当输入电压 U_{IN} 逐渐降低,一旦满足同相端电位高于反相端电位,即 $U_P > U_N$ 时,则有

$$U_{IN} \leqslant U_{TL} = \frac{U_R R_3}{R_2 + R_3} - \frac{U_Z R_2}{R_2 + R_3} \tag{10-37}$$

比较器输出端由低电平立即变化为高电平,即

$$U_{OUT\_H} = U_Z \tag{10-38}$$

重新进入上面的分析过程。

(3) 求出比较器的阈值带 ΔU_{TH}。联立式(10-31)和式(10-36),可以得到比较器的阈值带(又称回差)的表达式为

$$\begin{aligned}\Delta U_{TH} = U_{TH} - U_{TL} &= \frac{U_R R_3}{R_2 + R_3} + \frac{U_Z R_2}{R_2 + R_3} - \left(\frac{U_R R_3}{R_2 + R_3} - \frac{U_Z R_2}{R_2 + R_3}\right) \\ &= \frac{2 U_Z R_2}{R_2 + R_3}\end{aligned} \tag{10-39}$$

分析式(10-39)得知,比较器的回差取决于反馈电阻 R_3 和输入电阻 R_2。只要回差 ΔU_{TH} 选择得合适,就可消除比较器的"振铃"现象,从而大大提高比较器抗干扰能力。但回差 ΔU_{TH} 的存在,会使比较器的检测灵敏度变差,所以回差 ΔU_{TH} 不宜取得过大,通常要求反馈电阻 R_3 和输入电阻 R_2 满足约束条件

$$R_2 \ll R_3 \tag{10-40}$$

与运放相同,为了最大限度降低比较器的偏置电压,需要确保的两个输入端的阻抗相等或者接近相等,因此,还要求电阻 R_1、R_2 和 R_3 满足下式

$$R_1 = R_2 // R_3 \tag{10-41}$$

3. 同相输入时

在比较器的同相端加入少量的正反馈,即可构成具有滞回特性的电平比较器,如

图 10-12 所示为同相输入的滞回特性比较器的原理图及其传输特性，其中：

（1）图 10-12（a）表示它的原理图，图中电阻 R_1 和 R_2 为输入端限流电阻，R_4 为输出端限流电阻，R_3 为引入正反馈的电阻，双向稳压二极管的稳压值为 $\pm U_Z$。

（2）图 10-12（b）表示它的传输特性。

其基本工作原理分析如下：

（1）比较器的输出端为高电平的情况。当输入电压 U_{IN} 非常大且满足 $U_P > U_N$ 时，比较器的输出端 U_{OUT} 为高电平，即

$$U_{OUT\_H} = U_Z \tag{10-42}$$

当比较器的输出端 U_{OUT} 为高电平时，根据运放的虚断原理，得到下式

$$\frac{U_{IN} - U_{P\_H}}{R_2} = \frac{U_{P\_H} - U_{OUT\_H}}{R_3} \tag{10-43}$$

式中，U_{P_H} 表示比较器的输出端 U_{OUT} 为高电平 U_{OUT_H} 时，同相端的电位。

联立式（10-42）和式（10-43），得到比较器输出高电平时，其同相端电位 U_{P_H} 的表达式为

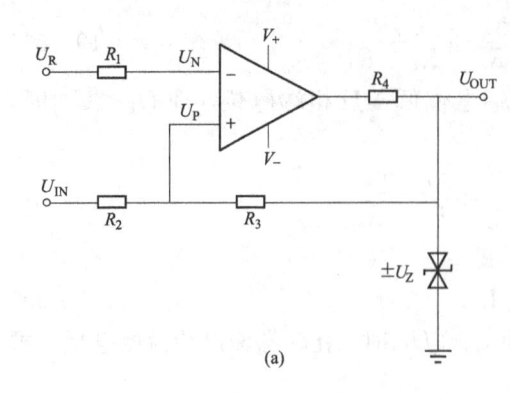

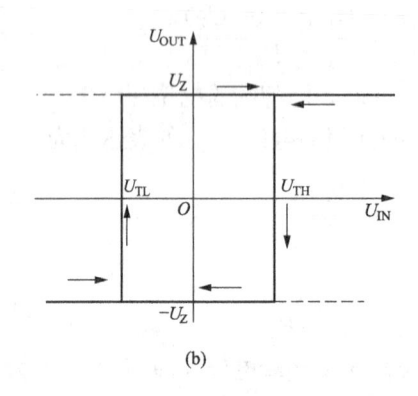

图 10-12 同相输入的滞回特性比较器原理图及其传输特性
(a) 原理图；(b) 传输特性

$$U_{P\_H} = \frac{U_{IN} R_3}{R_2 + R_3} + \frac{U_{OUT\_H} R_2}{R_2 + R_3} = \frac{U_{IN} R_3}{R_2 + R_3} + \frac{U_Z R_2}{R_2 + R_3} \tag{10-44}$$

根据运放虚短的原理，得到下式

$$\frac{U_{IN} R_3}{R_2 + R_3} + \frac{U_Z R_2}{R_2 + R_3} = U_{P\_H} = U_N = U_R \tag{10-45}$$

由式（10-45），得到输入电压的表达式为

$$U_{IN} = \frac{R_2 + R_3}{R_3} U_R - \frac{U_{OUT\_H} R_2}{R_3} = \frac{R_2 + R_3}{R_3} U_R - \frac{U_Z R_2}{R_3} \tag{10-46}$$

令 U_{TL} 为低门槛值，其表达式为

$$U_{TL} = \frac{R_2 + R_3}{R_3} U_R - \frac{U_{OUT\_H} R_2}{R_3} = \frac{R_2 + R_3}{R_3} U_R - \frac{U_Z R_2}{R_3} \tag{10-47}$$

当输入电压 U_{IN} 逐渐升高且满足 $U_P > U_N$ 时，即

$$\frac{U_{IN} R_3}{R_2 + R_3} + \frac{U_Z R_2}{R_2 + R_3} = U_{P\_H} > U_N = U_R \tag{10-48}$$

推导获得

$$U_{IN} \geqslant \frac{R_2 + R_3}{R_3} U_R - \frac{U_{OUT\_H} R_2}{R_3} = \frac{R_2 + R_3}{R_3} U_R - \frac{U_Z R_2}{R_3} = U_{TL} \tag{10-49}$$

比较器输出端为高电平，即

$$U_{\text{OUT\_H}} = U_Z \tag{10-50}$$

(2) 比较器的输出端为低电平的情况。当输入电压开始逐渐减小，且满足 $U_P < U_N$ 时，比较器输出端为低电平，即

$$U_{\text{OUT\_L}} = -U_Z \tag{10-51}$$

当比较器输出端为低电平时，根据运放的虚断原理，得到下式

$$\frac{U_{\text{IN}} - U_{\text{P\_L}}}{R_2} = \frac{U_{\text{P\_L}} - (U_{\text{OUT\_L}})}{R_3} = \frac{U_{\text{P\_L}} - (-U_Z)}{R_3} \tag{10-52}$$

式中，$U_{\text{P\_L}}$ 表示比较器的输出端 U_{OUT} 为低电平 $U_{\text{OUT\_L}}$ 时同相端的电位。

得到输出低电平 $U_{\text{OUT\_L}}$ 时，比较器同相端电位 $U_{\text{P\_L}}$ 的表达式为

$$U_{\text{P\_L}} = \frac{U_{\text{IN}} R_3}{R_2 + R_3} + \frac{U_{\text{OUT\_L}} R_2}{R_2 + R_3} = \frac{U_{\text{IN}} R_3}{R_2 + R_3} - \frac{U_Z R_2}{R_2 + R_3} \tag{10-53}$$

根据运放虚短的原理，得到下式

$$\frac{U_{\text{IN}} R_3}{R_2 + R_3} - \frac{U_Z R_2}{R_2 + R_3} = U_{\text{P\_L}} = U_N = U_R \tag{10-54}$$

由式（10-54）得到输入电压 U_{IN} 的表达式为

$$U_{\text{IN}} = \frac{R_2 + R_3}{R_3} U_R + \frac{U_Z R_2}{R_3} \tag{10-55}$$

令 U_{TH} 为高门槛值，其表达式为

$$U_{\text{TH}} = \frac{R_2 + R_3}{R_3} U_R + \frac{U_Z R_2}{R_3} \tag{10-56}$$

当输入电压 U_{IN} 逐渐降低且满足 $U_P < U_N$ 时，则有

$$U_{\text{IN}} \leqslant \frac{R_2 + R_3}{R_3} U_R + \frac{U_Z R_2}{R_3} = U_{\text{TH}} \tag{10-57}$$

比较器输出端为低电平，即

$$U_{\text{OUT\_L}} = -U_Z \tag{10-58}$$

重新进入上面的分析过程。

(3) 求出分析比较器的阈值带 ΔU_{TH}。联立式（10-57）和式（10-47），得到比较器的阈值带（又称回差）的表达式为

$$\begin{aligned}\Delta U_{\text{TH}} &= U_{\text{TH}} - U_{\text{TL}} = \frac{R_2 + R_3}{R_3} U_R + \frac{U_Z R_2}{R_3} - \left(\frac{R_2 + R_3}{R_3} U_R - \frac{U_Z R_2}{R_3}\right) \\ &= \frac{2 U_Z R_2}{R_3}\end{aligned} \tag{10-59}$$

分析式（10-59）得知，回差取决于反馈电阻 R_3 和输入电阻 R_2，只要回差 ΔU_{TH} 选择得合适，就可消除比较器的"振铃"现象，从而大大提高比较器的抗干扰能力。但回差 ΔU_{TH} 的存在，会使比较器的检测灵敏度变差，所以回差 ΔU_{TH} 不宜取得过大，通常要求反馈电阻 R_3 和输入电阻 R_2 满足下面的约束条件

$$R_2 \ll R_3 \tag{10-60}$$

与运放相同，为了最大限度降低比较器的偏置电压，需要确保的两个输入端的阻抗相等或者接近相等，因此，还要求电阻 R_1、R_2 和 R_3 满足下式

$$R_1 = R_2 // R_3 \tag{10-61}$$

四、窗口比较器

1. 概述

由于前面所讲授的比较器是基于单一电压进行比较的,即当输入电压在单一方向变化时,输出电压会产生跃变,且只跃变一次。如果需要检测出输入电压在介于某一电压范围变化时,要求输出电压产生跃变,前面的比较器则无法实现。窗口比较器的功能就是判断输入信号电平是否在某一范围[即某高电压(俗称上限值)和低电压(俗称下限值)的两个电压范围之间],它可以由两个任意电平比较器适当组合而构成。如图 10-13 所示为窗口电压比较器原理图及其传输特性,其中:

(1) 图 10-13(a)表示原理图,图中二极管 VD1、VD2 作用是防止因电流倒灌而损坏运放;电阻 R_1、R_2 和 R_3 分别表示限流和电平匹配用电阻。电阻 R_4 表示负载电阻,它必须与后续电路一起分析,才能确定其最佳取值。

(2) 图 10-13(b)表示该比较器的传输特性。

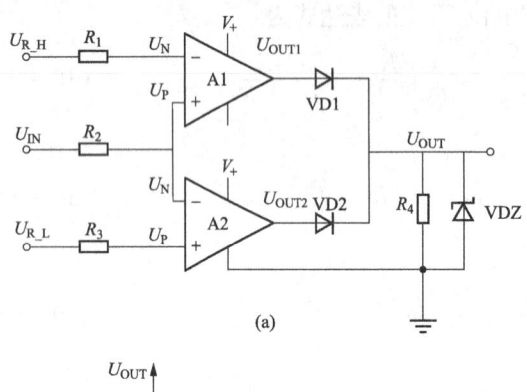

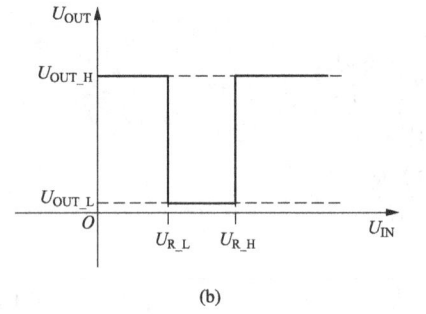

图 10-13 窗口电压比较器原理图及其传输特性
(a) 原理图;(b) 传输特性

2. 工作原理

为了分析问题方便起见,假设两个参考电压中较大值为 U_{R_H},较小值为 U_{R_L}。

(1) 假设输入电压满足条件

$$U_{IN} > U_{R\_H} > U_{R\_L} \quad (10-62)$$

那么,比较器 A1 输出高电平,比较器 A2 输出低电平,即

$$\begin{cases} U_{OUT1} = U_{OH} \\ U_{OUT2} = U_{OL} \end{cases} \quad (10-63)$$

由于二极管的单向导电性,那么二极管 VD1 导通,二极管 VD2 截止,所以输出电压 U_{OUT} 的表达式为

$$U_{OUT} \approx U_{OUT1} = U_{OH} \quad (10-64)$$

(2) 假设输入电压满足下面的条件

$$U_{IN} < U_{R\_L} < U_{R\_H} \quad (10-65)$$

那么,比较器 A2 输出高电平,比较器 A3 输出低电平,即

$$\begin{cases} U_{OUT2} = U_{OH} \\ U_{OUT1} = U_{OL} \end{cases} \quad (10-66)$$

由于二极管的单向导电性,那么二极管 VD2 导通,二极管 VD1 截止,所以输出电压 U_{OUT} 的表达式为

$$U_{OUT} \approx U_{OUT2} = U_{OH} \quad (10-67)$$

(3) 假设输入电压满足下面的条件

$$U_{R\_L} < U_{IN} < U_{R\_H} \quad (10-68)$$

那么，比较器 A2 输出低电平，比较器 A3 输出低电平，即

$$\begin{cases} U_{\text{OUT1}} = U_{\text{OL}} \\ U_{\text{OUT2}} = U_{\text{OL}} \end{cases} \qquad (10-69)$$

由于二极管的单向导电性，那么二极管 VD2 截止，二极管 VD1 截止，如果比较器为单电源的话，那么输出电压 U_{OUT} 的表达式为

$$U_{\text{OUT}} = U_{\text{OL}} \approx 0\text{V} \qquad (10-70)$$

需要提醒的是，比较器 A1 与 A2 的输出端不能直接相连，因为当 A1 与 A2 的输出电压极性相反时，将互为对方提供低阻通路而导致比较器烧毁。

五、比较器应用范例分析

1. 上拉电阻方式

本书以 LM111、LM211 和 LM311 为例（它们的电路完全相同，区别在于它们的使用温度范围不同，LM111 的工作范围是 −55～125℃，LM211 的工作范围是 −25～85℃之间，LM311 的工作范围是 0～70℃之间），给出它的输出端接口电路如图 10-14 所示，电路采用上拉电阻 R_L，其中图 10-14 (a) 所示电路中，采用两套电源：

(1) 第一路电源 $U_{\text{S1+}}$ 可以高达 $30V_{\text{DC}}$，其中 $U_{\text{S1−}}$ 接电源地线。

(2) 第二路电源 $V_{\text{S2+}}$：

1) 对于 LM111 和 LM211 可以高达 $50V_{\text{DC}}$。

2) 对于 LM311 可以高达 $40V_{\text{DC}}$。

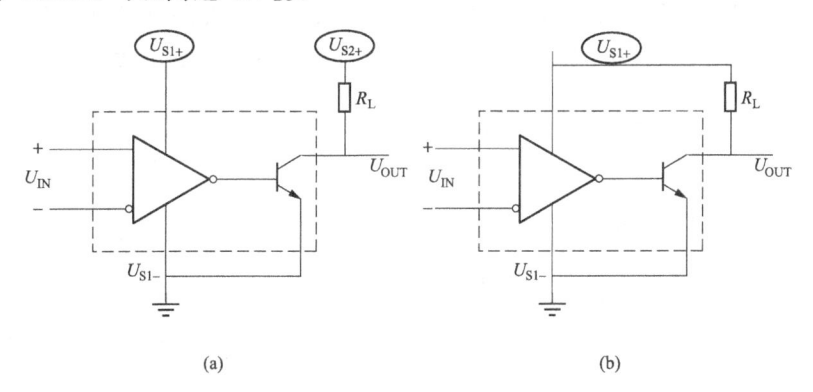

图 10-14 接口电路
(a) 双电源；(b) 单电源

图 10-14 (b) 所示电路中，采用一套电源。为简单起见，但并不失一般性，以图 10-14 (b) 所示电路为例分析其约束判据。

(1) 当输出电压 U_{OUT} 为高电平 $U_{\text{OUT\_H}}$ 时，比较器输出端的开关管子关断。

假设电流为 I_{OH}，那么输出电压 U_{OUT} 的表达式为

$$U_{\text{OUT\_H}} = U_{\text{S1+}} - I_{\text{OH}} R_L \qquad (10-71)$$

对于接收该高电平的数字芯片而言，假设它的输入高电平的最小值为 $U_{\text{IH\_MIN}}$，那么，比较器输出高电平 $U_{\text{OUT\_H}}$ 必须满足

$$U_{\text{OUT\_H}} = U_{\text{S1+}} - I_{\text{OH}} R_L \geqslant U_{\text{IH\_MIN}} \qquad (10-72)$$

假设它输出高电平时，电流的最小值为 $I_{\text{OH\_MIN}}$（也就是接收该高电平的数字芯片的输

入端为高电平时电流的最小值 I_{IH_MIN}。因此，上拉电阻 R_L 必须满足

$$R_L \leqslant \frac{U_{S1+} - U_{IH\_MIN}}{I_{OH\_MIN}} = \frac{U_{S1+} - U_{IH\_MIN}}{I_{IH\_MIN}} \qquad (10-73)$$

(2) 当输出电压 U_{OUT} 为低电平 U_{OUT_L} 时，假设电流为 I_{OL}，那么输出电压 U_{OUT_L} 的表达式为

$$U_{OUT\_L} = U_{S1+} - I_{OL}R_L \qquad (10-74)$$

对于比较器的输出端而言，假设它输出低电平时电流的最大值为 I_{OL_MAX}，输出端低电平的最大值为 U_{OL_MAX}，即为开关管导通的管压降的最大值 U_{SAT_MAX}，那么，比较器输出低电平 U_{OUT_L} 必须满足要求

$$U_{OUT\_L} = U_{S1+} - I_{OL}R_L \leqslant U_{OL\_MAX} = U_{SAT\_MAX} \qquad (10-75)$$

因此，上拉电阻 R_L 必须满足要求

$$R_L \geqslant \frac{U_{S1+} - U_{SAT\_MAX}}{I_{OL\_MAX}} \qquad (10-76)$$

因此，上拉电阻 R_L 的约束判据为

$$\frac{U_{S1+} - U_{IH\_MIN}}{I_{IH\_MIN}} \geqslant R_L \geqslant \frac{U_{S1+} - U_{SAT\_MAX}}{I_{OL\_MAX}} \qquad (10-77)$$

对于要求不高的比较器电路而言，上拉电阻可以适当取较大值。

2. 下拉电阻方式

本书以 LM111、LM211 和 LM311 为例，给出它的输出端接口电路如图 10-15 所示，电路采用下拉电阻 R_L，其中图 10-15 (a) 所示电路中，采用两套电源：

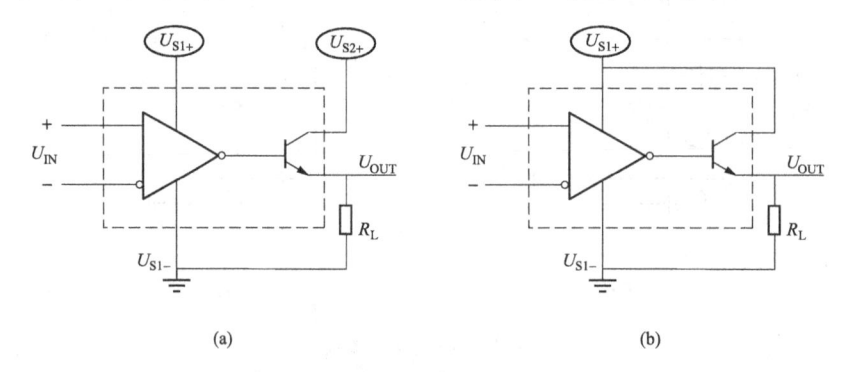

图 10-15 接口电路
(a) 双电源；(b) 单电源

(1) 第一路电源 U_{S1+} 可以高达 $30V_{DC}$。

(2) 第二路电源 U_{S2+}：

1) 对于 LM111 和 LM211 可以高达 $50V_{DC}$。

2) 对于 LM311 可以高达 $40V_{DC}$。

图 10-15 (b) 所示电路中，采用一套电源。

本例以图 10-15 (a) 所示的双电源电路为例，分析它的约束判据。

(1) 当输出电压 U_{OUT} 为高电平 U_{OH} 时，比较器输出端的开关管子导通，其管压降为 U_{SAT}。假设电流为 I_{OH}，那么输出高电平 U_{OH} 的表达式为

$$U_{OH} = U_{S2+} - I_{OH}R_L - U_{SAT} \quad (10-78)$$

电流 I_{OH} 的表达式为

$$I_{OH} = \frac{U_{S2+} - U_{OH} - U_{SAT}}{R_L} \quad (10-79)$$

假设比较器输出端的开关管子导通时的最大电流为 I_{OH_MAX}，那么电流 I_{OH} 满足表达式

$$I_{OH} = \frac{U_{S2+} - U_{OH} - U_{SAT}}{R_L} < I_{OH\_MAX} \quad (10-80)$$

假设比较器输出端的开关管子导通时，其管压降最大值为 U_{SAT_MAX}，对接收该高电平的数字芯片而言，假设它为输入高电平的最大值为 U_{IH_MAX}，下拉电阻必须满足

$$R_L > \frac{U_{S2+} - U_{IH\_MAX} - U_{SAT\_MAX}}{I_{OH\_MAX}} \quad (10-81)$$

对于接收该高电平的数字芯片而言，假设它输入高电平的最小值为 U_{IH_MIN}，比较器输出高电平 U_{OH} 必须满足下式

$$U_{OH} = I_{OH}R_L \geqslant U_{IH\_MIN} \quad (10-82)$$

假设比较器输出端的开关管子导通时的最大电流为 I_{OH_MAX}，那么，下拉电阻 R_L 必须满足表达式

$$R_L \geqslant \frac{U_{IH\_MIN}}{I_{OH\_MAX}} \quad (10-83)$$

下拉电阻最小值的取值约束式为（10-81）和式（10-83）中的最大值，即

$$R_L \geqslant \mathrm{MAX}\left(\frac{U_{IH\_MIN}}{I_{OH\_MAX}}, \frac{U_{S2+} - U_{IH\_MAX} - U_{SAT\_MAX}}{I_{OH\_MAX}}\right) \quad (10-84)$$

（2）当输出电压 U_{OUT} 为低电平 U_{OL} 时，假设电流为 I_{OL}，那么输出低电平 U_{OL} 的表达式为

$$U_{OL} = I_{OL}R_L \quad (10-85)$$

对于接收该低电平的数字芯片而言，假设它的输入低电平的最大值为 U_{IL_MAX}，比较器输出低电平 U_{OL} 必须满足下式

$$U_{OL} = I_{OL}R_L \leqslant U_{IL\_MAX} \quad (10-86)$$

如果接收该低电平的数字芯片而言，假设它的输入低电平 U_{OL} 时，电流的最大值为 I_{IL_MAX}，那么，下拉电阻 R_L 最大值的取值约束表达式为

$$R_L \leqslant \frac{U_{IL\_MAX}}{I_{IL\_MAX}} \quad (10-87)$$

因此，下拉电阻 R_L 必须满足

$$\mathrm{MAX}\left(\frac{U_{IH\_MIN}}{I_{OH\_MAX}}, \frac{U_{S2+} - U_{IH\_MAX} - U_{SAT\_MAX}}{I_{OH\_MAX}}\right) \leqslant R_L \leqslant \frac{U_{IL\_MAX}}{I_{IL\_MAX}} \quad (10-88)$$

对于要求不高的比较器电路而言，为了兼顾后面逻辑电路的输入特性，下拉电阻可以适当取较大值。

六、温度超限检测范例分析

1. 原理说明

开关是一种有二个可选择的、有固定位置的装置，主要用于向数字系统或者微处理器如 DSP、单片机和 ARM 等输入电平信号。开关量信号就是通过拨动开关的位置，使数字系统

或者微处理器得到的一个固定不变的电平信号。在传感器处理电路中,开关量信号用于向数字系统或者微处理器输入控制命令或数据,其可以通过机械式开关、电子式开关、温度开关等多种方式产生。

开关量信号的含义是:只有开和关、通和断、高电平和低电平两种状态的信号叫开关量信号。在传感器处理电路中,开关量信号通常用二进制数 0 和 1 来表示。

开关量信号的作用是:开关量输入、输出部分,是传感器处理电路与外部设备的联系部件。传感器处理电路,通过接受来自外部设备的开关量输入信号和向外部设备发送开关量输出信号,实现对外部设备状态的检测、识别和对外部执行元器件的驱动与控制。

需要说明的是,开关量信号和微处理器系统的电气接口有 TTL 电平、CMOS 电平、非标准电平、开关或继电器的触点等。现将 TTL 电平和 CMOS 电平的特征总结如下。

(1) TTL 电平(三极管—三极管逻辑电平),通常数据表示采用二进制规定,+5V 等价于逻辑 1,0V 等价于逻辑 0,这是处理器控制的设备内部各部分之间通信的标准技术。TTL 输出高电平>2.4V,输出低电平<0.4V。TTL 电路具有速度快、传输延迟时间短(一般为 5~10ns)的优点,但是功耗较大。

(2) CMOS 电平+12V 等价于逻辑 1,0V 等价于逻辑 0。COMS 电路虽然速度慢、传输延迟时间长(一般为 25~50ns),但其功耗低。

由此可见,+5V 的 TTL 电平不能触发+12V 的 CMOS 电平,+12V 的 CMOS 电平会损坏+5V 的 TTL 电平,因此不能互相兼容匹配。

2. 电路设计

温度测量的目的是希望得到被测对象的温度值即模拟量,但也有很多时候用到开关量。热敏电阻或集成温度传感器测量得到被测体的温度后,与某一设定的临界值相比较,根据比较的结果输出高电平或输出低电平,从而实现温度开关的控制。如图 10-16 所示为温度超限开关电路,它包括传感器部分、温度信号处理电路、比较器电路 3 个部分。

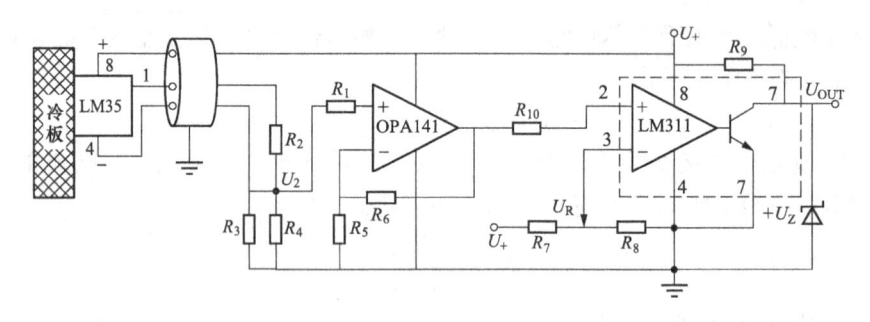

图 10-16 温度超限开关电路

(1) 传感器部分。选择 LM35 集成温度传感器作为本电路的温度传感器,它可提供正比于温度的输出电流($50\mu A/℃$)。现把各个器件参数列举如下:

1) 测试温度范围:0~100℃。
2) 报警温度 80℃。
3) 电源电压:$U_+=5.0V$。
4) 电阻 $R_2=R_4=200\Omega$,电阻 $R_3=10k\Omega$。
5) 电阻 $R_5=10k\Omega$,电阻 $R_6=33k\Omega$,电阻 $R_1=R_5//R_6=7.68k\Omega$(E192 电阻系列)。

6) 电阻 $R_9 = 2.2\text{k}\Omega$。

(2) 温度信号处理电路。图 10-16 所示电路采用运放 OPA141 构建同相放大器电路。

(3) 比较器电路。图 10-16 所示电路采用 LM311 构建比较器电路。

3. 分析计算

由于温度传感器 LM35，可提供正比于温度的输出电流（$50\mu\text{A}/℃$），因此，它的输出电压 U_2 的斜率 K_T 表达式为

$$K_T = I_{\text{LM35}} \times R_2 = 50 \times 200 = 10(\text{mV}/℃) \tag{10-89}$$

那么，温度传感器 LM35 的输出电压 U_2 随温度 t 的升高（降低）而增加（减小），因此，它的输出电压 U_2 表达式为

$$U_2 = K_T \times t = 10 \times t = 10t(\text{mV}) \tag{10-90}$$

由于测试温度范围为 $0 \sim 100℃$，那么温度为 $80℃$ 时，运放 OPA141 的输出电压 U_{OPA141} 为

$$U_{\text{OPA141\_80℃}} = U_2\left(1 + \frac{R_6}{R_5}\right) = 10 \times 80\left(1 + \frac{33}{10}\right) = 3.44(\text{V}) \tag{10-91}$$

超过 $80℃$ 时就需要报警，因此，令参考电压 U_R 等于输出电压，即

$$U_R = U_{\text{OPA141\_80℃}} = 3.44(\text{V}) \tag{10-92}$$

由电阻 R_7 和 R_8 组成分压器获得参考电压 U_R，即

$$U_R = U_+ \frac{R_8}{R_7 + R_8} = 3.44(\text{V}) \tag{10-93}$$

假设电阻 R_8 为 $10\text{k}\Omega$，那么计算得到 R_7 为 $4.53\text{k}\Omega$，因此，电阻 R_{10} 为

$$R_{10} = R_7//R_8 = 10//4.53 \approx 3.12(\text{k}\Omega) \tag{10-94}$$

那么，电阻 R_{10} 取值为 $3.16\text{k}\Omega$。

由此可见，由温度传感器 LM35 检测到温度高于 $80℃$ 时，经过 LM311 比较器比较，即可输出兼容于 TTL 电平的开关信号。将这个信号输送到微处理器的 I/O 口或外部中断引脚处理，即可实现温度超限控制。

七、比较器的选型方法

1. 比较器分类

集成比较器有单比较器、双比较器和四比较器 3 种基本类型；按速度的不同也可分为高速比较器、中速比较器和低速比较器；从工艺的角度，它可分为双极性电压比较器和 CMOS 型电压比较器；按比较器性能指标的不同，分为精密电压比较器、高灵敏度电压比较器和低功耗、低失调电压比较器；比较器还有普通、集电极（或漏极）开路输出或互补输出型之分。

另外，在选用集成比较器时，还需要重点关注以下参数：

(1) 有较高的开环增益。开环增益越大，比较器的灵敏度越高、响应速度越快。

(2) 有较高的 CMRR。

(3) 允许共模输入电压要高。

(4) 漂移电压和电流要小。

2. 比较器选型

选型重点：性能、外形封装、PCB 尺寸、成本和供货渠道。

选型方法：
（1）如果没有特殊要求，选用通用型比较器。
（2）如系统要求精密、温漂小、噪声干扰低，则选择高精度、低漂移、低噪声比较器。
（3）如系统要求运放输入阻抗高、输入偏流小，则选择高输入阻抗比较器。
（4）若系统对功耗有严格要求，比如便携式测试电路，则选择低功耗比较器。
（5）若系统工作频率高，则选择宽带、高速的比较器。

第四节 光耦电路分析与设计方法

一、基本概念

1. 基本组成

光耦合器（Optical Coupler，英文缩写为 OC）也称光电隔离器或光电耦合器，简称光耦或者光隔。它是以光为媒介来传输电信号的器件，通常把发光器（红外线发光二极管 LED）与受光器（光敏半导体管）封装在同一管壳内，其组成与封装结构示意图如图 10-17 所示，其中：

（1）在图 10-17（a）中，当输入端加电信号时，发光二极管（又称发光器）发出光线，受光器（又称检测器）接受光线之后就产生光电流，从输出端流出，从而实现了电—光—电转换，起到输入与输出隔离的作用。

（2）在图 10-17（b）中，它的原方与副方在 PCB 结构中存在明显的绝缘沟道，目的是提高绝缘距离。

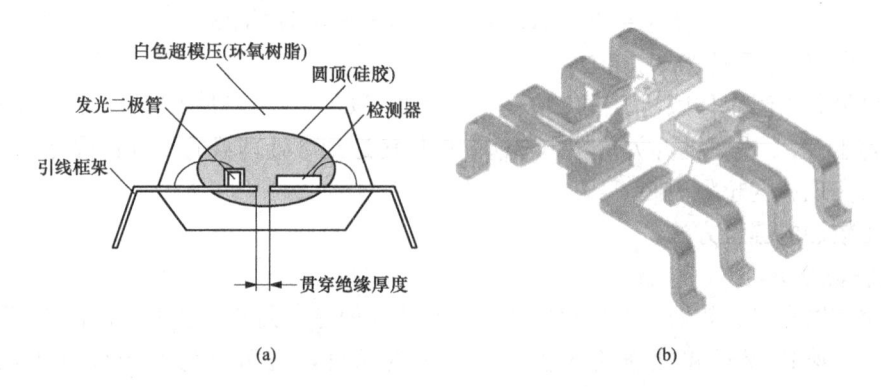

图 10-17 光耦组成与封装结构示意图
(a) 光耦组成结构；(b) 光耦 PCB 封装结构

2. 基本特点

以光为媒介，把输入端信号耦合到输出端的光耦合器，具有以下显著特点：
（1）光耦合器的体积小、寿命长、无触点，抗干扰能力强。
（2）光耦合器输入与输出间互相隔离，具有良好的电绝缘能力。
（3）光耦合器的电信号传输具有单向性。
（4）由于光耦合器的输入端属于电流型工作的低阻元件，因而具有很强的共模抑制能力。

(5) 对于光耦合器的耦合技术而言，其优点在于破坏了"地"干扰的传播途径，切断了干扰信号进入后续电路的途径，有效地抑制了尖脉冲和各种噪声干扰。

鉴于光耦合器的上述优点，现已广泛用于电气绝缘、电平转换、级间耦合、驱动电路、开关电路、斩波器、多谐振荡器、信号隔离、级间隔离、脉冲放大电路、数字仪表、远距离信号传输、脉冲放大、固态继电器（SSR）、仪器仪表、通信设备及微机接口中。

二、光耦重要性

在电力电子装置中，几乎没有不使用光耦合器的。应用光耦合器的主要原因有：

(1) 电气隔离的要求。电路 A 与电路 B 之间，要进行信号的传输，但两电路之间，供电级别过于悬殊，一路为数百伏，另一路仅为几伏甚至更低；两种差异巨大的供电系统，无法将电源共用。

(2) 保证人身安全的要求。线路 A 与强电有联系，人体接触有触电危险，需要予以隔离；而 B 线路却为人体经常接触，因而也不应该将它与高电压混入到一起，两者之间，既要完成信号的传输，又必须要进行严格的电气隔离。

(3) 弱信号传输的要求。运放电路等高阻抗型器件的采用，以及传感器输出微弱的电压信号的传输的需要，使得对电路的抗干扰处理成为一件比较麻烦而且非常重要的事情，从各个途径混入的噪声干扰，有可能掩盖有用信号，因此，经常需要采取隔离传输措施。

(4) 器件安全的要求。除了考虑人体接触的安全，又必须考虑到电路器件的安全。当光耦合器件输入侧受到强电压（场）冲击损坏时，因光耦的隔离作用，输出侧电路却能不受损坏。

因此，目前在单片开关电源中，经常利用线性光耦合器构成光耦反馈电路，通过调节控制端电流来改变占空比，从而达到精密稳压的目的。特别是在大功率电力变换装置中，需要从电磁开关等大功率电气开关的触点输入信号、检查开关的状态，在这种情况下，为了使触点与触点两端，至少要加 24V 以上的直流电压（因为直流电平的响应快，不易产生干扰，且电路简单），因而被广泛采用。

鉴于应用于电力电子装置中的传感器信号属于弱信号，在具有电压高、电流强的装置中为了可靠、安全、高效传输与变换这些弱信号，最常规、最有效的解决方法就是在高压与低压之间采用光耦合器，进行电气隔离与信号传输，然后传送到微处理器等控制中心。

三、基本参数

光耦合器的基本参数主要分为输入特性参数、输出特性参数、传输特性参数、隔离特性参数 4 大类。现将它们分别解释如下。

1. 输入特性参数

光耦合器的输入特性实际也就是其内部发光二极管的特性，常见的参数有：

(1) 正向工作电压 U_F。正向工作电压 U_F 是指在给定的工作电流下，LED 本身的压降。常见的小功率 LED 通常以 $I_F=20mA$ 来测试正向工作电压，当然不同的 LED，测试条件和测试结果也会不一样。

(2) 正向工作电流 I_F。正向工作电流 I_F 是指 LED 正常发光时所流过的正向电流值。不同的 LED，其允许流过的最大电流也会不一样。

(3) 正向脉冲工作电流 I_{FP}。正向脉冲工作电流 I_{FP} 是指流过 LED 的正向脉冲电流值。为保证寿命，通常会采用脉冲形式来驱动 LED，通常 LED 规格书中给出的 I_{FP}，通常是以

0.1ms 脉冲宽度，占空比为 1/10 的脉冲电流来计算的。

(4) 反向电压 U_R。反向电压 U_R 是指 LED 所能承受的最大反向电压，超过此反向电压，可能会损坏 LED。在使用交流脉冲驱动 LED 时，要特别注意不要超过反向电压。

(5) 反向电流 I_R。反向电流 I_R 是指在最大反向电压情况下，流过 LED 的反向电流。

(6) 允许功耗 P_D。允许功耗 P_D 是指 LED 所能承受的最大功耗值。超过此功耗，可能会损坏 LED。

(7) 中心波长 λ_P。中心波长 λ_P 是指 LED 所发出光的中心波长值。波长直接决定光的颜色，对于双色或多色 LED，会有几个不同的中心波长值。

2. 输出特性参数

光耦合器的输出特性，实际也就是其内部光敏三极管的特性，与普通的三极管类似。其常见参数有：

(1) 集电极电流 I_C。光敏三极管的集电极所流过的电流，通常表示其最大值。

(2) 反向击穿电压 $U_{(BR)CEO}$。发光二极管开路，集电极电流 I_C 为规定值，集电极与发射极间的电压降。

(3) 反向截止电流 I_{CEO}。发光二极管开路，集电极至发射极间的电压为规定值时，流过集电极的电流为反向截止电流。

(4) 输出饱和电压 $U_{CE(sat)}$。发光二极管工作电流 I_F 和集电极电流 I_C 为规定值时，并保持 $I_C/I_F \leqslant CTR_{min}$ 时［CTR_{min}（电流传输比）在光耦器件的技术手册中规定］，集电极与发射极之间的电压降。

3. 传输特性参数

描述光耦合器的传输特性的参数有：

(1) 电流传输比 CTR。电流传输比 CTR 是光耦合器的重要参数，通常用直流电流传输比来表示。当输出电压保持恒定时，它等于直流输出电流 I_C 与直流输入电流 I_F 的百分比。采用一只光敏三极管的光耦合器，CTR 的范围大多为 20%～300%（如 4N35），而 PC817 则为 80%～160%，达林顿型光耦合器（如 4N30）可达 100%～5000%，这表明欲获得同样大小的输出电流 I_C，CTR 越大的光耦所需输入电流 I_F 越小。

(2) 上升时间 T_R 和下降时间 T_F。光耦合器在规定工作条件下，发光二极管输入规定电流 I_{FP} 的脉冲波，输出端管则输出相应的脉冲波，从输出脉冲前沿幅度的 10% 上升到 90%，所需时间为脉冲上升时间 T_R。从输出脉冲后沿幅度的 90% 下降到 10%，所需时间为脉冲下降时间 T_F。

(3) 传输延迟时间 t_{PHL} 和 t_{PLH}。从输入脉冲前沿幅度的 50% 到输出脉冲电平下降到 1.5V 时所需时间为传输延迟时间 t_{PHL}。从输入脉冲后沿幅度的 50% 到输出脉冲电平上升到 1.5V 时所需时间为传输延迟时间 t_{PLH}。

4. 隔离特性参数

描述光耦合器隔离特性的参数有：

(1) 输入输出间隔离电压 U_{IO}。指的是光耦合器输入端和输出端之间绝缘耐压值。

(2) 输入输出间隔离电容 C_{IO}。指的是光耦合器件输入端和输出端之间的电容值。

(3) 输入输出间隔离电阻 R_{IO}。指的是半导体光耦合器的输入端和输出端之间的绝缘电阻值。

总之，对于光耦合器而言，它的最重要的参数有发光二极管正向压降 U_F、正向电流 I_F、电流传输比 CTR、输入级与输出级之间的绝缘电阻、集电极-发射极反向击穿电压 $U_{(BR)CEO}$、集电极-发射极饱和压降 $U_{CE(sat)}$。此外，在传输数字信号时还需考虑上升时间、下降时间、延迟时间和存储时间等参数。

四、使用方法

1. 注意事项

（1）合理控制光耦合器的电流传输比（CTR）。电流传输比（CTR）的允许范围是 50%~200%，其原因在于：当 CTR＜50%时，光耦中的 LED 就需要较大的工作电流（I_F＞5.0mA），这会增大光耦的功耗。若 CTR＞200%时，在启动电路或者当负载发生突变时，光耦的输出端可能发生跳变，从而有可能将后续逻辑控制误动作，影响正常控制输出。

（2）若用放大器电路去驱动光电耦合器，必须精心设计，保证它能够补偿耦合器的温度不稳定性和漂移。推荐采用线性光耦合器，其特点是 CTR 值能够在一定范围内做线性调整。在放大器电路中使用光电耦合器时，确保其工作在线性方式下，在光电耦合器的输入端加控制电压，在输出端会成比例地产生一个用于进一步控制下一级电路的电压，是单片机进行闭环调节控制，对电源输出起到稳压的作用。

（3）为了彻底阻断干扰信号进入系统，不仅信号通路要隔离，而且输入或输出电路与系统的电源也要隔离，即这些电路分别使用相互独立的隔离电源。对于共模干扰，采用隔离技术，即利用变压器或线性光电耦合器或电容耦合，将输入地与输出地断开，使干扰因没有回路而被抑制。在开关电源中，光电耦合器是一个是非常重要的外围器件，设计者可以充分的利用它的输入输出隔离作用对单片机进行抗干扰设计，并对变换器进行闭环稳压调节。

2. 设计重点

在电力电子装置中，由于它既包括弱电控制部分，又包括强电控制部分，采用光耦隔离可以很好地实现弱电和强电、低压和高压的隔离，达到抗干扰的目的。但是，使用光耦隔离需要考虑以下几个问题：

（1）光耦直接用于隔离传输模拟量时，要考虑光耦的非线性问题。

（2）光耦隔离传输数字量时，要考虑光耦的响应速度问题。就抗干扰设计而言，在电力电子装置中，既能采用光电耦合器隔离驱动，也能采用继电器隔离驱动。一般情况下，对于那些响应速度要求不是很高的启停操作，采用继电器隔离来设计功率接口，这是因为继电器的响应延迟时间通常在毫秒级。对于响应时间要求很快的控制系统，则采用光电耦合器进行功率接口电路设计，因为光电耦合器的延迟时间通常是微秒级甚至更短。

（3）如果输出有功率要求，还得考虑光耦的功率接口电路的设计问题，如直流伺服电动机、步进电动机、各种电磁阀等。这种接口电路一般需要用带负载能力强、输出电流大、工作电压高的电路。与此同时，采用新型、集成度高、使用方便的光电耦合器进行功率驱动接口电路设计，可以达到简化电路设计，降低散热的目的。工程实践表明，提高功率接口的抗干扰能力，是保证电力电子装置正常运行的关键。

（4）对于交流负载，可以采用光电晶闸管驱动器进行隔离驱动设计，例如 TLP541G、4N39。光电晶闸管驱动器的特点是耐压高、驱动电流不大，当交流负载电流较小时，可以直接用它来驱动；当负载电流较大时，可以外接功率双向晶闸管。当需要对输出功率进行控制时，可以采用光电双向晶闸管驱动器，例如 MOC3010。

3. 设计原则

使用光电耦合器主要是为了提供输入电路和输出电路间的隔离，因此，在设计电路时，必须遵循下列原则：

(1) 所选用的光电耦合器件必须符合国内和国际的有关隔离击穿电压的标准。

(2) 由英国埃索柯姆（Isocom）公司、美国 FAIRCHILD 生产的 4N×× 系列（如 4N25、4N26、4N35）光耦合器，在国内应用已经十分普遍，可以用于单片机的输出隔离。

(3) 所选用的光耦器件必须具有较高的耦合系数。

五、光耦应用范例分析

1. 典型类型

在电力电子装置中，经常用到的光电耦合器件，主要有三种类型：

(1) 三极管型光耦合器。本类型光耦合器包括交流输入型、直流输入型、互补输出型等。典型器件如 PC816、PC817、4N35 和 NEC2501H 等。例如 PC816A 和 NEC2501H 等线性光耦，常用于开关电源电路的输出电压采样和误差电压放大电路，由于开关电源在正常工作时的电压调整率不大，通过对反馈电路参数的适当选择，就可以使光耦器件工作在线性区。但由于这种光耦器件，只是在有限的范围内线性度较高，所以不适合使用在对测试精度要求较高以及测试范围要求高的场合。不过，由于其结构最简单，输入侧由一只发光二极管，输出侧由一只光敏三极管构成，因此，主要用于对开关量信号的隔离与传输，如它经常被应用于电力电子装置的控制端子的数字信号输入回路。除此之外，还经常用到光晶闸管输出型光耦合器，如 MOC3021。它是摩托罗拉生产的晶闸管输出的光耦合器，输出类型为三端双向晶闸管驱动，隔离电压为 7500V，输入电流为 60mA，输出电压为 400V。它常用作大功率晶闸管的光电隔离触发器，且是即时触发的。与此类似的器件还有 MOC3041、MOC3061、MOC3081 等，它们都是过零触发的典型光耦合器件。

(2) 集成电路型光耦合器。本类型光耦合器可以分为门电路输出型、施密特触发输出型和三态门电路输出型等。典型器件如 6N137、HCPL-2601 等，输入侧发光管采用了延迟效应低微的新型发光材料，输出侧为门电路和肖特基晶体管构成，可大幅度提高其工作性能。这种光耦合器的频率响应速度比三极管型光耦合器的要高得多，在电力电子装置的故障检测电路和开关电源电路中应用特别多。

(3) 线性光耦合器。本类型光耦合器可分为低漂移型、高线性型、宽带型、单电源型和双电源型等类型，如 HCPL-7840、ACPL-C79B/C79A/C790、PC817A、PC111、TLP52、TLP632、TLP532、PC614、PC714 和 PS2031 等。在电路中主要用于对毫伏级微弱的模拟信号进行线性传输，在电力电子装置电路中，往往用于输出电流的采样与放大处理、主回路直流电压的采样与放大处理。

2. 选型注意事项

在选择光耦合器时，需要引起重视的注意事项如下：

(1) 传输信号的方式是数字型（如 OC 门输出型、图腾柱输出型以及三态门电路输出型等）还是线性器件。

(2) 必须充分认识到光耦合器为电流驱动型器件，要合理选择电路中所使用的运放或者逻辑芯片，必须保证它们拥有合适的负载能力，以便在正常工作时驱动光耦合器。

(3) 根据传输信号的速度要求选择。如低速光电耦合器（包括光敏三极管、光电池等输出型）和高速光电耦合器（包括光敏二极管带信号处理电路或者光敏集成电路输出型）等不同类型。

（4）根据 PCB 布局空间的约束性要求选择。有单通道、双通道和多通道光耦合器供选择，因此，当采用普通光耦合器件时，要尽量采用多光耦合器件，而不要采用单光耦合器件，因为多个器件集成在一片芯片上，有利于从材料及工艺的角度保证多个器件之间特性的一致性，而正是由于多个光耦合器特性的一致，才保证了它们对控制对象作用的一致性。

（5）根据隔离等级的要求选择是普通隔离光耦合器（如一般光学胶灌封低于 5000V，空封低于 2000V）还是高压隔离光耦合器（电压等级可分为 10、20、30kV 等）。

（6）满足工作电压要求。目前大多为低电源电压型光耦合器（一般为 5～15V 范围），也有大于 30V 工作电压的高电源电压型光耦合器。

3. 在 CMOS 接口电路中的应用范例

本例选择光耦 HCPL-2300，它结合 820nm 的 AlGaAs 发光二极管和高增益光检测器，具有较低正向工作电流 I_F、高速 AlGaAs 发光器，采用独特的扩散结生产，以较低的驱动电流，获取光耦的快速上升和下降的开关电平特性，这些独特特性使得这款器件可以使用在 RS-232C 接口接地环路隔离并提高共模抑制能力。作为长线接收器，通过更低的 I_F 和 U_F 规格，它可以在指定数据率下达到更长的连接距离，集成屏蔽检测器电路的输出为集电极开路肖特基箝位晶体管，将电容耦合共模噪声分流到地的屏蔽提供了 $100V/\mu s$ 的保证瞬变抗扰度。输出电路内置集电极开路上选用阻值为 $1k\Omega$ 的上拉电阻，带给设计者使用内部电阻上拉到 5V 逻辑或使用外部上拉电阻连接到 18V 电源的 CMOS 逻辑电压的极大灵活性。HCPL-2300 的电气和开关特性可以在 $-40\sim 85℃$ 的温度范围得到保证，帮助设计者设计出可以在不同工作条件下运作的电路。

以如图 10-18 所示的光耦在 CMOS 接口电路中的应用为例，分析光耦的外围参数设计方法。

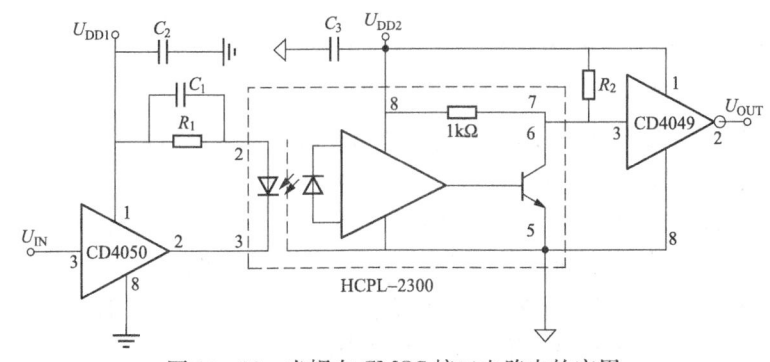

图 10-18 光耦在 CMOS 接口电路中的应用

现将光耦 HCPL-2300 的关键性参数列于表 10-3 中，它的输出真值表如表 10-4 所示。

表 10-3　　　　　　　　　　光耦 HCPL-2300 的关键性参数

$I_{F(ON)}$ (mA)	U_F (V)	$I_{C(ON)}$ (mA)	t_{PLH} (μs)	t_{PHL} (μs)	CMR- ($V/\mu s$) （在电压为 U_{CM} 时）		U_{ISO}/U_{RMS}	U_{IORM}/U_{PEAK}
					CMR- ($V/\mu s$)	U_{CM} (V)		
$0.75 \geqslant I_F \geqslant 0.5$	$\leqslant 1.65$	$\leqslant 25$	$\leqslant 0.16$	$\leqslant 0.2$	$\geqslant 100$	50	$\geqslant 3750$	630

表 10-4　　　　　　　　　　光耦 HCPL-2300 的输出真值表

LED	光 耦 输 出
开通（ON）	低电平（LOW），$U_{OL} \leqslant 0.5V$
断开（OFF）	高电平（HIGH），$I_{OH} \leqslant 0.25mA$

假设 CD4050 输出的高电平即为 U_{DD1}，此时流过发光二极管的电流 I_F 的表达式为

$$I_F = \frac{U_{DD1} - U_F}{R_1} \leqslant 0.75mA \tag{10-95}$$

式中，U_F 表示发光二极管开通时的管压降。

电阻 R_1 的约束表达式为

$$R_1 \geqslant \frac{U_{DD1} - U_F}{0.75} = \frac{5 - 1.65}{0.75} \approx 4.47(k\Omega) \tag{10-96}$$

流过光耦输出开关管的电流 I_C 的表达式为

$$I_C = \frac{U_{DD2} - U_{OL}}{R_L // 1k\Omega} \leqslant 25mA \tag{10-97}$$

式中，U_{OL} 表示光耦输出的低电平（即光耦输出开关管的饱和压降）。

电阻 R_L 的约束表达式为

$$R_1 // 1k\Omega \geqslant \frac{U_{DD2} - U_{OL}}{25} = \frac{5 - 0.5}{25} \approx 180(\Omega) \tag{10-98}$$

现将不同电源 U_{DD1} 和 U_{DD2} 对应下的电阻 R_1 和 R_L 的取值列于表 10-5 中。

表 10-5　　　　　　电阻 R_1 和 R_L 的取值（采用 E48 电阻系列）

U_{DD1} (V)	R_1 (kΩ)	R_L (kΩ)	C_1 (pF)	U_{DD2} (V)
5	5.11	1	20	5
10	13.3	2.37		10
15	19.6	3.16		15

4. 在 TTL 接口电路中的应用范例

本例选择光耦 HCPL-2201，它是一款光电耦合逻辑门器件，内含 GaAsP 的 LED，检测器拥有图腾柱输出和内置施密特触发器的光学接收器输入，提供逻辑兼容波形，免除额外波形的整形电路的需求。HCPL-2201 的电气和开关特性可以在 $-40 \sim 85°C$ 的温度范围得到保证，U_{DD} 电源为 $4.5 \sim 20V$，具有较低正向工作电流 I_F 和较宽 U_{DD} 电源范围，兼容 TTL、LSTTL 和 CMOS 逻辑，带来和其他高速光电耦合器相比更低的功耗，逻辑信号传播延迟为 150ns。

以如图 10-19 所示的光耦在 TTL 接口电路中的应用为例，分析光耦 HCPL-2201 的外围参数设计方法。

现将光耦 HCPL-22201 的关键性参数列于表 10-6 中。

表 10-6　　　　　　　　光耦 HCPL-2201 的关键性参数

$I_{F(ON)}$ (mA)	U_F (V)	$I_{C(ON)}$ (mA)	t_{PLH} (μs)	t_{PHL} (μs)	CMR- (V/μs)（在电压为 U_{CM} 时）		U_{ISO}/U_{RMS}	U_{IORM}/U_{PEAK}
					CMR-(V/μs)	U_{CM}(V)		
$5.0 \geqslant I_F \geqslant 1.6$	$\leqslant 1.95$	$\leqslant 25$	$\leqslant 0.3$	$\leqslant 0.3$	$\geqslant 1000$	50	$\geqslant 5000$	1414

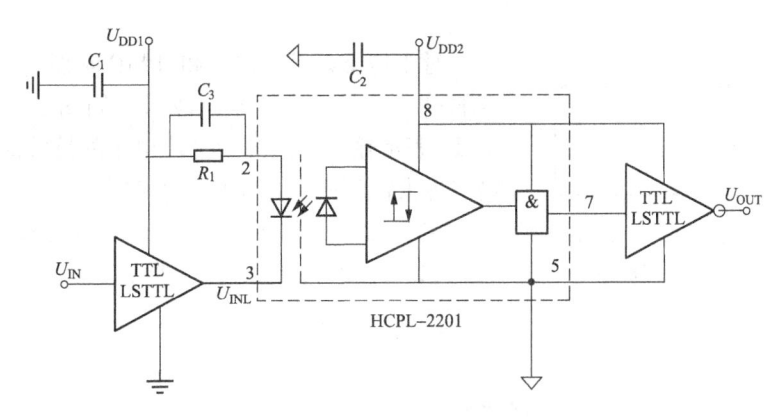

图 10-19 光耦在 TTL 接口电路中的应用示例

将光耦 HCPL-22201 的输出真值表列于表 10-7 中。

表 10-7 光耦 HCPL-2201 的输出真值表

LED	光 耦 输 出
开通（ON）	高电平（HIGH），$U_{OH} \geqslant 2.4\text{V}$
断开（OFF）	低电平（LOW），$U_{OL} \leqslant 0.5\text{V}$，$U_{OL}$

假设输入端的 TTL/LSTTL 输出的低电平即为 U_{INL}，此时流过发光二极管的电流 I_F 的表达式为

$$I_F = \frac{U_{DD1} - U_F - U_{INL}}{R_1} \leqslant 5.0\text{mA} \tag{10-99}$$

式中，U_F 表示发光二极管开通时的管压降。

电阻 R_1 的约束表达式为

$$R_1 \geqslant \frac{U_{DD1} - U_F - U_{INL}}{5} = \frac{5 - 1.95 - 0.5}{5} \approx 510(\Omega) \tag{10-100}$$

电阻 R_1 的取值范围为 $1 \sim 2\text{k}\Omega$。电容 C_3 的取值是 20pF。

六、数字温度传感器电路设计范例分析

1. 传感器说明

本例以 TMP03 和 TMP04 数字温度传感器为例，分析光耦在这种传感器接口电路中的使用方法。

TMP03 和 TMP04 是典型的串行数字输出信号温度检测器，适配于 80C31 和 80C51 单片机（微处理器）或者数字信号处理器（DSP），从而构成测温系统。

传感器 TMP03 和 TMP04 的管脚定义如图 10-20 所示，其中 D_{OUT} 表示表征温度信号的数字输出量的输出管脚，V+ 表示温度传感器的电源脚（4.5~7V），GND 表示温度传感器的地线脚，在 -25~100℃ 范围内，该传感器的最大

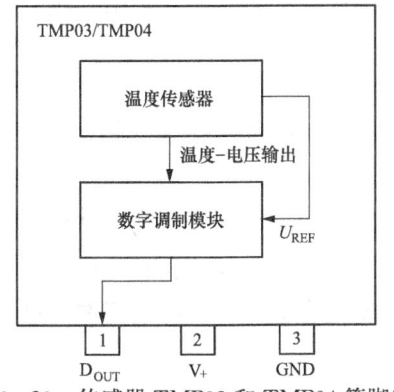

图 10-20 传感器 TMP03 和 TMP04 管脚定义

测量误差为4℃。

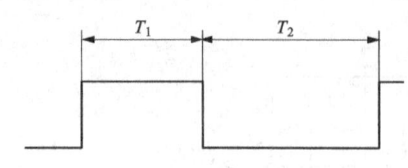

图10-21 传感器TMP03和TMP04中表征温度的输出电压波形

对于传感器TMP03和TMP04而言，它的表征温度的输出电压波形为方波波形，如图10-21所示，图中T_1表示输出方波波形的高电平的持续时间；T_2表示输出方波波形的低电平的持续时间。

在25℃时，传感器TMP03的输出波形的额定频率为35Hz（±20%），本传感器温度表达式为

$$\begin{cases} T(℃) = 235 - \dfrac{400 \times T_1}{T_2} \\ T(℉) = 455 - \dfrac{720 \times T_1}{T_2} \end{cases} \tag{10-101}$$

在0℃时，传感器TMP03的输出波形的T_1与T_2之比为58.8%，传感器TMP03的输出波形的高电平的持续时间T_1的额定脉宽为10ms。现将传感器TMP03和TMP04的计数器选型及其量化误差列于表10-8中。

表10-8　　　传感器TMP03和TMP04的计数器选型及其量化误差

计数器最大值	最高待测温度（℃）	最高频率（kHz）	量化误差（25℃）	量化误差（77℉）
4096	125	94	0.284	0.512
8192		188	0.142	0.256
163 84		376	0.071	0.128

传感器TMP03和TMP04既可以检测温度（-40～100℃），还可以借助单片机或者DSP实现温度控制功能，适用于远程温度检测、计算机或者电子设备的温度监视及工业过程控制。TMP03和TMP04两者的区别在于，前者为集电极开路输出型，后者为互补型MOS场效应管输出，如图10-22所示。因此，传感器TMP04的输出电平与CMOS/TTL电路

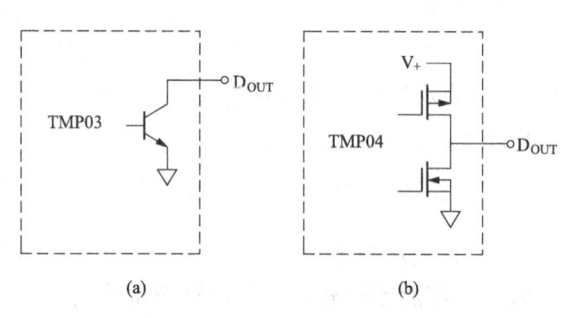

图10-22　传感器TMP03和TMP04的数字输出型式
(a) 集电极开路输出型；(b) 互补型MOS场效应管

兼容。传感器TMP03的集电极开路输出，具有5mA的灌电流能力，是利用光耦或者隔离变压器进行隔离的系统最佳选择。

2. 电路设计

本例以传感器TMP03为例，其接口电路示意图如图10-23所示，采用单通道高速光电耦合器6N135或者6N136。

高速光耦6N135或者6N136具有优良特性，该芯片内部封装了一个高速红外发光管和光敏三极管，具有体积小、寿命长、抗干扰能力强、隔离电压高、速度快、与TTL逻辑电平兼容等特点，可用于隔离线路、开关电路、数模转换、逻辑电路、长线传输、过电流保护、高压控制、电平匹配和线性放大等方面。

光耦6N135或者6N136（简记为6N135/6）的关键性参数如表10-9所示。

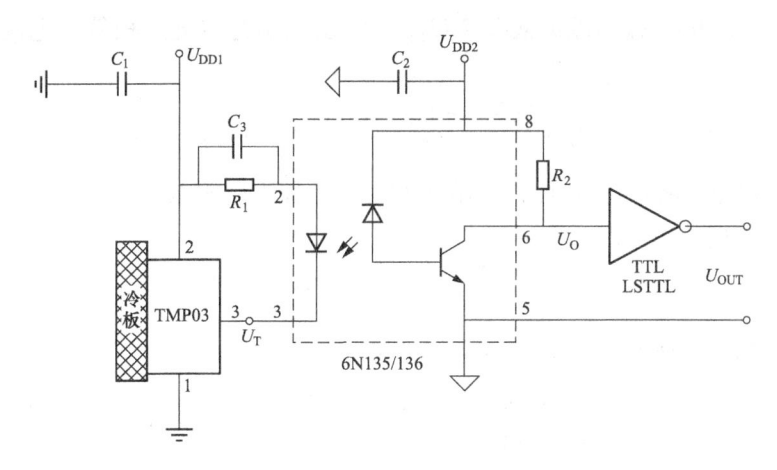

图 10-23 传感器 TMP03 的接口电路示意图

表 10-9 光耦 6N135/6 的关键性参数

型号	$I_{F(ON)}$ (mA)	U_F (V)	CTR 范围	CTR I_F (mA)	t_{PLH} (μs)	t_{PHL} (μs)	CMR- (V/μs) (在电压为 U_{CM} 时) CMR-V (μs)	CMR- (V/μs) (在电压为 U_{CM} 时) U_{CM} (V)	U_{ISO}/U_{RMS}	U_{IORM}/U_{PEAK}
135	$25 \geq I_F \geq 16$	≤ 1.95	7%～50%	16	≤ 2.0	≤ 2.0	≥ 1000	10	$\geq 3750/5000$	630
136	$25 \geq I_F \geq 16$	≤ 1.95	19%～50%	16	≤ 1.0	≤ 1.0	≥ 1000	10	$\geq 3750/5000$	630

光耦 6N135 或者 6N136（简记为 6N135/6）的输出真值表如表 10-10 所示。

表 10-10 光耦 6N135/6 的输出真值表

LED	光 耦 输 出
开通（ON）	低电平（LOW），$U_{OL} \leq 0.4$V，$I_O \leq 16$mA，$I_{AVG} \leq 8$mA
断开（OFF）	高电平（HIGH），$I_{OH} \leq 0.5\mu$A

传感器 TMP03 和 TMP04 的关键性参数如表 10-11 所示。

表 10-11 传感器 TMP03 和 TMP04 的关键性参数

型号	TMP03	TMP04	单位
输出低电平	$U_{T\_L} \leq 0.4$	$U_{T\_L} \leq 0.4$	V
输出高电平	$U_{T\_H} \geq U_+ - 0.4$V	$U_{T\_H} \geq U_+ - 0.4$V	V
输出电流	$I_{OT} \leq 50$	$I_{OT} \leq 10$	mA

3. 分析计算

以传感器 TMP03 为例进行参数计算（传感器 TMP04 的计算方法与此类似，恕不赘述）。

（1）对于传感器 TMP03 而言，它的最大输出电流为 50mA，对于光耦 6N135/6 而言，它的最小输入电流为 16mA，为此，假设电流 I_F 不超过 25mA（介于 16mA 与 50mA 之间）。

于是，当传感器 TMP03 输出端为低电平 U_{T_L} 时，此时流过发光二极管的电流 I_F 的约束表达式为

$$I_F = \frac{U_{DD1} - U_F - U_{T\_L}}{R_1} \leqslant 25\text{mA} \tag{10-102}$$

式中，U_F 表示发光二极管开通时的管压降；U_{DD1} 表示原方电源电压。

电阻 R_1 的约束表达式为

$$R_1 \geqslant \frac{U_{DD1} - U_F - U_{T\_L}}{25} = \frac{5 - 1.95 - 0.4}{25} \approx 106(\Omega) \tag{10-103}$$

因此，电阻 R_1 一般取值为 $470\sim1000\Omega$，电容 C_3 取值为 20pF。

（2）对于光耦 6N135/6 而言，由于它的输出电流不超过 16mA，于是当它输出低电平为 U_{OL} 时，流过开关管的电流必须满足表达式

$$I_{OL} = \frac{U_{DD2} - U_{OL}}{R_2} \leqslant 16\text{mA} \tag{10-104}$$

式中，U_{DD2} 表示副方电源电压。

电阻 R_2 的约束表达式为

$$R_2 \geqslant \frac{U_{DD2} - U_{OL}}{16} = \frac{5 - 0.4}{16} \approx 288(\Omega) \tag{10-105}$$

因此，电阻 R_2 一般取值为 $1\sim6.8\text{k}\Omega$。

七、电压和电流超限电路设计范例分析

1. 光耦说明

由于线性光耦在使用过程中引入了反馈机制，所以不适用于被测信号变化太快或者频率很高的场合。因此，普通光耦合器件和反馈型线性光耦合器件，是可以成功地应用于电力电子装置中的，尤其是用于监控直流母线电压信号和电动机负载电流信号，其线性度和精度都是令人满意的。

本例以隔离电压—电流检测器 HCPL-0370 为例，分析它在分压器接口电路中的使用方法。如图 10-24 所示为隔离电压—电流检测器 HCPL-0370 的原理框图，它包括两个交流输入脚（1 脚和 4 脚）、两个直流输入脚（2 脚为正端、3 脚为负端）、一个电源端 U_+（8 脚）、一个输出端 U_O（6 脚）和一个地线脚（5 脚）。

隔离电压—电流检测器 HCPL-0370 的关键性参数如表 10-12 所示。

表 10-12　　隔离电压—电流检测器 HCPL-0370 的关键性参数

输入电流门槛 (mA)	滞环电流 (mA)	t_{PLH} (μs)	t_{PHL} (μs)	CMR- (V/μs) (在电压为 U_{CM} 时)		U_{ISO}/U_{RMS}	U_{IORM}/U_{PEAK}
				CMR- (V/μs)	U_{CM} (V)		
$3.11 \geqslant I_{IN} \geqslant 1.96$	1.2	$\leqslant 40$	$\leqslant 15$	600	140	$\geqslant 3750$	567

隔离电压—电流检测器 HCPL-0370 的输出真值表如表 10-13 所示。

表 10-13　　隔离电压—电流检测器 HCPL-0370 的输出真值表

LED	光耦输出
开通（ON）	低电平，$U_{OL} \leqslant 0.4\text{V}$, $I_O \leqslant 16\text{mA}$, $I_{AVG} \leqslant 8\text{mA}$
断开（OFF）	高电平，$U_{OL} \approx U_{CC}$, $I_{OH} \leqslant 100\mu\text{A}$

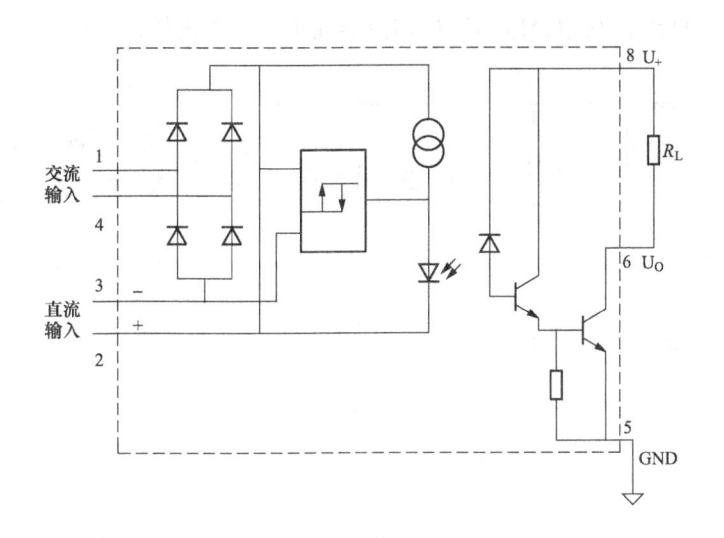

图 10-24　隔离电压—电流检测器 HCPL-0370 的原理框图

根据 HCPL-0370 的参数手册得知，它的电源电压 U_{CC} 为 2～18V。它的输入端的缓冲器的门槛电流上限值 I_{TH+} 为 1.96～3.11mA，其典型值为 2.5mA；门槛电流下限值 I_{TH-} 为 1～1.62mA，其典型值为 1.2mA。

HCPL-0370 的门槛电压分为两种情况：

(1) 对于直流输入信号而言，其门槛电压上限值 U_{TH+} 为 3.35～5.50V，其典型值为 3.7V；门槛电压下限值 U_{TH-} 为 2.01～2.86V，其典型值为 2.6V。

(2) 对于交流输入信号而言，其门槛电压上限值 U_{TH+} 为 4.23～4.05V，其典型值为 4.9V；门槛电压下限值 U_{TH-} 为 2.87～4.20V，其典型值为 3.7V。

另外，HCPL-0370 的电流滞环区为 1.2mA，电压滞环区为 1.2V，它的输出端为 OC 门，方便与 TTL 接口。

HCPL-0370 的电流滞环和电压滞环参数如表 10-14 所示。

表 10-14　HCPL-0370 的电流滞环和电压滞环参数

		符号	最小值	典型值	最大值	单位
电流		上限值 I_{TH+}	1.96	2.5	3.11	mA
		下限值 I_{TH-}	1.00	1.3	1.62	mA
电压	直流	上限值 U_{TH+}	3.35	3.7	4.05	V
		下限值 U_{TH-}	2.01	2.6	2.86	V
	交流	上限值 U_{TH+}	4.23	4.9	5.50	V
		下限值 U_{TH-}	2.87	3.7	4.20	V

2. 电路设计

利用 HCPL-0370 获取电压和电流超限开关，其典型应用框图如图 10-25 所示，它包括两个测试回路：

(1) 过流检测回路。利用分流器测量流入电动机的相电流（采用 2 个分流器，测量两相电流）。

（2）过压检测回路。利用分压器测量整流器输出端直流电压。

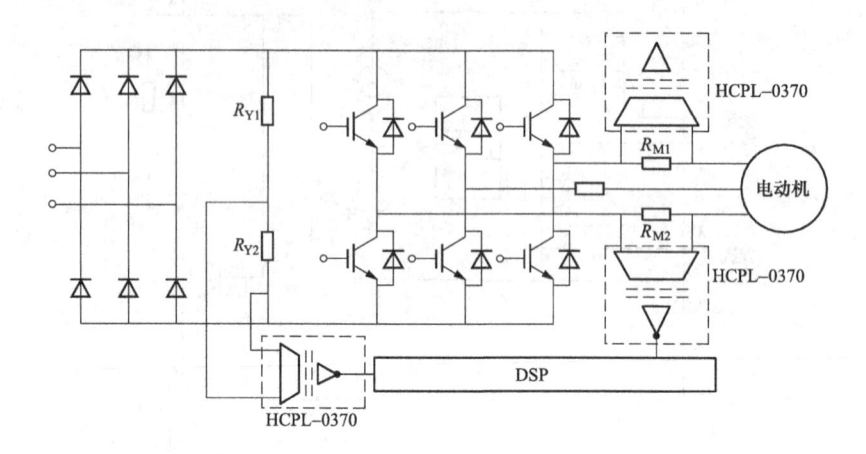

图 10-25　隔离电压—电流检测器 HCPL-0370 的典型应用框图

3. 分析计算

如图 10-26 所示为隔离电压—电流检测器 HCPL-0370 测试交流信号的原理框图。

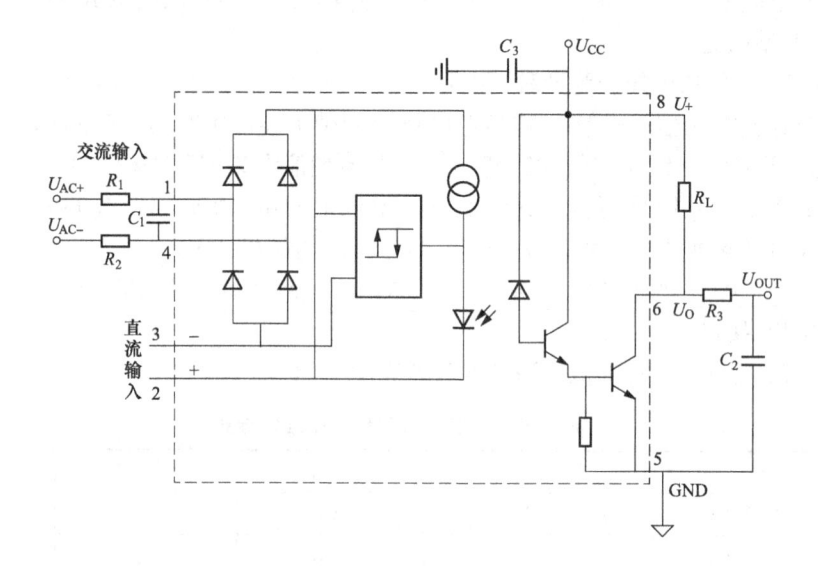

图 10-26　隔离电压—电流检测器 HCPL-0370 测试交流信号的原理框图

本电路的输入端限流电阻 R_1 和 R_2 的表达式分别为

$$\begin{cases} R_1 = \dfrac{U_{AC+} - U_{TH+}}{I_{TH+}} \\ R_2 = \dfrac{U_{AC-} - U_{TH-}}{I_{TH-}} \end{cases} \qquad (10-106)$$

式中，U_{AC+} 和 U_{AC-} 分别表示交流输入信号；U_{TH+} 和 U_{TH-} 分别表示交流输入信号对应的门槛电压的上限值和下限值；I_{TH+} 和 I_{TH-} 分别表示交流输入信号对应的门槛电流的上限值和下限值。

为了方便起见，一般根据计算获得的电阻 R_1 和 R_2，取两者的较大值，作为输入端的限流电阻 R_X，即

$$R_X = \text{MAX}(R_1, R_2) \tag{10-107}$$

那么，为了保证电路对称，将输入端的限流电阻 R_X 拆分为两个，即 $R_X/2$，那么差模信号的低通滤波器的截止频率 f_{IN} 为

$$f_{IN} = \frac{1}{2\pi\left(\dfrac{R_X}{2} + \dfrac{R_X}{2}\right) \times C_1} = \frac{1}{2\pi R_X C_1} \tag{10-108}$$

输出端的差模低通滤波器的截止频率 f_{OUT} 为

$$f_{OUT} = \frac{1}{2\pi R_3 C_2} \tag{10-109}$$

如图 10-27 所示为隔离电压—电流检测器 HCPL-0370 测试直流信号的原理框图。

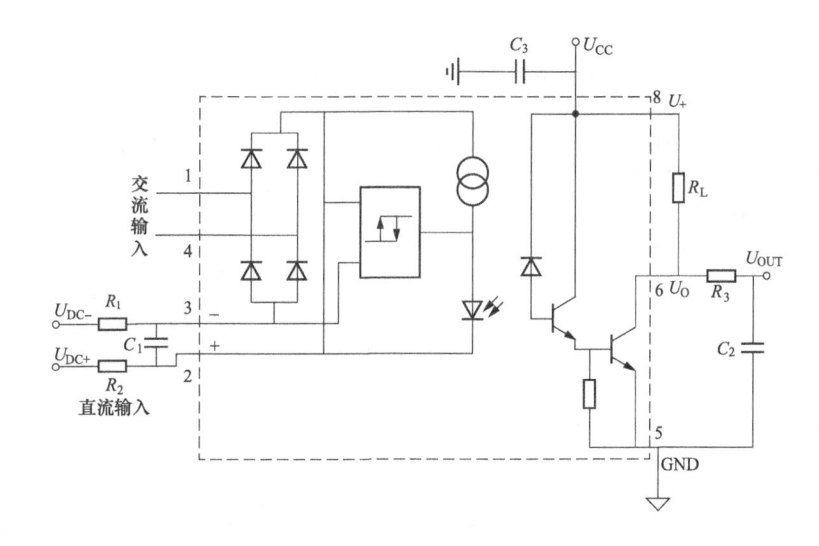

图 10-27 隔离电压—电流检测器 HCPL-0370 测试直流信号的原理框图

本电路的输入端限流电阻 R_1 和 R_2 的表达式分别为

$$\begin{cases} R_1 = \dfrac{U_{DC+} - U_{TH+}}{I_{TH+}} \\ R_2 = \dfrac{U_{DC-} - U_{TH-}}{I_{TH-}} \end{cases} \tag{10-110}$$

式中，U_{DC+} 和 U_{DC-} 分别表示直流输入信号；U_{TH+} 和 U_{TH-} 分别表示直流输入信号对应的门槛电压的上限值和下限值；I_{TH+} 和 I_{TH-} 分别表示直流输入信号对应的门槛电流的上限值和下限值。其他与前面推导获得的表达式相同，恕不赘述。

现将隔离电压—电流检测器 HCPL-0370 的输入端限流电阻 R_X 与交流输入信号（U_{AC+} 和 U_{AC-} 分别表示交流输入信号）、直流输入信号（U_{DC+} 和 U_{DC-}）的关系曲线，绘制于图 10-28 中。

需要提醒的是，上述测量电压或者电流的电路，也可以采用精密微型隔离放大器如 ACPL-C79B/C79A/C790，其关键性参数如表 10-15 所示。

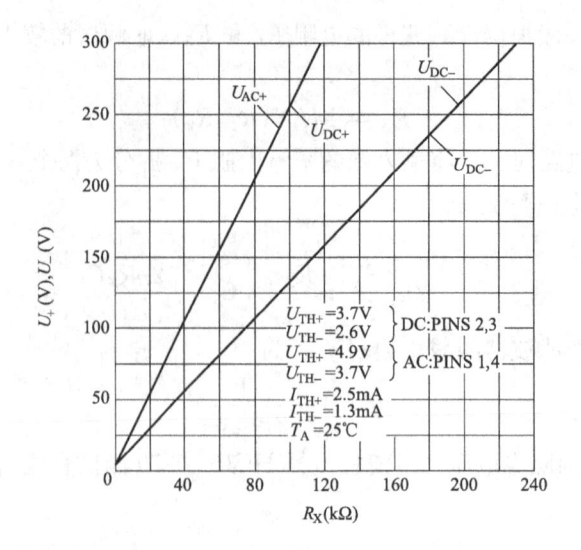

图 10-28　输入端限流电阻 R_X 与交、直流输入信号的关系曲线

表 10-15　精密微型隔离放大器 ACPL-C79B/C79A/C790 的关键性参数

型号 ACPL-	工作温度 (℃)	增益误差 (25℃)	非线性度典型值	带宽 (kHz)	电源 (V)	CMR-（V/μs）(在电压为 U_{CM} 时) CMR-（V/μs）	U_{CM}（V）	U_{ISO}/U_{RMS}	U_{IORM}/U_{PEAK}
C79B		±0.5							891
C79A	−40～105	±1	0.05	200	3～5.5	1500	1000	≥5000	891
C790		±3							1230

第五节　几种典型数字传感器

由于数字式传感器，能够把被测模拟量直接转换为数字量，因此，它具有测量精度高、分辨率高、抗干扰能力强、稳定性好、易于和计算机连接、便于信号处理和实现自动化测量、适宜于远距离传输等优点，并在电力电子装置中得到了广泛的应用。

一、光电编码器及其测量方法

1. 编码器介绍

编码器是将机械转动的模拟量（位移）转换成以数字代码形式表示的电信号的这类传感器。编码器以其"三高"（高精度、高分辨率和高可靠性）特性，被广泛应用于各种位移的测量，尤其是在电力电子装置中，被普遍用于电动机位置信息的获取。

编码器的种类很多，主要分为脉冲盘式（增量式旋转编码器，它大多采用互补形式如 A、/A，B、/B 和 C、/C）和码盘式编码器（绝对式旋转编码器，它大多采用格雷码、二进制码和 BCD 码方式），其中电磁式编码器和光电式编码器是码盘式编码器的两种典型代表，它们属于非接触式编码器，具有非接触、体积小、寿命长和分辨率高的特点。

（1）增量式旋转编码器。用光信号扫描分度盘（分度盘与转动轴相连），通过检测、统计信号的通断数量来计算旋转角度，因此，它输出的是一系列脉冲，需要一个计数系统对脉冲进行加减（正向或反向旋转时）累计计数，一般还需要一个基准数据即零位基准，才能完成角位移测量。用 TTL 或 HTL 信号的增量式编码器示意图如图10-29 所示，TTL 信号有零点与取消信号，HTL 信号只有零点没有取消信号。用正弦或余弦信号分辨的增量式旋转编码器示意图如图 10-30 所示。需要提醒的是，HTL 器件比 TTL 器件的工作电压要高很多，输出高电平电压也远高于 TTL 器件，输出低电平电压也略高于 TTL 器件，但是它功耗大速度慢，现在已很少有用的。

（2）绝对式旋转编码器。用光信号扫描分度盘（分度盘与传动轴相连）上的格雷码刻度盘以确定被测物的绝对位置值，然后将检测到的格雷码数据转换为电信号以脉冲的形式输出测量的位移量，它不需要基准数据及计数系统，在任意位置都可给出与位置相对应的固定数字码输出，能方便地与数字系统（如微处理器）连接，如图 10-31 所示为标准二进制编码器（8421 码盘），共 4 圈码道，内圈为C4，外圈为C1，因此有 $2^4=16$ 个黑白间隔，黑色不透光代表"0"，白色透光代表"1"。分析图10-31 得知，根据码盘的起始和终止位置就可确定转角，与转动的中间过程无关。

图 10-29 用 TTL 或 HTL 信号的增量式旋转编码器示意图

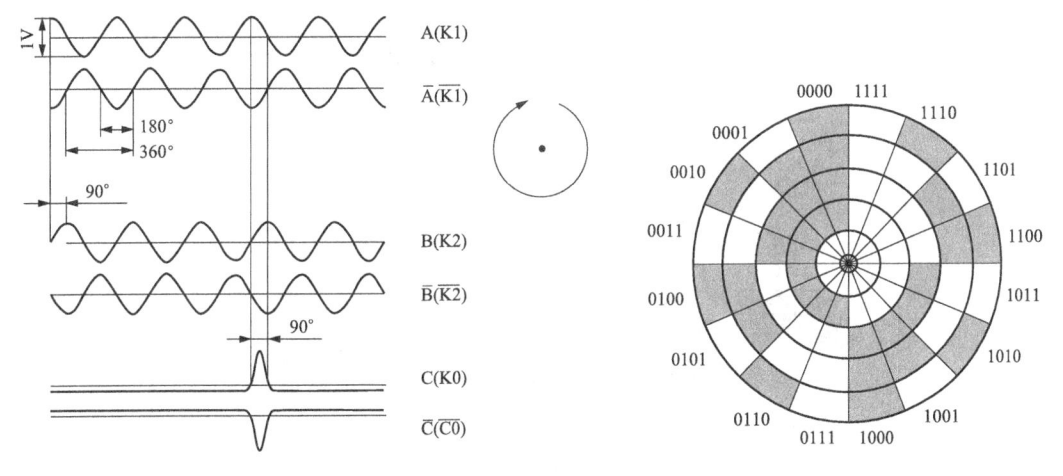

图 10-30 用正弦或余弦信号分辨的增量式旋转编码器示意图

图 10-31 标准二进制编码器（8421 码盘）

绝对式旋转编码器的特点：

1）在一个检测周期内，对不同的角度有不同的格雷码编码，因此编码器输出的位置数据是唯一的。

2）因使用机械连接的方式，在掉电时编码器的位置不会改变，上电后立即可以取得当前位置数据。

3）检测到的数据为格雷码，因此不存在模拟量信号的检测误差。

4) 最大 24 位编码。

增量式旋转编码器、绝对式旋转编码器和光电式编码器相比较，光电式编码器的性价比最高，它作为精密位移传感器在自动测量和自动控制技术中得到了广泛的应用。目前我国已有 23 位光电编码器，为科学研究、军事、航天和工业生产提供了对位移量进行精密检测的手段。

2. 光电式编码器介绍

光电式编码器主要由安装在旋转轴上的编码圆盘（码盘）、窄缝以及安装在圆盘两边的光源（含聚光镜）和光敏元件等组成，其组成示意图如图 10-32 所示，它有不同实物结构，其实物结构如图 10-33 所示。

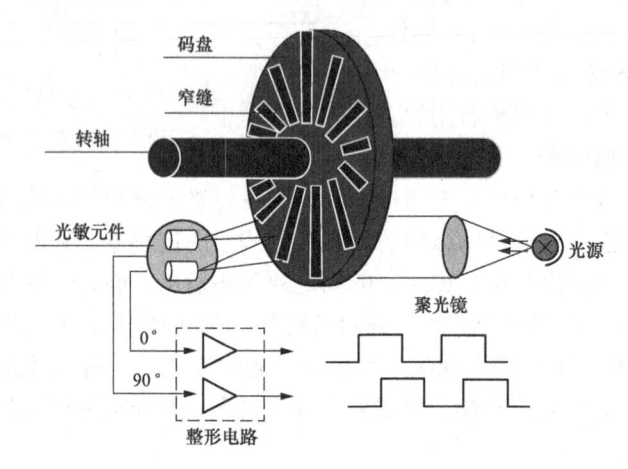

图 10-32 光电式编码器的组成示意图

图 10-33 光电式编码器的不同实物结构

3. 电动机转速测量

光电式编码器在电动机控制中，可以用来测量电动机转子的磁场位置和机械位置，以及转子的磁场和机械位置的变化速度与变化方向。光电式编码器在电力电子装置中的典型应用框图如图 10-34 所示。

可以利用定时器/计数器配合光电式编码器的输出脉冲信号来测量电动机的转速。具体的测速方法有 M 法、T 法和 M/T 法 3 种。

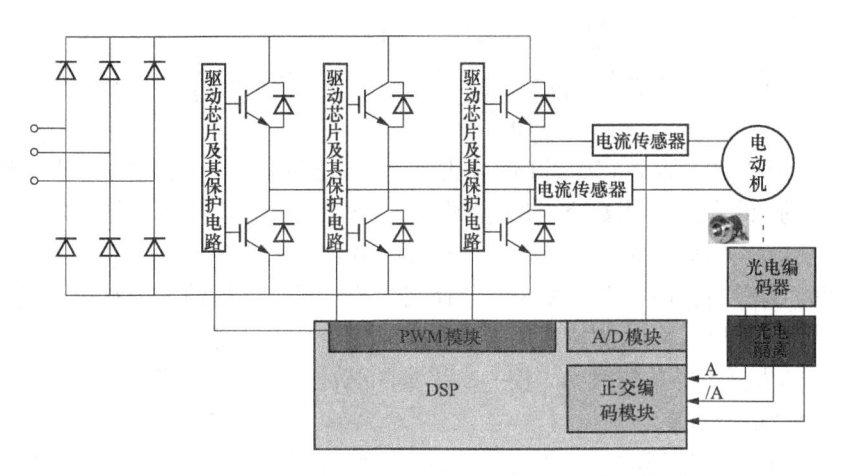

图 10-34 光电式编码器在电力电子装置中的典型应用框图

（1）M 法又称为测频法。M 法的测速原理是：在规定的检测时间 T_C 内，用一已知频率 f_{clk}（此频率一般都比较高）的时钟脉冲，向一计数器发送脉冲，计数器的启停由码盘反馈的相邻两个脉冲来控制。M 法的测速原理示意图如图 10-35 所示。

例如光电式编码器是 N 线（又称为编码器光栅数）的，则每旋转一周可以有 $4N$ 个脉冲，因为两路脉冲的上升沿与下降沿正好使编码器信号成为 4 倍频。现在假设检测时间是 T_C，计数器的记录的脉冲数是 M_1，则电动机的每分钟的转速 n_M（r/min）为

$$n_M = \frac{60 f_{clk} M_1}{4N} \tag{10-111}$$

图 10-35 M 法的测速原理示意图

分析式（10-111）表明，电动机转速 n_M 正比于脉冲个数 M_1。

分辨率定义：改变一个计数值所对应的转速变化量，用符号 Q 表示。当被测转速由 n_{M1} 变为 n_{M2} 时，引起计数值增量为 1，则该测速方法的分辨率为

$$Q = n_{M2} - n_{M1} \tag{10-112}$$

Q 值越小，则说明测量装置对转速变化越敏感，即分辨率越高。

测速误差率 δ：转速实际值 $n_{M\_实际}$ 和测量值 $n_{M\_测量}$ 之差与实际值之比，记作

$$\delta = \frac{n_{M\_实际} - n_{M\_测量}}{n_{M\_实际}} \times 100\% \tag{10-113}$$

测速误差率反映了测速方法的准确性，δ 越小，准确度越高。测速误差率的大小取决于测速元件的制造精度，并与测速方法有关。

M 法测速的分辨率为

$$Q = (n_{M1} + 1) - n_{M1} = \frac{60 f_{clk}(M_1 + 1)}{4N} - \frac{60 f_{clk} M_1}{4N} = \frac{60 f_{clk}}{4N} \tag{10-114}$$

M 法测速误差率为

$$\delta_{\text{MAX}} = \frac{\dfrac{60f_{\text{clk}}M_1}{4N} - \dfrac{60f_{\text{clk}}(M_1-1)}{4N}}{\dfrac{60f_{\text{clk}}M_1}{4N}} \times 100\% = \frac{1}{M_1} \times 100\% \qquad (10\text{-}115)$$

分析式（10-114）和式（10-115）表明，M法是测量单位时间内的脉冲数换算成频率，对于给定的光电编码器线数 N 与测量时间 T_C 的条件下，转速 n_M 越高，那么获得的计数脉冲数 M_1 越大，因此，误差也就越小。反之，在速度较低时，由于测量时间 T_C 内的脉冲数 M_1 变少，误差所占的比例会变大，因存在测量时间内首尾的半个脉冲问题，可能会有2个脉冲的误差。所以，M法测速适用于测量高转速，如要降低测量的速度下限，可以提高编码器线数或加大测量的单位时间，使一次采集的脉冲数 M_1 尽可能地多，这些措施均有利于提高M法测速的分辨率。

（2）T法又称之为测周法。T法测速是在一个脉冲周期 T_{clk} 内，对时钟信号脉冲进行计数的方法。T法的测速原理示意图如图10-36所示。例如时钟频率为 f_{clk}、计数器记录的脉冲数为 M_2、光电式编码器是 N 线的，每线输出 $4N$ 个脉冲，那么电动机的每分钟的转速为

$$n_M = \frac{60f_{\text{clk}}}{4NM_2} \qquad (10\text{-}116)$$

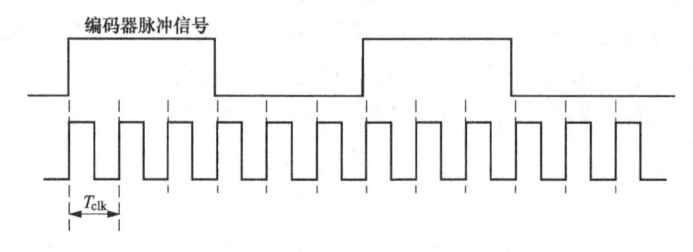

图10-36 T法的测速原理示意图

T法测速的分辨率

$$Q = (n_{M2}-1) - n_{M2} = \frac{60f_{\text{clk}}}{4N(M_2-1)} - \frac{60f_{\text{clk}}}{4NM_2} = \frac{60f_{\text{clk}}}{4NM_2(M_2-1)} \qquad (10\text{-}117)$$

T法测速的误差率

$$\delta_{\text{MAX}} = \frac{\dfrac{60f_{\text{clk}}}{4N(M_2-1)} - \dfrac{60f_{\text{clk}}}{4NM_2}}{\dfrac{60f_{\text{clk}}}{4NM_2}} \times 100\% = \frac{1}{M_2-1} \times 100\% \qquad (10\text{-}118)$$

分析式（10-117）和式（10-118）表明，T法是通过测量两个脉冲之间的时间换算成周期，从而得到频率。因存在半个时间单位的问题，可能会有1个时间单位的误差。速度较高时，测得的周期较小，误差所占的比例变大。反之，低速时，编码器相邻脉冲间隔时间长，测得的高频时钟脉冲个数 M_2 多，所以误差率小，测速精度高，故T法测速适用于低速段。如要增加速度测量的上限，可以减小编码器的脉冲数，或使用更小更精确的计时单位，使一次测量的时间值尽可能大。

为了减小误差，希望尽可能记录较多的脉冲数，因此T法测速适用于低速运行的场合。但转速太低，一个编码器输出脉冲的时间太长，时钟脉冲数会超过计数器最大计数值而产生溢出，且时间太长也会影响控制的快速性。与M法测速一样，选用线数较多的光电式编码

器可以提高对电动机转速测量的快速性与精度。

(3) M/T 测速法。M/T 法测速是将 M 法和 T 法两种方法结合在一起使用，在一定的时间范围内，同时对光电式编码器输出的脉冲个数 M_1 和 M_2 进行计数，则电动机每分钟的转速为

$$n_M = \frac{60 f_{clk} M_1}{4 N M_2} \tag{10-119}$$

实际工作时，在固定的 T_C 时间内，对光电式编码器的脉冲计数，在第一个光电式编码器上升沿定时器开始定时，同时开始记录光电式编码器和时钟脉冲数，定时器定时 T_C 时间到，对光电式编码器的脉冲停止计数，而在下一个光电式编码器的上升沿到来时刻，时钟脉冲才停止记录。M/T 法既具有 M 法测速的高速优点，又具有 T 法测速的低速的优点，能够覆盖较广的转速范围，测量的精度也较高，在电动机的控制中有着十分广泛的应用。

4. 电动机转向判断

增量式光电编码器输出两路相位相差 90°的脉冲信号 A 和 B（也可写作 A 和/A）。当电动机正转时，脉冲信号 A 的相位超前脉冲信号 B 的相位 90°，此时经逻辑电路处理后，方向信号 Dir 置为高电平信号；当电动机反转时，脉冲信号 A 的相位滞后脉冲信号 B 的相位 90°，此时经逻辑电路处理后，方向信号 Dir 置为低电平信号。因此，根据脉冲信号 A 的相位与脉冲信号 B 的相位超前与滞后的关系，可以确定电动机的转向，其转速辨向的原理示意图如图 10-37 所示。

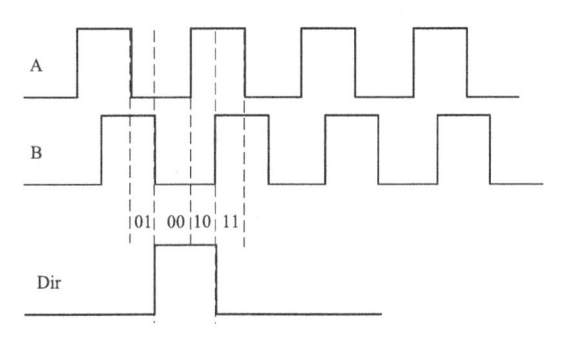

图 10-37 电动机转速辨向的原理示意图

5. 编码器接线方法

光电式编码器尽量避免在强电磁波环境中使用，如果避免不了，在安装配线时，应采用屏蔽电缆。按照产品说明书，接线前，应仔细检查和判断，是否与编码器型号相符、接线是否正确。长距离传输时，应考虑信号衰减因素，选用具备输出阻抗低、抗干扰能力强的型号。编码器的屏蔽电缆连接方法如图 10-38 所示，必须确保屏蔽层严格接地，其中图 10-38（a）表示用屏蔽的 D 形接口连接编码器，图 10-38（b）表示用控制器的电路板上的线卡连接编码器，图 10-38（c）表示用屏蔽的 PG 接口连接编码器。

6. 信号输出方式

在大多数情况下，直接从编码器的光电检测器件获取的信号电平较低，波形也不规则，还不能适应于控制、信号处理和远距离传输的要求，所以，在编码器内还必须将此信号放大、整形。经过处理的输出信号一般近似于正弦波或矩形波。由于矩形波输出信号容易进行数字处理，所以这种输出信号在定位控制中得到广泛的应用。采用正弦波输出信号时基本消除了定位停止时的振荡现象，并且通过电子内插的方法，以较低的成本得到较高的分辨率。

增量式光电式编码器的信号输出方式有：

(1) 集电极开路输出。

(2) 电压输出。

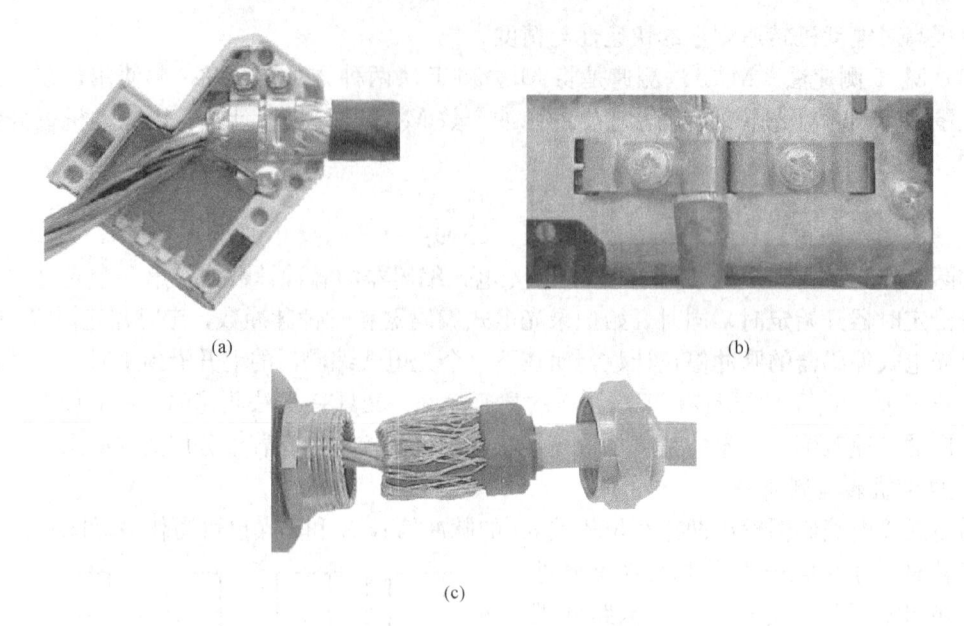

图 10-38 编码器的屏蔽电缆连接方法
(a) 用屏蔽的 D 形接口连接编码器；(b) 用控制器的电路板上的线卡连接编码器；
(c) 用屏蔽的 PC 接口连接编码器

(3) 线驱动输出。

(4) 推挽式输出。

对于集电极开路输出方式而言，它通过使用编码器输出侧的 NPN 三极管，将三极管的发射极引出端子连接至 0V，断开集电极与 U_{cc} 的端子并把集电极作为输出端。在编码器供电电压和信号接收装置的电压不一致的情况下，建议使用集电极开路的输出电路。其电路图如图 10-39 所示，图中传感器的电源 U_{cc} 和光耦的原边电源 U_S 是两套不同的电源（不过它们共地），外壳地表示屏蔽接线端子（以下类同）。不过，还需要在传感器的集电极开路输出端接光耦，既起到电平转换，还可以实现电气隔离。

对于电压输出方式而言，它通过使用编码器输出侧的 NPN 三极管，将三极管的发射极引出端子连接至 0V，集电极端子与 U_{cc} 和负载电阻相连，并作为输出端。在编码器供电电压和信号接收装置电压一致的情况下，建议使用电压输出式的输出电路。其电路图如图 10-40 所示，图中传感器和光耦的原边采用一套电源即 U_{cc}。不过，在传感器的电压输出端接光耦，既起到电平转换，还达到电气隔离的目的。

对于线驱动输出方式而言，它将线驱动专用 IC 芯片（如 26LS31）用于编码器输出电路，由于它具有高速响应和良好的抗噪声性能，使得线驱动输出方式适宜长距离传输，该输出电路如图 10-41 所示。不过，需要提醒的是，建议在传感器的线驱动输出端接光耦，既起到电平转换，还达到电气隔离的目的（本例略去不画）。

对于推挽输出方式而言，它由上下两个分别为 PNP 型和 NPN 型的三极管组成。当其中一个三极管导通时，另外一个三极管则关断。当上面三极管导通、下面三极管截止时，输出端为高电平；反之，下面三极管导通、上面三极管截止时，输出端为低电平。如果电路逻辑可以使得上下两个三极管均截止，则输出为高阻态，一般选用参数相近的对管。这种输出形

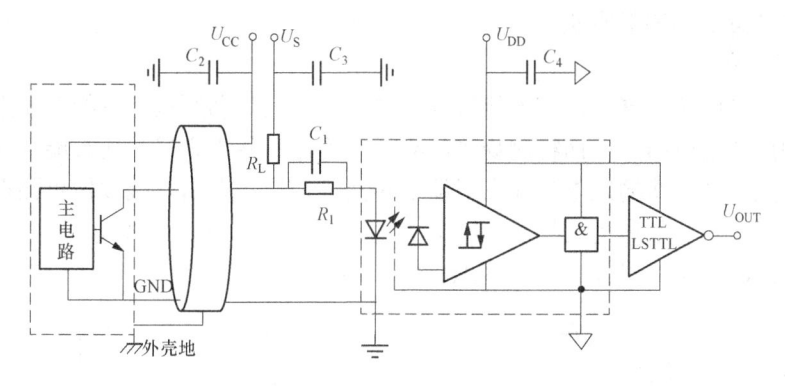

图 10-39 集电极开路输出电路

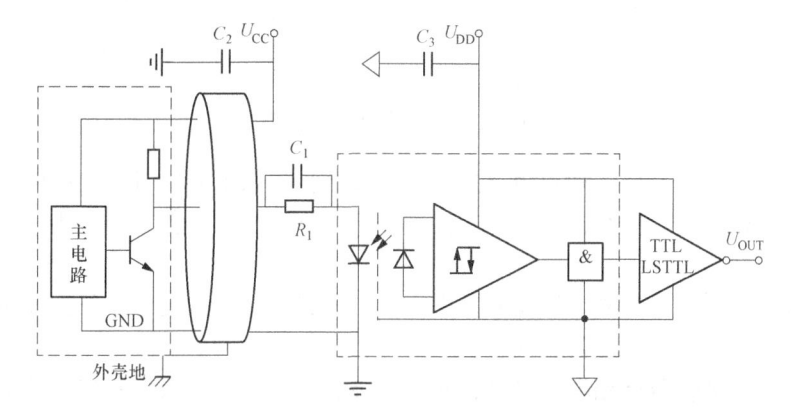

图 10-40 电压输出式输出电路

式的电路,具有高输入阻抗和低输出阻抗,因此在低阻抗情况下它也可以提供大范围的电源。由于输入、输出信号相位相同且频率范围宽,因此它适合长距离传输,如图 10-42 所示为推挽型输出电路。需要提醒的是,建议在传感器的输出端接光耦,既起到电平转换,还达到电气隔离的目的(本例略去不画)。

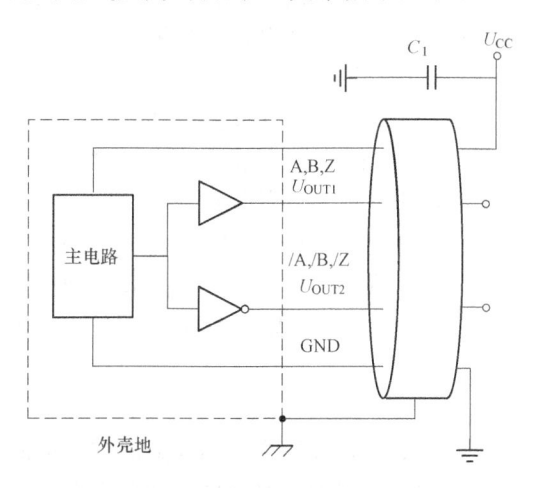

图 10-41 线驱动输出电路　　　　图 10-42 推挽型输出电路

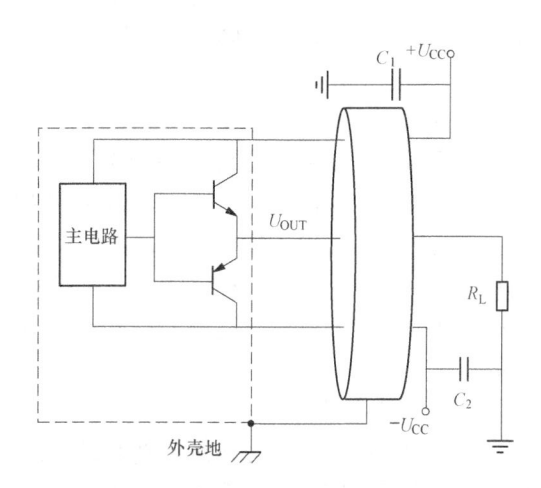

二、光电开关及其测量方法

1. 光电开关介绍

光电开关（光电传感器）是光电接近开关的简称，它是利用被检测物对光束的遮挡或反射，由同步回路选通电路，从而检测物体的有无。物体不限于金属，所有能反射光线的物体均可被检测。光电开关将输入电流在发射器上转换为光信号射出，接收器再根据接收到的光线的强弱或有无对目标物体进行探测。在电力电子装置中，常见的光电开关是烟雾报警器。如图10-43所示为不同光电开关的实物图。

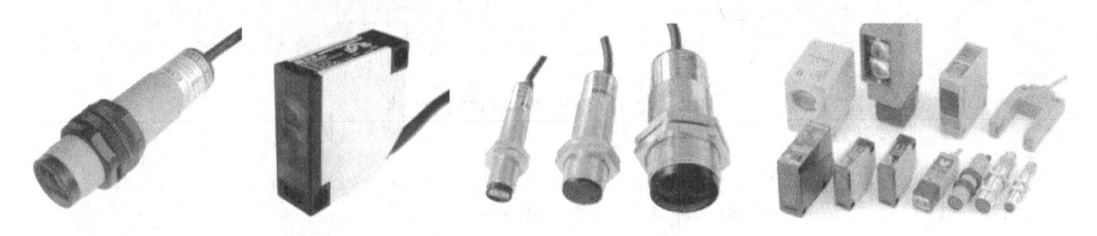

图10-43 光电开关实物图

概略地讲，光电开关是一种利用感光元件接收变化的入射光并进行光电转换，同时加以某种形式的放大和控制，从而获得最终的控制输出"开""关"信号的器件。它主要由三部分构成：

（1）发送器。发送器对准目标发射光束，发射的光束一般来自于半导体光源，如发光二极管、激光二极管以及红外发射二极管。

（2）接收器。接收器有光电二极管、光电三极管、光电池组成。在接收器的前面，安装有光学元件，如透镜和光圈等。

（3）检测电路。用于滤出噪声、获取有效信号，并应用该信号。

2. 特点与应用

光电开关是传感器的一种，它把发射端和接收端之间光的强弱变化转化为电流的变化以达到探测的目的。由于光电开关输出回路和输入回路是电隔离的（即电绝缘），所以它可以在许多场合得到应用。采用集成电路技术和SMT表面安装工艺而制造的新一代光电开关器件，具有延时、展宽、外同步、可靠性高、工作区域稳定和自诊断等智能化功能。

这种新颖的光电开关是一种采用脉冲调制的主动式光电探测系统型电子开关，它所使用的冷光源有红外光、红色光、绿色光和蓝色光等，可非接触、无损伤地迅速获取各种固体、液体、透明体、黑体、柔软体和烟雾等物质的状态。因此，它具有体积小、功能多、寿命长、精度高、响应速度快、检测距离远以及抗光、电、磁干扰能力强的优点。

光电开关已被用于物位检测、液位控制、产品计数、宽度判别、速度检测、定长剪切、孔洞识别、信号延时、自动门传感、色标检出、冲床和剪切机以及安全防护等领域。此外，利用红外线的隐蔽性，还可在用于银行、仓库、商店、办公室以及其他需要的场合的防盗警戒。

3. 典型光电开关

常用的光电开关是红外线型光电开关，它是利用物体对近红外线光束的反射原理，由同步回路感应反射回来光的强弱而检测物体的存在与否来实现功能的。光电传感器首先发出红外线光束到达或透过物体或镜面对红外线光束进行反射，光电传感器接收反射回来的光束，根据光束的强弱判断物体的存在。

红外光电开关的种类非常多,一般来说有对射形、漫反射形、镜反射形、槽形、光纤形以及安全光幕等。

(1) 对射形光电开关。对射形光电开关原理示意图如图 10-44 (a) 所示,它由发射器和接收器组成,结构上是两者相互分离的,在光束被中断的情况下会产生一个开关信号。典型的检测方式是位于同一轴线上的光电开关相互分开 50m。

该光电传感器的特征是:能够辨别不透明的反光物体,且有效距离大,光束跨越感应距离的次数仅一次;不易受干扰,可以可靠、合适地使用于野外或者有灰尘的环境中。不过,该传感器装置的功耗大、两个单元都必须敷设电缆。如图 10-44 (b) 所示为实物图。

(2) 漫反射形光电开关。漫反射形光电开关原理示意图如图 10-45 (a) 所示,它是当开关发射光束时,目标产生漫反射,发射器和接收器构成单个的标准部件,当有足够的组合光返回接收器时,开关状态发生变化,作用距离的典型值达 3m。

该光电传感器的特征是:有效作用距离是由目标的反射能力、目标表面性质和颜色

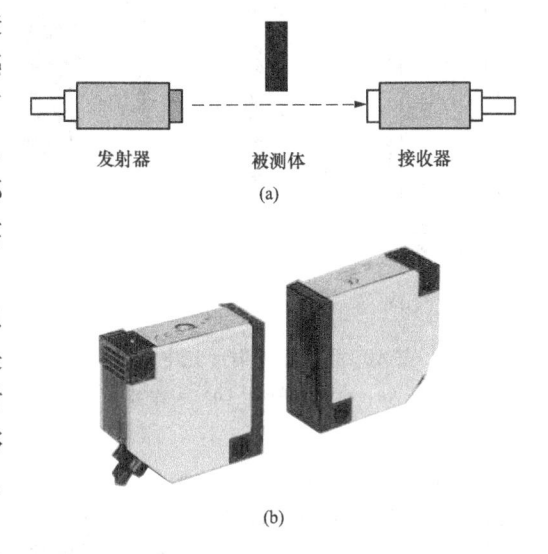

图 10-44 对射形光电开关
(a) 原理示意图;(b) 实物图

等决定的;具有较小的装配开支;当开关由单个元件组成时,通常可以达到粗定位;采用背景抑制功能调节测量距离。不过它对目标上的灰尘敏感,对目标变化了的反射性能也很敏感。如图 10-45 (b) 所示为漫反射形光电开关实物图。

(3) 镜面反射形光电开关。镜面反射形光电开关原理示意图如图 10-46 (a) 所示,它由发射器和接收器构成,是一种标准配置,从发射器发出的光束在对面的反射镜被反射,即返回接收器,当光束被中断时会产生一个开关信号。光的通过时间是 2 倍的信号持续时间,有效作用距离从 0.1~20m。

该光电传感器的特征是:辨别不透明的物体;借助反射镜部件,形成高的有效距离范围;不易受干扰;可以可靠地用于野外或者有灰尘的环境中。图 10-46 (b) 表示实物图。

(4) 槽形光电开关。槽形光电开关原理示意图如图 10-47 (a) 所示,它通常是标准的 U 形结构,其发射器和接收器分别位于 U 形槽的两边,并形成一光轴,当被检测体经过 U 形槽且阻断光轴时,光电开关就产生了检测到的开关量信号。槽式光电开关比较安全可靠地适合检测高速变化,分辨透明与半透明物体。图 10-47 (b) 表示槽形光电开关的实物图。

(5) 光纤形光电开关。光纤形光电开关实物图如图 10-48 所示,它采用塑料或玻璃光纤传感器来引导光线,以实现被检测物体不在相近区域的检测。

图 10-45　漫反射形光电开关
(a) 原理示意图；(b) 实物图

图 10-46　镜面反射形光电开关
(a) 原理示意图；(b) 实物图

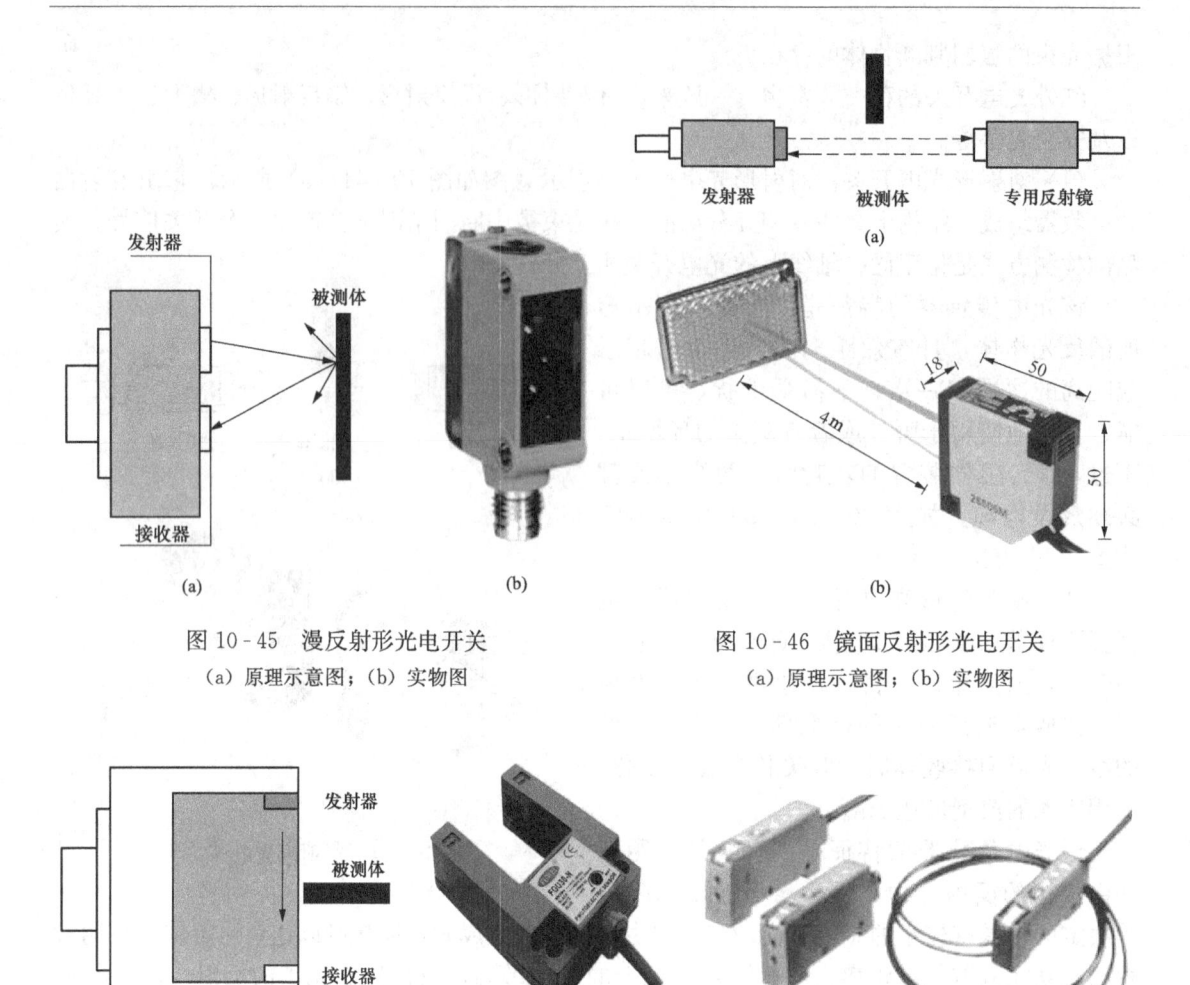

图 10-47　槽形光电开关
(a) 原理框图；(b) 实物图

图 10-48　光纤形光电开关实物图

(6) 安全光幕。安全光幕也就是光电安全保护装置（也称安全保护器、冲床保护器、红外线安全保护装置等），其实物图如图 10-49 所示。

4. 重要术语

(1) 检测距离。检测距离又称动作距离，是指检测体按一定方式移动时，从基准位置（光电开关的感应表面）到开关动作时测得的基准位置到检测面的空间距离。额定动作距离指接近开关动作距离的标称值。

(2) 响应频率。按规定的 1s 时间间隔内，允许光电开关动作循环的次数。

(3) 输出状态。分常开和常闭两种状态。当无检测体时，常开型的光电开关所接通的负载，由于光电开关内部的输出晶体管的截止而不工作，当检测到物体时，晶体管导通，负载得电工作。

(4) 输出形式。分 NPN 二线、NPN 三线、NPN 四线、PNP 二线、PNP 三线、PNP

四线、AC 二线、AC 五线（自带继电器）以及直流 NPN/PNP/常开/常闭多功能等几种常用的输出形式。

5. 典型应用

在电力电子装置中，可以利用槽形光电开关测试电动机转速，其示意图如图 10-50 (a) 所示，利用 M 方法、T 方法和 M/T 方法，获得电动机转速。利用对射形光电开关充当柜门开关，如图 10-50 (b) 所示，当有光透过时柜门关闭；反之，柜门打开其中图

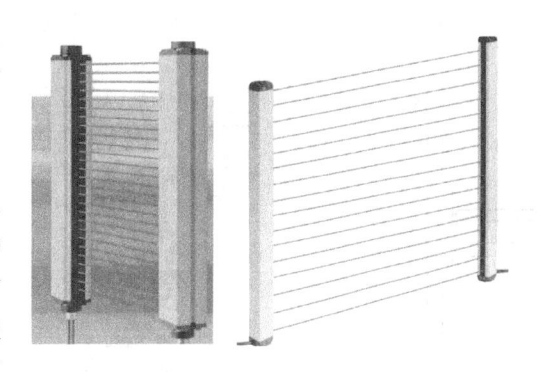

图 10-49 安全光幕实物图

10-50 (b) 中右图表示它的原理示意图。利用光电开关充当电力电子冷却系统的液位开关，其示意图如图 10-50 (c) 所示，有光透过，表示冷却液不足；反之，冷却液合适。利用光电开关充当电力电子装置内部的烟雾检测开关，其示意图如图 10-50 (d) 所示，当光透过，表示没有烟雾，为正常工况；反之，无光透过，表示有烟雾，为故障状态。利用光电开关充当直线移动体速度检测开关，其测速原理：在轨道上安装固定距离 S 的两对光电对射开关（中心间距为 S），当被测体通过时，被测体将先后挡断两对光电开关，如果先后挡断之间的时间为 T，则可以测出火车通过的速度 $V=S/T$，其示意图及波形如图 10-50 (e) 所示。

在光电开关使用现场，为了提高可靠性，建议在它们的输出端接光耦，既起到电平转换的作用，还达到电气隔离的目的。如图 10-50 (f) 所示为光电开关 NPN 型输出端接线方法，如图 10-50 (g) 所示为光电开关 PNP 型输出端接线方法。

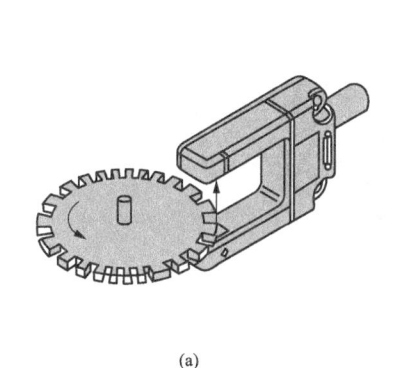

图 10-50 光电开关在电力电子装置中的典型应用（一）
(a) 槽形光电开关测试电动机转速示意图；(b) 对射形光电开关充当柜门开关示意图

6. 光电开关使用范例分析

以槽式直射光电开关 OS808 为例进行分析说明。槽式对射光电开关 TP808 由砷化镓红外发射管和高灵敏度的光敏晶体管组成，利用被测体对光束的遮挡，由同步回路选通电路，从而检测物体的有无，利用该光电开关可以充当柜门是否关闭的报警开关。它的管脚定义与实物图如图 10-51 所示。

光电开关 OS808 的极限参数与关键性参数分别如表 10-16 和表 10-17 所示。

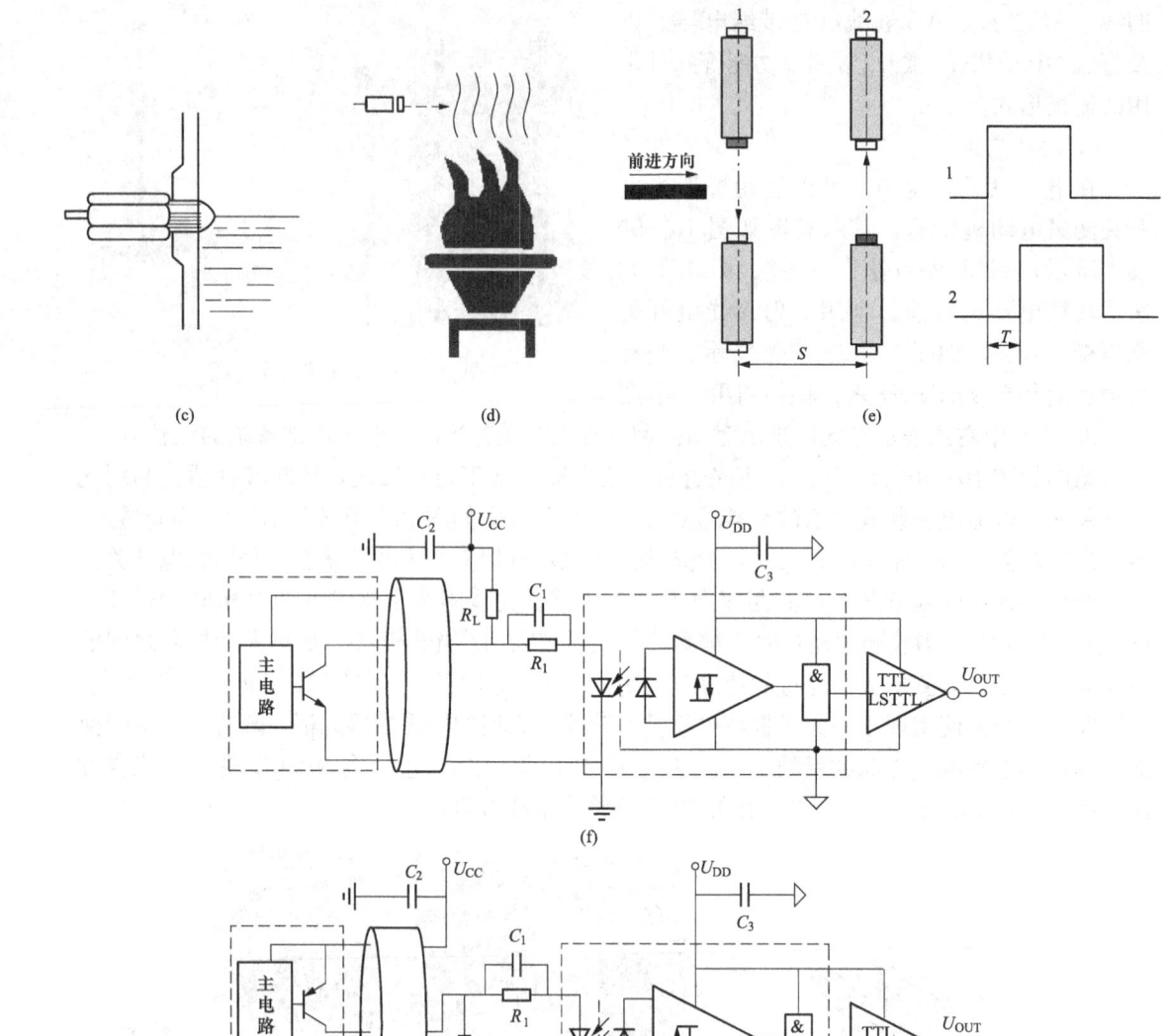

图 10-50 光电开关在电力电子装置中的典型应用（二）
(c) 光电液位开关示意图；(d) 烟雾检测开关示意图；(e) 直线速度检测开关示意图及波形；
(f) NPN 型接线示意图；(g) PNP 型接线示意图

光电开关 OS808 的测试电路如图 10-52 所示，光电开关与光耦合器结合，需要三套电源，即 +5V、U_{DD} 和 U_{SS}。为了分析方便起见，假设光电开关 OS808 的发光管的管压降为 U_{F_O}，输出端三极管的饱和压降为 $U_{CEO(SAT)}$，光耦器件的发光管压降为 U_{F_G}。

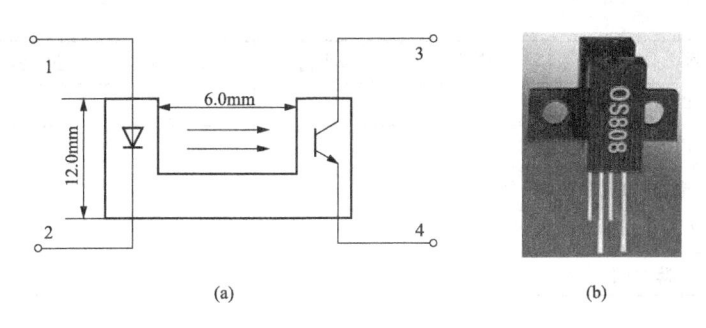

图 10-51 光电开关 OS808

(a) 管脚定义；(b) 实物图

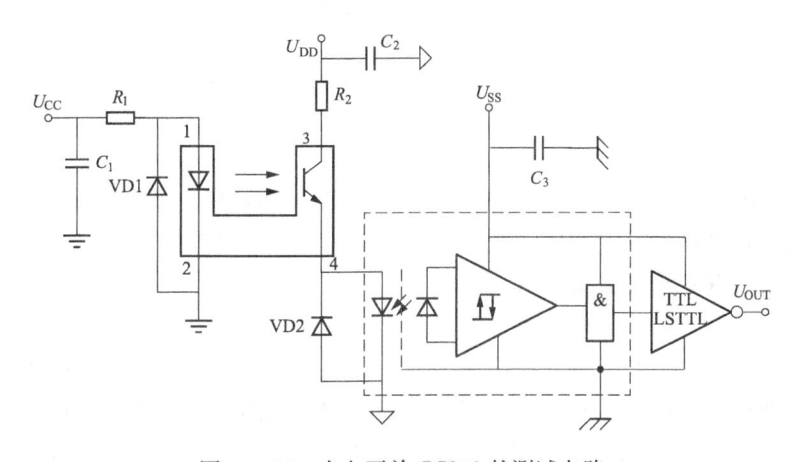

图 10-52 光电开关 OS808 的测试电路

表 10-16 光电开关 OS808 的极限参数

参数名称		符 号	取 值	单 位
输入	正向电流	I_F	50	mA
	反向电压	U_R	5	V
	耗散功率	P	75	mW
输出	集电极电流	I_C	50	mW
	集-射电压	U_{CEO}	20	mA
	射-集电压	U_{ECO}	30	V
	集电极功耗	P_C	5	V

表 10-17 光电开关 OS808 关键性参数

参数名称		符号	最小值	典型值	最大值	单位
输入	正向压降	U_F	—	1.2	1.5	V
	反向电流	I_R	—	—	10	μA
	波长	λ	—	940	—	nm

续表

参数名称		符号	最小值	典型值	最大值	单位
输出	集电极暗电流	I_{CEO}	—	—	1	μA
	集电极光电流	I_L	0.3	—	—	mA
	饱和压降	$U_{CEO(SAT)}$	—	—	0.4	V
传输特性	正上升时间	t_r	—	5	—	μs
	下降时间	t_f	—	5	—	μs

那么，流过光电开关 OS808 的发光管的电流 I_F 的约束表达式为

$$I_F = \frac{U_{CC} - U_{F\_O}}{R_1} \leqslant 50\text{mA} \quad (10-120)$$

流过光电开关 OS808 输出端三极管的电流 I_C 的约束表达式为

$$I_C = \frac{U_{DD} - U_{CEO(SAT)} - U_{F\_G}}{R_2} \leqslant 20\text{mA} \quad (10-121)$$

根据所选择的光耦器件参数、光电开关参数，即可确定电阻 R_1 和 R_2 的取值，再根据流过它们的电流，分别计算它们的功耗，建议留有 2~3 倍的阈量。

三、涡流接近开关及其测量方法

现场使用光电开关时，需要注意下面的问题：

(1) 采用反射形光电开关时，被测体的表面和尺寸大小，对检测距离和动作区域影响巨大，因此，需要根据所选光电开关，加工制作与之相适应的被测体检测面和大小。

(2) 检测微小被测体时，要比检测较大被测体时的灵敏度小、检测距离近、动作区域窄。

(3) 被测体表面的反射率越大，检测灵敏度越高、检测距离大、动作区域宽。

(4) 采用反射形光电开关时，被测体的最小尺寸取决于开关的透镜直径。

(5) 防止光电开关相互之间的干扰和影响。

(6) 高压线、动力线与光电开关的配线，应分开走线，避免造成不必要的影响。

(7) 应按照所选光电开关的技术要求，确定电源的幅值和电流等关键性参数。

(8) 禁止在灰尘较多，腐蚀性气体较浓，水、油、药剂直接飞溅、溅洒的场所使用光电开关。

(9) 禁止在有强光直接照射的场所使用光电开关。

(10) 在光电开关规定的温度、湿度范围内使用。

(11) 安装光电开关时，小心用力，既要保证安装紧固、牢靠，又要保证不损坏光电开关及其相关附件等。

1. 接近开关介绍

接近开关是一种无需与运动部件进行机械直接接触而可以操作的位置开关，当物体接近开关的感应面到动作距离时，不需要机械接触及施加任何压力即可使开关动作，从而为控制器/装置提供控制指令。接近开关是种开关型传感器（即无触点开关），它既有行程开关、微动开关的特性，同时具有传感性能，且动作可靠、性能稳定、频率响应快、应用寿命长、抗干扰能力强，还有防水、防振、耐腐蚀等特点。接近开关产品有电感式、电容式、霍尔式、

光电式等不同类型，广泛地应用于电气、机床、冶金、化工、轻纺和印刷等行业。在自动控制系统中可作用于限位、计数、定位控制和自动保护环节等。

2. 涡流接近开关介绍

涡流接近开关也叫电感式接近开关，其实物图如图10-53所示，它有不同结构形式。它是利用导电物体在接近这个能产生电磁场接近开关时，使物体内部产生涡流。这个涡流反作用到接近开关，使开关内部电路参数发生变化，由此识别出有无导电物体移近，进而控制开关的通或断。这种接近开关所能检测的物体必须是导电体。

(1) 工作原理。涡流接近开关由高频振荡器、整形电路和转换电路三大部分组成，其组成结构示意图如图10-54所示。振荡器产生一个交变磁场，当金属目标接近这一磁场，并达到感应距离时，在金属目标内产生涡流，从而导致振荡衰减，以至停振。振荡器振荡及停振的变化被后级整形电路处理并转换成开关信号，触发驱动控制器件，从而达到非接触式检测的目的。

(2) 特点。

1) 抗干扰性能好。

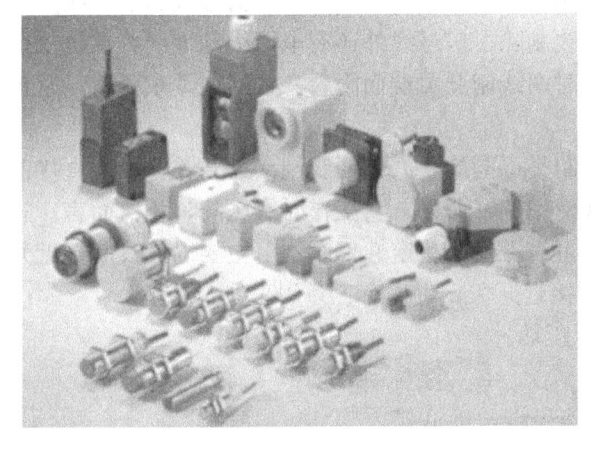

图10-53 涡流接近开关

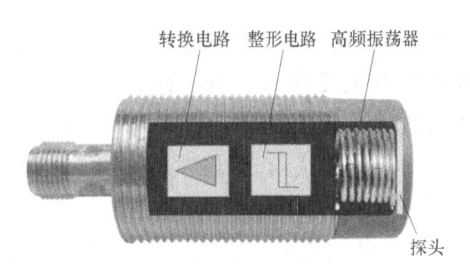

图10-54 涡流接近开关组成结构示意图

2) 开关频率高，一般大于200Hz。

3) 只能感应金属材料。

4) 有些产品由于被测体材料不同，传感器的感应系数会有所差别，建议仔细阅读所选产品的技术手册。

3. 涡流接近开关典型应用

涡流接近开关大量应用在各种机械设备、电力电子装置中，具有位置检测、计数信号的拾取、控制指令传达等作用，具体而言，包括以下几个典型方面：

(1) 检验距离。检测电梯、升降设备、电动机的停止、启动、通过位置；检测车辆的位置，防止两物体相撞的检测；检测工作机械的设定位置，移动机器或部件的极限位置；检测回转体的停止位置，阀门开或关的位置等。

(2) 尺寸控制。金属板冲剪的尺寸控制装置；自动选择、鉴别金属件长度；检测自动装卸时堆物高度；检测物品的长、宽、高和体积等。

(3) 检测物体是否存在。检测生产包装线上有无产品包装箱；检测有无产品零件。利用这一特性，可以充当判断电力电子装置柜门的门控开关，用以检测到柜门（为金属体）是否合上，确保装置安全运行等。

(4) 转速与速度控制。控制传送带的速度、控制旋转机械的转速、与各种脉冲发生器一起控制转速和转数等。

(5) 计数及控制。检测生产线上流过的产品数、高速旋转轴或盘的转数计量、零部件计数等。

(6) 检测异常。检测瓶盖有无；产品合格与不合格的判断；检测包装盒内的金属制品是否缺乏；区分金属与非金属零件；产品有无标牌检测；起重机危险区报警；安全扶梯自动启停等。

(7) 计量控制。产品或零件的自动计量；检测计量器、仪表的指针范围而控制数或流量；检测浮标控制测面高度、流量；检测不锈钢桶中的铁浮标；仪表量程上限或下限的控制；流量控制、水平面控制。

4. 涡流接近开关的接线方法

涡流接近开关的输出端有两线制和三线制之别。其中，两线制由于信号线和电源线是一起的，容易有电源杂波干扰，相比而言，三线制除了信号线外还有电源线和地线，在抗干扰能力上有明显优势。在工程实践中发现，有时两线制开关端面附着有铁屑之类东西时，它也会有信号输出，因此很不可靠。

从原理上说，直流两线制的内部与三线制是不同的，因为两线制接近开关，没有直接的电源加载管脚，所以工作时是必须串接负载使用的，所以，它工作时有压降，相比而言，三线制接近开关工作时基本不存在压降，所以可靠性高、稳定性好。本节主要以三线制接近开关的接线为主进行说明，即 PNP 与 NPN 型接近开关，它们有三条引出线：

1) 电源线 U_{CC}，为红（棕）线，接电源正端。
2) 0V 线，为蓝线，接电源 0V 端。
3) 输出线 U_{OUT}，为黄（黑）线，它是信号端，接负载。

需要提醒的是，涡流接近开关的负载可以是信号灯、继电器线圈或可编程控制器（PLC）的数字量输入模块。

(1) NPN 型。在讨论这个问题时，需注意这里所说的低电平即 0V，并不是指如果不给电的状态。例如：一个接近开关的黑线或蓝线被剪断时，黑线或蓝线一端就是 0V，0V 也是有电压的，而剪断的话就没有了电压，所以没电和 0V 是两个概念，不要混淆。其次，负极不一定就是 0V，要看负极给定的引入电压是多少。

NPN 型是指当有信号触发时，信号输出线 U_{OUT} 和 GND（地线）连接，相当于 U_{OUT} 输出低电平（接近 0V）。NPN 型接近开关集电极开路输出示意图如图 10-55 所示，此为动合开关，当开关动作（即导通时）电源线与信号线经由电阻 R_L 接通，这时信号线输出电压与电源地线电压相同，自然就是负极给定电压（接近 0V）。所以，对于 NPN 型接近开关而言，一旦接通时，其输出电压为低电平（接近 0V）。

1) NPN-NO 型（Normally Open 常开型）。在没有信号触发时，输出线是悬空的，即电源线 U_{CC} 和输出线 U_{OUT} 是断开的；当有信号触发时，输出线 U_{OUT} 与电源线 U_{CC} 电压相同，二者相连，输出高电平（接近 U_{CC}）。

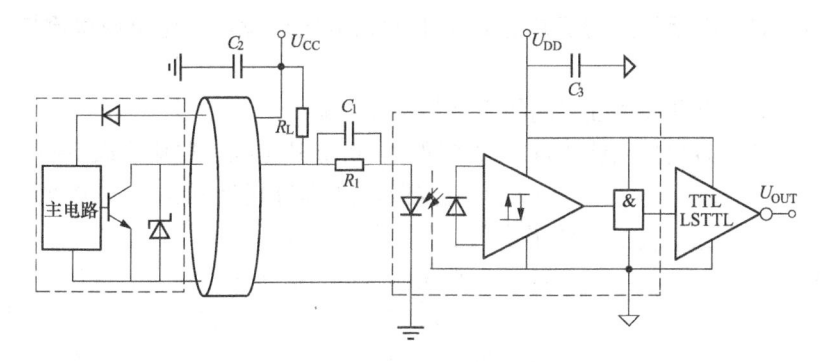

图 10-55　NPN 型接近开关集电极开路输出示意图

2) NPN-NC 型（Normally Close 常闭型）。在没有信号触发时，输出线 U_{OUT} 与电源线 U_{CC} 电压相同，输出高电平（接近 U_{CC}）；当有信号触发后，输出线是悬空的，即电源线 U_{CC} 和输出线 U_{OUT} 断开。

NPN-NC＋NO 型（Normally Open＋Normally Close 常开、常闭共有型）。其实就是多出一个输出线 U_{OUT}，用户可以根据需要选择。

（2）PNP 型。PNP 型是指当有信号触发时，信号输出线 U_{OUT} 和电源线 U_{CC} 连接，相当于 U_{OUT} 输出高电平（接近 U_{CC}）。PNP 型接近开关集电极开路输出示意图如图 10-56 所示，此为常开开关。

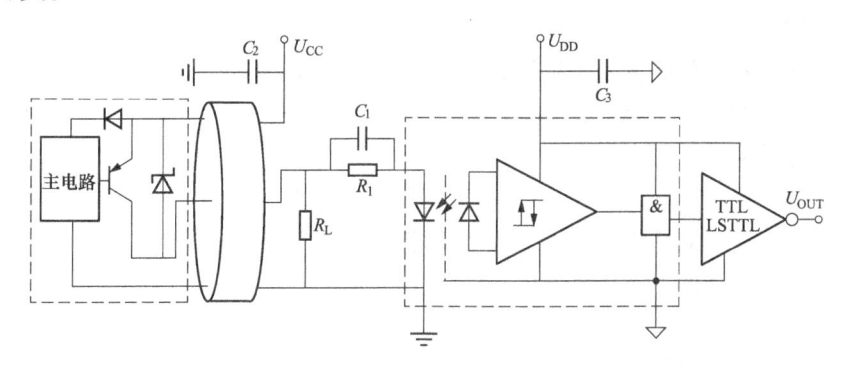

图 10-56　PNP 型接近开关集电极开路输出示意图

1) PNP-NO 型（常开型）。在没有信号触发时，输出线 U_{OUT} 是悬空的，就是 0V 线和输出线 U_{OUT} 断开；有信号触发时，输出线 U_{OUT} 和 0V 线相连，电压相同，输出低电平（接近 0V）。

2) PNP-NC 型（常闭型）。与 PNP-NO 型的特性相反。

3) PNP-NC＋NO 型（常开、常闭共有型）。与 NPN-NC＋NO 型类似，多出一个输出线 U_{OUT}，即两条信号反相的输出线。

5. 涡流接近开关使用注意事项

现场使用涡流接近开关时，需要注意下面的问题：

（1）由于被测体的表面和尺寸大小，对检测距离和动作区域影响巨大，因此，需要根据所选涡流接近开关，加工制作与之相适应的被测体的检测端面形状及其大小。

（2）检测微小被测体时，要比检测较大被测体时的灵敏度小、检测距离近、动作区域窄。

(3) 严防将涡流接近开关用于超过 0.02T 的强电磁环境，以免出现涡流接近开关误动作的情形。

(4) 防止涡流接近开关相互之间的干扰与相互影响。

(5) 高压线、动力线与涡流接近开关的配线，应分开走线，避免造成不必要的影响。

(6) 应按照所选涡流接近开关的技术要求，确定电源的幅值和电流等关键性参数。

(7) 在涡流接近开关规定的温度、湿度范围内使用。

(8) 当涡流接近开关用于接继电器之类的感性负载时，必须设置续流回路，以免损坏涡流接近开关。

(9) 安装涡流接近开关时，小心用力，既要保证紧固、牢靠，又要保证不损坏涡流接近开关及其相关附件等。如图 10-57 所示为接近开关采用止推垫片的实物图。

图 10-57　接近开关采用止推垫片的实物图

四、霍尔开关传感器

1. 基本特点

霍尔开关传感器属于有源磁电转换器件，它是在霍尔效应原理的基础上，利用集成封装和组装工艺制作而成。它主要由稳压器、霍尔元件、差分放大器、斯密特触发器和输出级组成，可以输出数字量。因此，它可以很方便地把磁场输入信号转换成实际应用中的电信号，同时又满足工业场合实际应用易操作和可靠性的要求。

霍尔开关传感器的输入端是以磁感应强度 B 来表征的，当 B 值达到一定的磁感应强度时，霍尔开关传感器内部的触发器翻转，传感器的输出电平状态也随之翻转。输出端一般采用晶体管输出，与接近开关类似，它有 NPN、PNP、常开型、常闭型、锁存型（双极性）和双信号输出等类型。

霍尔开关具有无触点、低功耗、使用寿命长、响应频率高等特点，内部采用环氧树脂封灌成一体，所以能在各类恶劣环境下可靠地工作。霍尔开关可应用于接近开关、压力开关和里程表等，是一种新型的电气设备配件。

2. 分类

按照霍尔开关元件感应方式的不同，可将它分为三种典型传感器：

(1) 单极性霍尔开关传感器。当磁场的一个磁极靠近时，输出低电位电压（低电平）或关断信号；磁场磁极远离时，输出高电位电压（高电平）或开通的信号。但要注意的是，单极性霍尔开关会指定某个磁极感应才会有效。一般是正面感应磁场 S 极，反面感应磁场 N 极，霍尔开关才会有效。

(2) 双极性霍尔开关传感器。因为磁场有两个磁极 N、S，所以两个磁极分别控制双极性霍尔开关的开通和关断（高、低电平）。它一般具有锁定的作用，也就是说当磁极远离后，霍尔输出信号不会发生改变，直到另一个磁极感应。另外，双极性霍尔开关的初始状态是随机输出的，有可能是高电平，也有可能是低电平。

(3) 全极性霍尔开关传感器。全极性霍尔开关的感应方式与单极性霍尔开关的感应方式相似，区别在于，单极性霍尔开关会指定磁极，而全极性霍尔开关不会指定磁极。任何磁极靠近时，霍尔开关的输出为低电平信号；任何磁极远离时，霍尔开关的输出为高电平信号。

霍尔开关传感器典型器件列表如附录 A 中附表 A-1 所示。

3. 范例分析

以 magntek 公司出品的 MT4451 系列的霍尔开关传感器为例,它的极限参数如表 10-18 所示,其组成框图如图 10-58 所示。

表 10-18　　　　　　　霍尔开关传感器 MT4451 系列产品的极限参数

参数名称	符　　号	最　小　值	最　大　值	单　　位
U_S	电源电压	—	80	V
U_R	反向电压	—	-80	V
U_{OUT}	输出电压	—	80	V
I_{OUT}	输出电流	—	20	mA
T_A	工作温度	-40	150	℃
T_S	储存温度	-50	150	℃
T_J	结温	—	165	℃
B	磁感应强度			Gauss

分析图 10-58 得知,开关型霍尔传感器主要由稳压器、霍尔元件、放大器、斯密特整形电路和输出电路 5 个部分组成,它采用 OC 门输出模式,它的输出量为数字量。图 10-58 中将电源 U_S 与 U_{DD} 分隔开成两套电源,上拉电阻 R_L 接电源 U_{DD}。

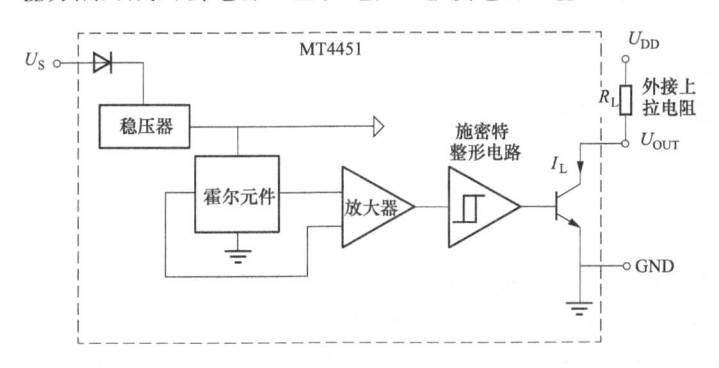

图 10-58　MT4451 系列霍尔开关传感器的组成框图

上拉电阻最小值 R_{L_MIN} 的表达式为

$$R_{L\_MIN} = \frac{U_L - U_{SON}}{I_{OUT\_MAX}} = \frac{U_L - 0.4\text{V}}{2\text{mA}} \tag{10-122}$$

式中,U_L 表示霍尔开关传感器中晶体管导通时,上拉电阻 R_L 两端的电压;U_{SON} 表示霍尔开关传感器中晶体管导通时的管压降,一般取值 0.4V 即可;I_{OUT_MAX} 表示霍尔开关传感器中晶体管导通时允许通过的最大电流,一般不超过 20mA。

如图 10-59 所示为 MT4451 系列霍尔开关传感器的接线方法,图中将电源 U_S 与 U_{DD} 采用同一套电源,特此说明。

霍尔开关传感器可以测量转数、转速、风速、流

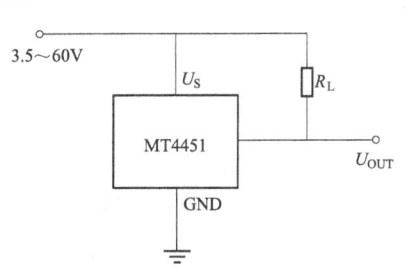

图 10-59　MT4451 系列霍尔开关传感器的接线方法

速，可作为接近开关、门控开关、报警器、自动控制电路等；广泛用于工业、军事和民用现场。

五、接近开关选型方法

对于不同材质的检测体和不同的检测距离，应选用不同类型的接近开关，使其在系统中具有高的性价比，为此在选型中应遵循以下原则：

（1）在一般的工业现场，通常选用涡流接近开关或者电容接近开关，因为它们对环境要求不高。

（2）当检测体为金属材料时，应选用涡流接近开关，因为它是高频振荡型接近开关，抗电磁干扰能力较强、应用范围广，它对铁、镍、A3钢类检测体检测最灵敏。对铝、黄铜和不锈钢类检测体，其检测灵敏度就低。

（3）当检测体为非金属材料时，如木材、纸张、塑料、玻璃和水等，应选用电容型接近开关，它的响应频率较低、稳定性好。

（4）如果被测体为导磁材料或者为了区别与它一同运动的物体而把磁钢埋在被测体内时，建议选用霍尔接近开关。

（5）在环境比较好、无粉尘污染的场合，且金属体和非金属要进行远距离检测和控制时，应选用光电型接近开关或超声波型接近开关。

（6）对于检测体为金属时，若检测灵敏度要求不高，可选用价格低廉的磁性接近开关或霍尔式接近开关。

需要说明的是，无论选择何种接近开关，都要注意它对工作电压、负载电流、响应频率、检测距离等各项技术指标的要求。

第六节 几种模拟传感器的开关电路设计范例

一、分流器电流超限开关电路设计范例

前面在设计过程中，并没有提及将分流器的输出电压转换为高低电平或者开关量，实际上，在电力电子装置中，很多时候会直接将分流器的输出电压直接转换为高、低电平信号参与控制，如果是这种用途的话，最简单的方法就是构建比较器电路。

1. 工作原理

本例采用运放 LM358 构建滞环比较器。基于运放 LM358 的滞环比较器示意图如图 10 - 60 所示。

令 U_{TL} 为低门槛值，其表达式为

$$U_{TL} = \frac{R_2}{R_2 + R_3}(U_{OL} - U_{REF}) + U_{REF} \qquad (10-123)$$

式中，U_{OL} 为运放 LM358 输出的低电压；U_{REF} 为参考电压。

令 U_{TH} 为高门槛值，其表达式为

$$U_{TH} = \frac{R_2}{R_2 + R_3}(U_{OH} - U_{REF}) + U_{REF} \qquad (10-124)$$

式中，U_{OH} 为运放 LM358 输出的高电压。

联立式（10-123）和式（10-124），可以得到比较器的阈值带（又称回差）的表达式为

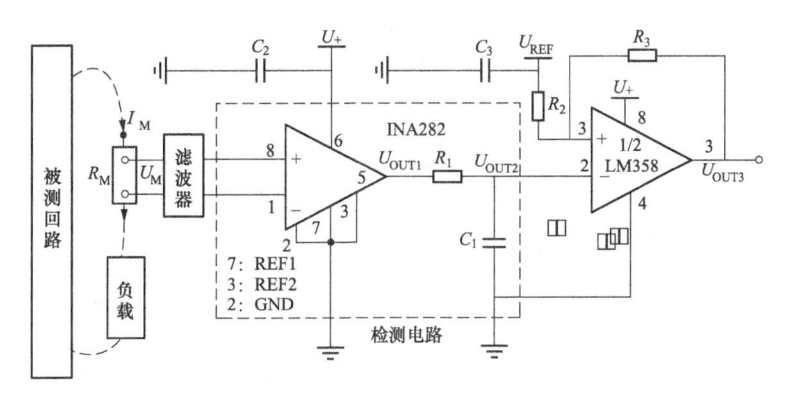

图 10-60 基于运放 LM358 的滞环比较器示意图

$$\Delta U_{TH} = U_{TH} - U_{TL} = \frac{R_2}{R_2 + R_3}(U_{OH} - U_{OL}) \tag{10-125}$$

基于运放 LM358 的滞环比较器的传输特性如图 10-61 所示。

根据运放 LM358 的参数手册得知它的高低电平参数如表 10-19 所示。有关运放 LM358 的技术参数请详见其参数手册，此处恕不赘述。

表 10-19　　　　　　　　　运放 LM358 输出的高低电平参数

参数名称	最小值（V）	典型值（V）	最大值	测试条件
U_{OH}	3.3	3.5	—	$U_{CC}=5.0$ V, $R_L=2.0$ kΩ, $T_A=25$℃
U_{OL}	—	0.2	—	$U_{CC}=5.0$ V, $R_L=10.0$ kΩ, $T_A=0\sim70$℃

综上所述，为了获得高低电平信号，只需要根据设计要求，适当选取电阻 R_1、R_2 和 U_{REF} 的参考电压即可。

2. 比较器电路设计

如图 10-62 所示为一种窗口比较器电路原理示意图。

（1）当来自运放 A1 的输出电压 u_{OUT} 低于高门槛电压 u_H 时，运放 A2-1 输出低电平 0V，当输出电压 u_{OUT} 超过低门槛电压 u_L 时，运放 A2-2 输出低电平 0V，也就是说 $u_L < u_{OUT} < u_H$ 时，运放 A2-1 和运放 A2-2 均输出低电平 0V，那么三极管 VT1 不会开通，因此，输出电平 u_T 为高电平，即

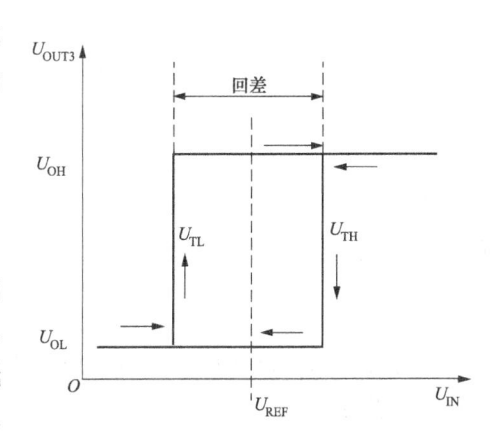

图 10-61 基于运放 LM358 的滞环比较器的传输特性

$$u_T \approx 5\text{V} \tag{10-126}$$

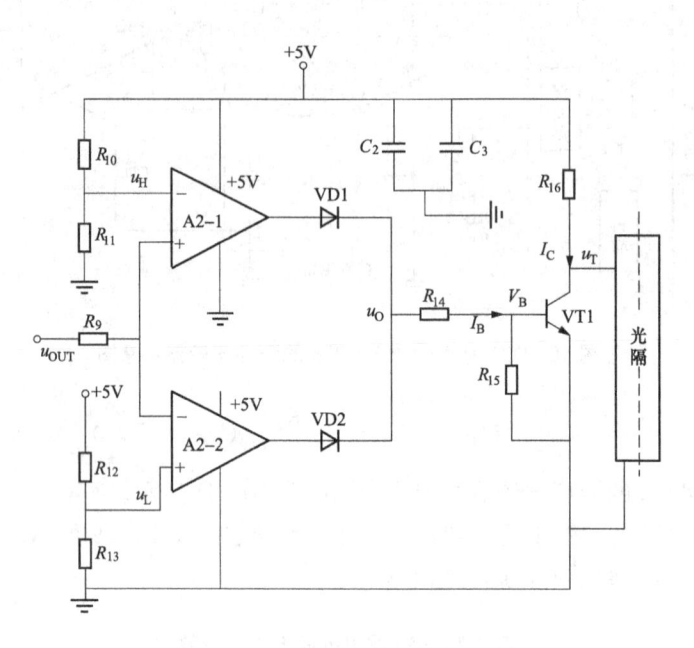

图 10-62 一种窗口比较器电路原理示意图

(2) 当来自运放 A1 的输出电压 u_{OUT} 超过高门槛电压 u_H 时，运放 A2-1 输出高电平（接近电源 5.0V），三极管 VT1 开通时的饱和压降为 $u_{CE(SAT)}$，因此，输出电平 u_T 为低电平，即

$$u_T = u_{CE(SAT)} \approx 0\text{V} \tag{10-127}$$

(3) 当来自运放 A1 的输出电压 u_{OUT} 低于低门槛电压 u_L 时，运放 A2-2 输出高电平（接近电源 5.0V），三极管 VT1 开通，因此，输出电平 u_T 为低电平（接近 0V）。

高低门槛电压 u_H、u_L 的表达式分别为

$$\begin{cases} u_H = 5\dfrac{R_{11}}{R_{10}+R_{11}} = 2.8(\text{V}) \\ u_L = 5\dfrac{R_{13}}{R_{12}+R_{13}} = 0.02(\text{V}) \end{cases} \tag{10-128}$$

由式 (10-128) 推导获得电阻 R_{10} 与 R_{11} 之间、R_{12} 与 R_{13} 之间的关系式

$$\begin{cases} R_{10} = 0.79R_{11} \\ R_{12} = 249R_{13} \end{cases} \tag{10-129}$$

采用 E192 电阻系列，假设 R_{11} 取值为 6.65kΩ，那么 R_{10} 取值为 5.23kΩ，那么高门槛电压的计算值为

$$u_H = 5\frac{R_{11}}{R_{10}+R_{11}} = 5\frac{6.65}{6.65+5.23} \approx 2.8(\text{V}) \tag{10-130}$$

采用 E192 电阻系列，假设 R_{13} 取值为 3.01kΩ，那么 R_{12} 取值为 750kΩ，于是低门槛电压的计算值为

$$u_L = 5\frac{R_{13}}{R_{12}+R_{13}} = 5\frac{3.01}{3.01+750} \approx 0.02(\text{V}) \tag{10-131}$$

电阻 R_9 是用于保护运放的限流电阻，同时还要与比较器输入端的电阻平衡，即

第十章　数字传感器及其典型应用技术

$$\begin{cases} R_9 \approx R_{10}//R_{11} \approx 2.93\text{k}\Omega \\ R_9 \approx R_{12}//R_{13} \approx 3.0\text{k}\Omega \end{cases} \quad (10-132)$$

既要结合保护运放的限流要求，又要与式（10-130）获得的计算值比较接近。本例运放 A2-1 和 A2-2 可以选择低噪声精密双运芯片，如 OP293，因此电阻 R_9 可以取值 2.98kΩ。当然，也可以选择专用比较器如 LM311、LM139、LM239、LM339、LM2901 等。

假设运放 A2-1 或 A2-2 输出高电平时为 u_{OH}，那么三极管 VT1 的基极电流的表达式为

$$I_B = \frac{u_{OH} - U_{BE} - U_F}{R_{14}} \quad (10-133)$$

式中，U_{BE} 表示三极管 VT1 的基极-发射极压降；U_F 表示二极管的管压降。

三极管 VT1 导通时的集电极电流表达式为

$$I_C = \frac{5 - u_{CE(SAT)}}{R_{16}} \quad (10-134)$$

三极管 VT1 的放大倍数为 β，那么管子导通的临界基极电流表达式为

$$I_{B\_S} = \frac{I_C}{\beta} = \frac{5 - u_{CE(SAT)}}{\beta R_{16}} \quad (10-135)$$

要确保三极管 VT1 工作在开关状态，必须满足下式

$$I_B > I_{B\_S} \quad (10-136)$$

化简得到一个重要的约束性表达式

$$\frac{R_{16}}{R_{14}} > \frac{5 - u_{CE(SAT)}}{\beta(u_{OH} - U_{BE} - U_F)} \quad (10-137)$$

在图 10-62 所示电路中，二极管 VD1 与 VD2 可以选择 1N4148、1N4446、1N4448 及其类似型号的二极管，它们的管压降如表 10-20 所示。

表 10-20　二极管 1N4148、1N4446、1N4448 的管压降参数

符号	二极管名称	取值条件（mA）	最小值（V）	最大值（V）
U_F	1N4148	$I_F=10$	—	1.0
	1N4446	$I_F=20$	—	1.0
	1N4448	$I_F=5$	0.62	0.72
		$I_F=100$	—	1.0

在图 10-62 所示电路中，三极管 VT1 可以选择 NPN 小信号的通用放大器如 2N2222 及其类似型号的三极管，它的关键性参数如表 10-21 所示。

表 10-21　小信号 NPN 三极管 2N2222 的关键性参数

符号	符号名称	取值条件（mA）	最小值（V）	最大值
U_{CBO}	集电极-基极电压	发射极开路	—	60/V
U_{CEO}	集电极-发射极电压	基极开路	—	75/V
I_C	集电极电流（DC）	—	—	800/mA
β	直流增益	$I_C=10\text{mA}$, $U_{CE}=10\text{V}$	35	
$U_{CE(SAT)}$	集电极-发射极饱和电压	$I_C=150\text{mA}$, $I_B=15\text{mA}$, $U_{CE}=10\text{V}$	—	0.4/V
$U_{BE(SAT)}$	基极-发射极饱和电压	$I_C=150\text{mA}$, $I_B=15\text{mA}$, $U_{CE}=10\text{V}$	—	1.3/V

在图 10-62 所示电路中，运放可以选择 OP293。下面简单介绍一下运放 OP293 的特点：

(1) 它为单电源运放，具有高精度、低电源电流特性与低工作电压的特点。

(2) 为使单电源系统实现高性能，其输入和输出范围需包括地电压。

(3) 置于低电压工作时，它可以采用低至+1.7V 或±0.85V 的电源供电，耗用的电流很低，可以在低电压下工作，所以在其他放大器因电池耗竭或阈量不足停止工作之后，它仍能继续工作。

(4) OP293 的高精度与低功耗特性组合，使之特别适合电池供电的设备。

(5) 当然，OP293 的额定电源电压为+2V（单电源）至±15V（双电源）均可以工作，且采用 SOIC 表贴封装，工作温度范围为-40~125℃。

当 OP293 采用+5V 供电时，其输出的高电平 u_{OH} 为 4.4V。

以上述器件为例，代入相关参数，计算约束式（7-35），获得电阻 R_{14} 与 R_{16} 的关系式为

$$\frac{R_{16}}{R_{14}} > \frac{5 - u_{CE(SAT)}}{\beta(u_{OH} - U_{BE} - U_F)} = \frac{5 - 0.4}{35(4.4 - 0.7 - 1)} \approx 0.03 \quad (10-138)$$

假设按照 E24 电阻系列，取 $R_{14}=5.1\text{k}\Omega$，$R_{16}=2.7\text{k}\Omega$，那么计算三极管 VT1 的基极电流为

$$I_B = \frac{u_{OH} - U_{BE} - U_F}{R_{14}} = \frac{4.4 - 0.7 - 1.0}{5.1} = 0.5(\text{mA}) \quad (10-139)$$

$$I_{B\_S} = \frac{5 - u_{CE(SAT)}}{\beta R_{16}} = \frac{5 - 0.4}{35 \times 2.7} \approx 0.05(\text{mA}) \quad (10-140)$$

当满足下式

$$I_B = 0.5\text{mA} > I_{B\_S} = 0.05\text{mA} \quad (10-141)$$

则三极管 VT1，可以工作在开关状态。假设电阻 R_{16} 取值 2.7kΩ，即 $R_{16}=2.7\text{k}\Omega$。

根据分压器原理，当运放输出高电平 u_{OH} 为 4.4V 时，加载在三极管 VT1 的基极电压为

$$U_B = \frac{R_{15}}{R_{14} + R_{15}}(U_{OH} - U_F) = \frac{4.4 - 1.0}{5.1 + 2.7} \times 2.7 \approx 1.2\text{V} < U_{BE(SAT)} = 1.3(\text{V})$$

$$(10-142)$$

增设电阻 R_{16}，可以确保三极管 VT1 的基极不会超过 $U_{BE(SAT)}$ [本例 $U_{BE(SAT)}=1.3\text{V}$] 电压，有效保护三极管 VT1 的基极不被过压击穿。同时当三极管 VT1 关断时，经由电阻 R_{16} 组成泄放回路，因此，电阻 R_{16} 充当泄放回路的限流电阻。

另外，为了降低由于热电偶的灵敏度太低对后续处理电路的不利影响，目前已有很多实用方法，去提高热电偶的灵敏度，如：

(1) 缩小两个金属连接点的接触面。

(2) 确保两个金属整体处于被测体环境中，缩短它们的引出线。

(3) 采用低电阻率的导线，缩短导线长度。

(4) 具体到传感器处理电路的设计时，要考虑两个方面的问题：

1) 改善传感器源头信号，提高其敏感度。

2) 修改后续处理电路，提高信号幅值。

设计人员应注意：

(1) 要制定兼顾传感器与检测电路的方法和策略。

(2) 要从中挑选最佳方案，并制订设计计划，做好判断各个参数是否合理的判据。

（3）分析在极端工况时，考虑将最弱或者最强情况所产生的不利影响，降低到整个测试系统能够接受的程度的解决方法或者处理技巧。

（4）要熟悉传感器特性、后续处理电路拓扑，寻找更多兼顾两者的方法，以提高设计的冗余性和灵活性，促使最优检测方案的形成。

二、湿度超限开关电路设计范例

1. 传感器特点

测量湿度要比测量温度更加复杂，这是因为温度是个独立的被测量，而湿度却受大气压强和温度的影响。

HUMIREL 公司出品的湿度传感器 HS1101LF，是基于独特工艺设计的电容型传感器元件，它除了可以应用于电力电子装置之外，还可以广泛应用于办公自动化、车厢内空气质量控制、家电和其他工业现场控制系统中。

现将湿度传感器 HS1101LF 的典型特点小结如下：

（1）在标准条件下完全互换且不需要校准。

（2）瞬时稀释后长时间在饱和阶段。

（3）兼容自动化的装配流程，包括波峰焊接。

（4）高可靠性与长时间稳定性。

（5）专利的固态聚合物结构。

（6）可用于线性电压或频率输出电路。

（7）快速响应时间。

2. 传感器特性参数

湿度传感器 HS1101LF 的极限参数如表 10-22 所示，其测量温度 $T_a=25℃$。

表 10-22　　　　湿度传感器 HS1101LF 的极限参数（$T_a=25℃$）

参数名称	符号	参数取值	单位
工作温度	T_a	$-60\sim140$	℃
储存温度	T_{stg}	$-60\sim140$	℃
电源电压	U_S	10	V
测量范围	RH	$0\sim100$	%RH
焊接温度（在260℃时）	t	10	s

湿度传感器 HS1101LF 的关键性参数如表 10-23 所示，其测量频率 $f=10kHz$，测量温度 $T_a=25℃$。

表 10-23　　湿度传感器 HS1101LF 的关键性参数（$f=10kHz$，$T_a=25℃$）

参数名称	符号	参数取值 最小值	参数取值 典型值	参数取值 最大值	单位
测量范围	RH	1	—	99	%RH
电源电压	U_S	—	5	10	V
额定电容（相对湿度为55%时）	C	177	180	183	pF
平均敏感度（33%～75%RH）	$\Delta C/\%RH$	—	0.31	—	pF/%RH
漏电流（$U_S=5V$）	I_X	—	1	—	nA

参数名称	符号	参数取值 最小值	参数取值 典型值	参数取值 最大值	单位
150小时的冷凝后恢复时间	t_r	—	10	—	s
湿度滞环		—	—	±1.0	%RH
长期稳定性	T		±0.5		%RH/年
响应时间（33%~80%RH）	t_a	—	3	5	s
典型的响应曲线偏差（10%~90%RH）			±2		%RH

3. 传感器工作原理

湿度传感器 HS1101LF 的实物图如图 10-63（a）所示，其等效电路框图，如图 10-63（b）所示，它包括传感器本体的振荡器电路、参考电压的振荡器电路、输出电压的低通滤波器电路和末级放大器 4 个部分。

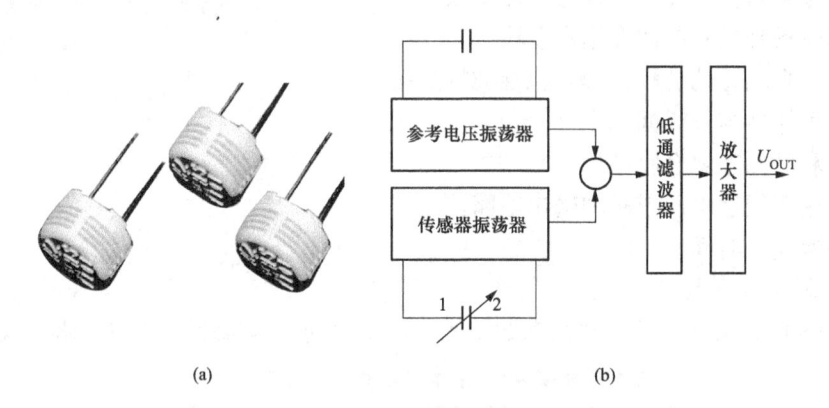

图 10-63 湿度传感器 HS1101LF 的实物图和等效电路框图
（a）实物图；（b）等效电路框图

相对湿度在 0%~100%RH 范围内，湿度传感器 HS1101LF 的电容值由 161.6pF 变到 193.1pF，响应时间小于 5s；温度系统为 0.31pF/℃，湿度传感器 HS1101LF 的电容 C_P 的多项式拟合曲线的表达式为

$$C_P(\mathrm{pF}) = C_{55\%} \times (3.9031^{-8}RH^3 - 8.2941^{-6}RH^2 + 2.1881^{-3}RH + 0.898)$$

(10-143)

式中，$C_{55\%}$ 表示相对湿度为 55% 的电容，pF；RH 表示相对湿度值，%。该传感器的电容 C_P 的测试结果如表 10-24 所示（在 10kHz/1V 时）。

表 10-24　　湿度传感器 HS1101LF 的电容 C_P 的测试结果

湿度（%RH）	0	5	10	15	20	25	30	35	40	45	50
C_P（pF）	161.6	163.6	165.4	167.2	169.0	170.7	172.3	173.9	175.5	177.0	178.5
湿度（%RH）	55	60	65	70	75	80	85	90	95	100	—
C_P（pF）	180	181.4	182.9	184.3	185.7	187.2	188.6	190.1	191.6	193.1	—

如果简化问题分析的话，可以把它看作线性关系，其近似表达式为

$$C_P(pF) \approx C_{55\%} \times (2.1881^{-3}RH + 0.898) \quad (10-144)$$

4. 设计要求

(1) 适应现场电力电子装置的特殊工作环境，强电磁干扰。

(2) 要求湿度测量结果远距离传输，传输距离超过 50m。

(3) 相对湿度范围 0%~95%。

5. 电路设计

根据现场测湿要求，因此，需要把传感器 HS1101LF 输出信号转换为脉冲信号，经由光纤传输，既可以实现远距离传输，还能降低电磁环境对它的不利影响。分析表 10-24 得知，湿度传感器 HS1101LF 的电容 C_P 与湿度存在一一对应关系，因此，本例借助 TLC555 的多谐振荡器工作模式，将传感器 HS1101LF 的电容 C_P 视为与湿度密切相关的可变电容，经由湿度传感器的电容 C_P 变化，来调整 TLC555 的多谐振荡器输出信号（方波信号）的高低电平的脉宽的变化，即输出方波信号的周期的变化，传感器 HS110LF 输出频率信号的测量电路原理图如图 10-64 所示，它包括以下几个部分：

(1) 利用 TLC555 形成多谐振荡器电路。

(2) 传感器 HS1101LF 充当多谐振荡器的调谐电容 C_P。

(3) 将反应湿度的方波信号进行光电隔离变换。

(4) 再将反应湿度的方波信号进行电光转换，经由光纤实现处理传输。

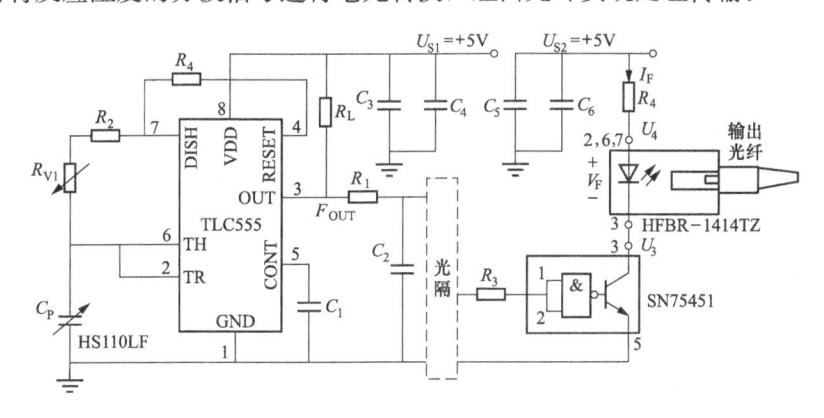

图 10-64 传感器 HS1101LF 输出频率信号的测量电路原理图

6. 设计计算

下面给出测湿电路的设计计算过程。

(1) 求解输出波形频率 F_{OUT}。由于将传感器 HS1101LF 视作可变电容 C_P，利用它控制 TLC555 芯片输出信号的频率，进而输出反应湿度的方波信号，根据 TLC555 的工作机理，可以得到其输出高电平信号的脉宽 $t_{C(H)}$ 的表达式为

$$t_{C(H)} = C_{\%RH} \times (R_2 + R_4) \times \ln2 \quad (10-145)$$

式中，$C_{\%RH}$ 表示相对湿度为%RH 时传感器 HS1101LF 的等效电容值。

同理，该传感器输出低电平信号的脉宽 $t_{C(L)}$ 的表达式为

$$t_{C(L)} = C_{\%RH} \times R_2 \times \ln2 \quad (10-146)$$

信号频率 F_{OUT} 的表达式为

$$F_{OUT} = \frac{1}{t_{C(H)} + t_{C(L)}} = \frac{1}{C_{\%RH}(2R_2 + R_4) \times \ln 2} \tag{10-147}$$

信号占空比 D 的表达式为

$$D = \frac{t_{C(H)}}{t_{C(H)} + t_{C(L)}} = \frac{R_2 + R_4}{2R_2 + R_4} \tag{10-148}$$

传感器 HS1101LF 输出信号的频率在 5~300kHz 范围均可正常工作，上述电路的湿度—频率测试结果如表 10-25 所示。

表 10-25　基于湿度传感器 HS1101LF 的湿度—频率的测试结果

湿度（%RH）	0	5	10	15	20	25	30	35	40	45	50
F_{OUT}（Hz）	—	—	7155	7080	7010	6945	6880	6820	6760	6705	6650
湿度（%RH）	55	60	65	70	75	80	85	90	95	100	
F_{OUT}（Hz）	6600	6550	6500	6450	6400	6355	6305	6260	6210	—	

（2）设计输出波形的低通滤波器。图 10-64 所示测湿电路中各个参数为：

1) $R_2 = 499\text{k}\Omega$。

2) $R_1 = 1\text{k}\Omega$。

3) R_{V1} 电位器 $=50\text{k}\Omega$（用于微调输出信号的频率）。

4) $C_1 = 100\text{nF}$，$C_2 = 2.2\text{nF}$，$C_3 = 10\text{nF}$，$C_4 = 10\mu\text{F}$（钽电容）。

5) $R_4 = 49.9\text{k}\Omega$。

由电阻 R_1 和电容 C_2 组成低通滤波器，其截止频率为

$$F_C = \frac{1}{2\pi \times C_2 \times R_1} = \frac{1}{2\pi \times 2.2 \times 1} \approx 72.37(\text{kHz}) \tag{10-149}$$

（3）介绍 TLC555 芯片的应用技巧。TLC555 芯片作为一个能产生精确定时脉冲的高稳度控制器，它的原理框图如图 10-65（a）所示，其管脚定义如图 10-65（b）所示。TLC555 芯片的输出驱动电流可达 200mA。

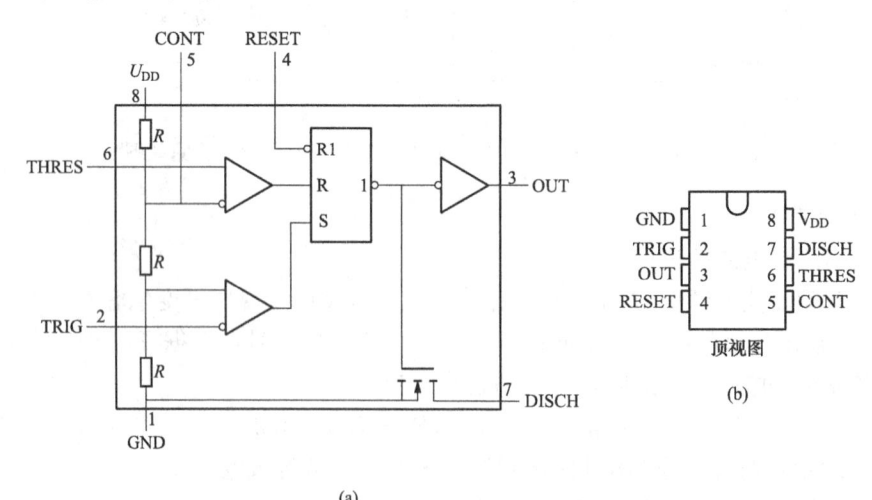

图 10-65　TLC555 芯片的原理框图和管脚定义
(a) 原理框图；(b) 管脚定义

在多谐振荡器工作方式时，其输出的脉冲占空比由两个外接电阻和一个外接电容确定。在单稳态工作方式时，其延时时间由一个外接电阻和一个外接电容确定，它可以延时数微秒到数小时，其工作电压范围为：4.5~16V。

TLC555 电路功能的简单概括为：

1) 当 6 端和 2 端同时输入为 "1" 时，3 端输出为 "0"。
2) 当 6 端和 2 端同时输入为 "0" 时，3 端输出为 "1"。

TLC555 定时器正是根据这一功能用作多谐稳态触发器输出频率信号的。在图 10-64 所示电路中，当电源接通时，由于 6 端和 2 端的输入为 "0"，则定时器 3 脚输出为 "1"，又由于 C_P 两端电压为 0，故通过 R_{V1}、R_2 和 R_4 对 C_P 充电。当 C_P 两端电压达到 2/3 电源电压 U_{CC} 时，定时电路翻转，输出变为 "0"，此时 TLC555 定时器内部的放电开关的基极电压为 "1"，放电开关导通，从而使电容 C_P 通过 R_2 和 TLC555 定时器内部的放电管子进行放电；当 C_P 两端电压降低到 1/3 电源电压 U_{CC} 时，定时器又翻转，使输出变为 "1"，内部放电管子 BJT 截止，U_{CC} 又开始通过 R_{V1}、R_2 和 R_4 充电，如此周而复始，形成振荡。TLC555 芯片充当多稳态触发器的接线原理电路图和波形示意图，如图 10-66 所示。

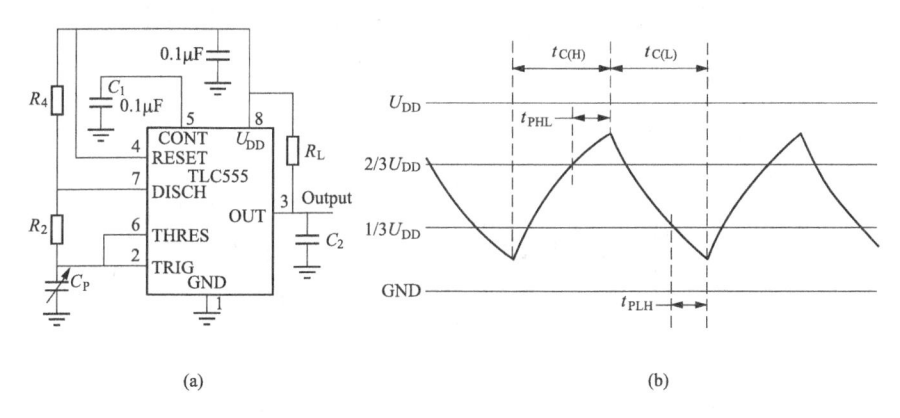

图 10-66 TLC555 芯片充当多稳态触发器的接线原理电路图和波形示意图
(a) 电路原理图；(b) 波形示意图

充电时间 $\tau_{充电}$ 为

$$\tau_{充电} = \ln2 \times (R_2 + R_4) \times C_P \tag{10-150}$$

放电时间 $\tau_{放电}$ 为

$$\tau_{放电} = \ln2 \times R_2 \times C_P \tag{10-151}$$

输出脉冲占空比 D 为

$$D = \frac{R_2 + R_4}{2R_2 + R_4} \tag{10-152}$$

分析式 (10-151) 得知，为了使输出脉冲占空比接近 50%，R_4 应远远小于 R_2，但是又要兼顾输出波形的周期。

当外界湿度变化时，湿度传感器 HS1101LF 两端的等效电容值 C_P 会发生改变，从而改变定时电路的输出频率，因此只要测出 TLC555 的输出频率，并根据湿度与输出频率的关系（详见表 10-25 所示），即可求得环境的湿度。

(4) 求解 TLC555 芯片输出端的上拉电阻。TLC555 芯片的输出级电路原理图如图

10-67所示。在图10-66中,电阻R_L表示上拉电阻,在第一章第1节已经讲解过上拉电阻的求解方法,思路与此类似,它的计算方法如下:

1) 当芯片TLC555输出为高电平时,如图10-67所示的箭头部分,上拉电阻R_L被旁路掉。

2) 当芯片TLC555输出为低电平时,如图10-67所示的箭头部分,上拉电阻R_L在回路中起到限流的作用。根据TLC555芯片的参数手册得知,它为低电平时,允许流过的电流I_{OL}为3.2mA,输出低电平的幅值不超过0.4V,即

$$U_{OUT\_555\_L} \leqslant 0.4V \tag{10-153}$$

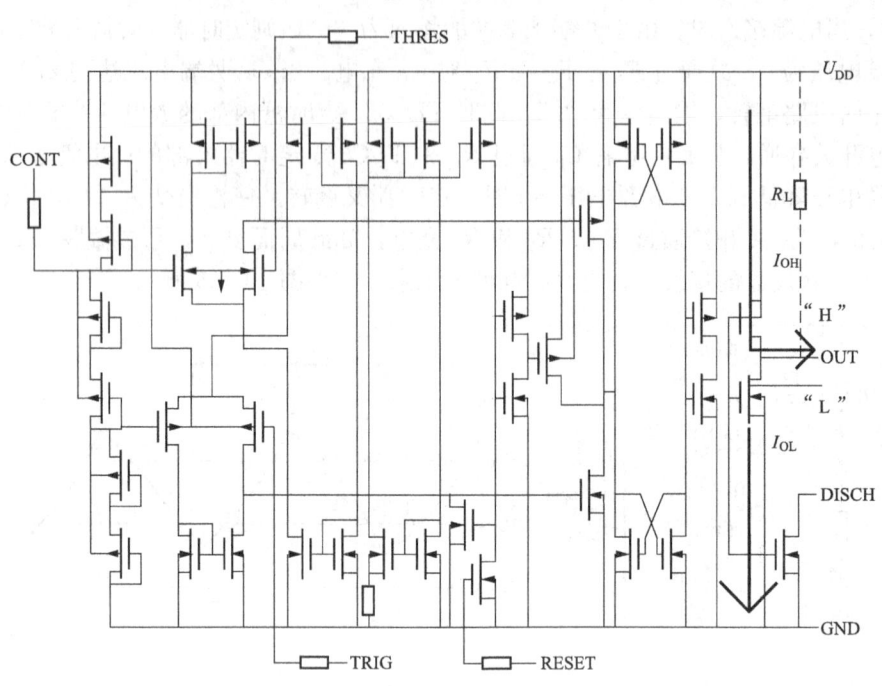

图10-67 TLC555芯片的输出级电路原理图

则有

$$U_{OUT\_555\_L} = U_{DD} - I_{OL} \times R_L \leqslant 0.4V \tag{10-154}$$

式中,I_{OL}表示TLC555输出端为低电平时的输出电流。

那么,上拉电阻R_L必须满足条件

$$R_L \geqslant \frac{U_{DD} - 0.4V}{I_{OL}} = \frac{5 - 0.4}{3.2} \approx 1.44(k\Omega) \tag{10-155}$$

适当留有阈量,建议上拉电阻R_L取值2.2kΩ。

(5) 分析电光转换电路。本例选用AVAGO的HFBR-1414TZ光纤发射器(以下简称发送头),它属于HFBR-14xxZ系列的器件,其关键性参数如表10-26所示。

表10-26 光纤发射器HFBR-1414TZ的关键性参数

型号	二极管电容	快速性		工作电源	工作温度	连接器类型	正向电流I_F	正向压降U_F
		最大上升时间	最大下降时间					
HFBR-1414TZ	55pF	6.5ns	6.5ns	$\leqslant 7U_{DC}$	−40~85℃	ST	$\leqslant$200mA	$\leqslant$2.09V

本例采用与门电路芯片 SN75451 驱动 HFBR-1414TZ 发送头。SN75451 是一种典型的双与门功率驱动电路，它采用双列直插 DIP8 的封装结构，输出电流高达 300mA，电源电压采用 5V，相关器件型号还有 75451A/B、MC75451/B、HD75451A、SG75451、SG75451B、SN55451B 等。该电路的输入端与 TTL 或 DTL 电路相容，它最显著的特点就是具有与逻辑功能的外围驱动器，其输入电流高达 300mA、输入电压幅值高、转换速度快，双与门功率驱动电路 SN75451 的原理框图和等效电路图如图 10-68 所示。

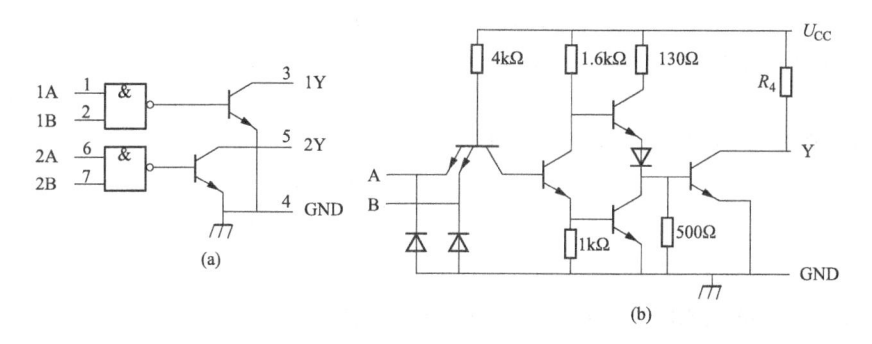

图 10-68 双与门功率驱动电路 SN75451 的原理框图和等效电路图
(a) SN75451 的原理框图；(b) SN75451 的等效电路图

根据 SN75451 的原理框图和等效电路图得知，该芯片要正常工作，需要接一个上拉电阻，在图 10-64（b）中为电阻 R_4，下面分析该电阻的取值依据。

根据 SN75451 的参数手册得知，它输出低电平的最大值，U_{OL_MAX}，不得超过 0.7V，那么，在图 10-64 中所示的 HFBR-1414TZ 发送头的管脚 3 的电位点 U_3，也不会超过 0.7V，即 $U_{3\_L\_MAX}$ 满足条件

$$U_{3\_L\_MAX} \leqslant 0.7\text{V} \quad (10-156)$$

根据 KVL 定理，在图 10-64 所示的电位点 $U_{3\_L\_MAX}$ 的表达式为

$$U_{3\_L\_MAX} = U_{S2} - I_F \times R_4 - U_F \leqslant 0.7\text{V} \quad (10-157)$$

那么上拉电阻 R_4 必须满足表达式

$$R_4 \geqslant \frac{U_{S2} - U_F - 0.7\text{V}}{I_F} \quad (10-158)$$

图 10-69 表示发送头 HFBR-1414TZ 的正向压降 U_F 与正向电流 I_F 关系曲线。

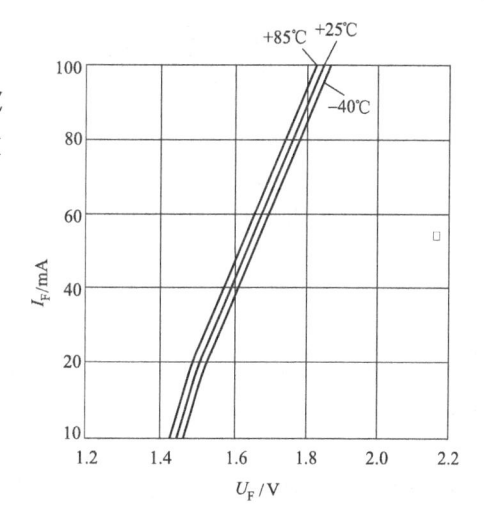

图 10-69 发送头 HFBR-1414TZ 的 U_F 与 I_F 之间的关系曲线

本例假设正向电压 U_F 为 1.6V，正向电流 I_F 为 40mA，那么计算获得上拉电阻 R_4 为

$$R_4 \geqslant \frac{U_S - U_F - 0.7}{I_F}$$
$$= \frac{5 - 1.6 - 0.7}{40} \approx 68(\Omega) \quad (10-159)$$

考虑到发热等因素，适当留有阈量，建议上拉电阻 R_4 取值 82Ω。

下面接着分析芯片 SN75451 的输入端的限流电阻 R_3 的取值。在分析该电阻取值时,暂时不考虑光隔电路。

根据 SN75451 的手册得知,它的输入端为高电平时的最大输入电流不超过 1mA,即

$$|I_{3\_H}| \leqslant 1.0 \text{mA} \tag{10-160}$$

根据 TLC555 芯片得知,它的输出端为高电平时,该高电平的最小值必须超过 4.1V,即

$$U_{\text{OUT\_555\_H}} \geqslant 4.1\text{V} \tag{10-161}$$

芯片 SN75451 的输入端为高电平时,记为 U_{IH},其表达式为

$$U_{\text{IH}} = U_{\text{OUT\_555\_H}} - I_{3\_H} \times (R_1 + R_3) \geqslant 2.0\text{V} \tag{10-162}$$

可以得到限流电阻 R_3 的约束表达式为

$$R_3 \leqslant \frac{U_{\text{OUT\_555\_H}} - 2.0 - I_{3\_H} \times R_1}{I_{3\_H}} = \frac{4.1\text{V} - 2.0 - 1.0 \times 1}{1.0} = 1(\text{k}\Omega) \tag{10-163}$$

芯片 SN75451 的输入端为低电平时,最大输出电流不超过 1.6mA,即

$$|I_{3\_L}| \leqslant 1.6 \text{mA} \tag{10-164}$$

分析图 10-68(b)所示的 SN75451 的等效电路图得知,在芯片 SN75451 的输入端为低电平时,它的等效电路如图 10-70 所示,电流的流向就是:$U_{\text{CC}} \to 1.6\text{k}\Omega \to$ 电阻 $R_3 \to$ 电阻 $R_1 \to$ 经由 TLC555 输出端下面的三极管 $\to$ 电源地线。

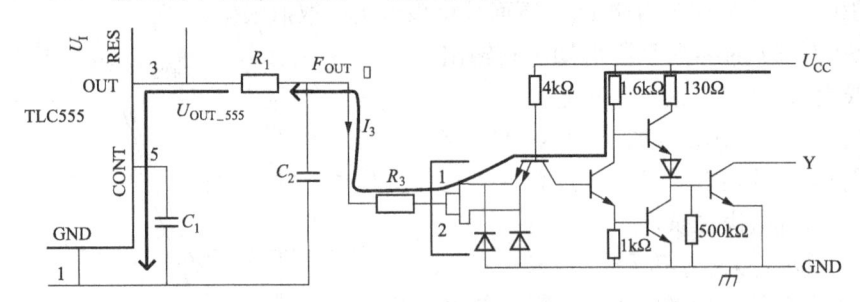

图 10-70 芯片 SN75451 的输入端为低电平时电流的流向

当芯片 SN75451 的输入端为低电平时,根据芯片 TLC555 的要求,它的输出端的低电平不超过 0.4V,即

$$U_{\text{OUT\_555\_L}} \leqslant 0.4\text{V} \tag{10-165}$$

根据 TLC555 的要求,它的输出端低电平的表达式为

$$U_{\text{OUT\_555\_L}} = 5\text{V} - |I_{3\_L}| \times (R_3 + 1\text{k}\Omega + 1.6\text{k}\Omega) \leqslant 0.4\text{V} \tag{10-166}$$

可以得到限流电阻 R_3 的约束表达式为

$$R_3 \geqslant \left| \frac{5\text{V} - 0.4\text{V}}{|I_{3\_L}|} - 2.6\text{k}\Omega \right| = \left| \frac{5\text{V} - 0.4\text{V}}{1.6\text{mA}} - 2.6\text{k}\Omega \right| = 275(\Omega) \tag{10-167}$$

综上所述,建议限流电阻 R_3 的取值为 330Ω,究竟该参数是否最佳,还需要在实际电路中经由测试后确定。

需要提醒的是,对于数字式传感器而言,大多采用光耦进行隔离变换处理。本例中有将反应湿度的方波信号进行光电隔离变换部分,这部分内容需要根据测试现场的电磁环境情

况，它为可选电路部分。另外，为了确保现场测量的可靠性，建议将传感器 HS1101LF 的外壳与电源的地线可靠地连接。

三、温度超限开关电路设计范例

1. 数字型温度传感器

目前，在一些弱电场合，经常采用数字型温度传感器，比模拟型温度传感器更具有方便性。下面是数字型温度传感器的典型代表：

（1）开关输出型（又称逻辑型）集成温度传感器。在许多应用中，不需要严格测量温度值，只需要看温度是否超出了一个设定范围，一旦温度超出所规定的范围，则发出报警信号，启动或关闭风扇、空调、加热器或其他控制设备，此时可选用逻辑输出式温度传感器，如 LM56、MAX6501、MAX6502、MAX6503、MAX6504、MAX6509、MAX6510 等。

（2）单总线式数字温度传感器（单线智能温度传感器）。如美国 DALLAS 公司生产的单总线数字温度传感器 DS1820，它可把温度信号直接转换成串行数字信号，与微机直接接口。由于每片 DS1820 含有唯一的串行序列号，所以在一条总线上，可挂接任意多个 DS1820 芯片。从 DS1820 读出的信息或写入 DS1820 的信息，仅需要一根总线（单总线接口）。读写及温度变换功率来源于数据总线，总线本身也可以向所挂接的 DS1820 供电，而无需额外电源。DS1820 提供九位温度读数，构成多点温度检测系统而无需任何外围硬件。类似器件还有如 DS1621。

（3）频率输出型频率输出型。芯片 MAX6576、MAX6577 为周期/频率输出式集成温度传感器。

几种数字型集成温度传感器如附录 A 附表 A-5 所示。

2. 温度传感器 AD22103

如图 10-71 所示为基于 AD22103 的过温报警电路，它利用传感器 AD22103 构建电力电子装置中的某个冷板过温报警电路，即将传感器放置在发热最厉害的冷板某处（需要进行绝缘处理），在传感器输出端接比较器和光耦电路（为了减少篇幅，图中未画出光耦电路）。当温度超过 85℃时，就输出低电平（≤0.2V）；反之，当温度低于 85℃时，属于正常水平，就输出高电平（≥2.6V）。

3. 设计计算

下面分析基于温度传感器 AD22103 的过温报警电路的设计过程。

（1）温度传感器 AD22103 的参数计算。根据式（10-104），得知当温度为 85℃时，传感器 AD22103 的输出电压为

$$U_{\text{OUT\_85℃}} = \frac{3.3\text{V}}{3.3\text{V}} \times (0.25\text{V} + 28\text{mV/℃} \times 85\text{℃}) = 2.63(\text{V}) \quad (10-168)$$

在温度传感器 AD22103 的输出端接一个 RC 低通滤波器，假设电阻 R_1 为 4.7kΩ，电容 C_3 为 0.22μF，其截止频率为

$$f_{C1} = \frac{1}{2 \times \pi \times R_1 \times C_3} = \frac{1}{2 \times \pi \times 4.7 \times 10^3 \times 0.22\mu\text{F}} \approx 154(\text{Hz}) \quad (10-169)$$

（2）设计参考电压。选择参考电压芯片 REF193，工作温度范围 −40～85℃，它的额定输出电压 U_R 为 3.0V，实测值为 2.990～3.010V 之间，输出电压温度系数不超过 25×

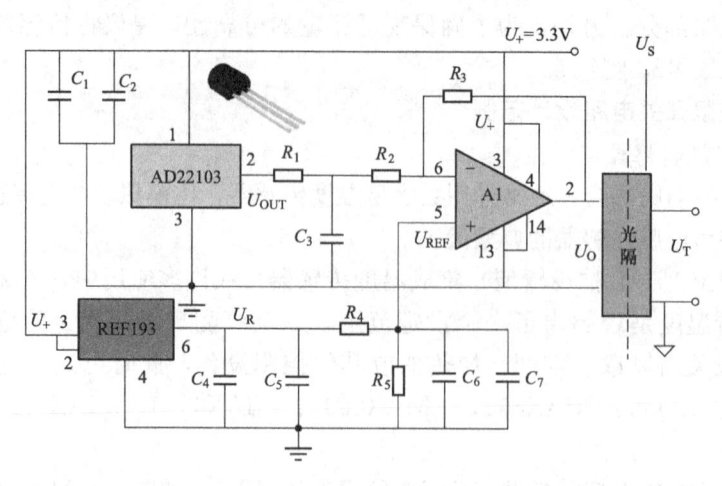

图 10-71 基于温度传感器 AD22103 的过温报警电路

$10^{-6}/℃$。以 85℃为临界点，那么比较器的参考电压 U_{REF} 的表达式为

$$U_{REF} = \frac{U_R}{R_4+R_5} \times R_5 = 2.63V \tag{10-170}$$

假设电阻 R_6 为 16kΩ，由式（10-108）可得电阻 R_5 为

$$R_5 = \frac{R_4}{U_R-2.63} \times 2.63 = \frac{16 \times 10^3}{3.0-2.63} \times 2.63 \approx 113.73(kΩ) \tag{10-171}$$

采用 E192 电阻系列，因此，电阻由 113kΩ+723Ω 构成，那么参考电压的计算值为

$$U_{REF} = \frac{3.0}{16 \times 10^3 + 113.723 \times 10^3} \times 113.723 \times 10^3 \approx 2.63(V) \tag{10-172}$$

与温度为 85℃时的传感器 AD22103 输出电压 2.63V 相同，因此，设计参数合理。

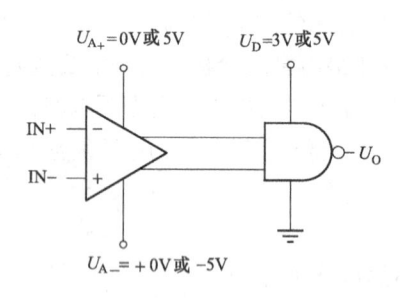

图 10-72 芯片 CMP402 的等效电路

(3) 选择比较器芯片。本例选择 65ns 四通道比较器芯片 CMP402，其等效电路如图 10-72 所示，它由模拟电路和数字电路两个部分组成。CMP402 采用独立的输入和输出电源。独立电源使输入级可以采用 3~6V 电源供电，输出可以采用 3~5V 电源供电，究竟如何选择电源，主要取决于接口逻辑或电源的可用情况。独立的输入和输出电源以及快速传播特性，使得 CMP402 成为便携式仪器仪表接口应用的绝佳选择。CMP402 的额定温度范围为扩展工业温度范围，即-40~+125℃。它采用了 16 引脚塑封 DIP 或窄体 SO-16 表贴封装或 16 引脚 TSSOP 封装产品。本例电阻 R_2 为 4.7kΩ，电阻 R_3 为 1MΩ。

(4) 光隔电路。比较器的输出端接一级光隔，进行电平转换和电气隔离，其输出电压为 U_T，这部分内容，详见本章第 4 节内容。

(5) 电源滤波参数选择。电容 C_1 为 10μF，电容 C_2 为 0.1μF，电容 C_4 为 4.7μF，电容 C_5 为 0.1μF，电容 C_6 为 4.7μF，电容 C_7 为 0.1μF。

附录 A 文中所用数据表

附表 A-1　　　　　　　　　霍尔传感器典型器件列表

型号	工作电压 U_{DD}（V）	工作电流 I_{DD}（mA）	工作点 B_{op}（GS）	释放点 B_{rp}（GS）	工作温度 T_A（℃）	封装形式	典型应用
HAL202	4～20	3.5	180	60	-40～85	TO-92S	位置检测、转速检测
HAL3134	4.5～24	10	110	20	-40～150	TO-92S	舞台灯光、车速仪表、空调电动机等
HAL3144E	3.8～30	4	250	230	-40～85	TO-92S	舞台灯光、车速仪表、空调电动机等
HAL44E	3.5～24	5	80～160	30～110	-40～125	SOT-23	电动机、无触点开关
HAL131	3.8～30	3.2	45	40	-40～125	TO-92S	霍尔接近开关传感器、转速探测
HAL43A	3.8～30	3.2	180	50	-40～150	TO-92S	速度和 RPM 传感器、转速计等
HAL43F	3.8～30	4.0	200	170	-40～150	TO-92S	速度和 RPM 传感器、转速计等
HAL58	3.5～24	2.5	180	137	-40～150	SOT-23	电动机、无触点开关
HAL543	3.5～24	5	160	110	-40～150	SOT-89B	无触点开关、位置检测、转速计
AH3144E	4.5～24	10	110	20	-40～85	TO-92S	舞台灯光、车速仪表、空调电动机等
AH3144L	4.5～24	10	110	20	-40～150	TO-92S	舞台灯光、车速仪表、空调电动机等
AH543	4.5～24	10	200	30	-40～150	SOT-89	无触点开关、位置检测、转速计
YH1621	3.5～18	10	45	30	-40～150	SOT-23	无触点开关、位置检测
YH1631	3.5～18	10	45	30	-40～150	SOT-23	转速传感、位置传感
ES580	2.5～24	2.5	50	35	-40～150	TO92,SOT23	高灵敏度
ES581	2.5～24	2.5	70	40	-40～150	TO92,SOT23	高灵敏度
ES582	2.5～24	2.5	120	90	-40～150	TO92,SOT23	中灵敏度
ES583	2.5～24	2.5	180	150	-40～150	TO92,SOT23	低灵敏度
ES572	2.5～24	2.5	-120	-90	-40～150	TP-92S3L	反极性的（N 极敏感）

续表

双极性霍尔开关传感器

型号	工作电压 U_{DD} (V)	工作电流 I_{DD} (mA)	工作点 B_{op} (GS)	释放点 B_{rp} (GS)	工作温度 T_A (℃)	封装形式	典型应用
HAL41F	3.8～30	4	120	120	−40～150	TO-92S	直流无刷电动机、转速检测
HAL732	2.5～24	2.5	18	−18	−40～150	SOT-23	高灵敏无触点开关、无刷电动机
HAL1881	2.4～24	2.5	30	−30	−40～150	SOT-23	高灵敏无触点开关、无刷电动机
HAL513	3.5～30	4	70	−70	−40～150	SOT-89	高灵敏无触点开关、无刷电动机
AH512	4.5～24	10	60	−60	−40～125	TO-92	高灵敏无触点开关、无刷电动机
YH1601	3.5～18	10	30	−30	−40～150	SOT-23	无刷电动机、转速传感
YH1602	3.5～18	10	30	−30	−40～150	SOT-23	无刷电动机、转速传感
ES1881	2.5～24	2.5	30	−30	−40～150	TO92,SOT23	低压、高灵敏度
ES2881	2.5～24	2.5	15	−15	−40～150	TO92,SOT23	超高灵敏度，低压
ES41	4.0～24	5	45	−45	−40～150	TO92	5000V ESD
ES732	2.5～24	2.5	30	−30	−40～150	TO92,SOT23	内置输出上拉电阻

全极性霍尔开关传感器（0～30kHz）

型号	工作电压 U_{DD} (V)	工作电流 I_{DD} (mA)	工作点 B_{op} (GS)	释放点 B_{rp} (GS)	工作温度 T_A (℃)	封装形式	典型应用
HAL145	2.5～24	1.1	45	32	−40～125	TO-92S,SOT-23	高灵敏无触点开关、无刷电动机
ES245	2.5～24	2	±40	±25	−40～125	TO92,SOT23	高灵敏无触点开关，交流限流开关

微功耗霍尔开关传感器

型号	工作电压 U_{DD} (V)	工作电流 I_{DD} (mA)	工作点 B_{op} (GS)	释放点 B_{rp} (GS)	工作温度 T_A (℃)	封装形式	典型应用
HAL13S	2.4～5.5	0.009	55	25	−40～85	SOT-23	全极性，低功耗数码产品如：手机
HAL148	2.4～5.5	0.005	45	32	−40～125	TO-92S	全极性，低功耗数码产品如：电筒
HAL148L	1.8～3.5	0.005	45	32	−40～125	SOT-23	全极性，玩具

续表

微功耗霍尔开关传感器

型号	工作电压 U_{DD} (V)	工作电流 I_{DD} (mA)	工作点 B_{op} (GS)	释放点 B_{rp} (GS)	工作温度 T_A (℃)	封装形式	典型应用
ES248	2.5～5.5	0.005	±35	±17	−40～125	TO92, SOT23	全极，手机、玩具等
ES247	2.5～5.5	0.005	±35	±17	−40～125	TO92, SOT23	全极性，CMOS推挽输出
ES242	2.5～5.5	0.045	20	−20	−40～125	TO92, SOT23	低功耗锁存
ES246	2.5～5.5	0.005	30	−30	−40～125	TO92, SOT23	微功耗锁存
ES821	2.5～5.5	0.005	±35	±17	−40～125	SOT23-5	磁极检测，可区分N、S极

线生霍尔传感器

型号	工作电压 U_{DD} (V)	磁场范围 GS	输出电压 V_{OT} (V)	灵敏度 S (mV/GS)	工作温度 T_A (℃)	封装形式	典型应用
HAL95A	4.5～10.5	+/−670	0.5～4.5	3.125	−40～150	TO-92S	角度探测，如：汽车油门
HAL49E	3.0～6.5	+/−100	0.8～4.25	1.4	−40～100	TO-92S	角度测量，如：电动车转把
ES495	4.5～12	±700	0.2～4.8	3.2	−40～150	TO92S, SOT89	调速控制

霍尔齿轮传感器

型号	工作电压 U_{DD} (V)	有效磁场 B_{bias} (GS)	有效工作频率	回差 B_{hy} (GS)	工作温度 T_A (℃)	封装形式	典型应用
HAL1800	3.8～30	+/−1500	15kHz	10～100	−40～150	TO-95	传感器如：齿轮测速
ES817	3.8～30	±1500	15kHz	10～100	−40～150	TO-95	8000V ESD MLX90217

附表 A-2　　　　　　　　　　金属膜电阻 IEC 标称值

E192	E96	E48	E192	E96	E48	E192	E96	E48	E192	E96	E48	E24	E12	E6	E3
100	100	100	178	178	178	316	316	316	562	562	562	10	10	10	10
101	—	—	180	—	—	320	—	—	569	—	—	11	—	—	—
102	102	—	182	182	—	324	324	—	576	576	—	12	12	—	—
104	—	—	184	—	—	328	—	—	583	—	—	13	—	—	—
105	105	105	187	187	187	332	332	332	590	590	590	15	15	15	—
106	—	—	189	—	—	336	—	—	597	—	—	16	—	—	—
107	107	—	191	191	—	340	340	—	604	604	—	18	18	—	—
109	—	—	193	—	—	344	—	—	612	—	—	20	—	—	—
110	110	110	196	196	196	348	348	348	619	619	619	22	22	22	22
111	—	—	198	—	—	352	—	—	626	—	—	24	—	—	—
113	113	—	200	200	—	357	357	—	634	634	—	27	27	—	—
114	—	—	203	—	—	361	—	—	642	—	—	30	—	—	—
115	115	115	205	205	205	365	365	365	649	649	649	33	33	33	—
117	—	—	208	—	—	370	—	—	657	—	—	36	—	—	—
118	118	—	210	210	—	374	374	—	665	665	—	39	39	—	—
120	—	—	213	—	—	379	—	—	673	—	—	43	—	—	—
121	121	121	215	215	215	383	383	383	681	681	681	47	47	47	47
123	—	—	218	—	—	388	—	—	690	—	—	51	—	—	—
124	124	—	221	221	—	392	392	—	698	698	—	56	56	—	—
126	—	—	223	—	—	397	—	—	706	—	—	62	—	—	—
127	127	127	226	226	226	402	402	402	715	715	715	68	68	68	—
129	—	—	229	—	—	407	—	—	723	—	—	75	—	—	—
130	130	—	232	232	—	412	412	—	732	732	—	82	82	—	—
132	—	—	234	—	—	417	—	—	741	—	—	91	—	—	—
133	133	133	237	237	237	422	422	422	750	750	750				
135	—	—	240	—	—	427	—	—	759	—	—				
137	137	—	243	243	—	432	432	—	768	768	—				
138	—	—	246	—	—	437	—	—	777	—	—				
140	140	140	249	249	249	442	442	442	787	787	787				
142	—	—	252	—	—	448	—	—	796	—	—				
143	143	—	255	255	—	453	453	—	806	806	—				
145	—	—	258	—	—	459	—	—	816	—	—				
147	147	147	261	261	261	464	464	464	825	825	825				
149	—	—	264	—	—	470	—	—	835	—	—				
150	150	—	267	267	—	475	475	—	845	845	—				

续表

E192	E96	E48	E192	E96	E48	E192	E96	E48	E192	E96	E48	E24	E12	E6	E3
152	—	—	271	—	—	481	—	—	856	—	—				
154	154	154	274	274	274	487	487	487	866	866	866				
156	—	—	277	—	—	493	—	—	876	—	—				
158	158	—	280	280	—	499	499	—	887	887	—				
160	—	—	284	—	—	505	—	—	898	—	—				
162	162	162	287	287	287	511	511	511	909	909	909				
164	—	—	291	—	—	517	—	—	920	—	—				
165	165	—	294	294	—	523	523	—	931	931	—				
167	—	—	298	—	—	530	—	—	942	—	—				
169	169	169	301	301	301	536	536	536	953	953	953				
172	—	—	305	—	—	542	—	—	965	—	—				
174	174	—	309	309	—	549	549	—	976	976	—				
176	—	—	312	—	—	556	—	—	988	—	—				

附表 A-3　　　　　　　　　　电 容 器 标 称 电 容 值

E24	E12	E6	E24	E12	E6
1.0	1.0	1.0	3.3	3.3	3.3
1.1	—	—	3.6	—	—
1.2	1.2	—	3.9	3.9	—
1.3	—	—	4.3	—	—
1.6	—	—	5.1	—	—
1.8	1.8	—	5.6	5.6	—
2.0	—	—	6.2	—	—
2.2	2.2	2.2	6.8	6.8	6.8
2.4	—	—	7.5	—	—
2.7	2.7	—	8.2	8.2	—
3.0	—	—	9.1	—	—

附表 A-4　　　　　　　　　　Pt100 铂电阻的分度表　　　　　　　　　　（单位：Ω）

℃	0	1	2	3	4	5	6	7	8	9
−200	18.49	—	—	—	—	—	—	—	—	—
−190	22.80	22.37	21.94	21.51	21.08	20.65	20.22	19.79	19.36	18.93
−180	27.08	26.65	26.23	25.80	25.37	24.94	24.52	24.09	23.66	23.23
−170	31.32	30.90	30.47	30.05	29.63	29.20	28.78	28.35	27.93	27.50
−160	35.53	35.11	34.69	34.27	33.85	33.43	33.01	32.59	32.16	31.74
−150	39.71	39.30	38.88	38.46	38.04	37.63	37.21	36.79	36.37	35.95
−140	43.87	43.45	43.04	42.63	42.21	41.79	41.38	40.96	40.55	40.13
−130	48.00	47.59	47.18	46.76	46.35	45.94	45.52	45.11	44.70	44.28
−120	52.11	51.70	51.29	50.88	50.47	50.00	49.64	49.23	48.82	48.41
−110	56.19	55.78	55.38	54.97	54.56	54.15	53.74	53.33	52.92	52.52
−100	60.25	59.85	59.44	59.04	58.63	58.22	57.82	57.41	57.00	56.60
−90	64.30	63.90	63.49	63.09	62.68	62.28	61.87	61.47	61.06	60.66
−80	68.33	67.92	67.52	67.12	66.72	66.31	65.91	65.51	65.11	64.70
−70	72.33	71.93	71.53	71.13	70.73	70.633	69.93	69.53	69.13	68.73
−60	76.33	75.93	75.53	75.13	74.73	74.33	73.93	73.53	73.13	72.73
−50	80.31	79.91	79.51	79.11	78.72	78.32	77.92	77.52	77.13	76.73
−40	84.27	83.88	83.48	83.08	82.69	82.29	81.89	81.50	81.10	80.70
−30	88.22	87.83	87.43	87.04	86.64	86.25	85.85	85.46	85.06	84.67
−20	92.16	91.77	91.37	90.98	90.59	90.19	89.80	89.40	89.01	88.62
−10	96.09	95.69	95.30	94.91	94.52	94.12	93.73	93.34	92.95	92.55
0	100.00	99.61	99.22	98.83	98.44	98.04	97.65	97.26	96.87	96.48
0	100.00	100.39	100.78	101.17	101.56	101.95	102.34	102.73	103.13	103.51
10	103.90	104.29	104.68	105.07	105.46	105.85	106.24	107.63	107.02	107.49
20	107.79	108.18	108.57	108.96	109.35	109.73	110.12	110.51	110.90	111.28
30	111.67	112.06	112.45	112.83	113.22	113.61	113.99	114.38	114.77	115.15
40	115.54	115.93	116.31	116.70	117.08	117.47	117.85	118.24	118.62	119.01
50	119.40	119.78	120.16	120.55	120.93	121.32	121.70	122.09	122.47	122.86
60	123.24	123.62	124.01	124.39	124.77	125.16	125.54	125.92	126.31	126.69
70	127.07	127.45	127.84	128.22	128.60	128.98	129.37	129.75	130.13	130.51
80	130.89	131.27	131.66	132.04	132.42	132.80	133.18	133.56	133.94	134.32
90	134.70	135.08	135.46	135.84	136.22	136.60	136.98	137.36	137.74	138.12
100	138.50	138.88	139.26	139.64	140.02	140.39	140.77	141.15	141.53	141.91
110	142.29	142.66	143.04	143.42	143.80	144.17	144.55	144.93	145.31	145.68
120	146.06	146.44	146.81	147.19	147.57	147.94	148.32	148.70	149.07	149.45
130	149.82	150.20	150.57	150.95	151.33	151.70	152.08	152.45	152.83	153.20
140	153.58	153.95	154.32	154.70	155.07	155.45	155.82	156.19	156.57	156.94

续表

℃	0	1	2	3	4	5	6	7	8	9
150	157.31	157.69	158.06	158.43	158.81	159.18	159.55	159.93	160.30	160.67
160	161.04	161.42	161.79	162.16	162.53	162.90	163.27	163.65	164.02	164.39
170	164.76	165.13	165.50	165.87	166.24	166.61	166.98	167.35	167.72	168.09
180	168.46	168.83	169.20	169.57	169.94	170.31	170.68	171.05	171.42	171.79
190	172.16	172.53	172.90	173.26	173.62	174.00	174.37	174.74	175.10	175.47
200	175.84	176.21	176.57	176.94	177.31	177.68	178.04	178.41	178.78	179.14
210	179.51	179.88	180.24	180.61	18.97	181.34	181.71	182.07	182.44	182.80
220	183.17	183.53	183.90	184.26	184.63	184.99	185.36	185.72	186.09	186.45
230	186.82	187.18	187.54	187.91	188.27	188.63	189.00	189.36	189.72	190.09
240	190.45	190.81	191.18	191.54	191.90	192.26	192.63	192.99	193.35	193.71
250	194.07	194.44	194.80	195.16	195.52	195.88	196.24	196.60	196.96	197.33
260	197.69	198.05	198.41	198.77	199.13	199.49	199.85	200.21	200.57	200.93
270	201.29	201.65	202.01	202.36	202.72	203.08	203.44	203.80	204.16	204.52
280	204.88	205.23	205.59	205.95	206.31	206.37	207.02	207.38	207.74	280.10
290	208.45	208.81	209.17	209.52	209.88	210.24	210.59	210.98	211.31	211.66
300	212.02	212.37	212.73	213.09	213.44	213.80	214.15	214.51	214.86	215.22
310	215.57	215.93	216.28	216.64	216.99	217.35	217.70	218.05	218.41	218.76
320	219.12	219.47	219.82	220.18	220.53	220.88	221.24	221.59	221.94	222.29
330	222.65	223.00	223.35	223.70	224.06	224.41	224.76	225.11	225.46	225.81
340	226.17	226.52	226.87	227.22	227.57	227.92	228.27	228.62	228.97	229.32
350	229.67	230.02	230.37	230.72	231.07	231.42	231.77	232.12	232.47	232.82
360	233.17	233.52	233.87	234.22	234.56	234.91	235.26	235.61	235.96	236.31
370	236.65	237.00	237.35	237.70	238.04	238.39	238.74	239.09	239.43	239.78
380	240.13	240.47	240.82	241.17	241.51	241.86	242.20	242.55	242.90	243.24
390	243.59	243.93	244.28	244.62	244.97	245.31	245.66	246.00	246.35	246.69
400	247.04	247.38	247.73	248.07	248.41	248.76	249.10	249.45	249.79	250.13
410	250.48	250.82	251.16	251.50	251.85	252.19	252.53	252.88	253.22	253.56
420	253.90	254.24	254.59	254.93	255.27	255.61	255.95	256.29	256.64	256.98
430	257.32	257.66	258.00	258.34	258.68	259.02	259.36	259.70	260.04	260.38
440	260.72	261.06	261.46	261.74	262.08	262.42	262.76	263.10	263.43	263.77
450	264.11	264.45	264.79	265.13	265.47	265.80	266.14	266.48	266.82	267.15
460	267.49	267.83	268.17	268.50	268.84	269.18	269.51	269.85	270.19	270.52
470	270.86	271.20	271.53	271.87	272.20	272.54	272.88	273.21	273.55	273.88
480	274.22	274.55	274.89	275.22	275.56	275.89	276.23	276.56	276.89	177.23
490	277.56	277.90	278.23	278.56	278.90	279.23	279.56	279.90	280.23	280.56
500	280.90	281.23	281.56	281.89	282.23	282.56	282.89	283.22	283.55	283.89

续表

℃	0	1	2	3	4	5	6	7	8	9
510	284.22	284.55	284.88	285.21	285.54	285.87	286.21	286.54	286.87	287.24
520	287.53	287.86	288.19	288.52	288.85	289.18	289.51	289.84	290.17	290.59
530	290.83	291.16	291.49	291.81	292.14	292.47	292.80	293.13	293.46	293.79
540	294.11	294.44	294.77	295.10	295.43	295.75	296.08	296.41	296.74	297.66
550	297.39	297.72	298.04	298.37	293.70	299.02	299.35	299.68	300.00	300.33
560	300.65	300.98	301.31	301.63	301.96	302.28	302.61	302.93	303.26	303.58
570	303.91	304.23	304.56	304.88	305.20	305.53	305.85	306.18	306.50	306.82
580	307.15	307.47	307.79	308.12	308.44	308.76	309.09	309.41	309.73	310.05
590	310.38	310.70	311.02	311.34	311.67	311.99	312.31	312.63	312.95	313.27
600	313.59	313.92	314.24	314.56	314.88	315.20	315.52	315.84	316.16	316.48
610	316.80	317.12	317.44	317.76	318.08	318.46	318.72	319.04	319.36	319.68
620	319.99	320.31	320.63	320.95	321.27	321.59	321.91	322.22	322.54	322.86
630	323.18	323.49	323.81	324.13	324.45	324.76	325.08	325.40	325.72	326.03
640	326.35	326.66	326.98	327.30	327.61	327.93	328.25	328.56	328.88	329.19
650	329.51	329.82	330.14	330.45	330.77	331.03	331.40	331.71	332.03	332.34
660	332.66	332.97	333.28	333.60	333.91	334.23	334.54	334.85	335.17	335.48
670	335.79	336.11	336.42	336.73	337.04	337.36	337.67	337.98	338.29	338.61
680	338.92	339.23	339.54	339.85	340.16	340.48	340.79	341.10	341.41	341.72
690	342.03	342.34	342.65	342.96	343.27	343.58	343.89	344.20	344.51	344.82
700	345.13	345.44	345.75	346.06	346.37	346.68	346.99	347.30	347.60	347.91
710	348.22	348.53	348.84	349.15	349.45	349.76	350.07	350.38	350.69	350.99
720	351.30	351.61	351.91	352.22	352.53	352.83	353.14	353.45	353.75	354.06
730	354.37	354.67	354.98	355.28	355.59	355.90	356.20	356.51	356.81	357.12
740	357.42	357.73	358.03	358.34	358.64	358.95	359.25	359.55	359.86	360.16
750	360.47	360.77	361.07	361.38	361.68	361.98	362.29	362.59	362.89	363.19
760	366.52	366.82	367.12	367.42	367.72	368.02	368.32	368.63	368.93	369.23
770	366.52	366.82	367.12	367.42	367.72	368.02	368.32	368.63	368.93	369.23
780	369.53	369.83	370.13	370.43	370.73	371.03	371.33	371.63	371.93	372.22
790	372.52	372.82	373.12	373.42	373.72	374.02	374.32	374.61	374.91	375.21
800	375.51	375.81	376.10	376.40	376.70	377.00	377.29	377.36	377.89	378.19
810	378.48	378.78	379.08	379.37	379.67	379.97	380.26	380.56	380.85	381.15
820	381.45	381.74	382.04	382.33	382.63	382.92	383.22	383.51	383.81	381.15
830	384.40	384.69	384.98	385.28	385.57	385.87	386.16	386.45	386.75	387.04
840	387.34	387.63	387.92	388.21	388.51	388.80	389.09	389.39	389.68	389.97
850	389.26	—	—	—	—	—	—	—	—	—

附表 A-5　　　　　　　　　　几种数字型集成温度传感器

型号	接口	分辨率	最大误差	测温范围 (℃)	电源电压 (V)	最大电流 (mA)	封装	特　性
TMP03 TMP04	频率	0.1℃/ LSB	±4℃（在温度范围为 −20～100℃）	−40～+150	4.5～7	1.3	TO-92, 8 脚 TSSOP, 8 脚 SOIC	OC 输出，CMOS/ TTL 兼容输出
TMP05 TMP06	频率	0.025	±1℃（在温度范围为 0～+70℃）	−40～+150	2.7～5.5	0.6	5 脚 SC70, 5 脚 SOT-23	OD 输出，推挽式、菊花链模式，单稳态模式
ADT7301	SPI	13 位	±1℃（在温度范围为 0～+70℃）	−40～+150	2.7～5.25	1.6	6 脚 SOT-23, 8 脚 MSOP	13 位数字温度传感器
ADT7311	SPI	16 位	±2℃（在温度范围为 −40～+85℃）	−55～+150	2.7～5.5	0.27	8 脚 SOIC	16 位数字温度传感器
ADT7408	I²C	10 位	±3℃（在温度范围为 40～+125℃）	−20～+125	3.0～3.6	0.55	8 脚 LFCSP	10 位数字温度传感器
ADT7410	I²C	16 位	±0.5℃（在温度范围为 −40～+100℃）	−55～+150	2.7～5.5	0.27	8 脚 SOIC	12 位数字温度传感器
ADT6501 ADT6502 ADT6503 ADT6504	开关	10℃ 递增	±4℃（在温度范围内 −15～+15℃）	−55～+125	2.7～5.5	0.05	5 脚 SOT-23	OD 输出，推挽式、超温/欠温指示器
ADT7470	I²C/ SMBus	PWM 风扇控制器	与 TMP05/TMP06 连接	−40～+125	3.0～5.5	0.8	16 脚 QSOP	采用 TMP05/ TMP06 温度传感器的 4 通道 PWM 风扇控制

参 考 文 献

[1] 任玉珍. 传感器技术及应用. 北京：中国电力出版社，2014.
[2] 董尔，沈聿农. 传感器及应用技术. 北京：化学工业出版社，2014.
[3] 马洪涛，周芬萍，等. 开关电源制作与调试. 北京：中国电力出版社，2014.
[4] 李媛媛. 现代电力电子技术. 北京：清华大学出版社，2014.
[5] 王庆有. 光电传感器应用技术. 北京：机械工业出版社，2014.
[6] 周渊深. 电力电子技术与 MATLAB 仿真（第二版）. 北京：中国电力出版社，2014.
[7] Carter. 著运算放大器权威指南：第 4 版. 孙宗晓，译. 北京：人民邮电出版社，2014.
[8] AlbertMalvino, DavidJBates(美). 电子电路原理：第 7 版. 李冬梅，幸新鹏，李国林，等译. 北京：机械工业出版社，2009.
[9] 高晓蓉，李金龙，彭朝勇. 传感器技术. 2 版. 西安：西南交通大学出版社，2013.
[10] 马林联. 传感器技术及应用教程. 北京：中国电力出版社，2013.
[11] 贾海瀛. 数字电子技术. 北京：中国电力出版社，2013.
[12] 魏学业. 传感器技术与应用. 武汉：华中科技大学出版社，2013.
[13] 林云，管春. 电力电子技术. 北京：人民邮电出版社，2012.
[14] 刘畅生，赵明英. 运算放大器实用备查手册. 北京：中国电力出版社，2011.
[15] 卿太全. 集成运算放大器应用电路集萃. 北京：中国电力出版社，2011.
[16] 卢小芬. 电路分析. 北京：中国电力出版社，2011.
[17] 王琦. 传感器与自动检测技术实验实训教程. 北京：中国电力出版社，2010.
[18] 佛朗哥. 基于运算放大器和模拟集成电路的电路设计：第 3 版. 刘树棠，朱茂林，荣玫，译. 西安：西南交通大学出版社，2009.
[19] 贾石峰. 传感器原理与传感器技术. 北京：机械工业出版社，2009.
[20] 元增民. 模拟电子技术. 北京：中国电力出版社，2009.
[21] 纪宗南. 现代传感器应用技术和实用线路. 北京：中国电力出版社，2009.
[22] 王晓敏. 传感检测技术. 北京：中国电力出版社，2009.
[23] 郑晓峰. 电子技术基础. 北京：中国电力出版社，2008.
[24] 曼特罗斯. 电磁兼容的印制电路板设计. 2 版. 吕英华，等译. 北京：人民邮电出版社，2008.